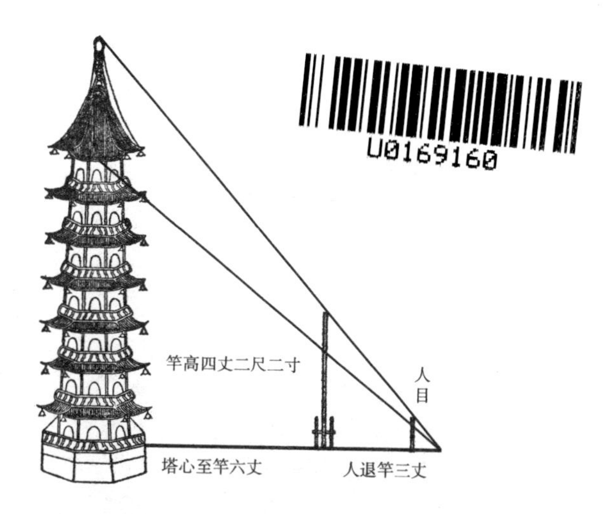

文化伟人代表作图释书系

An Illustrated Series of Masterpieces of the Great Minds

非凡的阅读

从影响每一代学人的知识名著开始

知识分子阅读，不仅是指其特有的阅读姿态和思考方式，更重要的还包括读物的选择。在众多当代出版物中，哪些读物的知识价值最具引领性，许多人都很难确切判定。

“文化伟人代表作图释书系”所选择的，正是对人类知识体系的构建有着重大影响的伟大人物的代表著作，这些著述不仅从各自不同的角度深刻影响着人类文明的发展进程，而且自面世之日起，便不断改变着我们对世界和自然的认知，不仅给了我们思考的勇气和力量，更让我们实现了对自身的一次次突破。

这些著述大都篇幅宏大，难以适应当代阅读的特有习惯。为此，对其中的一部分著述，我们在凝练编译的基础上，以插图的方式对书中的知识精要进行了必要补述，既突出了原著的伟大之处，又消除了更多人可能存在的阅读障碍。

我们相信，一切尖端的知识都能轻松理解，一切深奥的思想都可以真切领悟。

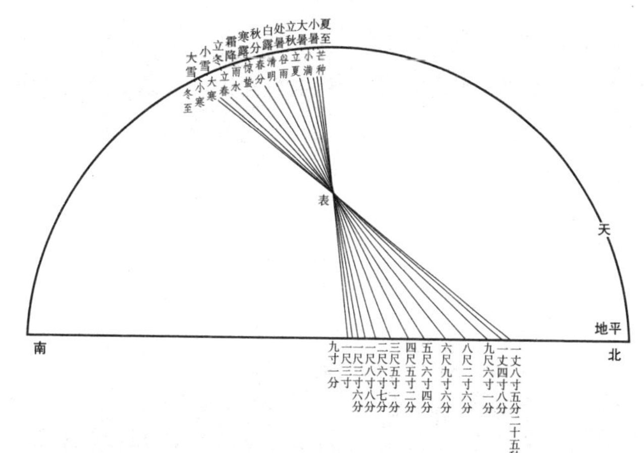

Mathematical Treatise in Nine Sections

数书九章（全新插图本）

〔宋〕秦九韶 / 著

宋璟瑶 / 译注

重庆出版集团 重庆出版社

图书在版编目（CIP）数据

数书九章 /（宋）秦九韶著；宋璟瑶译注. —重庆：重庆出版社，2021.9（2025.2重印）
ISBN 978-7-229-16015-9

Ⅰ.①数… Ⅱ.①秦… ②宋… Ⅲ. ①古典数学－中国－南宋 Ⅳ. ①O112

中国版本图书馆CIP数据核字（2021）第172848号

数书九章
SHUSHU JIU ZHANG
〔宋〕秦九韶 著 宋璟瑶 译注

策 划 人：刘太亨
责任编辑：陈渝生
特约编辑：王道应
责任校对：杨 媚
封面设计：日日新
版式设计：冯晨宇

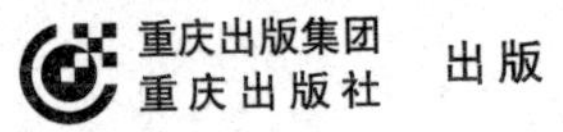

出版

重庆市南岸区南滨路162号1幢 邮编：400061 http://www.cqph.com
重庆市国丰印务有限责任公司印刷
重庆出版集团图书发行有限公司发行
全国新华书店经销

开本：720mm×1000mm 1/16 印张：32.5 字数：588千
2021年9月第1版 2025年2月第3次印刷
ISBN 978-7-229-16015-9
定价：78.00元

如有印装质量问题，请向本集团图书发行有限公司调换：023-61520678

TRANSLATOR'S PREFACE | 译注者序

《数书九章》又名《数术大略》，曾先后被明清两代的编纂大家选入集中国古籍之大成的《永乐大典》和《四库全书》。作为中国古代数学的一部巅峰之作，《数书九章》概括了宋元时期中国传统数学的主要成就，是对《九章算术》的全面继承和超越，被今日数学界誉为“中古数学发展的一座丰碑”。

《数书九章》将前代数学专著《孙子算经》《九章算术》等提出的计算方法灵活运用于实际问题，并提出了若干领先于当时世界的创新性算法，例如：大衍求一术，比德国数学家高斯所创用的同类方法早500多年，被公认为“中国剩余定理”；继贾宪增乘开方法进而作正负开方术，使之可对任意次方程的有理根或无理根来求解，被称为“秦九韶程序”，比英国数学家霍纳的同类方法早500多年；一元高次方程解法、多元一次方程组解法、三斜求积术等，与希腊数学家海伦给出的算法殊途同归。

《数书九章》的作者秦九韶（1208—1268年），南宋数学家，字道古，精通音律、建筑。秦九韶出身书香门第，父亲秦季槱为进士出身，曾任工部郎中、秘书少监等职务。青少年时期，秦九韶曾跟随父亲在南宋都城临安（今杭州市）居住过几年，根据他在《数书九章·序》中所称，这段时间他曾向太史局精通天文、历算等知识的专家们请教，后来又随侍一位隐者学习数学。

宋绍定四年（1231年），秦九韶考中进士，先后担任县尉、通判、参议官、州守、同农、寺丞等职。在勤于政务之余，秦九韶广泛搜集历学、数学、星象、音律、营造等资料，予以分析和研究。宋淳祐四至七年（1244—1247年），秦九韶在为母亲守孝时，把长期积累的数学知识和研究所得总结为九个大类八十一道题目，以问答、解题的方式呈现出来，写成《数术大略》，后人将其更名为《数书九章》。

时至今日，从小学、中学到大学的数学课堂，几乎都会提及秦九韶的定理、定律和解题法则。美国著名科学史家萨顿称赞秦九韶："他是他那个民族、他那个时代，而且确实也是所有时代最伟大的数学家之一。"日本著名数学史家三上义夫在精研《数书九章》的过程中，更是对中国古代数学的成就给予高度评价："中国之算学，其发达已有二三千年的历史，以算学之发达，包含于如此之大文明中而有如此久长之历史，世界诸国未尝有也。"

自1842年第一次刊行于世以来，《数书九章》先后被出版界的有识之士收入"宜稼堂丛书"（1842年）、"古今算学丛书"（1898年）、"丛书集成初编"（1936年）、"国学基本丛书"（1936年）等，受到诸多近现代知识分子的推崇，可谓影响日广。其时，跟随西方列强的枪炮一起来华的欧美传教士，也惊叹于《数书九章》的广博和创见。据统计，该书流传至今的明清抄本多达十几种，其中的题目和方法也成为数学研究者和爱好者热衷探讨的话题。在诸多抄本中，明人赵琦美抄本不仅是现存最早、最接近秦书原貌的足本，而且也是受该书影响最大之宜稼堂丛书本的源头。

基于《数书九章》兼具理论性和实践性这一显著特点，我们决定以明人赵琦美抄本为依据，同时与其他版本相互参照，用深入浅出的现代数学语言将其重新注译并加以详细解读，以期向广大读者呈现原著的博大精妙之处，发挥它在教学、研究和兴趣阅读上的最大功用，同时也为普通读者管窥我国古代社会经济、生产、军事、建筑等方面的知识提供一个特殊的参证视角。

本书译注者在译注过程中，难免因学力不逮而犯下无心的疏漏舛错，敬请各位方家不吝赐教，以待下次再版时予以修订完善。

译注者
2020年9月

REVIEW | # 导读

“大则可以通神明，顺性命；小则可以经世务，类万物，讵容以浅近窥哉！”

——南宋·秦九韶《数书九章》

《数书九章》是南宋数学家秦九韶撰写的数学巨著，被誉为“算中宝典”。我国数学史家梁宗巨如此评价该书：“一部划时代的巨著，内容丰富，精湛绝伦。特别是大衍求一术（不定方程的中国独特解法）及高次代数方程的数值解法，在世界数学史上占有崇高的地位。那时欧洲漫长的黑夜犹未结束，中国人的创造却像旭日一般在东方发出万丈光芒。”

《数书九章》全书分为九章十八卷，一章一类，共有“大衍类”“天时类”“田域类”“测望类”“赋役类”“钱谷类”“营建类”“军旅类”“市物类”等九类，每一类分布在两卷当中。每类9问，共计81问。全书内容极为丰富，上至天文、星象、历律、测候，下至河道、水利、建筑、运输，各种几何图形和体积，钱谷、赋役、市场、牙厘的计算和互易，充分体现了中国人的数学观和生活观。直至今日，《数书九章》中记载的许多计算方法和经验常数，仍有较高参考价值和实践意义。

在本书“序”之后“系”的部分中，秦九韶还用类似诗歌的形式介绍了每一个大类的主要内容，以及用数学解决此类问题的现实意义。

第一类为“大衍类”，包括卷一、卷二。秦九韶在提出第一个问题“蓍卦发微”之后，先用较长的篇幅介绍了一种新的计算方法：大衍总数术。其中包括对正整数、小数、分数等数字类型的定义，以及用这些数字进行求公约数、化简的方法，例如“约奇弗约偶”“复乘求定”等操作。还包括“大衍求一术”，即解答一次同余式问题的方法，后来也被称作“中国剩余定理”，五百多年后，德国数学家高斯才提出类似的计算方法。之后，秦九韶利用大衍术解决了九个不同领域的同余问题，涉及占卜、历法、建筑、货币换算、粮食交易、交通行程等方面。

第二类为“天时类”，包括卷三、卷四。其中的问题主要涉及三个方面。“推气治历”“治历推闰”“治历演纪”是有关历法方面的计算问题，“缀术推星”“揆日究微”是将数学方法应用于天文推算，而“天池测雨”“圆罂测雨”“峻积验雪”“竹器验雪”则是利用不同的容器去测量降雨、降雪的量，涉及容积计算等方法。

第三类为“田域类”，包括卷五、卷六。这一类的九个问题归纳总结了各种形状的田地面积的计算方法，例如不规则四边形、三角形、梯形、蕉叶形、环形等，并且灵活处理了各种与田地面积相关的实际情况，例如被水冲去一部分后的剩余面积计算、三人分配田地的面积计算等。这一类问题的亮点在于两种先进计算方法的提出：一是已知三角形的三条边长，求三角形面积的“三斜求积术”，这和西方的海伦公式异曲同工；二是求解一元高次方程的“正负开方术”。

第四类为“测望类”，包括卷七、卷八。这一类问题主要将《九章算术》中的勾股术、重差术用于实际，设想出若干复杂情境，如测量山峰的高度和距离、河水的宽度、正方形城墙的边长、圆形城墙的直径和周长等。在这一类中，作者将上一类中所介绍的正负开方术加以进一步运用，求解出了一元十次方程。

第五类为“赋役类”，包括卷九、卷十。这一类问题探讨了如何将数学应用于古代社会经济民生最为重要的徭役赋税上。这部分内容与不同等级的田地如何分配各类赋税（“复邑修赋”“围田租亩”），兴造工程需要的人力和工作量计算（“筑埂均功”），不同赋税内容之间的折算（“宽减屯租”）等问题相关。

在这一类问题中使用的主要是来自《九章算术》的衰分、商功、粟米等计算方法及其拓展，所进行的主要是按比例分配、折算的数学方法操作。

第六类为“钱谷类”，包括卷十一、卷十二。这一类中主要收录经济生活中与货币和粮食有关的问题。例如不同货币之间的折算，不同地区米价的比较，囤米空间的尺寸计算，运送粮食的运费计算，钱库本金和利息的计算，以随机抽样法对粮食中的杂质进行计算，等等。这一类在“赋役类”的基础上增加了《九章算术》中少广、均输、盈不足等方法的运用。

第七类为“营建类”，包括卷十三、卷十四。这一类包含秦九韶本人非常感兴趣的建筑问题，所营造的对象包括城墙、楼橹、石坝、河渠、清台、地基等，所计算的问题除了建筑的尺寸，还有所需各项材料以及人力的数量。在计算过程中，主要使用了《九章算术》中的商功、均输、少广以及方田等方法。

第八类为“军旅类”，包括卷十五、卷十六。这一类的九个问题都与军事有关，其中“计立方营”“方变锐阵”“计布圆阵”“圆营敷布”“望知敌众”是计算排兵布阵的不同形状和相应的人数分配；“均敷徭役”是关于如何按比例派遣士兵，“先计军程”计算行军的路程，“军器功程”“计造军衣”则是关于兵器、军服的制造问题。这一类仍然使用《九章算术》中的计算方法并有所拓展，关于阵法的计算与几何问题有关，需要使用勾股术等，而其他问题则使用了商功、均输、粟米、盈不足等方法。

第九类为“市物类”，包括卷十七、卷十八。“市物”，即交易货物。这一类中的问题均与商业买卖有关，例如对物价、资本、利息、租金等的计算。这一类中使用了来自《九章算术》的方田、衰分、粟米、方程等计算方法，其中对方程法进行了拓展，得到求解线性方程组的“互乘相消法”。在欧洲，最早在公元1559年，法国数学家布丢（约1490—1570年）开始用不很完整的加减消元法解一次方程组，比秦九韶晚了312年，且理论上的完整性也远逊于秦九韶。

本书的体例为：

“问”：描述情景，提出问题；

“答”：给出问题的答案；

“术”：描述计算方法；

“草”：给出详细的演算过程。

为了使读者能够更清晰地理解原文，译注者对原文中可能存在的疑难字词作了“注释”，并在每段原文的后面附上“译文”，在“术”的译文后面附上“译解”，在“草”的译文后面附上“术解”，使用精确而简洁的现代汉语和现代数学的表述方式对原文加以翻译和解读。其中有的问题“术”“草”较长，译注者将其拆分为几段，各自附上注释、译文、译解或术解。

《九章算术》原文中，许多数值虽然附上了单位，但并未如现代数学一般，对计算后的单位也做相应的调整。例如，“里”与“里”相乘，得数的单位仍然标作“里”，而非“平方里”，等等。译文也保留了这种用法，请读者自行分辨“平方”“立方”一类单位。

相较于《九章算术》等前人的数学著作，“草”是《数书九章》的一大亮点。在《数书九章》中，秦九韶不厌其烦地给出了每道题目的具体演算过程，其中计算步骤和得数一目了然，并配有算筹图。译者在“术解”时，均将之化作今日读者所习惯的阿拉伯数字和数学符号组成的算式，以利阅读和理解。

在本次注释解题的过程中，译注者参考了《数书九章新释》（王守义、李俨，安徽科学技术出版社，1992）、《秦九韶〈数书九章序〉注释》（郭书春，2004）、《〈数书九章序〉今译》（查有梁，2005）、《数书九章今译及研究》（周冠文、陈信传、张文材，贵州教育出版社，1992）的科研成果，在此一并致谢。如有译解舛误，概由译者本人负责，并期待有识之士批评指正。

秦九韶原序

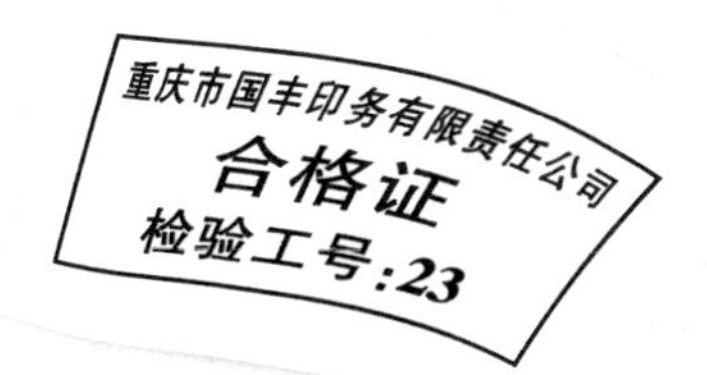

原文

周教六艺〔1〕，数实成之。学士大夫，所从来尚矣。其用本太虚〔2〕生一，而周流无穷，大则可以通神明，顺性命〔3〕；小则可以经世务，类万物，讵〔4〕容以浅近窥哉？若昔推策〔5〕以迎日〔6〕，定律而知气。髀〔7〕矩〔8〕浚〔9〕川。土圭〔10〕度晷〔11〕。天地之大，囿〔12〕焉而不能外，况其间总总〔13〕者乎。

注释

〔1〕六艺：周代的贵族教育体系要求学生掌握的六种才能，也是学校教育的六项内容，包括：礼、乐、射、御、书、数。《周礼·保氏》："养国子以道，乃教之六艺：一曰五礼，二曰六乐，三曰五射，四曰五御，五曰六书，六曰九数。"

〔2〕太虚：指世界的本源，即"道"。

〔3〕性命：在中国古代哲学中指万物的天赋和秉性。

〔4〕讵：疑问副词，表示反问。

〔5〕策：又作"筴"，或称"蓍"，用于占卜的草茎。

〔6〕迎日：推算日月运行。《史记·五帝本纪》："（皇帝）获宝鼎，迎日推策。"裴骃集解："瓒曰：日月朔望未来而推之，故曰迎日。"

〔7〕髀：本义为大腿，引申为指测量日影的表。《晋书·天文志上》："髀，股也，股者，表也。"

〔8〕矩：画方形的工具。

〔9〕浚：疏通河道。

〔10〕土圭：测量日影的仪器。《周礼·地官·大司徒》："以土圭之法测土深，正日景，以求地中。"

〔11〕晷：日影。有时也指测量日影的工具。

〔12〕囿：局限在某一范围内。

〔13〕总总：众多貌。

译文

周代用"六艺"来教育学生，"数"是其中的一项。担任各种官职的人，历来都非常推崇这门学问。它是从宇宙自然中总结出的原理，且它的应用范围非常广泛。往大了说，可以通晓神明，理顺万物的规律；往小了说，可以管理世务，统筹各类事物。难道我们能够把它看成是粗浅的学问吗？像从前用策草来推算日月运行，了解和确定时节变化的规律；用"髀"和"矩"来测量和治理山川，用圭表来测度日影。天地这么大，都包含在数理之中没有例外，何况万事万物呢？

原文

爰[1]自河图[2]、洛书[3]，闿[4]发秘奥，八卦、九畴[5]，错综精微，极而至于大衍、皇极[6]之用。而人事之变无不该[7]，鬼神[8]之情莫能隐矣。圣人神之，言而遗[9]其粗；常人昧[10]之，由而莫之觉。要其归，则数与道非二本也。

注释

〔1〕爰：句首语气词。

〔2〕河图：相传伏羲氏时黄河浮出龙马，背上负"河图"，伏羲据此演推出八卦。

〔3〕洛书：相传大禹时洛河出现神龟，背上驮"洛书"，大禹据此治水成功。

〔4〕闿：开启。

〔5〕九畴：传说中天帝赐给大禹治理天下的九种方法。这里也指本书的九章。

〔6〕皇极：帝王统治天下的法则。又，隋代有《皇极历》。

〔7〕该：完备。

〔8〕鬼神：在中国传统哲学中指“气”的运动变化。

〔9〕遗：音wèi，留给。

〔10〕昧：糊涂，不明白。

译文

自从河图、洛书开启了“数”的奥秘，八卦、九畴阐发了其中复杂而精微的道理，直到大衍术为帝王制定历法所用，人情事理的变化没有不被概括在其中的，世界的规律也都不再隐秘。圣贤之人造诣极高，但他们留下的话语却很简洁，使得普通人读起来也颇为困惑，不能明白。概括其原因，是因为“数”和“道”并不是两回事。

原文

汉去古未远，有张苍〔1〕、许商〔2〕、乘马延年〔3〕、耿寿昌〔4〕、郑[元]〔5〕、张衡〔6〕、刘洪〔7〕之伦〔8〕，或明天道〔9〕，而法传于后，或计功策〔10〕，而效验于时。后世学者自高，鄙不之讲，此学殆绝，惟治历畴人〔11〕，能为乘除，而弗通于开方衍变〔12〕。若官府会事〔13〕，则府史一二象〔14〕。算家位置〔15〕，素所不识，上之人亦委〔16〕而听焉。持算者惟若人，则鄙之也宜矣。呜呼！乐有制氏〔17〕，仅记铿锵〔18〕，而谓与天地同和者止于是，可乎。

注释

〔1〕张苍：（？—152年），西汉阳武（今河南）人，政治家、数学家、天文学家，历任秦御史，汉北平侯、计相、御史大夫、丞相，曾收集整理《九章算术》。

〔2〕许商：西汉长安人，数学家、治河专家，历任少府、侍中光禄大夫、司农、光禄勋等职，著有《许商算数》二十六卷。《广韵》记载其长于《九章算术》。

〔3〕乘马延年：西汉成帝时谏议大夫，长于计算，曾与许商一起治河。

〔4〕耿寿昌：西汉数学家、经济学家、天文学家，宣帝时任大司农中丞，后封关内侯。曾删补《九章算术》，著有《月行度》《月行帛图》。

〔5〕郑［元］：指郑兴、郑众父子，又称“先郑”“二郑”，东汉开封人，经学家。父郑兴，任太中大夫，善治《公羊春秋》《左氏春秋》《周官》等，擅长历算。子郑众，历任给事中、军司马、中郎将、武威太守、大司农等职，传其父《春秋》之学，且通晓《三统历》《易》《诗》。

〔6〕张衡：（78—139年），东汉南阳人，科学家、文学家，历任郎中、太史令、侍中、河间相、尚书等职。在天文、数学、地理、机械等方面颇有建树，发明了浑天仪、地动仪。著有科学著作《灵宪》《浑仪图注》《算罔论》，以及文学作品《二京赋》《归田赋》等。

〔7〕刘洪：东汉蒙阴（今山东）人，天文学家，曾任郎中，山阳、会稽太守。他提出推算日食、月食的定朔法，并制定《乾象历》，其中第一次考虑到了月球运动的不均匀性。

〔8〕伦：类，辈。

〔9〕天道：在中国古代哲学中，既指天体运行的规律，也指掌握人生吉凶祸福的主导力量。

〔10〕计功策：用算策来计算事功。

〔11〕畴人：天文历算的学者。《史记·历书》：“幽、厉之后，周室微，陪臣执政，史不记时，君不告朔，故畴人子弟分散。”清代阮元所编《畴人传》，即是数学家、天文学家的传记。

〔12〕衍变：用“大衍总数术”进行变换。

〔13〕会事：会，音kuài，计算。会事，即会计方面的事务。

〔14〕絫：也作“累”，积累，累计。

〔15〕位置：此处作动词用，布置、安放之意。指畴人用摆放算筹的方法来计算。

〔16〕委：委任，委托。这里指听任，放任。

〔17〕制氏：汉代担任朝廷音乐事务的家族。制，姓氏。

〔18〕铿锵：象声词，形容音乐之声。《汉书·礼乐制》：“汉兴，乐家有制氏，以雅乐声律世世在大乐官，但能纪其铿锵鼓舞，而不能言其义。”

译文

汉代距离上古并不远，有张苍、许商、乘马延年、耿寿昌、郑氏父子、张衡、刘洪等一众数学家，他们或者阐明天道，让计算方法流传于后世，或者用策来计算工作量，或是检验历法。后世的学者自高自大，鄙视数学而不去讲授它，这门学问因而几乎断绝，只有一些研究历法的算学家，能够做加减乘除的运算，但对于开方、大衍术等学问就不知晓了。例如官府需要的会计事务，就由官吏一一将数字累计相加。算学家的计算方法，历来不为人所重视，身居高位的人也对这类情形听之任之。会算术的人竟被当作普通下人差遣，那么他们被鄙视也是应当的了。唉！汉代有专门掌管音乐的制氏，但他们只能记下音乐的声响和节拍，仅此而已，不能解释音乐与天地和谐的道理，这样也可以吗？

原文

今数术之书，尚三十余家。天象历度，谓之缀术〔1〕；太乙〔2〕、壬〔3〕、甲〔4〕，谓之三式，皆曰内算；言其秘〔5〕也。九章所载，即周官〔6〕九数〔7〕，系于方圆者为叀术〔8〕，皆曰外算，对内而言也。其用相通，不可岐〔9〕二。独大衍法〔10〕不载九章〔11〕，未有能推之者，历家演法颇用之，以为方程〔12〕者误也。

注释

〔1〕缀术：南北朝时祖冲之（427—500年）所撰的数学著作，为算经十书之一，后佚失。这里用来指天文与历法的计算方法。

〔2〕太乙：又作“太一”。在老子的道家哲学中与“道”同义。同时也是古代数术流派之一，又称“太一家”。

〔3〕壬：即“六壬”，术数的一种。五行以水为首，天干中壬、癸属水，壬为阳水、癸为阴水，舍阴取阳，故以壬为名。六十甲子中有六个“壬”：壬申、壬午、壬

辰、壬寅、壬子、壬戌，故称“六壬”。

〔4〕甲：指“奇门遁甲”，术数的一种。“奇”指“乙、丙、丁”，称为“三奇”。“门”指“休、生、伤、杜、景、死、惊、开”，合称“八门”。称“遁甲”，因“甲”最为尊贵，因而不能显露，隐藏在“戊、己、庚、辛、壬、癸”这“六仪”之中，“三奇”“六仪”仅有九宫，“甲”并不独占一宫。

〔5〕祕：同“秘”。

〔6〕周官：儒家经典“三礼”之一，又称《周礼》《周官经》。其中对“六艺”的介绍提到了“九数”，但并未明确九数的具体内容。

〔7〕九数：古代数学的九种计算方法。郑玄《周礼注》引郑众：“九数：方田，粟米，差分，少广，商功，均输，方程，盈不足，旁要，今有重差，夕桀，勾股也。”

〔8〕叀术：测量方位、地形、距离、高深等的方法。沈括《梦溪笔谈》：“审方面势，覆量高深远近，算家谓之叀术。”

〔9〕岐：同“歧”，分歧，不同。

〔10〕大衍法：即本书所记载的一次同余问题的解法。

〔11〕九章：指《九章算术》，《算经十书》之一，上承先秦数学发展之源流，入汉以后又经张苍、耿寿昌等众多学者增订整理，约于东汉初年（公元1世纪）成书，是几代学者智慧的结晶。后三国魏时刘徽作注。

〔12〕方程：“九数”之一，也是《九章算术》其中一章，相当于今天的线性方程组。而今天数学中的“方程”相当于我国古代的“开方式”。

译文

当今数术方面的著作，还有三十多种。计算天文和历法的，叫作“缀术”，用于星占卜筮一类的太乙、壬、甲叫作“三式”，这些都称作“内算”，指的是秘不外传的算法。计算形状、方位、距离等的方法叫作“叀术”，称作“外算”，这是相对于“内算”而言的。“内算”和“外算”是相通的，不应该被视为两种不同的算法。只有“大衍术”在《九章算术》中没有记载，也没有人把它推导出来，而历算家推演历法时常常用到。以为它就是“方程术”的话，那就错了。

原文

且天下之事多矣，古之人先事而计，计定而行。仰观俯察[1]，人谋鬼谋，无所不用其谨，是以不愆[2]于成[3]，载籍章章[4]可覆[5]也。后世兴事造[6]始，鲜能考度，浸浸[7]乎天际人事殽[8]缺矣。可不求其故哉？

注释

〔1〕仰观俯察：指对天文地理进行观察和研究。《周易·系辞上》：“仰以观于天文，俯以察于地理，是故知幽明之故。”

〔2〕愆：超过。

〔3〕成：现成的，既有的。

〔4〕章章：同“彰彰”，清楚明确的。

〔5〕覆：审察。

〔6〕造：开始。

〔7〕浸浸：渐渐。

〔8〕殽：同“淆”，混淆，混乱。

译文

况且天下的事情太多了，古人在事前就先计划，计划好之后才去实行。仰观天文，俯察地理，采用各种各样极其严谨的计谋方法，使得自己的成果不被埋没，而是清楚地记载于典籍之上，能够被后人考察。后人开始应用这些算法去处理事务，却少有能够去思索考究的。渐渐地，数学在天文地理和社会人事中的应用都越来越混乱且稀少了。我们能不去探究这里面的原因吗？

原文

九韶愚陋，不闲〔1〕于艺。然早岁侍亲中都〔2〕，因得访习于太史〔3〕，又尝从隐君子〔4〕受数学。际时狄患〔5〕，历岁遥塞，不自意全于矢石〔6〕间。尝险罹〔7〕忧，荏苒〔8〕十祀〔9〕，心槁〔10〕气落，信知夫物莫不有数也。乃肆意期间，旁〔11〕诹〔12〕方能〔13〕，探索杳渺〔14〕，粗若有得焉。

注释

〔1〕闲：通“娴”，娴熟，熟练。

〔2〕中都：即南宋都城临安，今杭州市。秦九韶青年时曾随父亲在临安居住过几年。

〔3〕太史：春秋即有太史官负责起草文书、记载史实、掌握典籍等，秦汉以来职位渐低，魏晋后主要负责历法的推演。隋称太史监，唐称太史局。宋设太史局、司天监、天文院等掌“天文祥异”。

〔4〕隐君子：隐士。这里指一位隐居的数学家。有人猜测可能指当时的学者陈元靓。

〔5〕狄患：“狄”是对北方少数民族的泛称。这里指蒙古族。“狄患”指蒙古军队入侵四川。

〔6〕矢石：弓箭和投石，代指战乱，战争中的危险。

〔7〕罹：遭遇，遭逢。

〔8〕荏苒：时间渐渐过去。

〔9〕祀：年。

〔10〕槁：干枯，衰败。

〔11〕旁：广泛，普遍。

〔12〕诹：咨询，询问。

〔13〕方能：学问和能力，这里指有学问、有能力的人。

〔14〕杳渺：幽深、渺远。

译文

我愚钝且见识浅陋，对于六艺都不是很熟练。但是早年随父亲去过中都，因而有机会拜访太史局的学者们并向其学习，又跟从一位隐士学习过数学。那时遇上蒙古军队入侵四川，由于多年来身处偏远闭塞的地方，自己也没有想到能在战乱中保全性命。遭遇了艰险忧患，不知不觉过了十年，我已然心灰意冷。但我相信世间万物都蕴含着数学方面的规律，于是充分利用空闲时间，并且广泛地向有才学的人请教，去深入探索，有了一些初步的成果。

原文

所谓通神明，顺性命，固肤末〔1〕于见，若其小者，窃尝设为问答，以拟于用。积多而惜其弃，因取八十一题，厘〔2〕为九类，立术〔3〕具草〔4〕，间〔5〕以图发之。恐或可备博学多识君子之余观，曲艺〔6〕可遂也。原〔7〕进之于道，倘〔8〕曰，艺成而下〔9〕，是惟畴人府史流也，乌〔10〕足尽天下之用，亦无瞢〔11〕焉。时淳祐〔12〕七年九月鲁郡〔13〕秦九韶叙。

注释

〔1〕肤末：肤浅。

〔2〕厘：区分，分开。

〔3〕术：计算方法。

〔4〕草：指演算过程，也是宋元后算书的重要组成部分。

〔5〕间：时不时。

〔6〕曲艺：小技艺。

〔7〕原：通“愿”，希望。

〔8〕倘：倘若。

〔9〕下：轻视。

〔10〕乌：疑问词，同“何”，“安”，“哪”。

〔11〕瞢：同“懵”，迷乱，昏聩。

〔12〕淳祐：南宋理宗的第五个年号，1241—1252年。

〔13〕鲁郡：位于今山东省，是秦九韶祖籍。

译文

对于知晓神明之理、通顺性命之道这些方面，我的见识还十分肤浅。但像日常事务这些小的方面，还是可以尝试设置一些问答，拟出能够应用的题目。积累多了，便不舍得丢弃，因而从中选取了八十一题，分为九类，给出计算方法和详细的演算过程，有时还用图来阐述。希望能够为博学多才的人士提供闲暇时的读物，展现我的这点雕虫小技，也就满足心愿了。我希望能够达到"道"的境界，如果成书后被人们轻视，认为这不过是"畴人"和低级官吏之流的作品，不够满足社会事务的应用，我也不会觉得失落。

淳祐七年九月鲁郡人秦九韶作序。

原文

且系[1]之曰：

昆仑[2]磅礴[3]。道本虚一。圣有大衍，微[4]寓于《易》。奇余取策[5]，群数皆捐[6]。衍而究之，探隐知原。数术之传，以实[7]为体。其书九章，惟兹弗纪。历家虽用，用而不知。小试经世[8]，姑推所为，述大衍第一。

注释

〔1〕系：用在辞赋末尾为全文作结的词句，一般类似诗歌的形式。

〔2〕昆仑：广大无垠貌。昆，通"浑"。扬雄《太玄·中》："昆仑旁礴，思之贞也。"司马光集注："昆仑者，象天之大也。"

〔3〕磅礴：宏伟宽阔，广大无边。

〔4〕微：微妙，精深。

〔5〕奇余取策：指大衍总数术是用算策不断求奇数、余数的过程。

〔6〕捐：舍弃。《古诗十九首·行行重行行》："弃捐勿复道。"

〔7〕实：证实，验证。

〔8〕经世：处理国事。《三国演义》："大丈夫抱经世奇才，岂可空老于林泉之下？"

译文

用系来作结：

天地四方广阔无垠，根本规律都是数学。圣人发现了大衍总数术，其中的精妙之处源于《周易》。用算策不断求奇数和余数，将过程中的得数全部舍弃。用大衍术去探究，能够得知数学根本的奥秘。这门学问的发展传播，要以实际的证明为主体。《九章算术》这本书，唯独没有记载大衍术。研究历法的学者们虽然会计算，却不知道其中的原理。我尝试把它用于解决问题，把它的应用推广开来，因而写成第一章《大衍》。

原文

七精〔1〕回穹〔2〕，人事之纪〔3〕。追缀〔4〕而求，宵星昼晷，历久则疏〔5〕，性智能革。不寻天道，模袭何益，三农〔6〕务穑〔7〕，厥〔8〕施自天，以滋以生，雨膏〔9〕雪零。司牧〔10〕闵〔11〕焉，尺寸〔12〕验之，积以器移，忧喜皆非。述天时第二。

注释

〔1〕七精：日、月、金、木、水、火、土。

〔2〕回穹：在天空中回转。

〔3〕纪：指"五纪"。《尚书·范洪》将五纪解释为："一曰岁，二曰月，三曰日，四曰星辰，五曰历数。"即用天文历法来记录事件。

〔4〕追缀：追随缀术。

〔5〕疏：疏漏，错误。

〔6〕三农：居住在平原、山区、水泽的农户，泛指农民。

〔7〕穑：耕种，从事农业生产。

〔8〕厥：代词，其。

〔9〕膏：动词，滋润。

〔10〕司牧：比喻君主和官吏。

〔11〕闵：担忧，忧心。

〔12〕尺寸：指用来测量的仪器。

译文

日月星辰在天穹中回转运行，人世间的事也受到诸多规律支配。用缀术去了解天体的运行，夜间观测星象，白天测量日影，时间久了就会出现偏差，天性聪颖的人才能够进行改革。如果不去观测天体，只是模仿和因袭前人是无益的。农民们从事耕作，正是受着上天的施与，雨雪飘零的滋润，从而孕育作物生长。君王和官员们为收成忧心，用各种器具去测量天时，随着时间的推移，测量工具会产生误差，使人啼笑皆非。因而我写成第二章《天时》。

原文

魁隗[1]粒[2]民，甄[3]度四海。苍姬[4]井[5]之，仁政攸[6]在。代远庶蕃[7]，垦菑[8]日广。步度[9]庀[10]赋，版图[11]是掌。方圆异状，衰窳[12]殊形。更术精微，孰究厥真？差之毫厘，谬乃千百。公私共弊，盍[13]谨其籍[14]？述田域第三。

注释

〔1〕魁隗：高山峻岭。魁：宏伟。隗：高峻。

〔2〕粒：动词，养育。

〔3〕甄：甄别，考察。

〔4〕苍姬：指周代。苍：苍神。《春秋纬元命苞》："殷时五星聚于房，房者苍

神之精，周据而兴。”姬：周代统治者的姓。

〔5〕井：实行井田制。

〔6〕攸：助词，所。

〔7〕庶蕃：百姓众多。庶：平民百姓。蕃：多。

〔8〕菑：初耕的田地，泛指农田。

〔9〕步度：测量。步：古代的长度单位，周代为八尺，秦至南北朝六尺，隋唐后为五尺。

〔10〕庀：具备。

〔11〕版：户籍。图：地图册。

〔12〕窳：音yǔ，低洼。

〔13〕盍：合音词，何不。

〔14〕籍：档案，记载赋税、人口等信息。

译文

高山大川养育着人民，因此需要对天下各地进行仔细考察。周代实行了井田制，这是仁政的体现。一代代人口越来越多，开垦的田地也日益广阔。通过测量完善了赋税制度，对户籍和地形都有所掌握。田地的形状各异，高低好坏也有不同。吏术再精巧微妙，又怎样判断结果的正确呢？一点点的偏差，就会造成极大的谬误。这于公于私都是严重的弊端，为何不将测量记录做到严谨呢？因此我写成了第三章《田域》。

原文

莫高匪〔1〕山，莫浚〔2〕匪川。神禹〔3〕奠〔4〕之，积矩〔5〕攸传。智创巧述，重差〔6〕夕桀〔7〕。求之既详，揆〔8〕之罔越〔9〕。崇深广远，度则靡容〔10〕。形格势禁〔11〕，寇垒仇墉〔12〕，欲如其数，先望以表〔13〕，因差施术，坐悉〔14〕微渺。述测望第四。

注释

〔1〕匪：非，不是。

〔2〕浚：深。

〔3〕神禹：即大禹，夏禹。古代夏后氏部落领袖，曾治理洪水，成为舜的继承人。

〔4〕奠：奠定，建立。

〔5〕积矩：即勾股定理。

〔6〕重差：西汉时在九数之外增加的数学门类之一。《九章算术注 · 序》：“凡望极高、测绝深而兼知其远者，必用重差、勾股。”

〔7〕夕桀：西汉时在九数之外增加的另一数学门类。可能是傍晚时用表来测量的方法。

〔8〕揆：考量，测度。《说文解字》：“揆，度也。”

〔9〕越：远离。

〔10〕靡：全，都。容：合宜。

〔11〕形格势禁：受到形势的阻碍和限制，也写作“形禁势格”“形劫势禁”。格：限制。

〔12〕墉：城墙。

〔13〕表：直立于地面，测量日影用的标杆。

〔14〕悉：知道，了解。

译文

不高的称不上是山岳，不深的称不上是河川。大禹测定了山川的地形，使得勾股定理流传后世。有智能机巧的人创造并阐述了新的算法，比如重差和夕桀。求出详细的结果，仔细度量不偏离现实。或高或深，或广阔或辽远，只要去测量就都能得到真实的数据。有时候迫于形势局限无法直接测量，比如敌寇的堡垒和城墙，如果想要知道这样的数据，就要先用表这样的仪器测量日影，然后用重差的方法进行计算，这样一来坐镇本方就能详细了解最细致隐秘的数据。因而我写成第四章《测望》。

原文

邦国之赋，以待百事。畡[1]田经入，取之有度。未免力役，先商[2]厥功。以衰[3]以率[4]，劳逸乃同。汉犹近古，税租以算[5]。调均钱谷，河菑之扦[6]。惟[7]仁隐[8]民，犹己溺饥。赋役不均，宁得[9]勿思？述赋役第五。

注释

〔1〕畡：九畡，或作“九垓”“九陔”。《国语·郑语》：“王者居九畡之田。”韦昭注：“九畡，九州之极数。”

〔2〕商：商议，计议。

〔3〕衰：衰分术，又称差分，先秦九数之一。相当于按比例分配的计算方法。

〔4〕率：中国传统数学的重要概念。《九章算术注》：“凡数相与者谓之率。”指的是数之间的相关关系，包括但不限于比例关系。

〔5〕算：汉代赋税的名称和计量单位。

〔6〕扦：插。

〔7〕惟：希望，但愿。

〔8〕隐：穷困，贫困。

〔9〕宁得：表示反问，难道。

译文

国家征收赋税，要考虑到方方面面的事务。所有田地的日常税收，要以一定的方法去征收。徭役虽然不可免除，但要事先商议并计算比例。用衰分术和比率的方法去计算，使得每户承担的赋税和徭役更平均。汉代距离上古并不远，那时的租税用“算”来衡量。均衡调配收上来的钱财和粮食，在水边开垦农田耕种插秧。但愿在位者能够对贫民施行仁政，就像自己遭灾挨饿一样。赋税和徭役分配不均，怎么能不忧心呢？所以我写成了第五章《赋役》。

原文

物等敛赋，式[1]时府庾[2]。粒粟寸丝，褐夫[3]红女[4]。商征边籴[5]，后世多端。吏缘[6]为欺，上下俱殚[7]。我闻理财，如智治水，澄源浚流。维其深矣，彼昧弗察。惨急[8]烦[9]刑，去[10]理益[11]远。吁嗟[12]不仁，述钱谷第六。

注释

〔1〕式：样式，规格。

〔2〕庾：粮库。

〔3〕褐夫：穿粗布衣服的男人，泛指平民男子。褐：粗布制成的衣服。

〔4〕红女：从事纺织、缝纫等工作的女性，泛指平民女子。

〔5〕边籴：国家购进粮食以备边防之用。

〔6〕缘：依据，凭借。

〔7〕殚：尽，竭尽。

〔8〕惨急：严酷而峻急。

〔9〕烦：细致而琐碎。

〔10〕去：离开，相距。

〔11〕益：越发，越来越。

〔12〕吁嗟：感叹词，唉。

译文

征收赋税要区分等级，政府的粮库也要符合当时的规范。一粒米、一寸丝，都是普通百姓辛勤劳动的成果。国家以各种目的征税，到了后世就出现了种种不法现象。官吏们凭借税收进行欺瞒，各级官员都想尽方法贪腐。我听说料理财务，就好像用智慧去治理洪水，要澄清源头，疏通水道。这学问是多么深奥，那些官员却蒙昧而不能理解。一味地使用严苛繁多的刑罚来控制百姓，这就离正道越来越远。可叹这些人为官不仁啊，因而我写成第六章《钱谷》。

原文

斯[1]城斯池，乃[2]栋乃宇，宅[3]生寄命，以保[4]以聚。鸿[5]功雉[6]制，竹箇[7]木章[8]，匪究匪度，财蠹[9]力伤。围蔡而栽[10]，如子西素[11]。匠计灵台，俾汉文惧[12]。惟武图功，惟俭昭德。有[13]国有家，兹焉以则，述营建第七。

注释

〔1〕斯：这。

〔2〕乃：那。

〔3〕宅：寄托。

〔4〕保：使安全，使安定。

〔5〕鸿：宏大，宏伟。

〔6〕雉：古代计算城墙面积的单位，以长三丈、高一丈为一雉。

〔7〕箇：即“个”，一枝竹子。

〔8〕章：粗大的木材。

〔9〕蠹：蛀虫，引申为损害，侵蚀。

〔10〕围蔡而栽：公元前494年，楚昭王围攻蔡国，采用子西的计谋，在蔡国周围用版筑建起围垒，使蔡国投降。

〔11〕素：预计，预料。

〔12〕匠计灵台，俾汉文惧：汉文帝曾想要建筑一座灵台，让工匠计算之后发现要花费百金，文帝认为太过铺张，于是作罢。灵台：帝王观察天文的建筑。俾：使，令。

〔13〕有：介词，于。

译文

这些城池，那些楼宇，都是人们寄托生命的地方，让人们安定并聚居。高大而宽阔的建筑，用各种各样的材料建成，如果不仔细地研究、计划，就会劳民伤财。古时楚昭王曾围蔡筑垒，蔡就像子西预料的那样投降了。汉文帝也曾让匠人计算建造灵台的花费，结果需要百金，使他大为惊讶。只有使用武力才能建立功业，只有秉持勤俭才能显明德行。国家和家庭，都应该以此作为准则，因而我写成第七章《营建》。

原文

天生五材[1]，兵[2]去未可。不教而战，维[3]上之过。堂堂之阵，鹅鹳[4]为行。营应规矩，其将莫当。师中之吉，惟智仁勇。夜算军书，先计攸重[5]。我闻在昔，轻[6]则寡[7]谋，殄[8]民以幸，亦孔之忧，述军旅第八。

注释

〔1〕五材：金、木、水、火、土五种材料。也作“五才”。另有金、木、皮、玉、土的说法。或指五种德行：勇、智、仁、信、忠。

〔2〕兵：兵器，引申为军队、武力。

〔3〕维：表示判断，乃，是。

〔4〕鹅鹳：都是军阵的名称，泛指军阵。

〔5〕重：辎重。

〔6〕轻：轻率。

〔7〕寡：少，缺少。

〔8〕殄：使灭绝。

译文

五种材料是自然界产生的，军队是不可或缺的。不去训练军队就让他们战斗，这就是君主和将帅的过错了。军阵十分威严，摆出鹅鹳的架势前进。军营里也应当有纪律，这样的军队无人能抵挡。打胜仗最需要的，就是将士们的智慧和勇敢。夜间研究和谋划兵法，应先对辎重加以重视。我听说从前打仗的人，有的过于轻率而缺乏谋略，使百姓遭受灭顶之灾却还为战功而感到庆幸，这也是孔子所推崇的仁政所忧虑的，因而我写成第八章《军旅》。

原文

日中[1]而市，万民所资[2]。贾[3]贸[4]墆[5]鬻[6]，利析锱铢[7]，蹛财[8]役贫，封君[9]低首。逐末[10]兼并，非国之厚[11]，述市物第九。

注释

〔1〕日中：中午。

〔2〕资：贩卖。

〔3〕贾：卖。

〔4〕贸：做交易。

〔5〕墆：音zhì，囤积。

〔6〕鬻：卖。

〔7〕锱铢：比喻极少的量。锱和铢都是古代重量单位。

〔8〕蹛财：蹛，音dài。聚敛财富。

〔9〕封君：有封邑的贵族。

〔10〕逐末：指从事商业。因古代社会以从商为末流。

〔11〕厚：财富。

译文

在中午开放市场，人们都来做买卖。商人们囤积货物再卖出，一锱一铢地计算利益，聚敛财富来役使贫苦百姓，贵族见到他们都要低头。这是舍本逐末的现象，不是国家的财富。因此我写成第九章《市物》。

目 录 CONTENTS

卷十六

第九章　市物类

卷十七

卷十八

第一章　大衍类

本章包括卷一、卷二。秦九韶在提出“蓍卦发微”之问后，先用较长篇幅介绍了一种新的计算方法：大衍总数术。其中，包括对正整数、小数、分数等数字类型的定义，以及用这些数字进行求公约数、化简的方法，例如“约奇弗约偶”“复乘求定”等操作。还包括“大衍求一术”，即解答一次同余式问题的方法，后来也被称作“中国剩余定理”。500多年后，德国数学家高斯才提出了类似的计算方法。其后，作者利用大衍术解决了9个不同领域的同余问题，涉及占卜、历法、建筑、货币换算、粮食交易、交通行程等方面。

卷一

蓍[1]卦发微

原文

问：易[2]曰，大衍之数五十[3]，其用四十有九[4]。又曰：分而为二以象两[5]，挂一[6]以象三[7]，揲[8]之以四，以象四时[9]。三变而成爻[10]，十有八变而成卦。欲知所衍之术及其数各几何。

注释

〔1〕蓍：用来作为占卜工具的一种草。

〔2〕易：即儒家经典《周易》。儒家“五经”中的《易经》本包括《连山》《归藏》《周易》三个部分，又称“三易”，后前两者失传，后者加上战国时期的《易传》，统称为《周易》。“大衍之数……四十有九”“分而为二……以象四时”这两句出自《周易·系辞上传》。

〔3〕大衍之数：衍，即“演”，推演，推导。“五十”是《周易》中的基本数字，是推演的基础。对于其来历，各家有许多不同说法，例如：邵雍认为“天数二十有五之倍数，合五十”；马融认为“太极生两仪，两仪生日月，日月生四时，四时生五行，五行生十二月，十二月生二十四气，合五十”；郑玄认为“天地之数五十有五，以五行通气，凡五行减五，合五十”；朱熹认为“盖以河图中宫天五乘地十而得之”，等等。

〔4〕其用四十有九：卜筮之人用匣子装50根蓍草，合“大衍之数”。然后从中取出一根象征“太极”，不用于占卜。因此实际使用的只有49根。有：通“又”。

〔5〕两：阴和阳，即“两仪”。

〔6〕挂一：从其中一部分取出一根，挂在一边。

〔7〕三：天、地、人，即“三才”。

〔8〕揲：读shé，用手点数成捆的东西。这里指数蓍草。

〔9〕四时：春、夏、秋、冬。

〔10〕爻：卦的基本符号，一个“—”（阳爻）或一个“--”（阴爻）。三爻为一卦，卦两两组合又能得到六十四卦。

译文

问：《周易》里说，（1）占卜时要取50根蓍草，其中任选一根不用，只用剩下的49根。（2）还说将这些蓍草任意分成两份，以象征两仪。（3）从其中一份里取出一根，这样就成了三部分，象征三才。（4）将不等于1的两份分别按照每次四根来数，象征着四季。（5）将余数和之前取出的一根放在一起。（6）剩下所有的蓍草重复（2）至（5）的过程两次。三次结束之后，所得总数有四种可能：24、28、32、36。将之再除以4，得到6、7、8、9，其中奇数为阳爻，偶数为阴爻，即得到了一“爻”。经过十八次，就能得到六爻组成的一卦。请问这一过程的推演方法和其中的得数。

原文

答曰：

衍母〔1〕一十二。衍法三。一元衍数二十四。二元衍数一十二。三元衍数八。四元衍数六。

已上〔2〕四位衍数计五十。

一揲用数一十二。二揲用数二十四。三揲用数四。四揲用数九。

已上四位用数计四十九。

太极生两仪

两仪生四象

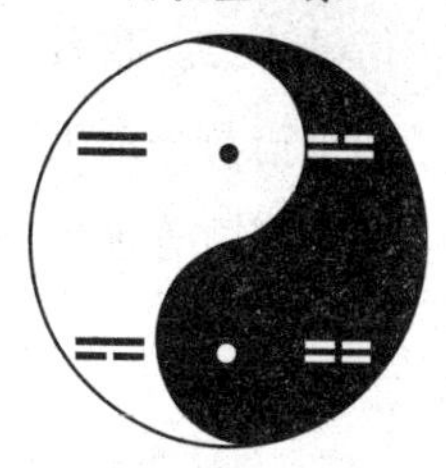

四象生八卦

□ **太极八卦发生图**

太极为阴阳二气的合抱体，为万物衍生前的氤氲状态。西汉马王堆出土的《易系辞传》记载有“古者伏羲氏之王天下也，仰则观象于天，俯则观法于地，观鸟兽之文与地之宜，近取诸身，远取诸物，于是始作八卦”的内容，描述成卦的过程：先是有太极，此时尚未开始分开蓍草，分蓍占后，便形成阴阳二爻，称作两仪。二爻相加，有四种可能的形象，称作四象。由它们各加一爻，便成八卦。

注释

〔1〕衍母、衍数、用数：将在下文“大衍总数术”中具体解释。

〔2〕已上：即“以上”。

译文

答：

衍母为12。共有三种计算方法。

四个衍数分别为24、12、8、6。它们的和为50（大衍之数）。

四个用数分别为12、24、4、9。它们的和为49（其用为四十九）。

原文

大衍总数术曰：

置诸问数[1]，类名有四。一曰元数[2]，谓尾位[3]见单零者。本门揲蓍、酒息、斛粜、砌砖、失米之类是也。

二曰收数[4]，谓尾位见分[5]厘[6]者。假令冬至三百六十五日二十五刻。欲与[7]甲子六十日，为一会而求积日之类。

三曰通数[8]，谓诸数各有分子母者，本门问一会积年[9]是也。

四曰复数[10]，谓尾位见十或百及千以上者。本门筑堤并急足之类是也。

注释

〔1〕问数：作为计算对象的数字。

〔2〕元数：正整数。

〔3〕尾位：一个数字末尾的一位或几位数。

〔4〕收数：小数。

〔5〕分：十分之一。

〔6〕厘：百分之一。

〔7〕与：相会，相遇。

〔8〕通数：分数。

〔9〕一会积年：本章下文将出现的问题。

〔10〕复数：10的正整数倍。

译文

大衍总数术内容如下：

所有要计算的数字可被分为四类。

第一类叫作元数，指的是末位是个位数的数字（正整数）。这一章中涉及揲蓍、酒息、斛粜、砌砖、失米等方面的问题都是使用这类数字。

第二类叫作收数，指的是末位有分、厘的数字（小数）。假设一年有365日25刻，要求冬至和甲子日（60天为一个循环）再次相会所需要的天数，那么就会出现这类数字。

第三类叫作通数，指的是有分子、分母的数字（分数）。这一章中求“一会积年”的问题就会用到这类数字。

第四类叫作复数，指的是末位是十、百、千的数字（10的正整数倍）。这一章中与筑堤、急足等有关的问题会使用这类数字。

译解

首先将需要计算的原始数字按照形式分为四类：正整数、小数、分数，以及10的倍数。各自在本卷不同的问题中使用。

原文

元数者，先以两两连环求等〔1〕。约〔2〕奇弗〔3〕约偶。或约得五，而彼有十。乃约偶而弗约奇。或元数俱偶，约毕可存一位见偶。或皆约而犹有类数〔4〕存，姑〔5〕置之。俟〔6〕与其他约徧〔7〕，而后乃与姑置者求等约之。或诸数皆不可尽类，则以诸元数，命曰复数，以复数格〔8〕入之。

注释

〔1〕连环求等：等，等数，即最大公约数。连环求等，即求最大公约数的“辗转

相减法”，又称“尼考曼彻斯法”。

〔2〕约：用等数去除元数。

〔3〕弗：不。

〔4〕类数：具有公约数的两个或以上的数字。

〔5〕姑：姑且，暂且。

〔6〕俟：等待。

〔7〕徧：同“遍”，全部。

〔8〕格：与每一种数字类型相应的运算方法。

译文

对于元数，先将它们两两用辗转相减的方法求出最大公约数，然后用这个公约数去约这两个数，只约奇数不约偶数。如果两个数的末位一个是5，另一个是0，那就约偶数而不约奇数。如果元数都是偶数，约后的结果是保留一个偶数。如果约过之后两个数仍然有公约数，暂且将其中之一搁置。等到另一个数和其他数都遍求等约之后，再将搁置的数和其他各数求等约。如果两两遍求等约之后，其中仍然存在有公约数的两个或多个数，就将它们看作复数，用复乘求定的方法来处理（见下文）。

译解

辗转相减法，例如求120和36的最大公约数，就用大数不断减去小数，120－36=84，84－36=48，48－36=12，此处将两数交换，仍用大数减去小数，36－12=24，24－12=12，12－12=0。因此12就是120和36的最大公约数。

约奇不约偶，例如21和14的公约数是7，21÷7=3，保留14不约，化约为3和14。

如果两个数是45和80，公约数为5，80÷5=16，保留45不约，得到45和16。

如果几个数都是偶数，例如8和10，公约数为2，应当保留8，10÷2=5，得到8和5，就没有公约数了。

如果其中两个数是245和350，公约数为35，保留245，350÷35=10。仍然

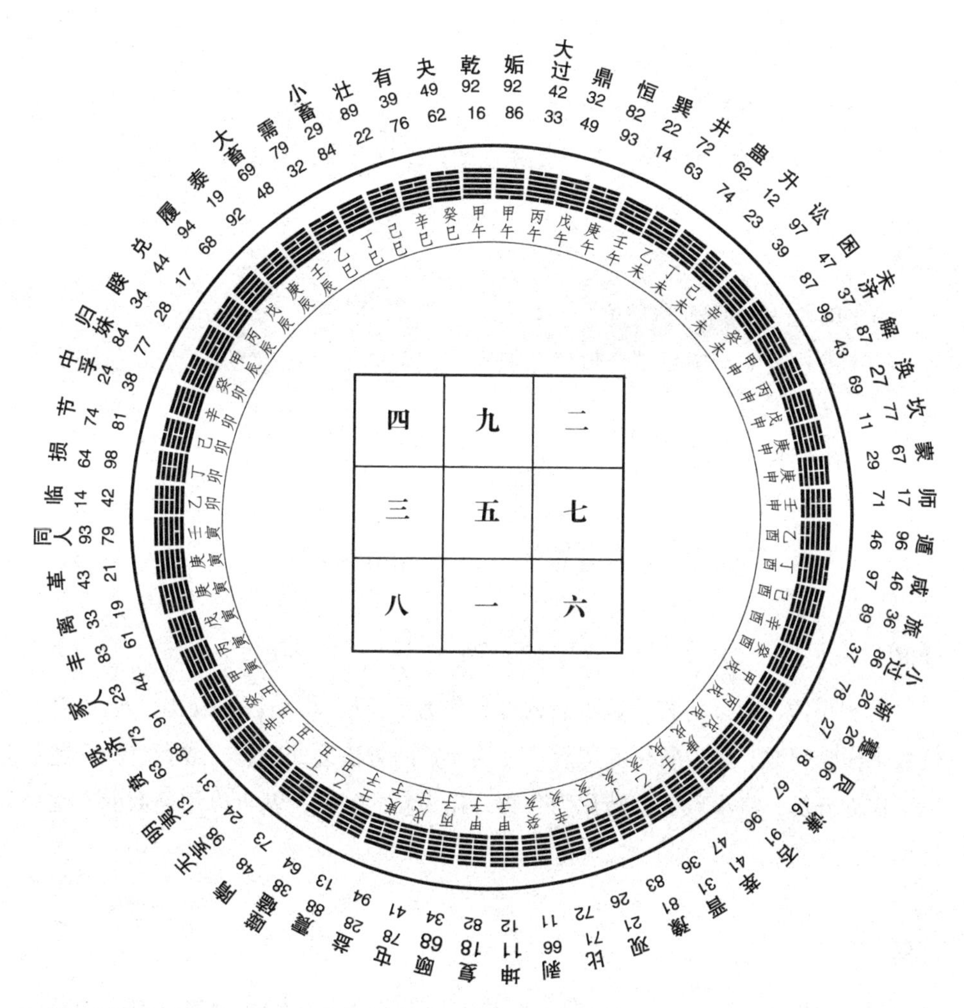

□ **伏羲六十四卦方圆图**

伏羲六十四卦为先圣伏羲所发明，卦辞可用于占卜。每卦均有其深刻意涵，依据卦意可推算世事的吉凶祸福，是古人管窥天命和时运的精算工具。

有公约数，暂且不去管，将其中一个数，比如10保留，用245和其他各数求等化约结束后，再用10和其他各数求等化约。

原文

收数者，乃命尾位分厘作单零[1]，以进[2]所问之数。定位讫[3]，用元数格入[4]之。或如意[5]立数为母，收进分厘，以从所问，用通数格入之。

注释

〔1〕单零：10的幂指数单位。

〔2〕进：进位，指将某个数位向前提升，例如十分位进为个位，个位进为十位等。

〔3〕讫：终了，完毕。

〔4〕入：计算。

〔5〕如意：令人满意的，这里指对原问数来说是合适的。

译文

对于小数，可以将其小数点后的位数作为单位n，将小数乘以10^n，以提升其位数来作为问数。数位转化完毕后，再用元数的方法去处理它。或者选择合适的数字作为分母，将小数部分转化为分数，作为新的问数，就可以用通数的方法去计算了。

译解

例如原数为6.28，小数后有两位，就用10的2次方100去乘，$6.28\times100=628$，即进位得到628，就可以用元数（正整数）的方法去计算了。或者也可以将6.28转化为$6\frac{7}{25}$，用通数（分数）的方法计算。

原文

通数者，置问数，通分内子[1]，互乘之[2]，皆曰通数。求总等，不约一位，约众位，得各元法数，用元数格入之；或诸母数繁，就分从省通之者，皆不用元，各母仍求总等，存一位，约众位，亦各得元法数，亦用元数格入之。

注释

〔1〕通分内子：将带分数化为假分数。

〔2〕互乘之：用每个分子遍乘其他分数的分母。

译文

为了将分数化作问数，要先将其中的带分数都化为假分数，然后用每个分子遍乘其他分数的分母，得到的一组整数也叫作通数。求出这些通数的最大公约数，保留一个通数，用最大公约数约其他所有通数，得到的一组数叫作元法数，可以用元数的方法来计算。如果各分母都很大，计算起来麻烦，就在分别化为假分数之后，先不求元法数，而是求出各分母的最大公约数，仍然保留一个分母不约，去约其他分母，再进行上面的遍乘等步骤，也能够得到元法数，也就能用元数的方法去计算了。

译解

例如原数为$\frac{2}{3}$、$2\frac{5}{7}$、$1\frac{4}{9}$。

将其中的带分数化为假分数得到：$\frac{2}{3}$、$\frac{19}{7}$、$\frac{13}{9}$。

分子互乘分母：$2\times7\times9=126$；$19\times3\times9=513$；$13\times3\times7=273$。得到3个通数。它们有公约数3。保留126，$513\div3=171$，$273\div3=91$。得到元法数126、171、91。

原文

复数者，问数尾位见十以上者，以诸数求总等，存一位，约众位，始得元数。两两连环求等，约奇弗约偶，复乘偶；或约偶弗约奇，复乘奇。或彼此可约，而犹有类数存者，又相减以求续等，以续等约彼，则必复乘此，乃得定数〔1〕。所有元数、收数、通数三格，皆有复乘求定之理。悉可入之。

注释

〔1〕定数：两两之间都不再有公约数的一组数。

译文

复数，也就是10的倍数，先求出它们的最大公约数，保留一个复数，用这一公约数去约其他复数，就能得到一组元数。再对这些数进行两两连环求公约数，每次都是用公约数约奇数而不约偶数，同时用这个公约数去乘偶数；或者相反地，用公约数约偶数，同时乘奇数。如果这样得到的一组数中，仍然有某两个数之间有公约数，就用辗转相减的方法求出它们的最大公约数，然后用这个公约数约其中一个数，同时乘另一个数。最后使得这一组数中，任意两个数之间都没有公约数，这样一组数就叫作定数。这种方法叫作“复乘求定”，是对于所有的元数、收数、通数都适用的计算方法。

译解

例如：有一个数字x，$x \bmod 120=3$，$x \bmod 150=33$，$x \bmod 180=123$。求x。（本书以mod表示前数除以后数得到的余数）

这组元数为120、150、180，最大公约数30。保留120，约其他二数，150÷30=5，180÷30=6，得到元数：120、5、6。

先用120和5求公约数，得到5，120÷5=24，5×5=25，数组变为：24、25、6。

再用24和6求公约数，得到6，24÷6=4，6×6=36，数组变为：4、25、36。

再用25和36求公约数，得到1，两数均不变。

现在4和36仍然有公约数，辗转相减，得到公约数4，4×4=16，36÷4=9，数组变为：16、25、9，就是定数。

原文

求定数，勿使两位见偶，勿使见一太多，见一多则借用繁，不欲借，则任得一，以定相乘为衍母，各得衍数。或列各定为母于右行，各列天元一[1]为子于左行，以母互乘子[2]，亦得衍数。

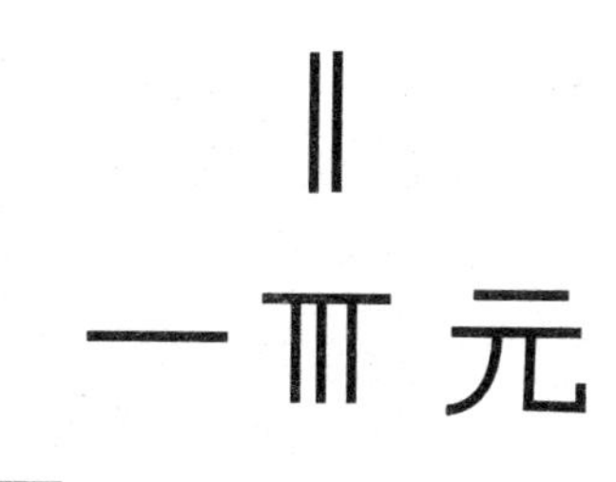

□ 天元表示式

《测圆海镜》中的天元术是其最重要贡献之一。天元术就是设“天元一”为未知数，根据问题的已知条件，列出两个相等的多项式，经相减后得出一个高次方程（天元开方式）。其表示方法为：在一次项系数旁边记一“元”字，“元”以上的系数表示各正次幂，“元”以下的系数表示常数和各负次幂。图为方程$2x^2+18x+316=0$的天元表示式。

注释

〔1〕天元一：即数字1，“天元”强调这个数字作为正整数的起始，在计算中的重要性。

〔2〕母互乘子：对于每一个分数，用其他所有数的分母来乘本数的分子。

译文

求定数的时候，其中不能有两个或以上的偶数，也不要有太多的1。1如果太多会使计算中“借用”（借用的计算方法见后文）太多。如果不想借用，可以任意得到一个1，然后将所有定数相乘，得数叫作“衍母”。再用各定数去约衍母，得到的各个数字叫作“衍数”。或者也可以把各定数在右侧排成一列作为“定母”，左侧先确定一列都为1的“子”，再用每个子去乘其他所有的分母，也能够得到衍数。

译解

定数中如果有两个或两个以上的偶数，说明至少还有公约数2，不满足定数的要求。

如果对于120、5、6，使用“复乘求定”的方法，120和5先化作600和1，600和6再化作3600和1，那么这一组定数就是：3600、1、1，其中的1太多了，影响后面的计算。

可以在第一次求等化约时得到24、25、6（过程见上文），第二次用$24\times6=144$，$6\div6=1$，得到144、25、1，作为定数。

$144\times25\times1=3600$，是衍母。

$3600\div144=25$，$3600\div25=144$，$3600\div1=3600$。25、144、3600

就是衍数。

或者也可以列下表：

子	定母
1	144
1	25
1	1

1×25×1=25，1×144×1=144，1×144×25=3600。也得到各衍数。

原文

诸衍数，各满[1]定母，去之，不满曰奇[2]。以奇与定，用大衍求一入之，以求乘率。或奇得一者，便为乘率。

注释

〔1〕满：这里指整数倍。

〔2〕奇：和奇偶概念中的奇数不同，指的是减掉定母的整数倍之后剩下小于定母的部分，即相除之后的余数。本书后面这一意义的“奇”大量出现，应当注意区分。

译文

从各衍数当中，减掉定母的整数倍，剩下小于定母的部分，叫作奇数。运用这个奇数和定数，使用大衍求一术来计算，就能求出乘率。如果奇数是1，那么乘率就是1。

译解

仍以16、25、9作为定数。衍母=16×25×9=3600。

衍数：25×9=225，16×9=144，16×25=400。

奇数：225 mod 16=1，144 mod 25=19，400 mod 9=4。

原文

大衍求一术云：

置奇右上，定居右下，立天元一于左上。先以右上除右下，所得商数与左上一相生[1]，入[2]左下。然后乃以右行上下，以少除多，递互[3]除之，所得商数，随即递互累乘，归[4]左行上下。须使右上末后奇一而止。乃验[5]左上所得，以为乘率。或奇数已具单一者，便为乘率。

注释

〔1〕相生：相乘。

〔2〕入：放入，填入。

〔3〕递互：递推，交互。

〔4〕归：归入，放入。

〔5〕验：验收。

译文

大衍求一术这样计算：

将奇数置于右上，定数放在右下，1放在左上。先计算右上除右下，得到的商与左上的1相乘，结果放在左下，余数则代替右下。然后用右边上下的数字以小除大，反复这样除下去，每次都用余数代替右边的被除数，同时用所得商乘以除数在左侧的同行数并加上被除数在左侧的同行数，然后代替被除数在左侧的同行数，这样一直乘和累加下去。要让右上的奇数为1，才能停止。这时左上的数字就是乘率。或者奇数一开始就是1，那么乘率就是1。

译解

奇数$_1$=1，乘率$_1$=1。

1	19
0	25

25 mod 19=6，商1。

1	19
1	6

19 mod 6=1，商3。

1 × 3+1=4	1
1	6

右上=1，则乘率$_2$=左上=4。

1	4
0	9

9 mod 4=1，商2。

1	4
2	1

4 mod 1=1，商3，这是为了得到余数1。

2 × 3+1=7	1
2	1

右上=1，则乘率$_3$=左上=7。

原文

置各乘率，对乘衍数，得泛用。并泛用，课[1]衍母，多一者为正用；或泛多衍母倍数者，验元数，奇偶[2]同类者，损其半倍。或三处同类，以三约衍母，于三处损之，各为正用数。或定母得一，而衍数同衍母者，为无用数。当验元数同类者，而正用至多处借之。以元数两位求等，以等约衍母为借数，以借数损有以益其无，为正用。或数处无者，如意[3]立数为母，约衍母，所得，以如意子乘之，均借补之，或欲从省勿借，任之为空，可也。然后其余各乘正用，为各总，并总，满衍母去之，不满为所求率数。

注释

〔1〕课：按一定的标准检验。《管子·七法》："成器不课不用，不试不藏。"

〔2〕奇偶：这里偏指"偶"。

〔3〕如意：任意。

译文

得到各个乘率之后，分别去乘对应的衍数，得到的积叫作"泛用数"。将泛用数的和与衍母比较，其等于衍母加1时，这些数就叫作"正用数"。或者，如果泛用数之和是衍母的多倍，那么就须检查最初的一组元数，如果有两个元数有公约数，那么就从二者对应的泛用数里各自减去衍母的一半；有三个元数有公约数，就从三者对应的泛用数里各自减去衍母的$\frac{1}{3}$。以上操作都能得到正用数。当某个定母为1时，衍母和衍数相等，就没有用数了，此时如果对应元数和另外一个元数之间有公约数，那么可以借用正用数。方法是求出这两个元数的公约数，然后用这个公约数去除衍母得到"借数"，将这个借数补充到没有用数的地方，作为正用数。如果多个地方都没有用数，也可以用衍母的任意一个因子去约衍母，用其结果任意乘一个分子，得到借数，没有用数的位置都用这个借数去补充。或者想要简化，不想用借数，也可以就让它们空着。然后用原题目中的各个余数与相应的正用数相乘，结果称作"各总"，它们的和称为"总数"。用衍母除总数，得到所求的结果。

译解

泛用数：225×1=225，144×4=576，400×7=2800。

225+576+2800=3601。3601 mod 3600=1，商为1。这三个数就是正用数。

各总：225×3=675，576×33=19008，2800×123=344400。

总数：675+19008+344400=364083。

x=364083 mod 3600=483。

原文

本题术曰：

置诸元数，两两连环求等，约奇弗约偶。遍约毕，乃变元数皆曰定母，列右行。各立天元一为子，列左行。以诸定母互乘左行之子，各得名曰衍数。次以各定母满去衍数，各余名曰奇数。以奇数与定母，用大衍术求一。（大衍求一术云：以奇于右上，定母于右下，立天元一于左上。先以有上下两位，以少除多，所得商数，乃递互乘内左行，使右上得一而止，左上为乘率。）得乘率。

译文

解答方法如下：

对于各元数，先用两两连环求等的方法，求出公约数之后，约奇数而不约偶数。用这种方法得到定数之后，就将它们变为定母，列在右行。左行相应位置各列一个1作为子。用左边的每个子去乘右边不同行的各个定母，得到的数字都是衍数。然后再用每个定母去除衍数，得到的余数就是奇数。利用奇数和定母，使用前文的大衍求一术（大衍求一术的具体做法见上文），就能得到乘率。

译解

本题的元数就是每次数出的蓍草根数1、2、3、4，它们连环求等化约之后得到定数1、1、3、4。

衍数：$1\times3\times4=12$、$1\times3\times4=12$、$1\times1\times4=4$、$1\times1\times3=3$。

奇数：$12 \bmod 1=1$，$12 \bmod 1=1$，$4 \bmod 3=1$，$3 \bmod 4=3$。

用前面的大衍求一术，得到乘率：1、1、1、3。

原文

以乘率乘衍数，各得用数。验次所揲，余几何[1]，以其余数乘诸用数，并名之曰总数。满衍母去之，不满为所求数，以为实[2]，易以三才为衍法[3]，以法除实，所得为象数。如实有余，或一或二。皆命作一，同为象数。其象数得一，为老阳；得二，为少阴；得三，为少阳；得四，为老阴。得老阳画重爻；得少阴画拆爻；得少阳画单爻；得老阴画交爻[4]。凡六画乃成卦。

阴阳象数图	水丨老阳	火‖少阴	木‖|少阳	金‖‖老阴	始此四数以揲 终此四者为爻

注释

〔1〕几何：多少。

〔2〕实：被除数。

〔3〕法：除数。

〔4〕重爻、拆爻、单爻、交爻：都是爻象的名称。

译文

用各乘率去乘对应的各衍数，所得各积都是用数。检验每次将蓍草二分之后分别以1、2、3、4去除所得的余数是多少。用这些余数去乘各自的用数，所得结果之和就是总数。总数除以衍母所得余数为所求结果，小于衍母的总数自身便是得数。将得数作为被除数，按照《周易》，用3作为除数去除，得到的是“象数”。如果不能整除，余数是1或2，都将其规定为1，加入象数中。象数1是老阳，画成重爻的符号；2是少阴，画成拆爻；3是少阳，画成单爻；4是老阴，画成交爻。共六画成为一卦。

译解

用数：1×12=12、1×4=4、3×3=9。

余数取决于实际占卜中每次剩下的蓍草根数。余数×用数=各总。各总之和为总数。总数除以衍母所得的系数则为得数。

与普通计算问题不同的是，占卜问题求出得数后还要除以3得到“象数”，并据此得到卦象，即“爻”。

原文

草曰：

置一、二、三、四，列右行；立天元一，列左行[1]。

以右行互乘左行	𝍠	𝍡	𝍢	𝍣	天数	右行
	𝍠	𝍠	𝍠	𝍠	天元	左行

以右行一、二、三、四互乘左行异子一，弗乘对位本子[2]，各得衍数。

以左行并之得五十	上𝍠	副𝍡	次𝍢	下𝍣	元数	右行
	𝍪𝍣	𝍩𝍡	𝍧	𝍥	衍数	左行

乃并左行衍数四位，共计五十，故易曰大衍之数五十。算理不可以此五十为用，盖[3]分之为二，则左右手之数，奇偶不同。见阴阳之伏[4]数必须复求用数。先名此曰衍数，以为限率[5]，遂乃复以一二三四之元数，求等数，约定。按前术，以两两连环求等约之，先以一与二求等，一与三求等，一与四求等，皆得一，各约奇弗约偶，数不变。次以二与三求等，亦得一，约奇弗约偶，数亦不变。及以二与四求等，乃得二，此二只约副数[6]二，变为一，而弗约四。次以三与四求等，亦得一，约奇，亦不变。所得一、一、三、四，各为定数母，列右行。仍各立天元一为子，列左行。

以右行互乘左行	𝍠	𝍠	𝍢	𝍣	定母右行
	𝍠	𝍠	𝍠	𝍠	天元左行

注释

〔1〕右行，左行：《数书九章》原版为竖排，现依今人习惯横排，右为上，左为下，全书列表皆同于此。

〔2〕对位本子：同一行左列相应位置的“子”。

〔3〕盖：因为。

〔4〕伏：潜伏，隐藏。

〔5〕限率：计算的范围。

〔6〕副数：第二个数，这里指位于第二位的元数2。

译文

这一题目的演算过程如下：

把1、2、3、4放在右列，左列都放入1。用左列的1分别去乘右列与之不同行的各数，得到各个衍数：24、12、8、6。它们的和是50，所以《周易》说“大衍之数五十”。但这个“50”在算术中不能直接使用，因为将它分为两部分，不能满足两边一奇一偶的要求。所以要想得到其中隐藏的阴阳之数，必须再求出用数。先将这个“50”称作大衍之数，以它为“限率”。再将1、2、3、4作为元数，求出等数，约成定数。按照前面介绍的方法，将它们两两连环求等再化约，先用1和2、3、4求等，等数都是1，各自约奇数不约偶数，各数并不改变。再将2和3求等，也得到1，仍约奇数不约偶数，约毕，数也不变。用2和4求等时，等数是2，这个等数只约在前面的2，不约后面的4。再用3和4求等，也得到1，用它去约奇数3，也不变。得到的1、1、3、4都是定数，列在右边成为定母。仍然在左边放一列1作为子。

术解

子	元数
1	1
1	2
1	3
1	4

衍数：2×3×4=24，1×3×4=12，1×2×4=8，1×2×3=6。

24+12+8+6=50。

各元数连环求等化约，得到1、1、3、4，为定数/定母。

子	定母
1	1

续表

子	定母
1	1
1	3
1	4

原文

以右行定母一、一、三、四互乘左行各子一，惟不对乘本子，毕。左上得一十二，左副[1]得一十二，左次[2]得四，次下得三，皆曰衍数。

<table>
<tr><td rowspan="2">以右行定母，满去左行衍数，余各为奇数</td><td>|上</td><td>|副</td><td>|||次</td><td>||||下</td><td>定母右行</td></tr>
<tr><td>一||上</td><td>一||副</td><td>||||次</td><td>|||下</td><td>衍数左行</td></tr>
</table>

次以各母满去衍数，其上母去衍一十二，奇一。其副母一亦去副子一十二，亦奇一。其次母三去次衍四，亦奇一。其下母四，欲去下子三，则不满，便以三为左下奇数。

<table>
<tr><td rowspan="2">其左上副次，更不大衍，只以左下与右下衍之</td><td>|上</td><td>|副</td><td>|||次</td><td>||||下</td><td>定母右行</td></tr>
<tr><td>|</td><td>|</td><td>|</td><td>|||</td><td>奇数左行</td></tr>
</table>

凡奇数得一者，便为乘率。今左下衍是三，乃与本母四，用大衍求一术入之，列衍奇三于右上，定母四于右下，立天元一于左上，空其左下。

<table>
<tr><td rowspan="2">○</td><td>|||衍奇</td><td>||||定母</td><td>|商</td></tr>
<tr><td>|天元</td><td>○</td><td></td></tr>
</table>

先以右上少数三，除右下多数四，得一为商。以商一乘左上天元一，只得一，归左下，其右下余一。

<table>
<tr><td>||商</td><td>|||衍奇</td><td>|定母余</td><td>○</td></tr>
<tr><td></td><td>|天元</td><td>|归数</td><td></td></tr>
</table>

次以右下少数一，除右上多数三，须使右上必奇一算乃止。遂于右行最上商二，以除右衍，必奇一。乃以上商，命右下定余一，除之，右衍余一。

𝍡商	𝍠衍奇余	𝍠定母余
	𝍠天元	𝍠归数

次以商二与左下归数相乘，得二，加入左上天元一内，共得三。

验至右上，得一，只以左上所得为乘率	𝍠衍奇余	𝍠右行
	𝍢乘率	𝍠左行

今验右上衍余，得一当止。乃以左上三为乘率。与前三者乘率各一，与衍定图衍数对列之，通计三行。

𝍠	𝍠	𝍢	𝍣定母
𝍩𝍡	𝍩𝍡	𝍣	𝍢衍数
𝍠	𝍠	𝍠	𝍢乘率

注释

〔1〕左副：左列第二个。

〔2〕左次：左列第三个。

译文

分别用左行的1和右行定数1、1、3、4中不同行的数连乘后，左上得到12，左二得到12，左三得到4，左下得到3，都是衍数。

其次用每个定数除衍数，右上1除左上12，得到奇数1。右二1除左二12，奇数为1。右三3除左三4，奇数为1。右下4除左下3，因为不够除，所以奇数就是3。

凡是奇数为1的，乘率就是1。现在左下衍数被除后的奇数是3，相对的定母是4，用大衍求一术来计算，将3放在右上，4放在右下，1放在左上，左下为0。

先用右上较小的3除右下较大的4，得到的商是1。用这个商1去乘左上的1，也只能得到1，放在左下，余数1放在右下。

其次用右下较小的1除右上较大的3。必须让右上为1的时候计算才能停止，所以取商为2，才能将右上替换成奇数1。于是将商2写在右列最上方，规定右下的1除3之后的余数是1，写在右上。

再次用商2与左下刚才放入的1相乘，得数2与左上1相加，得3，放在左上。

现在检验发现右上衍数的余数已经是1了，于是计算停止，这时左上的3就是乘率。它和前面已经求出的三个为1的乘率，以及相应的衍数、定数共同排成三列。

术解

衍数：1×3×4=12、1×3×4=12、1×1×4=4、1×1×3=3。

衍数	定数
12	1
12	1
4	3
3	4

奇数：12 mod 1=1，12 mod 1=1，4 mod 3=1，3 mod 4=3。

奇数为1的乘率也是1。需要求乘率$_4$。

1	3
0	4

4 mod 3=1，商1。

1	3
1	1

3 mod 1=1，为了得到奇数1，商2。

3	1
1	1

右上=1，乘率$_4$=左上=3。

乘率	衍数	定数
1	12	1
1	12	1
1	4	3
3	3	4

原文

以乘率对乘左行毕，左上得一十二，左副得一十二，左次得四，左下得九，皆曰泛用数。次以右行一、一、三、四相乘，得一十二，名曰衍母。

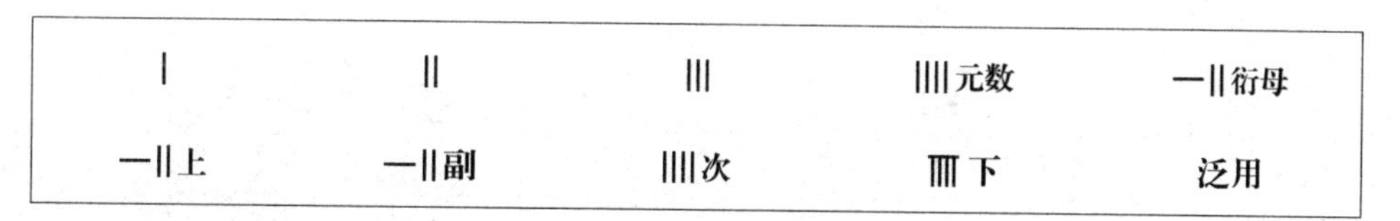

复推[1]元用等数二，约副母二为一，今乃复归之为二，遂用衍母一十二，益[2]于左副一十二内，共为二十四。

|	||	|||	||||元数
一||	═||||	||||	𝍨定用

今验用数图，右行之一、二、三、四，即是所揲之数。左行一十二，并二十四，及四与九并之，得四十九，名曰用数，用为蓍草数，故易曰其用四十有九是也。

注释

〔1〕推：推想，回想。

〔2〕益：增加，相加。

译文

用各乘率去乘同行的衍数，左上得到12，左二12，左三4，左下9，这些都是泛用数。再用最右列的四个数相乘，得到12，就是衍母。

之前对元数进行求等的时候，用等数2将第二个元数2约成了1，现在重新将它回归为元数2，并将衍母12加入泛用数左二中，得到24，左列成为定用数。

现在检查上面的“用数图”，右行的1、2、3、4就是揲数的元数。左行的12、24、4、9相加，得到49，叫作“用数”，也就是用来占卜的蓍草数，所以《周易》说“其用四十有九”。

术解

泛用数：1×12=12、1×12=12、1×4=4、3×3=9。

定用数$_2$=12×2=24。

用数图

定用数	元数
12	1
24	2
4	3
9	4

用数=12+24+4+9=49。

原文

假令用蓍四十九，信手分之为二，则左手奇，右手必偶；左手偶，右手必奇。欲使蓍数近大衍五十，非四十九或五十一不可。二数信意分之，必有一奇一偶。故所以用四十九，取七七[1]之数始者，左副二十四扐[2]，益一十二，就其三十七泛为用数，但三十七无意义，兼蓍少太露，是以用四十有九。凡揲蓍求一爻之数，欲得一、二、三、四。出于无为[3]，必令揲者不得知，故以四十九蓍，分之为二，只用左手之数。假令左手分得三十三，自一一揲之，必奇一，故不繁揲，乃径挂一。故易曰：分而为二以象两，挂一以象三。此后，又令筮人以二二揲之，其三十三，亦奇一。故归奇于扐。又令之以三三揲之，其三十三，必奇三，故又归奇于扐，又令之以四四揲之，又奇一，亦归奇于扐。与前挂一，并三度揲，通有四扐，乃得一、一、三、一。其挂一者，乘用数图左上用数一十二；其二揲扐一者，乘左副用数二十四；其三揲扐三者，乘左次用数四，得一十二；其四揲扐一者，乘左下用数九。

左行三扐，谓之二变	一‖	＝‖‖	‖‖	𝍨用数
	丨挂一	丨扐	丨丨丨扐	一扐

挂一，得一十二；扐一，得二十四；扐三，得一十二；又扐一，得九，并为总数。

一‖	＝‖‖	一‖	𝍨总数

注释

〔1〕七七：来自佛教观念，认为人死后在六道轮回，以七日为一期寻求转生，如果七日不得则再延续七日，直到第七个七日结束，一定能够得到生缘。因此形成民间七日一祭奠，直到“七七”的习俗。

〔2〕扐：音lè，在数蓍草占卜时，将草夹在手指之间。

〔3〕无为：道家哲学观念，指顺应事物规律，不去刻意强求。这里指占卜的随机性。

译文

假设用49根蓍草，任意分成两份，那么左手如果是奇数，右手一定是偶数；左手是偶数，右手一定是奇数。想要让蓍草数接近大衍术50，就必须是49或者51才行。这两个数随意分成两份，必定是一个奇数一个偶数。之所以开始用49，因为它是“七七”之数。上页图左列第二位是24，如果再增加12，

□ 战国时代的数字

中国最早的数字出现于商周时代的甲骨文。甲骨文在记数时常使用“言文”，即将两个字合起来写。如一百在“一”之下加上一横表示二百，再加上一横表示三百等，但其音读起来还是不同音。图中记录了战国时期的数字变化情况。

就和泛用数37接近。但37没有特殊的意义，而且蓍草数也太少，所以使用49。但凡是以数蓍草来得到一个爻数的，都是想要得出1、2、3、4这几个数。占卜是随机的，要让算卦的人自己也不能知道结果，所以用49根蓍草，随意分成两份，只用左手的草数。假设左手分到33根，那么一根一根地数，余数必定是1，所以不再麻烦地去数，而是直接拿出一根来夹在手指之间。所以《周易》说："分而为二以象两，挂一以象三。"然后再让占卜者两根两根地数，总数33，余数也是1，夹在手指间。再三根三根地数，因为总数是33，余数必定是3，也夹在手指间。再四根四根地数，又得到余数1，也夹在手指间。根据前面所述的这些"挂一"、三次数蓍草、四次夹在手指间的方法，能够得到1、1、3、1这四个数字。在用数图中，用"挂一"的1去乘左上的用数12；用第二个数1去乘左二的用数24；用第三个数3去乘左三的用数4，得到12；用第四个数1去乘左下的用数9。"挂一"得到12，数三次后各得到24、12、9，这四个数的和就是总数。

术解

用49根蓍草来占卜，任意分成两份，假设左手分到33根，右手就分到16根，一奇一偶。

33 mod 1=1，33 mod 2=1，33 mod 3=3，33 mod 4=1。

定用数	余数
12	1
24	1
4	3
9	1

总数=$1\times12+1\times24+3\times4+1\times9=57$。

原文

并此四数总得五十七。不问所握几何，乃满衍母一十二去之，得不满者九。或使知其所握三十三，亦满衍母去之，亦只数九数，以为实。用三才衍法约之，得三。乃画少阳单爻。或不满得八得七为实，皆命为三。他皆仿此。

术意：谓揲二、揲三、揲四者，凡三度，复以三十三从头数揲之。故曰：三变而成爻；既卦有六爻，必一十八变。故曰：十有八变而成卦。

译文

将这四个数加起来，和是57。不管左手握有多少根蓍草，用衍母12去除57，得到的余数是9。或者已经知道左手握有33根蓍草，用衍母12去除，余数也是9，作为被除数。用3去除9，得到象数3。于是画出少阳单爻的卦象。如果不足9，就将余数8或7作为被除数，象数也都规定为3。其他的情况都仿照这样计算。

这一方法的含义是：用2根、3根、4根分别数过，共3次，而33则等于从头一一数过一次。所以《周易》说："三变而成爻。"既然一卦有6爻，就必须要数18次。所以《周易》又说："十有八变而成卦。"

术解

衍母$=1\times1\times3\times4=12$。

$57 \bmod 12=9$。或$33 \bmod 12=9$。

$9\div3=3$，即"少阳"。

古历会积

原文

问：古历[1]冬至以三百六十五日四分日之一，朔[2]策以二十九日九百四十分日之四百九十九，甲子[3]六十日各为一周。假令至淳祐丙午十一月丙辰朔，五日庚申冬至，初九日甲子，欲求古历气[4]、朔、甲子一会[5]，积[6]年积月积日，及历过[7]未至[8]年数各几何。

答曰：一会积一万八千二百四十年，二十二万五千六百月，六百六十六万二千一百六十日。

历过，九千一百六十三年。

未至，九千七十七年。

注释

〔1〕古历：古代的历法，这里指殷商以来确定的历法。

〔2〕朔：阴历每月的初一称为“朔”，最初古人是以新月初现为一月之始。

〔3〕甲子：古历用干支法记日，即将十天干——甲、乙、丙、丁、戊、己、庚、辛、壬、癸，和十二地支——子、丑、寅、卯、辰、巳、午、未、申、酉、戌、亥一一配合，从甲子日起，到第二个甲子日之前，共60日，为1周。

〔4〕气：古历将一年分为二十四个“气”，即今天所谓的“节气”。

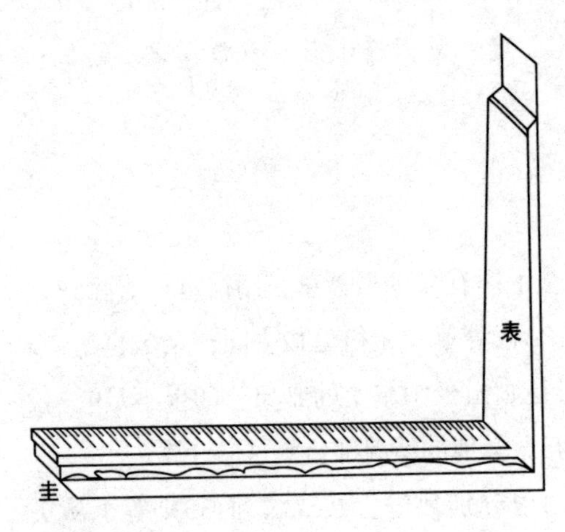

□ 圭表之图

圭表，是古代中国用于度量日影长度的一种天文仪器，由“圭”和“表”两个部件组成。直立于地面以测日影的标杆或石柱，叫“表”；平置于地面以测定表影长度的石制刻板，叫“圭”。“圭”与“表”垂直，其一头连着表基，一头伸向正北。不同的季节，太阳的出没方位和正午高度不同，并有周期变化。在露天将圭平置于表的北面，根据圭上表影，测量、比较和标定日影的周日、周年变化，便可以测出时辰、求得周年常数、划分季节和制定历法。

〔5〕会：指冬至、朔日、甲子日出现在同一天。

〔6〕积：累积，这里指经过的时间。

〔7〕历过：即上元积年。上元，古代历算所确立的一个基准点，取上古某一年甲子日的开始时刻（0时）同时也是冬至和朔日，即这一年中出现“日月合璧、五星连珠”（日月的经纬度相同，五大行星在同一方位）的时刻。上元积年，即上元到当前所经历的年数。

〔8〕未至：到下一个上元还未经历的年数。

译文

问：已知古历将两次冬至之间的$365\frac{1}{4}$日作为一年，$29\frac{499}{940}$日为一个朔月，60日为甲子一周。假设淳祐丙午年（淳祐六年）十一月初一为丙辰日，初五庚申为冬至日，初九为甲子日，求古历中气、朔、甲子两次出现在同一天的日期中间相隔多少年、多少月、多少天？淳祐六年的上元积年是多少，到下一个上元还有多少年？

答：气、朔、甲子两次相会间隔累积年数为18240年，累积月数为225600月，累积天数为6662160天。淳祐六年的上元积年是9163年。距离下一个上元还有9077年。

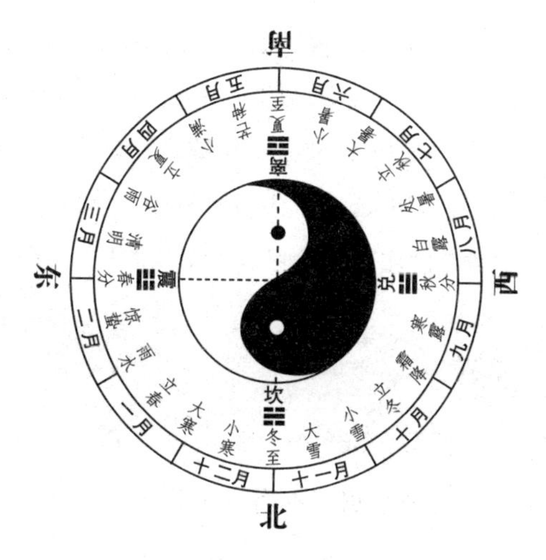

□ **四正卦与二十四节令图**

《周易》记载有天象、物象、气象的时间节律。其中，最基本的时间节律为四正卦与二十四节令，即坎、兑、震、离每一卦与六个节令的对应组合。

原文

术曰：

同前置问数，有分者通之，互乘之得通数。求总等，不约一位，约众位，得各元法。连环求等，约奇弗约偶，各得定母。本题欲求一会，不复乘偶。以定相乘，为衍母，定除母，得衍数，满定去衍，得奇，以大衍入之，得乘率，以乘衍数，得泛用数。并[1]诸泛以课衍母，如泛内多倍者损之，乃验元数同类处，各损半倍。或三位同类者，三约衍母，损泛。各得正用。

注释

〔1〕并：相加，求和。

译文

本题计算方法如下：

和前文一样先确定问数。如果有带分数就化为假分数，用每个分子去乘其他所有分母，得到通数。求出它们的公约数，保留一位不约，去约其他各数，得到各个元法数。使用连环求等的方法，用等数去约奇数，不约偶数，得到各个定母。这道题目求的是最小的正整数解，所以不需要再复乘。用各定数相乘得到衍母，再用每个定数除衍母得到衍数。用衍数除定数，余数为奇数。用大衍求一术计算，得到乘率。用乘率乘衍数，得到泛用数。将所有泛用数加起来，用衍母去除，设商为n，减去泛用数之和中衍母的n-1倍。然后检查各个元数，有公约数的就在它们的泛用数内各自减去衍母的1/2。如果有三个数同类且具有公约数，就在三者的泛用数内各自减去衍母的1/3。这样得到各个正用数。

译解

问数：$365\frac{1}{4}$、$29\frac{499}{940}$、60。化为假分数：$\frac{1461}{4}$、$\frac{27759}{940}$、60。

分子分母互乘得：气分=1373340，朔分=111036，纪分=225600。公约数12。

保留纪分，化约得元数：114445、9253、225600。

连环求等化约，得到定数：487、19、225600。

衍母=487×19×225600=2087476800。

衍数：2087476800÷487=4286400，2087476800÷19=109867200，2087476800÷225600=9253。

奇数：4286400 mod 487=313，109867200 mod 19=4，9253 mod 225600=9253。

乘率：473、5、172717。

泛用数：473×4286400=2027467200，5×109867200=549336000，172717×9253=1598150401。

（2027467200+549336000+1598150401）mod 2087476800=4174953601 mod 2087476800=1，商2。

4174953601-2087476800×（2-1）=2087476801。

元数中，114445和225600有公约数，在其泛用数中各减去衍母的$\frac{1}{2}$，即2087476800÷2=1043738400。

正用数$_1$=2027467200-1043738400=983728800；

正用数$_2$=549336000；

正用数$_3$=1598150401-1043738400=554412001。

原文

然后推气朔不及或所过甲子日数，乘正用，加减之，为总。满衍，去之，余为所求历过率，实如纪元法而一，为历过。以气元法除衍母，得一会积年。以气周日刻乘一会年，得一会积日。以朔元法除衍母，得一会积月数。

右[1]本题，问气朔甲子相距日数，系开禧历[2]推到，或甲子日在气朔之间，及非十一月前后者，其总数必满母。赘[3]去之，所得历过年数，尾位虽伦[4]，首位必异，今设问以明大衍之理，初不计其前多后少之历过[5]。

注释

〔1〕右：又及。

〔2〕开禧历：开禧，南宋宁宗年号，1205—1207年。开禧历是开禧三年颁布的历法，由鲍澣之编定。一回归年为$365\frac{4108}{16900}$天，一朔望月为$29\frac{8967}{16900}$天。

〔3〕赘：多余的。

〔4〕伦：类，同类。

〔5〕本题计算方法虽然正确，但操作过程中有谬误，故结果得数并不正确。

译文

然后计算冬至、朔日距离甲子日相差或超过多少天。用这些数乘正用数，得数相加减，得到总数。用衍母除总数，余数就是要求的率。用甲子纪日对应的元数去除率，得到历过年数（上元积年）。用回归年对应的元数去除衍母，得到气、朔、甲子两次相会之间的累积年数。用回归年的天数乘累积年数，得到累积天数。用朔月对应的元数去除衍母，得到累积月数。

这道题还要注意，计算冬至、朔日、甲子相距的天数，依据的是开禧历，甲子日有可能在冬至和朔日之间，或者并不在十一月前后，这时计算出的总数必然大于衍母，此时要将其中多余的部分减掉，才能得到历过年数。其尾位虽然相同，但首位一定不同。这道题的设问是为了阐明大衍术的原理，先不去计算甲子日在前或在后较远的历过情况。

译解

本题相差天数相当于余数，余数$_1$=9−5=4，余数$_2$=9−1=8，余数$_3$即甲子日当天为0。

各总：983728800×4=3934915200，549336000×8=4394688000，554412001×0=0。

总数=3934915200+4394688000+0=8329603200。

率数=8329603200 mod 2087476800=2067172800。

原文

草曰：

置问数冬至三百六十五日四分日之一，朔策二十九日九百四十分之四百九十九。甲子六十日。各通分内子，互乘之。列三等位，具图如后。

问数图			
	冬至日 𝍢𝍮𝍤	子𝍠	母𝍢
	朔策日 𝍪𝍨	𝍣𝍱𝍨 子	𝍨𝍬〇 母
	甲子 𝍮〇	〇	〇

冬至得一千四百六十一。朔实得二万七千七百五十九。甲子无母，只是六十。列三行互乘之。具图如后。

总等不约纪分				
	𝍩𝍣𝍮𝍠气通	𝍣母	𝍠𝍫𝍦𝍫𝍢𝍬〇气分	
	𝍡𝍰𝍦𝍭𝍨朔通	𝍨𝍬〇母	𝍩𝍠𝍩〇𝍫𝍥朔分	𝍩𝍡总等
	𝍮〇纪策	𝍪𝍡𝍭𝍥〇〇纪分		
法元图	气元法𝍩𝍠𝍬𝍣𝍬𝍤	朔元法𝍱𝍡𝍭𝍢	纪元法𝍪𝍡𝍭𝍥〇〇	

以三行互乘。右得一百三十七万三千三百四十，为气分。中得一十一万一千三十六，为朔分。左得二十二万五千六百，为纪分。[1]先求总等，得一十二。乃存纪分，一位不约，只以等一十二约气分，得

一十一万四千四百四十五。又约朔分，得九千二百五十三。皆为元法。乃以连环求等。次以纪元二十二万五千六百，与朔元九千二百五十三求等，得一，不约。又以纪元与气元一十一万四千七百四十五求等，得二百三十五。只约气元，得四百八十七。次以气元四百八十七，与朔元九千二百五十三求等，得四百八十七。只约朔元九千二百五十三，得一十九。约遍毕，得四百八十七为气定，得一十九为朔定，得二十二万五千六百为纪定。以三定相乘，得二十亿八千七百四十七万六千八百，为衍母。具图如后。

寄右行	𝍣𝍰𝍦 气定	𝍩𝍨 朔定	𝍪𝍡𝍭𝍥〇〇 纪定	𝍪〇𝍰𝍦𝍬𝍦𝍮𝍧〇〇 衍母
寄左行	𝍣𝍪𝍧𝍮𝍣〇〇 气衍	𝍠〇𝍨𝍰𝍥𝍯𝍡〇〇 朔衍	𝍱𝍡𝍭𝍢 纪衍	〇 衍数

各以定数约衍母，各得衍数。气得四百二十八万六千四百，朔得一亿九百八十六万七千二百，纪得九千二百五十三，寄左行。各满定数去之，各得奇数。

右行	𝍣𝍰𝍦	𝍩𝍨	𝍪𝍡𝍭𝍥〇〇 定数
左行	𝍢𝍩𝍢	𝍣	𝍱𝍡𝍭𝍢 奇数

气奇得三百一十三，朔奇得四，纪奇得九千二百五十三。各与定数，用大衍求一，各得乘率，列右行，对寄左行衍数。具图如后。

右行	𝍣𝍯𝍢	𝍤	𝍩𝍦𝍪𝍦𝍩𝍦 乘率
寄左行	𝍣𝍪𝍧𝍮𝍣〇〇	𝍠〇𝍨𝍰𝍥𝍯𝍡〇〇	𝍱𝍡𝍭𝍢 衍数

各以大衍入之。气乘率得四百七十三，朔乘率得五，纪乘率得一十七万二千七百一十七。对左行衍数，以右行乘率对乘左行衍数。气泛得二十亿二千七百四十六万七千二百，朔泛得五亿四千九百三十三万六千，纪泛得一十五亿九千八百一十五万四百一。具图如后。

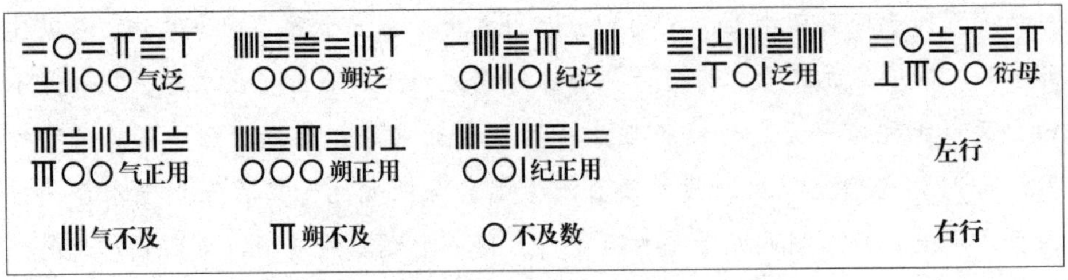

𝍪〇𝍪𝍦𝍬𝍥 𝍯𝍡〇〇气泛	𝍤𝍬𝍱𝍫𝍢𝍥 〇〇〇朔泛	𝍩𝍤𝍱𝍧𝍩𝍤 〇𝍣〇𝍠纪泛	𝍬𝍠𝍯𝍣𝍱𝍤 𝍫𝍥〇𝍠泛用	𝍪〇𝍰𝍦𝍬𝍦 𝍮𝍧〇〇衍母
𝍨𝍰𝍢𝍯𝍡𝍰 𝍧〇〇气正用	𝍤𝍬𝍨𝍫𝍢𝍮 〇〇〇朔正用	𝍤𝍭𝍣𝍬𝍠𝍪 〇〇𝍠纪正用		左行
𝍣气不及	𝍧朔不及	〇不及数		右行

右列用数并之，共得四十一亿七千四百九十五万三千六百一，为泛用数。与衍母二十亿八千七百四十七万六千八百验之，在验母以上，就以衍母除泛，得二。乃知泛内多一倍母数，当于各用内，损去所多一倍。按术，验法，元图内诸元数奇偶同类者，各损其半。今验法元图，气元尾数是五，纪元尾数是六百，为俱五同类。乃以衍母二十亿八千七百四十七万六千八百，折半，得一十亿四千三百七十三万八千四百。以损泛用图内气泛、纪泛毕，其朔泛不损，各得气、朔、纪正用数。其气正用得九亿八千三百七十二万八千八百，朔正用五亿四千九百三十三万六千，纪正用五亿五千四百四十一万二千一。列为正用图。在前。

注释

〔1〕气分、朔分、纪分：本题计算过程中新造的名词，代指与回归年、朔月、甲子日相对应的各个数字。后文“气定”“朔定”“纪定”等与此类似。

译文

确定问数：两个冬至之间的天数为365 $\frac{1}{4}$，一个朔望月的天数为29 $\frac{499}{940}$，甲子一周为60天。将其化为假分数，进行分子分母互乘，结果排成三列。

化成假分数后，冬至间天数为 $\frac{1461}{4}$，朔望月天数为 $\frac{27759}{940}$，甲子天数没有分母，就是60。

用这三个数的分子分别乘其他两个分母，得到气分数1373340，朔分数111036，纪分数225600。先求它们的公约数，得到12。保留纪分数不约。用12约气分数，得到114445。用12约朔分数，得到9253。这些都是元法数。然后对它们进行连环求等。先用纪元数225600和朔元数9253求等，得到1，不约。再用纪元数和气元数114445求等，得到235，只用它约气元数，得到487。再用气元数487和朔元数9253求等，得到487，只约朔元9253，得到19。都约过之后，得到定数：气定数487，朔定数19，纪定数225600。用这三个定数相乘，得到2087476800，即衍母。

用各个定数去约衍母，得到衍数。气衍数为4286400，朔衍数为109867200，纪衍数为9253，写在左列。用定数去除各自的衍数，得到的余数就是奇数。气奇数为313，朔奇数为4，纪奇数为9253。将各自的定数一起用大衍求一术来计算，得到各自的乘率，写入右列，和左列的衍数相对应。

各自用大衍求一术计算后，气乘率为473，朔乘率为5，纪乘率为172717。对应左列的衍数，用右列的乘率去对乘左列的衍数，得到泛用数。气泛数为2027467200，朔泛数为549336000，纪泛数为1598150401。

将右列的泛用数加起来，和是4174953601，这是泛用数的和。同衍母2087476800相比较，大于衍母，就用衍母去除泛用数之和，得到的商是2。我们知道，泛用数的和比衍母多一倍，就要从各泛用数中减去这多的一倍。按照之前的方法去检查各个元数的奇偶，有同类的就各自减去一半。现在检查上图中的元法数，发现气元尾数是5，纪元尾数是600，都是5的倍数，于是将衍母减半，得到1043738400。将图中的气泛数、纪泛数都减去这一半，朔泛数不变，得到三者的正用数。其中气正用数983728800，朔正用数549336000，纪正用数554412001。列为正用数图。

术解

	问数	通数	元法数	定数	衍数	奇数	乘率	泛用数	正用数
气	$365\frac{1}{4}$	1373340	114445	487	4286400	313	473	2027467200	983728800
朔	$29\frac{499}{940}$	111036	9253	19	109867200	4	5	549336000	549336000
纪	60	225600	225600	225600	9253	9253	172717	1598150401	554412001

原文

既[1]得正用数，次验问题。十一月朔日丙辰，冬至初五日庚申，初九日甲子。乃以初一减初九甲子，余八日，为朔不及[2]。次以初五亦减初九甲子，余四日，为气不及。以二不及，各乘正用，得数具图如后。

𝍫𝍨𝍫𝍣𝍱𝍠𝍭𝍡〇〇气总	𝍬𝍢𝍱𝍣𝍮𝍧𝍰〇〇〇朔总

先以气不及甲子四日，以乘气正用数九亿八千三百七十二万八千八百，得三十九亿三千四百九十一万五千二百，为气总。次以朔不及甲子八日数，以乘其朔正用数五亿四千九百三十三万六千，得四十三亿九千四百六十八万八千，为朔总。并之，得八十三亿二千九百六十万三千二百，为总数。满母二十亿八千七百四十七万六千八百去之。不满二十亿六千七百一十七万二千八百，为所求率实。具图如后。

𝍰𝍢𝍪𝍨𝍮〇𝍫𝍡 〇〇总数	𝍪〇𝍰𝍦𝍬𝍦𝍮 𝍧〇〇衍母	𝍪〇𝍮𝍦𝍩𝍦𝍪𝍧〇 〇不满 所求率实	𝍪𝍡𝍬𝍥〇〇纪 定法

注释

〔1〕既：已经。

〔2〕不及：不到。

译文

得到正用数之后，再来看题目，十一月初一丙辰日，冬至是初五庚申日，初九是甲子日。于是用初一减去初九甲子日，差为8天，就是朔日距甲子的天数。再用初五减初九甲子日，差为4天，就是冬至距甲子的天数。用这两个相差的天数，各自去乘正用数，得数画图如下。

先用冬至和甲子的差距4天去乘气正用数983728800，得到3934915200，这是气总数。再用朔日和甲子的差距8天去乘朔正用数549336000，得到4394688000，这是朔总数。二者相加，得到8329603200，这是总数。用衍母去除总数，余数是2067172800，这就是所求的率实数。

术解

	距甲子日天数	总数
气	4	3934915200
朔	8	4394688000
合计总数	——	8329603200

原文

置所得率实二十亿六千七百一十七万二千八百，如法元图纪元法二十二万五千六百而一，得九千一百六十三年，为历过年数。次置衍母二十亿八千七百四十七万六千八百为实，如法元图气元一十一万四千四百四十五为法而一，得一万八千二百四十年，为气、朔、甲子一会积年。内减历过九千一百六十三年，余九千七十七年，为未至年数。次以冬至周日三百六十五日二十五刻，乘一会积年一万八千二百四十，得六百六十六万二千一百六十日，为一会积日。又以衍母为实，如法元图朔元法九千二百五十三而一，得二十二万五千六百月，为一会积月。合问。

译文

把所得的率实数2067172800，用上图中的纪元法数225600去除，得到9163，就是所求的历过年数。然后用气元数114445去除衍母2087476800，得到18240，就是所求的一会积年。在这个数当中减去历过年数9163，得到9077，就是所求的未至年数。再用一个回归年365.25日去乘一会积年18240，得到6662160日，就是所求的一会积日。再用衍母作为被除数，用上图中的朔元法数9253去除，得到225600月，就是所求的一会积月。这样就解答了题目。

术解

历过年数=2067172800÷225600=9163。

一会积年=2087476800÷114445=18240。

未至年数=18240−9163=9077。

一会积日=18240×365.25=6662160。

一会积月=2087476800÷9253=225600。

推计土功

原文

问：筑堤起四县夫[1]，分给里步皆同齐，阔[2]二丈，里法[3]三百六十步[4]，步法五尺八寸，人夫以物力差定[5]。甲县物力一十三万八千六百贯[6]；乙县物力一十四万六千三百贯；丙县物力一十九万二千五百贯；丁县物力一十八万四千八百贯。每力[7]七百七十贯，科[8]一名，春程人功平方六十尺，先到县先给。今甲乙二县俱毕，丙县余五十一丈，丁县余一十八丈，不及一日，全功。欲知堤长及四县夫所筑各几何。

答曰：堤长一十九里二百三十五步五尺。

甲县夫筑一千二十六丈，乙、丙、丁同。

乙县夫筑一千七百六十八步五尺六寸，甲、丙、丁同。

丙县夫筑四里三百二十八步五尺六寸，甲、乙、丁同。

丁县夫筑同前三县数。

注释

〔1〕夫：民夫，征用百姓去参加工程。

〔2〕阔：宽度。

〔3〕法：动词，以……为规定。

〔4〕步：长度单位，标准各朝代不同，周代为8尺，秦代为6尺。本题有自己的规定。

〔5〕差定：用比例的方法确定多少。

〔6〕贯：用绳索串起来的钱币，也作为货币单位，一千文为一贯。

〔7〕力：劳动力，即一名工人。

〔8〕科：法律条文。

译文

问：现在要筑一段堤，由四个县出工人，分给各县的长度是平均的，这段堤宽2丈，1里=360步，1步=5尺8寸，每个县所出的工人数由该县财力决定。甲县财力138600贯，乙县财力146300贯；丙县财力192500贯；丁县财力184800贯。规定每770贯出一名工人。这一季工程每人平均要完成的工作量是60平方尺，先完成的县可以先领到报酬。现在甲、乙两县都完工了，丙县还剩下51丈，丁县还剩下18丈，不到一天也都能完成。问堤的长度，以及这四个县的工人各筑了多少长度。

答：堤长19里235步5尺。

甲县工人筑堤1026丈，乙、丙、丁县与此相同。

乙县工人筑堤1768步5尺6寸，甲、丙、丁县与此相同。

丙县工人筑堤4里328步5尺6寸，甲、乙、丁县与此相同。

丁县工人筑堤长度与前三县相同。

原文

术曰：

置各县力，以程功[1]乘为实，以力率[2]乘堤齐阔[3]为法，除之，得各县日筑复数，有分者通之，互乘之，得通数。求总等，不约一位，约众位，曰元数。连环求等，约奇，得定母。陆续求衍数、奇数、乘率、用数。

以丙丁县不及数乘本用，并为总数。以定母相乘为衍母。满母，去总数，得各县分给里步积尺数，以县数因之，为堤长。各以里法、步法约之，为里步。

注释

〔1〕程功：工作量。

〔2〕力率：平均每个工人对应的财力。

〔3〕齐阔：宽度。

译文

本题计算方法如下：

将各县财力与工人每日筑堤的工作量相乘，作为被除数。用每个工人对应的财力和堤宽相乘，作为除数，进行除法运算，得到每个县每天所筑堤的长度。其中如果有分数，就先化成假分数，分子分母互乘，得到通数。再求出它们的公约数，保留一个数不约，约其他的数，得到元数。进行连环求等，约奇数不约偶数，得到定数。接连求出衍数、奇数、乘率、用数。

用丙县、丁县没有完成的长度乘各自的用数，并相加得到总数。用各定母相乘得到衍母。用衍母除总数，得到的余数就是各县分到的筑堤长度，乘县数，就得到总堤长。按照里、步的单位换算，就得到以里、步计的长度。

译解

甲县每日筑堤长度=138600贯×60平方尺÷770贯÷20尺=54丈。

依次计算，乙长=57丈，丙长=75丈，丁长=72丈，为各问数，公约数为3。

保留甲长，约得元数：54、19、25、24。

连环求等化约，得定数：27、19、25、8。用大衍求一术求解。

原文

草曰：

置甲县力一十三万八千六百贯，乙县力一十四万六千三百贯，丙县力一十九万二千五百贯，丁县力一十八万四千八百贯。以程功六十尺遍乘之，皆以贯默约之。甲得八百三十一万六千尺，乙得八百七十七万八千尺，丙得一千一百五十五万尺，丁得一千一百八万八千尺，各为实。次以力率七百七十贯，乘堤齐阔二十尺，亦以贯默约之，得一万五千四百尺，为法。遍除诸各实，甲得五十四丈，乙得五十七丈，丙得七十五丈，丁得七十二丈。各为四县筑夫每日筑长率。按大衍术，命曰复数，列右行。

右行	𝍭𝍣甲	𝍭𝍦乙	𝍯𝍤丙	𝍯𝍡丁	元数

以复数求总等，得三寸，以约三位多者，不约其少者。甲得五十四，乙得一十九，丙得二十五，丁得二十四，仍为元数。次以两两连环求等，各约之。

左行	≣≡甲	一Ⅲ乙	=|||||丙	=||||丁仍元

先以丁丙求等，又以丁乙求等，皆得一，不约。次以丁甲求等，得六，只约甲五十四，得九。不约丁。次以丙与乙求等，又以丙与甲九求等，皆得一，不约。后以乙与甲九求等，得一，不约。复验甲九与丁二十四，犹可再约，又求等，得三，以约丁二十四得八。复甲为二十七。

=Π甲	一Ⅲ乙	=|||||丙	Ⅲ丁	〇=丅〇〇衍母

次以定母四位相乘，求得一十万二千六百，为衍母。各以定母约衍母，甲得三千八百，乙得五千四百，丙得四千一百四，丁得一万二千八百二十五，为衍数。

右行	=Π甲	一Ⅲ乙	=|||||丙	Ⅲ丁	定母
左行	≡Ⅲ〇〇	≣||||〇〇	≡|〇||||	|=Ⅲ=|||||	衍数

满定母，各去衍数，甲不满二十，乙不满四，丙不满四，丁不满一，各为奇数。

=Π甲	一Ⅲ乙	=|||||丙	Ⅲ丁	定母
=〇	||||	||||			奇数

以各定母，与本奇数，用大衍求一术入之，各得乘率。甲得二十三，乙得五，丙得一十九，丁得一。

右行	=|||甲	|||||乙	一Ⅲ丙	|丁	乘率
寄左行	≡Ⅲ〇〇	≣||||〇〇	≡|〇||||	|=Ⅲ=|||||	衍数

以右行乘率，对乘寄左行衍数。甲得八万七千四百，乙得二万七千，丙得七万七千九百七十六，丁得一万二千八百二十五。各为用数。

Ⅲ⊥||||〇〇甲用	||⊥〇〇〇乙用	Π⊥Ⅲ⊥丅丙用	|=Ⅲ=|||||丁用

译文

本题演算过程如下：

现有甲县财力138600贯，乙县146300贯，丙县192500贯，丁县184800贯。用每人每天的工作量60尺去乘这几个数，都将贯这一单位去掉。甲县得到8316000尺，乙县8778000尺，丙县11550000尺，丁县11088000尺，都作为被除数。然后用平均每人的财力数770贯，乘堤的宽度20尺，也去掉贯这一单位，得到15400尺，作为除数，去除各个被除数。得到甲县54丈，乙县57丈，丙县75丈，丁县72丈。这些分别是四个县的工人每天筑堤的总长度。按照大衍术，将它们叫作复数，放到最右列。

用这些复数求公约数，得到3寸，用它约三个较大的数，不约最小的数。甲得到54，乙19，丙25，丁24，这些仍然作为元数。然后对它们两两连环求等，再各自化约。先对丁和丙求等，再对丁和乙求等，都得到1，不约。再对丁和甲求等，得到6，只约54，得9。不约丁。再对丙和乙求等，又对丙和甲（9）求等，都得到1，不约。最后对乙和甲（9）求等，得到1，不约。再去检查甲（9）和丁（24），还可以再化约，再求等，得到3，去约丁（24）得到8。将甲复原为27。

再用四个定母相乘，得到102600，是衍母。用每个定母去约衍母，得到甲3800，乙5400，丙4104，丁12825，这些是衍数。

用每个定数分别除衍数，得甲余20，乙、丙都余4，丁余1，这些都是奇数。

对每个定数和奇数采用大衍求一术去计算，得到各自的乘率。甲为23，乙5，丙19，丁1。

用右列的乘率，分别乘左边的衍数。得到甲87400，乙27000，丙77976，丁12825。这些是各自的用数。

术解

衍母 $=27\times19\times25\times8=102600$。

各衍数：$102600\div27=3800$，$102600\div19=5400$，$102600\div25=4104$，$102600\div8=12825$。

各奇数：$3800 \bmod 27=20$，$5400 \bmod 19=4$，$4104 \bmod 25=4$，$12825 \bmod 8=1$。

利用大衍求一术，得到各乘率：23、5、19、1。

各用数：23×3800=87400，5×5400=27000，19×4104=77976，1×12825=12825。

原文

次验四县所筑，有无不及零丈尺寸。今甲乙俱毕，为无。丙余五十一丈，丁余一十八丈，为有。以丙丁二县余丈，各乘丙丁二用数。其丙五十一，乘丙用七万七千九百七十六，得三百九十七万六千七百七十六丈，为丙总。以丁余一十八，乘丁用一万二千八百二十五，得二十三万八百五十丈，为丁总。并二总，得四百二十万七千六百二十六丈，为总数。亦以丈通衍母，得一十万二千六百丈，仍为衍母。满去总数，不满一千二十六丈，为所求长率。以四县因之，得四千一百四丈，为实。以步法五尺八寸除之，得七千七十五步五尺，为堤积步。以里法三百六十步约之，得一十九里二百三十五步五尺，为堤通长。置长率一千二十六丈，以步法约之，得一千七百六十八步五尺六寸。又以里法约之，得四里三百二十八步五尺六寸，为各县所给道里步尺数。

译文

然后去检查四个县，有没有未完成的长度。现今甲、乙都完成了，所以没有。丙县剩余51丈，丁县剩余18丈，都有零余。用丙、丁两县剩余的长度，各自去乘它们的用数。用丙零余的51，乘用数77976，得到3976776丈，这是丙的总数。用丁零余的18，乘用数12825，得到230850丈，这是丁的总数。将两个总数相加，得到4207626丈，是总数。也给衍母加上丈这个单位，得到102600丈，仍然是衍母。用衍母除总数，余数1026丈，就是所求的大堤长度。再乘县数4，共为4104丈，作为被除数。用步法5.8尺去除，得到7075步5尺，就是大堤的积尺长度。用里法360步去除，得到19里235步5尺，是大堤的总长。将每县长度1026丈用步法去除，得到1768步5尺6寸。再用里法去除，得到4里328步5尺6寸。这些就是每个县所分配到的长度用里、步、尺计算的结果。

术解

丙总=51×77976=3976776（丈）。丁总=18×12825=230850（丈）。

总数=3976776+230850=4207626（丈）。

得数=4207626 mod 102600=1026（丈）。

每县堤长=1026丈。总堤长=1026×4=4104（丈）。

1里=360步，1步=5尺8寸。

1026×10÷5.8÷360≈4.9138（里）。

1026×4×10÷5.8÷360≈19.6552（里）。

推库额钱

原文

问：有外邑[1]七库，日纳息足钱[2]适等，递年成贯整纳。近缘[3]见钱希[4]少，听[5]各库照当处[6]市[7]陌[8]，准解旧会[9]。其甲库有零钱一十文，丁庚二库各零四文，戊库零六文，余库无零钱，甲库所在市陌，一十二文，递减一文，至庚库而止。欲求诸库日息元纳足钱展省[10]，及今纳旧会并大小月分各几何。

答曰：诸库元纳日息足钱二十六贯九百五十文，展省三十五贯文。

甲库日息旧会，二百二十四贯五百一十文，大月旧会，六千七百三十七贯五百文，小月旧会，六千五百一十二贯九百二文。乙库日息旧会，二百四十五贯文，大月旧会，七千三百五十贯文，小月旧会，七千一百五贯文。丙库日息旧会，二百六十九贯五百文，大月旧会，八千八十五贯文，小月旧会，七千八百一十五贯五百文。

丁库日息旧会，二百九十九贯四百四文，大月旧会，八千九百八十三贯三百三文，小月旧会，八千六百八十三贯八百八文。戊库日息旧会，三百三十六贯八百六文，大月旧会，一万一百六贯二百四文，小月旧会，九千七百六十九贯三百六文。己库日息旧会，三百八十五贯文，大月旧会，一万一千五百五十贯文，小月旧会，一万一千一百六十五贯文。庚库日息旧会，四百四十九贯一百四文，大月旧会，一万三千四百七十五贯文，小月旧会，一万三千二十五贯八百二文。

□ 交子

交子最初由商人自由发行，实为一种存款凭证。宋仁宗天圣元年（1023年），政府在成都设益州交子务，由京官一二人担任监官，主持交子发行，并“置抄纸院，以革伪造之弊”，严格其印制过程。这便是我国最早由政府正式发行的纸币——“官交子”。而会子，是南宋于高宗绍兴三十年（1160年）由政府官办、户部发行的货币，也称作“便钱会子”。

注释

〔1〕邑：古代行政区划名称，各朝代定义不同。也是县的别称。

〔2〕足钱：一贯钱的成色、重量较足，整可以兑换一千文。

〔3〕缘：因为。

〔4〕希：同“稀”，少。

〔5〕听：听任，允许。

〔6〕当处：当地。

〔7〕市：交易，买卖。

〔8〕陌：通“佰”，一百文钱。

〔9〕会：即“会子”，南宋发行的纸币。因每三年换发一次，所以“旧会”指的是之前发行的批次。

〔10〕展省：省，即“省陌”，指的是官方规定不足一百文钱的按照百文来使用。省陌的具体数额各朝代、地区等均有所不同。本书中使用南宋的省陌标准为770文=1贯。展：转，这里指按照单位比例关系来换算。展省：即按照省陌的标准换算。

译文

问：有7个外县的钱库，每天缴纳作为息钱的“足钱”数相等，而且每年都缴纳整贯的息钱。近来因为交息钱的县比较少，就允许各个钱库按照当地的标准，用陌钱来兑换旧会。现在甲库兑换余10文钱，丁、庚两库都余4文，戊库余6文，其他库没有余零钱。而甲库所在地的兑换标准是12文，其他库的标准依次递减1文，到庚库为止。想要求各钱库原本每天息钱应该缴纳足钱多少，展省后是多少，以及现在需要缴纳旧会多少，大小月各缴纳多少。

答：各库原本每天息钱应缴纳足钱26贯950文，合展省后35贯文。

甲库每天息钱合旧会224贯510文，大月旧会6737贯500文，小月旧会6512贯902文。

乙库每天息钱合旧会245贯文，大月旧会7350贯文，小月旧会7105贯文。

丙库每天息钱合旧会269贯500文，大月旧会8085贯文，小月旧会7815贯500文。

丁库每天息钱合旧会299贯404文，大月旧会8983贯303文，小月旧会8683贯808文。

戊库每天息钱合旧会336贯806文，大月旧会10106贯204文，小月旧会9769贯306文。

己库每天息钱合旧会385贯文，大月旧会11550贯文，小月旧会11165贯文。

庚库每天息钱合旧会449贯104文，大月旧会13475贯文，小月旧会13025贯802文。

原文

术曰：

同前，以大衍求之。置甲库市陌，以递减数减之，各得诸库元陌。连环求等，约奇弗约偶，得定母。诸定相乘为衍母，以定约衍母得衍数。衍数同衍母者，去之为无。无者，借之同类。其各满定母，去余为奇数。以奇、定，用大衍求乘率，乘衍数为用数。无者，则以元数同类者求等，约衍母，得数为借数。次置有零文库零钱数，乘本用数，并为总数。满衍母，去之，不满为诸库日息足钱。各大小月日数乘之，各为实，各以元陌约，为旧会。

译文

本题计算方法如下：

和前面的题目一样，用大衍法去求解。先确定甲库陌钱的兑换标准，再用减数去递减，得到各库的兑换标准。然后连环求等，约奇数不约偶数，得到定母。各个定数相乘得到衍母，用每个定数去约衍母得到衍数。衍数和衍母相同的，将其去掉，相当于没有用数。没有用数的，可以向同类的用数去借用。用定数去除衍数，得到的余数就是奇数。将奇数和定数利用大衍求一术去求乘率，再用乘率乘衍数，得到各个用数。没有用数的，就用元数和同类的元数求公约数，然后去约衍母，得到的就是借数。再用有余数的库的零钱数去乘各自的用数，将得数加起来得到总数。用总数除衍母，得到的余数就是各库每天应缴息钱的足钱数。用各个大小月的天数去乘，得数作为被除数，再用各自的兑换单位去除，就得到旧会数。

译解

元数：甲12、乙11、丙10、丁9、戊8、己7、庚6。

两两连环求等化约，得到定数：甲1、乙11、丙5、丁9、戊8、己7、庚1。

衍母：$1\times11\times5\times9\times8\times7\times1=27720$。

衍数：

甲：$27720\div1=27720$；

乙：$27720\div11=2520$；

丙：$27720\div5=5544$；

丁：$27720\div9=3080$；

戊：$27720\div8=3465$；

己：$27720\div7=3960$；

庚：$27720\div1=27720$。

奇数：

乙：$2520 \bmod 11=1$；

丙：$5544 \bmod 5=4$；

丁：$3080 \bmod 9=2$；

戊：$3465 \bmod 8=1$；

己：$3960 \bmod 7=5$。

乘率：乙1、丙4、丁5、戊1、己3。

泛用数：

乙：1×2520=2520；

丙：4×5544=22176；

丁：5×3080=15400；

戊：1×3465=3465；

己：3×3960=11880。

甲、庚没有用数，其元数和丙、戊的元数都是偶数，属于“同类”，而丙的用数更大，因此从丙借数。

对甲、丙、庚的元数12、10、6求公约数，得2。因此借用数为衍母的一半，即27720÷2=13860。又因甲、庚元数之比为2∶1，因此泛用数变为：

甲：13860÷3=4620；

丙：22176−13860=8316；

庚：13860−4620=9240。

本题中各库零钱数就是余数，各自乘用数，得到各总：

甲：10×4620=46200；

乙：0×2520=0；

丙：0×8316=0；

丁：4×15400=61600；

戊：6×3465=20790；

己：0×11880=0；

庚：4×9240=36960。

总数=46200+0+0+61600+20790+0+36960=165550。

得数=165550 mod 27720=26950。

原文

草曰：

置甲库市陌一十二，递减一，得一十一为乙库陌，一十为丙库陌，九为丁库陌，八为戊库陌，七为己库陌，六为庚库陌，得诸库元陌。

𝍩𝍡甲	𝍩𝍠乙	𝍩〇丙	𝍨丁	𝍧戊	𝍦己	𝍥庚	元陌

以连环求等，约讫，甲得一，乙得一十一，丙得五，丁得九，戊得八，己得七，庚得一，各为定母。立各一为子。

右行 互乘	𝍠甲	𝍠𝍩乙	𝍤丙	𝍨丁	𝍧戊	𝍦己	𝍠庚	定母
左行	𝍠	𝍠	𝍠	𝍠	𝍠	𝍠	𝍠	天元

先以诸定相乘，得二万七千七百二十，为衍母。次以诸定互乘诸子，甲得二万七千七百二十，乙得二千五百二十，丙得五千五百四十四，丁得三千八十，戊得三千四百六十五，己得三千九百六十，庚得二万七千七百二十，各为衍数。

右行	𝍠甲	𝍩𝍠乙	𝍤丙	𝍨丁
左行	𝍡𝍯𝍦𝍪〇	𝍪𝍤𝍪〇	𝍭𝍤𝍬𝍣	𝍫〇𝍰〇
右行	𝍧戊	𝍦己	𝍠庚𝍡𝍯𝍦𝍪〇	定母
左行	𝍫𝍣𝍮𝍤	𝍫𝍨𝍮〇	𝍡𝍯𝍦𝍪〇	

次验诸衍数，有同衍母者，皆去之，为无衍数。次各满定母去各本衍，各得奇数。甲无，乙得一，丙得四，丁得二，戊得一，己得五，庚无。各为奇数。

甲𝍠	乙𝍩𝍠	丙𝍤	丁𝍨	戊𝍧	己𝍦	庚𝍠	定母
〇	𝍠	𝍣	𝍡	𝍠	𝍤	〇	奇数

次验有奇数者得一，并以一为乘率。或得二数以上者，各以奇数于右上，定母于右下，立天元一于左上，用大衍求一之术入之。验乘除至右上余一而止。皆以左上所得为乘率。甲无，乙得一，丙得四，丁得五，戊得一，己得三，庚无。各为乘率，列右行，以对寄左行。

右行	甲〇	乙𝍪	丙𝍣	乘率	
左行	〇	𝍪𝍤𝍪〇	𝍭𝍤𝍬𝍣	衍数	
右行	丁𝍤	戊𝍠	己𝍢	庚〇	乘率
左行	𝍫〇𝍰〇	𝍫𝍣𝍮𝍤	𝍢𝍨𝍮〇	〇	衍数

以两行对乘之，为用数。甲无，乙得二千五百二十，丙得二万二千一百七十六，丁得一万五千四百，戊得三千四百六十五，已得一万一千八百八十，庚无。

〇甲	𝍪𝍤𝍪〇乙	𝍡𝍪𝍠𝍯𝍥丙	用数
𝍠𝍭𝍣〇〇丁	𝍫𝍣𝍮𝍤戊	𝍠𝍩𝍧𝍰〇己	〇庚

译文

本题演算过程如下：

设甲库陌钱兑换标准是12文，然后以1为差递减，得到乙库11文、丙库10文、丁库9文、戊库8文、已库7文、庚库6文，这样就得到了各库的元数。用它们进行连环求等，化约结束，得到甲库1，乙11，丙5，丁9，戊8，己7，庚1，各自作为定母。将它们的子都设为1。

先用各个定数相乘，得到27720，这是衍母。然后用各定数去乘其他各子，得到甲27720，乙2520，丙5544，丁3080，戊3465，己3960，庚27720，这些都是衍数。

再去检查这些衍数，如果有和衍母相同的就去掉，这里就没有衍数（也就没有用数）。然后用定数去除各个衍数，得到奇数。甲没有奇数，乙得到1，丙4，丁2，戊1，己5，庚也没有。这些就是奇数。

然后检查，奇数是1的，乘率就是1。如果奇数大于等于2，就将奇数写在右上方，定母写在右下方，将1写在左上方，用大衍求一术去计算。进行乘、除计算直到右上余数是1，才能停止。都将左上的数字作为乘率，甲没有乘率，得到乙1，丙4，丁5，戊1，己3，庚也没有。这些都是乘率，写在右行，和左行的衍数对应。

用这两行去对乘，得到用数。甲没有用数，乙得到2520，丙22176，丁15400，戊3465，己11880，庚也没有用数。

术解

以大衍求一术求乘率，以丙为例：

1	4
0	5

5 mod 4=1，商1。

1	4
1	1

4 mod 1=1，商3。

3×1+1=4	1
1	1

右上=1，乘率丙=左上=4。

原文

次以推无用者，惟甲、庚合于同类处借之。其同类，谓元陌列而视之。

𝍩𝍡甲	𝍩𝍠乙	𝍩〇丙	𝍨丁	𝍧戊	𝍦己	𝍥庚	元陌

今视甲一十二、庚六，皆与丙一十、戊八，俱偶，为同类。其戊用数三千四百六十五，其数少，不可借。唯丙一十之用数，系二万二千一百七十六，为最多，当以借之。

乃以甲一十二，丙一十，庚六，求等，得二。以等数二，约衍母二万七千七百二十得一万三千八百六十，为借数。乃减丙用二万二千一百七十六，余八千三百一十六，为丙用数。乃以所借出之数一万三千八百六十为实，以元等二为法，除之，得六千九百三十，为甲用数。以甲用数减借出数，余亦得六千九百三十，为庚用数。今不欲使甲、庚之借数同，乃验借出数一万三千八百六十，可用几约如意。乃立三，取三分之一，得四千六百二十，为甲用。取三分之二，得九千二百四十，为庚用。列右行。

右行	甲≣⊤= 〇	乙=‖‖= 〇	丙≟|||一⊤	丁|≣||||〇 〇	用数
左行	一〇	〇	〇	||||	定数
右行	戊≡||||⊥ |||||	己|一Ⅲ≟ 〇	庚≟=≣〇	用数	
左行	⊤	〇	||||	定数	

乃视诸库有无零钱数，验得乙丙已三库，无，先去其用数，乃以甲丁戊庚四库零钱，列左行，对乘本用，甲得四万六千二百，丁得六万一千六百，戊得二万七百九十，庚得三万六千九百六十，各为总。

甲||||⊥‖〇〇	〇 乙	〇 丙	丁⊤一⊤〇〇	戊‖〇Ⅱ≟〇	〇 己	庚|||⊥Ⅲ⊥〇	各总

并此四总，得一十六万五千五百五十。满衍母二万七千七百二十，去之，不满二万六千九百五十，为所求率。以贯约为二十六贯九百五十文，为诸库日息等数。以官省七十七陌，展得三十五贯文。各以其库元陌纽计，各得旧会零钱。各以三十日乘，为大月息。以日息减大息，余为小月息。合问。

译文

再去计算没有用数的，只有甲和庚，二者可以从同类的元数借。所谓的同类元数，就是将所有元数排列起来看，发现甲12、庚6，和丙10、戊8，都是偶数，是同类。戊的用数3465太小，不能借用。只有丙10的用数是22176，最大，可以从这里借。

于是用甲12、丙10、庚6求公约数，得到2。用公约数2去约衍母27720，得到13860，这就是借数。它和丙原先的用数22176的差8316，那么8316就是丙的新用数。然后用借数13860作为被除数，用原等数2为除数去除，得到6930，作为甲的用数。用借数减去甲的用数，也得到6930，这就是庚的用数。现在不想让甲、庚的借数相同，就检查借数13680，可以用多少去约比较合适。于是选择3，取借数的$\frac{1}{3}$，得到4620，作为甲的用数。取借数的$\frac{2}{3}$，得到9240，作为庚的用数。所有用数都列在右行。

然后观察各库钱数是否有零余，发现乙、丙、己三个钱库都没有，先把它们的用数去掉。然后将甲、丁、戊、庚四个钱库的零钱列在算图左行，各自去乘自己的用数，甲得到46200，丁得到61600，戊得20790，庚得36960，是各自的总数。

计算四个总数并且相加，得到165550。用衍母27720去除，余数26950，这就是所求的数。用贯作为单位换算，得到26贯950文，这就是各钱库每天缴纳的息钱数。用官方省陌的标准77陌去换算，得到35贯文。用各自的兑换标准去计算，得到各自的旧会数。各用天数30去乘，得到大月的息钱数。用总的日息钱数减去大月息钱数，余下的就是小月息钱数。这样就解答了题目。

术解

1贯=1000文。26950 ÷ 1000=26贯950文。

省陌1贯=770文。26950 ÷ 770=35贯。

计算甲库每日缴纳息钱折算旧会数：

（26950−10）÷ 12 × 100+10=224510（文）。

计算甲库每月缴纳息钱折算旧会数：

大月：224500 × 30+10 × 30 ÷ 12 × 100=6735000+2500=6737500（文）。

小月：224500 × 29=6510500（文）；（10 × 29）mod 12=2，商24；

小月日息旧会=6510500+24 × 100+2=6512902（文）。

其他钱库日息旧会以此类推。

卷二

分粜推原

原文

问：有上农[1]三人，力田[2]所收之米，系用足斗均分，各往他处出粜[3]。甲粜与本郡官场，余三斗二升。乙粜与安吉乡民，余七斗。丙粜与平江揽户[4]，余三斗。欲知共米及三人所分各粜石数几何。

答曰：共米，七百三十八石。三人分米，各二百四十六石。

甲粜官斛[5]，二百九十六石。乙粜安吉斛，二百二十三石。丙粜平江斛，一百八十二石。

注释

〔1〕上农：种植条件好、收成好的农民。

〔2〕力田：努力务农。

〔3〕粜：卖出粮食。

〔4〕揽户：承揽他人税赋输纳并从中取利者，往往兼营粮食买卖、放贷等业务。

〔5〕斛：量器，南宋末年将其容量从十斗改为五斗。但不同朝代、地区，官方和民间又各有不同的标准。

译文

问：有三名农民，耕田收获的稻米，用标准的斗平均分配，各自去不同的地方贩卖。甲卖给本郡的官方，剩下3斗2升。乙卖给安吉乡的人，剩下7斗。丙卖给平江的揽户，剩下3斗。求解共收米多少石，以及三人各自分到和卖出的米有多少石。

答：共收米738石，三人各分到米246石。

甲卖给官家296石，乙卖给安吉223石，丙卖给平江182石。

原文

术曰：

以大衍求之。置官场斛率、安吉乡斛率、平江市斛率。官私共知者，官斛八斗三升，安吉乡斛一石一斗，平江市斛一石三斗五升。为元数。

求总等，不约一位，约众位。连环求等，约奇不约偶。或犹有类数存者，又求等，约彼必复乘此。各得定母，相乘为衍母，互乘为衍数。满定，去之，得奇。大衍求一，得乘率，乘衍数为用数。以各余米乘用，并之，为总。满衍母，去之，不满，为所分。以元人数乘之，为共米。

译文

本题计算方法：

用大衍术去计算。先确定官方、安吉乡、平江市的斛容量。官方和民间都知道，官斛容量是8斗3升，安吉乡斛1石1斗，平江斛1石3斗5升。将其换算成元数。

求出总等，保留一个数不约，去约其他各数。进行连环求等，约奇数不约偶数。如果仍然有公约数存在，就再次求等，约其中一个就要乘另一个。这样得到各个定母，相乘得到衍母，互乘得到衍数。用定数除衍数，得到奇数。用大衍求一术得到乘率，用乘率乘衍数得到用数。用各人剩下的米量乘用数，将得数相加，得到总数。用衍母去除总数，余数就是每个人分到的米量。再用人数去乘，得到总共的米量。

译解

元数：83、110、135。

连环求等化约，得到定数：83、110、27。

衍母=83×110×27=246510。

衍数：246510÷83=2970，246510÷110=2241，246510÷27=9130。

奇数：2970 mod 83=65，2241 mod 110=41，9130 mod 27=4。

乘率：23、51、7。

用数：2970×23=68310，2241×51=114291，9130×7=63910。

总数：32×68310+70×114291+30×63910=12103590。

每人米量=12103590 mod 246510=24600（升）。

原文

草曰：

置文思院[1]官斛八十三升，安吉州乡斛一百一十升，平江府市斛一百三十五升，各为其斛元率。

𝍰𝍢官斛	𝍩𝍠〇安吉斛	𝍠𝍫𝍤平江斛	元数

先以三率求总等，得一，不约。次以连环求等，其安吉率一百一十，与平江率一百三十五，求等得五，以约平江率，得二十七。余皆求等，得一，不约。各得定数。

右行	𝍰𝍢官斛	𝍩𝍠〇安吉斛	𝍪𝍦平江斛	定母

以定数相乘，得二十四万六千五百一十，为衍母。各以元率约之，得二千九百七十为官斛衍数，得二千二百四十一为安吉斛衍数，得九千一百三十为平江斛衍数。

𝍪𝍨𝍯〇官斛	𝍪𝍡𝍬𝍠安吉斛	𝍱𝍠𝍫〇平江斛	衍数	寄左	𝍪𝍣𝍮𝍤𝍩〇衍母

次以定母满去衍数，得不满六十五，为官斛奇。不满四十一，为安吉奇数。不满四，为平江奇数。

右行	𝍰𝍢官斛	𝍠𝍩〇安吉斛	𝍪𝍦平江斛	定母
左行	𝍮𝍤	𝍬𝍠	𝍣	奇数

定母、奇数，各以大衍入之，求得乘数。得二十三为官斛乘率，得五十一为安吉乘率，得七为平江乘率。

官斛	安吉斛	平江斛	
𝍰𝍢官斛	𝍠𝍩〇安吉斛	𝍪𝍦平江斛	定母
𝍪𝍢	𝍭𝍠	𝍦	乘率

以乘率各乘寄左行衍数，得六万八千三百一十为官斛用数，得一十一万四千二百九十一为安吉用数，得六万三千九百一十为平江用数。

官斛	安吉斛	平江斛	
𝍥𝍰𝍢𝍩〇官斛	𝍩𝍠𝍣𝍡𝍬𝍠安吉斛	𝍥𝍫𝍨𝍩〇平江斛	用数
升𝍫𝍡甲	𝍯〇乙	𝍫〇丙	余米

次以甲余三十二升，乘官斛用数六万八千三百一十，得二百一十八万五千九百二十升于上。次以乙余七十升，乘安吉用数一十一万四千二百九十一，得八百万三百七十升于中。次以丙余三十升，乘平江用数六万三千九百一十，得一百九十一万七千三百于下。各为总，并之，得一千二百一十万三千五百九十升，为总数。满衍母二十四万六千五百一十升，去之。不满二万四千六百升，为所求率。展为二百四十六石，为三人各分米，以兄弟三人因之，得七百三十八石为共米。置分米二百四十六石，各以官斛八斗三升，安吉斛一石一斗，平江斛一石三斗五升。约之，甲得二百九十六石，余三斗二升；乙得二百二十三石，余七斗；丙得一百八十二石，余三斗。各为粜过及余米。合问。

注释

〔1〕文思院：南宋政府机构，负责颁发量器并制定标准。

译文

本题演算过程如下：

设文思院颁发的官斛容量是83升，安吉州的乡斛110升，平江府的市斛135升，各自作为元数。先将这三个元数求公约数，得到1，不约。再进行连环求等，用安吉数110和平江数135求公约数得到5，用它约平江数得27。其他数也这样求等，都得到1，不约。这样就得到了各个定数。

用定数相乘，得246510，是衍母。用各个元数去约衍母，得到官斛衍数2970，安吉斛衍数2241，平江斛衍数9130。

再用各定数除衍数，得到官斛余数65，安吉斛余数41，平江斛余数4，都作为奇数。对于定数、奇数，用大衍求一术计算，得到官斛乘率23，安吉斛乘率51，平江斛乘率7。

用乘率去乘左列的各个衍数，得到官斛用数68310，安吉斛用数114291，平江斛用数63910。

再用甲剩余的32升乘官斛用数68310，得到第一个各总2185920。再用乙剩余的70升乘安吉斛用数114291，得到第二个各总8000370。再用丙剩余的30升乘平江斛用数63910，得到第三个各总1917300。这些各总相加，得到总数12103590。用衍母246510去除总数，余数24600，就是所求之数。换算为246石，就是三个人各自分到的米量。用人数3去乘，得到总米数738石。用各自的米量246石，按照官斛8斗3升、安吉斛1石1斗、平江斛1石3斗5升分别换算，得到：甲296石，余3斗2升；乙223石，余7斗；丙182石，余3斗。这就是每个人卖出的和剩余的米量。这样就解答了问题。

术解

总米量=24600×3=73800（斗）。

甲卖出米量=24600÷83≈296.39（石）；

乙卖出米量=24600÷110≈223.64（石）；

丙卖出米量=24600÷135≈182.22（石）。

程行计地

原文

问：军师[1]获捷[2]，当早[3]点差[4]急足[5]三名，往都下[6]节节走[7]报。其甲于前数日申末[8]到，乙后数日未正到，丙于今日辰末到。据供甲日行三百里，乙日行二百四十里，丙日行一百八十里。问自军前至都里数，及三人各行日数，几何。

答曰：军前至都，三千三百里。甲行一十一日，乙行一十三日四时半，丙行一十八日二时。

注释

〔1〕军师：军队。

〔2〕获捷：得胜，打胜仗。

〔3〕早：早晨，这里指卯时，即5时。

〔4〕点差：指派，差遣。

〔5〕急足：负责传信的士兵。

〔6〕都下：京都，都城。

〔7〕走：跑，急行。

〔8〕申末：古代将一天分为12个时辰，用地支计时。申末相当于17时。后文“正末”“辰末”以此类推。

译文

问：有一支军队打了胜仗，当天早上差遣三名传信兵，迅速去京城一程程报捷。其中，甲在前几天的下午5时到达，乙在晚几天的下午2时到达，丙今天上午9时到达。已知甲每天前进300里，乙240里，丙180里。求从前线到都城距离是多少里，以及三个人各自行进了多少天。

答：从前线到都城有3300里。甲行进11日，乙行进13日4.5时辰，丙行进18日2时辰。

原文

术曰：

以大衍求之。置各行里，先求总等，存一，约众，得元里。次以连环求等，约奇复乘偶，得定母。以定相乘，为衍母。满定，除衍，得衍数。满定，去衍数，得奇。奇、定，大衍，得乘率，以乘衍数，得用数。

次置辰刻正末〔1〕，乘各行里，为实。以昼六时约之，得余里，各乘用数，并为总。满衍母，去，得所求至都里。以各日行约之得日辰刻数。

注释

〔1〕辰刻正末：泛指每人从出发至到达经过的时间中不足一天的时长。

译文

本题计算方法如下：

用大衍术计算。确定每个人每天行进的距离，先求出公约数，保留一位，约其他两数，得到元数。再进行连环求等，约奇数不约偶数，得到定数。用定数相乘，得到衍母。衍母大于定数，用定数除衍母，得到衍数。用定数除衍数，得到奇数。利用奇数和定数，使用大衍求一术，得到乘率，用乘率去乘衍数，得到用数。

然后求出每人从出发至到达所经过的时间中不足一天的时长，乘各自每日行进的距离，作为被除数。用白天的时辰数6去除，得到三人各自行进不足一天时的距离，乘用数，结果相加作为总数。用衍母除总数，得到的余数就是所求的前线至都城的距离。用各自每天行进的里数去除，就得到各自行进的时间了。

译解

原行进距离：300、240、180。公约数：60。

保留第一位，约为：300、4、3。

连环求等、复乘求定，得到定数：25、16、9。

衍母=25×16×9=3600。

衍数：16×9=144，25×9=225，25×16=400。

奇数：144 mod 25=19，225 mod 16=1，400 mod 9=4。

乘率：4、1、7。

用数：4×144=576，1×225=225，7×400=2800。

原文

草曰：

置甲三百里，乙二百四十里，丙一百八十里。先求总等，得六十。只存甲三百，勿约。乃约乙二百四十，得四。次约丙一百八十，得三。各为元数，连环求等。

𝍢〇〇甲	𝍣乙	𝍢丙	元数

先以丙乙求等，得一，不约。次以丙甲求等，得三。于术约奇不约偶。盖以等三约，三因得一，为奇，虑无衍数。乃使径先约甲三百，为一百。复以等三乘丙三，为九。既丙九为奇，甲百为偶，此即是约奇弗约偶。次以乙四与甲百求等，得四，以四约一百，得二十五，为甲。复以四乘乙四，得一十六，为乙。各为定母。

𝍪𝍤甲	𝍩𝍥乙	𝍨丙	𝍫𝍮〇〇衍母

以定母相乘，得三千六百，为衍母。以各定约衍母，为衍数。甲得一百四十四，乙得二百二十五，丙得四百。

右行	𝍪𝍤	𝍩𝍥	𝍨定母
左行	𝍠𝍬𝍣	𝍡𝍪𝍤	𝍣〇〇衍数

衍数各满定母，去之。不满，为奇数[1]。甲得一十九，乙得一，丙得四。

𝍪𝍤	𝍩𝍥	𝍨定母
𝍩𝍨	𝍠	𝍣奇数

以各奇数与定母，用大衍入之，各得乘数。甲得四，乙得一，丙得七，各为乘率列右行。

右行	𝍣	𝍠	𝍦	乘率
寄左	𝍠𝍬𝍣	𝍡𝍪𝍤	𝍣〇〇	衍数

以乘率对乘寄左行衍数，甲得五百七十六，乙得二百二十五，丙得二千八百，各为用数。

𝍤𝍯𝍥 甲	𝍡𝍪𝍤 乙	𝍪𝍧〇〇 丙	用数

次置甲申末到者，其酉初为夜。此是甲以全日到，为无余里。次置乙于未正到，乃于卯时数至未正，得四个半辰。以四半乘乙行二百四十里，得一千八十，为实。以昼六时约之，得一百八十里，为乙行不及全日之余里。次置丙辰于末到，自卯初数至辰末，得二时，以因丙行一百八十里，得三百六十里，为实。以六时除之，得六十里，为丙行不及全日之余里。

𝍤𝍯𝍥 甲用	𝍡𝍪𝍤 乙用	𝍪𝍧〇〇 丙用	〇上
〇	〇	𝍠𝍰〇 余里	𝍮〇
𝍣〇𝍤〇〇 中	𝍩𝍥𝍰〇〇〇 下	𝍪〇𝍰𝍤〇〇 总数	𝍫𝍥〇〇 衍母

以乙余一百八十，乘乙用二百二十五，得四万五百于中。以丙余六十，乘丙用二千八百，得十六万八千。加中，共得二十万八千五百，为总。满衍母三千六百，去之。不满三千三百里，为军前至都里。以甲三百除之，得一十一日。以乙二百四十除之，得一十三日四时半。以丙一百八十除之，得一十八日二时。合问。

注释

〔1〕奇数：这里指的是余数。与上文求定母过程中的“奇”不同。

译文

本题演算过程如下：

已知甲每天行进300里，乙240里，丙180里。先求它们的公约数，得到60。只保留甲300不约，去约乙得到4，再约丙得到3。以这些作为元数，进行连环求等。先用丙和乙求等，得到1，不约。再用丙和甲求等，得到3。根据计算方法，应当约奇数不约偶数。因为如果用3去约的话，三个元数都化成1，都是奇数，这样就担心没有衍数了。于是直接先去约甲，得到100。再用公约数3去乘丙，得到9。现在丙9是奇数，甲100是偶数，这就是约奇数不约偶数了。然后用乙4和甲100求等，得到4，用4约100得到25，就是甲。再用4乘乙，得到16，作为乙。这些就是定数。

用各定数相乘，得到3600，作为衍母。用各定数去除衍母，得到衍数。甲的衍数是144，乙225，丙400。用定数除衍数，余数就是奇数。甲的奇数是19，乙1，丙4。对各个奇数和定数，使用大衍求一术计算，得到各自的乘数。甲的乘数是4，乙1，丙7，都作为乘率写在右列。用乘率去乘左列对应的衍数，甲得到576，乙225，丙2800，都是用数。

□ 地支图

地支是把旋转着的地球空间等分成十二个固定区位，依次命名为子、丑、寅、卯、辰、巳、午、未、申、酉、戌、亥。

然后考虑，甲是申时末到达，而酉时初才是傍晚，所以甲是一天之内到达的，视为没有余数。再来计算乙的时间，未时正到达，从出发的卯时起计算，是4.5个时辰。用4.5乘乙每天行进的240里，得到1080，作为被除数。用白天的时辰数6去除，得到180里，这就是乙不足一天时行进的距离。然后计算丙，辰时末到达，从卯时算起是2个时辰，乘丙每天行进的180里，得到360里，作为被除数。用6个时辰去除，得到60里，是丙行进不足一天时的距离。

用乙的余数180，乘乙的用数225，得到40500，写在中间位置。用丙的余数60，乘丙的用数2800，得到168000。和中间乙的得数相加，得到208500，是总数。用衍母3600去除总数，余数3300就是前线到都城的距离里数。用甲每天的行进距离300去除，得到11天。用乙每天240里去除，得到13天4.5时辰。用丙每天180里去除，得到18天2时辰。这样就解决了问题。

术解

时间差：甲=0（时辰），乙=4.5（时辰），丙=2（时辰）。

余数：甲=0（里），乙=4.5÷6×240=180（里），丙=2÷6×180=60（里）。

各总：

甲：0×576=0；

乙：180×225=40500；

丙：60×2800=168000。

总数=0+40500+168000=208500。

总距离=208500 mod 3600=3300（里）。

行进时间：

甲=3300÷300=11（天）；

乙=3300÷240=13.75（天）；

丙=3300÷180=18.33（天）。

程行相及

原文

问：有急足三名。甲日行三百里，乙日行二百五十里，丙日行二百里。先差丙往他处下[1]文字[2]。既[3]两日，又有文字遣乙追付[4]。已半日，复有文字续令甲赶付乙。三人偶不相及[5]。乃同时[6]俱至彼所。先欲知乙果[7]及丙、甲果及乙得日并里。次欲知彼处去此里数各几何。

答曰：乙果追及丙，八日，行二千里。

甲果追及乙，二日半，行七百五十里。

彼处去此，三千里。

注释

〔1〕下：下达。

〔2〕文字：文书，公文。

〔3〕既：已经。

〔4〕付：给，予。

〔5〕偶不相及：两两不同行。

〔6〕同时：这里指不同日期的同一时刻。

〔7〕果：终于，到底。

译文

问：有三个传令员，甲每天行进300里，乙250里，丙200里。先派丙去某地传递文书。过了两天，又有文书派乙去追丙交付。过了半天，又有文书需要追加，再命令甲赶去交付乙。三个人互相追赶上之后并不同行，最终达到目的地的时间恰好都和他们出发的时刻相同。先求最终乙追上丙用了多少天、走了多少里，甲追上乙用了多少天、走了多少里。再求出发地到目的地的距离。

答：乙最终追上丙用了8天，走了2000里。

甲最终追上乙用了2.5天，走了750里。出发地距离目的地共3000里。

□ **记里鼓车**

记里鼓车，又称记里车、大章车，是中国古代用来记录车辆行过距离的马车，构造与指南车相似，分上下两层，每层各有手执木槌的木人一名。下层木人打鼓，车每行一里路，打鼓一下；上层木人敲铃，车每行十里，敲铃一次。记里鼓车配有减速齿轮系统，其最末一只齿轮轴在车行一里时，中平轮正好回转一周。今日汽车中的里程表，每行驶一公里便转动一个数码，其原理与此相似。

原文

术曰：

以均输〔1〕求之，大衍入之。置乙已去日数，乘乙行里，为实。以甲、乙行里差，为法，除之，得甲及乙日数辰刻，以乘甲行，得里。次置丙既去日，乘丙行里，为实。以丙、乙行里差，为法，除之，得乙及丙日数，以乘乙行，得里。

然后置三人日行，求总等，约得元数。以连环求等，约得定母。以定相乘，得衍母。各定约衍，得衍数。满定，去衍，得奇。奇、定，大衍，得乘率。以乘寄衍，得用数。

视甲及乙里，为乙率。见乙及丙里，为丙率。以乙日行满去乙率，不满，为乙余。以丙日行满去丙率，不满，为丙余。以二余各乘本用，并之，为总。满衍去之，不满，为彼去此里。

注释

〔1〕均输：按比例分配的方法。

译文

本题计算方法如下：

用均输法和大衍术计算求解。用乙领先甲出发的天数，乘乙每天的行进距离，得数作为被除数。用甲、乙每天行进的距离差作为除数去除，得到甲追上乙的时间，用它乘甲每天行进的距离，得到甲的行进距离。再用丙领先乙出发的天数，乘丙每天的行进距离，得数作为被除数。用丙和乙每天行进的距离差作为除数去除，得到乙追上丙的天数，再用它乘乙每天行进的距离，得到乙的行进距离。

然后用三个人各自每天行进的距离求公约数，再化约得到元数。进行连环求等，化约之后得到定数。用定数相乘，得到衍母。用各个定数去约衍母，得到衍数。用定数去除衍数，得到奇数。对奇数、定数，使用大衍求一术，得到乘率。用乘率乘对应的衍数，得到用数。

将甲追上乙时甲所走过的距离称作乙的率数，乙追上丙时乙所走过的距离称作丙的率数。用乙每天行进的距离除乙的率数，得到乙的余数。用丙每天行进的距离除丙的率数，得到丙的余数。用两个余数乘各自的用数，得数相加作为总数。用衍母除总数，余数就是出发地到目的地的距离。

译解

《九章算术》对“均输术”有详细介绍，是一种按照各个项目的比例去分配相应数额的计算方法。

甲追上乙时的行进距离：

$0.5\times250\div(300-250)\times300=750$（里）。

乙追上丙时的行进距离：

$2\times200\div(250-200)\times250=2000$（里）。

原文

草曰：

置乙已去半日，乘乙日行二百五十里，得一百二十五里，为实。次置甲日行三百里，减乙行二百五十里，余五十里，为差法。除实，得二日五十刻，为甲果及乙数。以乘甲行三百里，得七百五十，为甲及乙里数。次置丙既行二日，乘丙日行二百里，得四百里，为实。次置乙行二百五十里，减丙行二百里，余五十里，为差法。除实，得八日，为乙及丙日数。以乘乙行二百五十里，得二千里，为乙行及丙之里数。已上为先欲知果及数。

次列甲、乙、丙三名日行，求总等，得五十。先约甲、丙，存乙，得甲六，乙二百五十，丙四。

丅甲	‖≣〇乙	||||丙	元数

以甲六丙四，求等，得二。以二约甲，为三。复以二因丙，为八。次将乙二百五十，与丙八相约，得二。乃约乙为一百二十五。复以二因丙，为十六。定得甲三，乙一百二十五，丙十六，为定母。

|||甲	|=|||||乙	一丅丙	定母	丅〇〇〇衍母

以定相乘，得六千，为衍母。以各定约衍母，得衍数。甲得二千，乙得四十八，丙得三百七十五。求奇数。

右行	|||甲	|=|||||乙	一丅丙	定母
寄左行	=〇〇〇	≣𝍧	|||⊥|||||	衍数

左上二千，以甲三去之，奇二。左中四十八，即为乙奇。左下三百七十五，以丙十六去之，奇七。

|||甲	|=|||||乙	一丅丙	定母
‖	≣𝍧	𝍦	奇数

各以大衍，求得甲二，乙一百一十二，丙七，各为乘率。

‖甲	|一‖乙	𝍦丙	乘率

𝍪○○○	𝍬𝍧	𝍢𝍯𝍤	衍数

以乘率对乘衍数，甲得四千，乙得五千三百七十六，丙得二千六百二十五，为泛用数。

甲𝍬○○○	乙𝍭𝍢𝍯𝍥	丙𝍪𝍥𝍪𝍤	泛用数

并三泛，得一万二千〇〇一。乃多衍母一倍，当半衍母六千，得三千。以消甲四千，余一千。又消乙五千三百七十六，余二千三百七十六。丙不消。各为定用数。

甲𝍩○○○	乙𝍪𝍢𝍯𝍥	丙𝍪𝍥𝍪𝍤	定用数

既得用数，次视前草中甲及乙七百五十里，为乙率；乙及丙二千里，为丙率。各满乙丙日行里，去之。

右行	𝍦𝍭○乙率	𝍪○○○丙率
左行	𝍡𝍭○乙行	𝍡○○丙行

今乙、丙二人所行，各皆适满。去之，无余。虽称同时俱至，乃各系[1]全日所行。便以乙、丙二人约六千里，得三千里，为彼去此里数。合问。

注释

〔1〕系：判断词，是、为。

译文

本题演算过程如下：

用乙领先甲出发的0.5天，乘乙每天距离250里，得到125里，作为被除数。然后用甲每天距离300里，减去乙250里，得到的差50里作为除数，除125里，得到2.5天，就是甲追上乙所用的时间。用它乘甲每天行进的距离300里，得到750里，是甲追上乙时的行进距离。再用丙领先乙出发的2天，乘丙每天行进的距离200里，得到400里，作为被除数。然后用乙每天行进的距离250里，减去丙200里，得到差50里，以此作为除数，除400里，得到8天，就是乙追上丙所用的时间。用它乘乙每天行进的距离250里，得到2000里，这就是乙追上丙时的行进距离。以上就是题目首先要求的相互追及时的时间和距离。

然后用三人各自每天行进的距离，求出公约数，得到50。先约甲和丙，保留乙，得到甲6、乙250、丙4。用甲和丙求公约数，得到2。用2约甲，得3。再用2乘丙，得8。然后用乙250和丙8求公约数，得到2。于是将乙约成125，再用2乘丙，得到16。求定数得到甲3、乙125、丙16，作为定母。用各定母相乘，得到6000，作为衍母。用各个定数去除衍母，得到衍数：甲2000、乙48、丙375。然后求它们的奇数。

甲的衍数2000，用甲定数2去除，余奇数2。乙的衍数48，就是乙的奇数。丙的衍数375，用丙的定数16去除，余奇数7。各自使用大衍求一术，得到乘率：甲2、乙112、丙7。用乘率对乘各自的衍数，得到泛用数：甲4000、乙5376、丙2625。三个泛用数相加，得到12001。这个数比衍母多一倍，就把衍母6000化为一半，得到3000。用这个数除甲的泛用数4000，余数1000。用3000除乙的泛用数5376，余数2376。丙不除。这些就是各自的定用数。

得到用数之后，再将前面的演算过程中所得到的甲追及乙时的行进距离750里作为乙的率数，将乙追及丙时的行进距离2000里作为丙的率数。用乙、丙各自每天的行进距离去除。

现在乙、丙两人所行进的路程，都恰好是每天行进距离的整数倍，除过后没有余数。虽然说是同一时刻到达，其实指的是每人的行进时间都是整数天。于是就用乙、丙的人数2去约衍母6000里，得到3000里，这就是到达目的地的距离。这样就解答了问题。

术解

问数：300、250、200。公约数为50。保留第二位，化约得6、250、4。

连环求等、复乘求定，得定数：3、125、16。

衍母：$3\times125\times16=6000$。

衍数：$6000\div3=2000$，$6000\div125=48$，$6000\div16=375$。

奇数：2000 mod 3=2，48 mod 125=48，375 mod 16=7。

乘率：2、112、7。

泛用数：$2\times2000=4000$，$112\times48=5376$，$7\times375=2625$。

（4000+5376+2625）mod 6000=12001 mod 6000=1，商2。衍母=6000÷2=3000。

定用数：

甲：4000 mod 3000=1000；

乙：5376 mod 3000=2376；

丙：2625。

甲、乙、丙余数皆为0，因此各总和总数均为0。

距离=总数 mod 衍母=0 mod 3000=3000（里）。

（原文中，为了使“求余数”这一计算方法统一，因此0除以其他数字的余数就规定为“除数”。）

积尺寻源

原文

问：欲砌基一段，见管大、小方砖、六门、城砖四色。令匠取便，或平或侧。只用一色砖砌，须要适足[1]。匠以砖量地计料，称：用大方料，广多六寸，深少六寸；用小方料，广多二寸，深[2]少三寸；用城砖长，广多三寸，深少一寸；以阔，深少一寸，广多三寸；以厚，广多五分，深多一寸；用六门砖长，广多三寸，深多一寸；以阔，广多三寸，深多一寸；以厚，广多一寸，深多一寸；皆不匼匝[3]，未免修破转料裨[4]补。其四色砖，大方，方一尺三寸；小方，方一尺一寸；城砖，长一尺二寸，阔六寸，厚二寸五分；六门，长一尺，阔五寸，厚二寸。欲知基深、广几何。

答：深三丈七尺一寸，广一丈二尺三寸。

注释

〔1〕适足：充足适度，这里指完整。

〔2〕广、深：指矩形的宽边和长边。

〔3〕叵匝：周围环绕。

〔4〕裨：辅助。

□ **古人测井**

古人常用绳子来测量井深。他们先将绳子绑在井外的木桩上，由一人牵引绳子进入井底。井外人照井中人的吩咐收放绳子。最后，以井底绳到井口绳之间的距离为井深。

译文

问：想要用砖砌一段地基，现在手里有四种砖：大方砖、小方砖、六门砖、城砖。让工匠随意取用，平放或者侧放，只能用同一种砖来砌，且必须使用整块砖。工匠用砖尺寸测量了地基，并计算所需原料，然后说：如果用大方砖，那么广度多了6寸，深度少了6寸；用小方砖，广度多2寸，深度少3寸；用城砖的长边计算，广度多3寸，深度少1寸；用城砖的宽边计算，深度少1寸，广度多3寸；用城砖的厚度计算，广度多5分，深度多1寸；用六门砖的长边，广度多3寸，深度多1寸；用六门砖的宽边，广度多3寸，深度多1寸；用六门砖的厚度，广度多1寸，深度多1寸；都不能正好合适，免不了要用碎砖料来填补。这四种砖：大方砖边长1尺3寸；小方砖边长1尺1寸；城砖，长1尺2寸，宽6寸，厚2寸5分；六门砖，长1尺，宽5寸，厚2寸。求地基的深、广各是多少。

答：深3丈7尺1寸，广1丈2尺3寸。

原文

术曰：

以大衍求之，置砖方长阔厚为元数，以小者为单，起一〔1〕。先求总等，存一位，约众位，列位多者，随意立号〔2〕。乃为元数。连环求等，约为定母。以定相乘为衍母，各定约衍母得衍数，满定，去之，得奇。奇、定，大衍，得乘率。以乘衍数，得用数。

次置广深多少数，多者乘用，少者减元数，余以乘用，并为总。满衍母，去之，不满得广深。

注释

〔1〕起一：换算成同一单位。

〔2〕立号：起代号，相当于现代数学中用x、y、z等来代替计算对象。

译文

本题计算方法如下：

用大衍术去求解，将砖的各条边长作为衍数，用最小的“分”作为单位，统一换算。先求公约数，保留一位数不约，去约其他各数。如果数字较多，可以随意给它们起代号。约后的结果作为元数。进行连环求等，再化约得到各个定数。用定数相乘得到衍母，用各个定数去除衍母得到衍数，用衍数除定数，得到奇数。对奇数、定数，使用大衍求一术，得到乘率。用乘率去乘衍数，得到用数。

然后处理用砖测量地基深、广所得到的多和少的数量，用多的数量乘用数；少的数量从元数中减去，余下的数量乘用数。再把结果加起来，得到深、广各自的总数。用衍母除总数，余数就是所求的深、广之数。

译解

本题有四种砖型，每种又有多个数据，需要将它们换算成统一的单位后，作为元数，依照大衍求一术来计算。这一过程中，为了处理简便，本题使用8种制造乐器的材料名称作为各项数据的代号，这也是数学符号意识的萌芽。

原文

草曰：

置四砖方长阔厚，系八数。城砖厚有分，为小者，皆通之为单。大方得一百三十分；小方得一百一十分；城砖长得一百二十分，阔得六十分，厚得二十五分；六门砖长得一百分，阔得五十分，厚得二十分。

尺寸分	大方	城砖长	小方	六门长	城砖阔	六门阔	城砖厚	六门厚	问数
	|≡〇	|=〇	|一〇	|〇〇	⊥〇	≣〇	=|||||	=〇	
	金	石	丝	竹	匏	土	革	木	

锥行[1]置之右列，位稍多，砖名相互。今假[2]八音[3]为号位。先以最少者，自木二十，与革二十五，求等得五，乃反约木二十，为四。木四与土五十求等，得二，以约五十，为二十五。木四与匏六十求等，得四，约六十，为一十五。木四与竹百求等，得四，约一百，为二十五。木四与丝一百一十求等，得二，约一百一十，为五十五。木四与石一百二十求等，得四，反约木四，为一。以木一与金一百三十求等，得一，不约。为木与诸数求等，约讫，为一变。得数具图如后。

一≡〇金	|=〇石	≣|||||丝	=|||||竹	一|||||匏	≣〇土	=|||||革	|木

次以革二十五与土五十[4]求等，得二十五，约五十，为二。以革二十五与匏一十五求等，得五，约匏一十五，为三。以革二十五与竹二十五求等，得二十五，约竹二十五，为一。又以革二十五与丝五十五求等，得五，约丝五十五，得一十一。以革二十五与石一百二十求等，得五，约一百二十，为二十四。以革二十五与金一百三十求等，得五，约金一百三十，得二十六。革与诸数遍约讫，为二变，具图如后。

=T金	=||||石	一|丝	|竹	|||匏	||土	=|||||革	|木

乃以土二与匏三、竹一、丝一十一求等，皆得一，不约。以土二与石二十四求等，得二，反约土二，得一。又以土一与金二十六求等，得一，不约。土与诸数约讫，为三变。具图如后。

=T金	=||||石	一|丝	|竹	|||匏	|土	=|||||革	|木

乃以匏三与竹一、丝一十一求等，皆得一。又以匏三与石二十四求等，得三，约石二十四，为八。又匏三与金二十六求等，得一。匏与诸数约讫，以为四变。次以竹一与丝一十一、与石二十四、与金二十六求等，皆得一。竹与诸数约讫，为五变。次以丝一十一与石二十四、金二十六求等，皆得一，为六变。后以

石二十四[5]与金二十六求等，得二，约金二十六，为一十三，至此七变。连环求等，约俱毕，得数为定母。列图如后。

定母	一|||金	𝍧石	一|丝	|竹	|||匏	|土	=|||||革	|木

注释

〔1〕锥行：排列成一头尖一头宽的形状。这里指将数字由大到小纵向排列。

〔2〕假：借。

〔3〕八音：古代指八种制造乐器的材料，包括金、石、丝、竹、匏、土、革、木。

〔4〕土五十：此处应为原文讹误，因“土”应当已经化约为25。图中和术解已修正。后文求等化约过程中还有类似之处。

〔5〕二十四：此处应为八。

译文

本题演算过程如下：

已知四种砖的长、宽、厚度，共8个数。城砖的厚度以“分”为最小的单位，于是将所有数量都换算为分。大方砖130分，小方砖110分，城砖长120分、宽60分、厚25分，六门砖长100分、宽50分、厚20分。

将这些项目和数字从大到小纵列起来，数字比较多，而且砖的名字也有重复，因此借用八音作为它们的代号。先从最小的数开始计算，用木20和革25，求得公约数5，然后反过来约木20，得到4。木4和土50再求公约数，得到2，用来约50，得25。木4和匏60求公约数，得到4，约60，得15。木4和竹100求公约数，得4，约100，得25。木4和丝110求公约数，得2，约110，得55。木4和竹石120求公约数，得4，反过来约木4，得1。用木1和金130求公约数，得1，不约。此处为木和其他各数求等，都化约之后，第一次变化就结束了。得数画图如下。（见图一）

再用革25和土50求公约数，得25，约50，得2。用革25和匏15求公约数，得5，约匏15，得3。用革25和竹25求公约数，得25，约竹25，得1。再用革25和丝55求公约数，得5，约丝55，得11。用革25和石120求公约数，得5，约120，得24。用革25和金130求等，得5，约金130，得26。这样革就和所有数都求等化约过了，

这是第二次变化。结果画图如下。（见图二）

再用土2和匏3、竹1、丝11求公约数，都得到1，不约。用土2和石24求公约数，得2，反过来约土2，得1。再用土1和金26求公约数，得1，不约。土和其他各数求等化约结束，这是第三次变化。画图如下。（见图三）

再用匏3和竹1、丝11求公约数，都得1。再用匏3和石24求公约数，得3，约石24，得8。再用匏3和金26求公约数，得1。匏和其他各数求等化约结束，这是第4次变化。再用竹1和丝11、石24、金26求公约数，都得1。竹和其他各数求等化约结束，是第五次变化。再用丝11和石24、金26求等，都得1，这是第六次变化。最后用石24和金26求公约数，得2，约金26，得13，到这里已经是7次变化。这样连环求等就都化约完毕了，得数都是定母，画图如下。（见图四）

术解

图一

金	130	匏	15
石	120	土	25
丝	55	革	25
竹	25	木	1

图二

金	26	匏	3
石	24	土	2
丝	11	革	25
竹	1	木	1

图三

金	26	匏	3
石	24	土	1
丝	11	革	25
竹	1	木	1

图四

金	13	匏	3
石	8	土	1
丝	11	革	25
竹	1	木	1

原文

右定母列右行，以相乘，得八万五千八百，为衍母。以各定母约衍母，各得衍数。其竹、木、土定得一者，为无。

右行 定母	金𝍩𝍢	石𝍧	丝𝍩𝍠	竹𝍠	匏𝍢
左行 衍数	𝍮𝍥〇〇	𝍠〇𝍦𝍪𝍤	𝍯𝍧〇〇	〇	𝍡𝍰𝍥〇〇
	土𝍠	革𝍪𝍤	木𝍠	𝍧𝍭𝍧〇〇 衍母	
	〇	𝍫𝍣𝍫𝍡	〇		

金定一十三，得衍数六千六百。石定八，得衍数一万七百二十五。丝定一十一，得衍数七千八百。竹定一，无衍数。匏定三，得衍数二万八千六百。土定一，无衍数。革定二十五，得衍数三千四百三十二。木定一，无衍数。各满定母，去之，得奇数。

定母	金𝍩𝍢	石𝍧	丝𝍩𝍠	竹𝍠	匏𝍢	土𝍠	革𝍪𝍤	木𝍠
奇数	𝍨	𝍤	𝍠	〇	𝍠	〇	𝍦	〇

金得奇九，石得奇五，丝得奇一，匏得奇一，革得奇七。其丝、匏得奇数一者，便以一为乘率。其金、石、革三处奇数，皆为本定母。用大衍求一入之，各得乘率，列右行。

右行	金𝍢	石𝍤	丝𝍠	竹〇
衍数寄左	𝍮𝍥〇〇	𝍠〇𝍦𝍪𝍤	𝍯𝍧〇〇	〇

右行	鞄𝍠	土〇	革𝍩𝍧	木〇
衍数寄左	𝍡𝍰𝍥〇〇	〇	𝍫𝍣𝍫𝍡	〇

金得三，石得五，丝得一，鞄得一，革得一十八，各为乘率，对乘寄左行衍数，各得为用数。

用数	𝍠𝍱𝍧〇〇 金	𝍤𝍫𝍥𝍪𝍤 石	𝍮𝍧〇〇丝	〇竹	𝍡𝍰𝍥〇〇 鞄
	〇土	𝍥𝍩𝍦𝍮𝍥 革	〇木	𝍧𝍭𝍧〇〇 衍母	

凡诸用数同类者，数必多，可互借以补无者。先验革元数二十五，与木元数二十，为同类。求等，得五，以等五，约衍母八万五千八百，得一万七千一百六十。乃于革用数内减出以补木位，为木用。余四万四千六百一十六，为革用。次验竹元数一百，与土五十，为同类，以求等，得五十。以等五十约衍母八万五千八百，得一千七百一十六，亦于革用内各借与竹、土为用数。革止余四万一千一百八十四为用。得诸定用数。

正用数	金𝍠𝍱𝍧〇〇	石𝍤𝍫𝍥𝍪𝍤	丝𝍮𝍧〇〇	竹𝍩𝍦𝍩𝍥
	鞄𝍡𝍰𝍥〇〇	土𝍩𝍦𝍩𝍥	革𝍣𝍩𝍠𝍰𝍣	木𝍠𝍯𝍠𝍮〇

右行定用，始列锥行假号，求得今照砖色，迁次列之。

右行正用	金𝍠𝍱𝍧〇〇	丝𝍮𝍧〇〇	石𝍤𝍫𝍥𝍪𝍤	鞄𝍡𝍰𝍥〇〇
	𝍮〇大方	𝍪〇小方	𝍫〇城砖长	𝍫〇城砖阔
右行正用	革𝍣𝍩𝍠𝍰𝍣	竹𝍩𝍦𝍩𝍥	土𝍩𝍦𝍩𝍥	木𝍠𝍯𝍠𝍮〇
	𝍤城砖厚	𝍫〇六门长	𝍫〇六门阔	𝍩〇六门厚

既照砖次序，列用数于右行，乃验问题所谓：大方砖砌广多六寸；小方多二寸；城砖长多三寸，城砖阔多三寸，厚多五分；六门长多三寸，阔多三寸，厚多一寸。对本用列左行，各对乘之。具图如后。

金𝍠𝍩𝍧𝍰〇〇〇　丝𝍩𝍤𝍮〇〇〇　石𝍠𝍮〇𝍰𝍦𝍭〇　匏𝍰𝍤𝍰〇〇〇

革𝍪〇𝍭𝍨𝍪〇　竹𝍤𝍩𝍣𝍰〇　土𝍤𝍩𝍣𝍰〇　木𝍩𝍦𝍩𝍥〇〇

两行乘毕，金得一百一十八万八千，丝得一十五万六千，石得一百六十万八千七百五十，匏得八十五万八千，革得二十万五千九百二十，竹得五万一千四百八十，土亦得五万一千四百八十，木得一十七万一千六百。乃并前八位数，共得四百二十九万一千二百三十分，为总。满衍母八万五千八百去之，不满一千二百三十分，约之为一丈二尺三寸，为基元广数。

译文

将定母都写在右列，相乘得到85800，作为衍母。用各定母约衍母，得到各自的衍数。竹、木、土的定数都是1，没有衍数。金定数13，衍数6600；石定数8，衍数10725；丝定数11，衍数7800；竹定数1，没有衍数；匏定数3，衍数28600；土定数1，没有衍数；革定数25，衍数3432；木定数1，没有衍数。各自用定数去除衍数，得到奇数：金奇数9，石5，丝1，匏1，革7。丝、匏的奇数都是1，就用1作为乘率。金、石、革三个奇数为各自的定母，使用大衍求一术计算，各自得到乘率，写在右列：金3，石5，丝1，匏1，革18。这些就是它们的乘率。用乘率对乘左列的衍数，得到各自的用数。

凡是用数之间存在公约数的，数字一定比较大，可以借用它们去补足无用数的地方。先检查元数革25和木20，它们是同类，求公约数得5，用5约衍母85800，得17160。从革的用数里减出这个数来补足木的位置，作为木的用数。剩下44616作为革的用数。再检查元数竹100和土50，它们是同类，求公约数得50。用50约衍母85800，得1716，也从革里面借这个数分别给竹、土作为用数。革只剩下41184作为用数。这样就得到了各个定用数。右列的定用数已经都求出了，就按照行列和代号，换成四种砖的名称，依次排列。

现在已经按照砖名的次序将用数写在右列，再看问题中的条件：用大方砖砌，广度多6寸；用小方砖砌，多2寸；用城砖砌，长边多3寸，宽边多3寸，厚多5分；用六门砖砌，长多3寸，宽多3寸，厚多1寸。将其对应各自的用数，写在左列，然后进行对乘。画图如下（见图五）。

两列遍乘，得到金1188000，丝156000，石1608750，匏858000，革205920，

竹51480，土也得到51480，木171600。于是将这8个数相加，得到4291230分，就是广度的总数。用衍母85800去除，余数1230分，换算为1丈2尺3寸，就是所求的地基的广度。

术解

图五

代号	项目	广度差	广度各总
金	大方砖	60	1188000
丝	小方砖	20	156000
石	城砖长	30	1608750
匏	城砖宽	30	858000
革	城砖厚	5	205920
竹	六门长	30	51480
土	六门宽	30	51480
木	六门厚	10	171600

原文

乃求其深。验问题：大方砌少六寸；小方砌少三寸；城砖长砌少一寸，阔砌少一寸，厚砌多一寸；六门长砌多一寸，六门阔砌多一寸，厚砌多一寸。列为中行。次置诸砖元数，列为左行，课减之。具图如后。

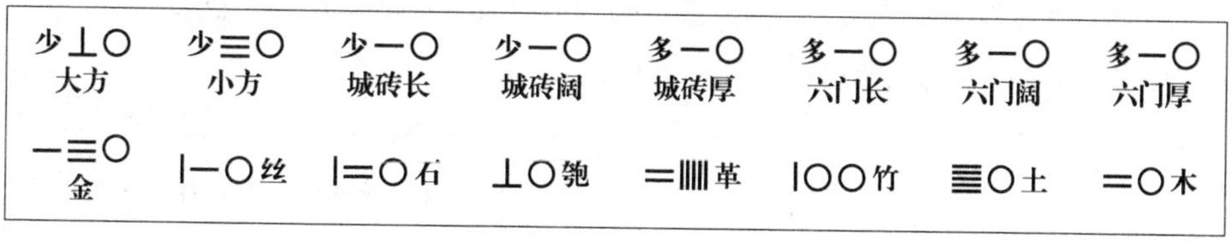

少⊥〇 大方	少≡〇 小方	少一〇 城砖长	少一〇 城砖阔	多一〇 城砖厚	多一〇 六门长	多一〇 六门阔	多一〇 六门厚
一≡〇 金	|一〇丝	|=〇石	⊥〇匏	=||||革	|〇〇竹	≣〇土	=〇木

今以中行多者存之，少者用减左行。存者左行元数去之，所减者左行余数存之。金得七十，丝得八十，石得一百一十，匏得五十，革得一十，竹一十，土一十，木一十。具图如后。

右行	金〇	丝〇	石〇	匏〇	革𝍩〇 多	竹𝍩〇 多	土𝍩〇 多	木𝍩〇 多
左行	𝍯〇 余	𝍰〇 余	𝍠𝍩〇 余	𝍭〇 余	〇	〇	〇	〇

列为左行，以对右行定用数。具图如后。

正用数	金𝍠𝍱 𝍧〇〇	丝𝍯 𝍧〇〇	石𝍤𝍫 𝍥𝍪𝍤	匏𝍡𝍰 𝍥〇〇	革𝍣𝍩 𝍠𝍰𝍣	竹𝍩𝍦 𝍩𝍥	土𝍩𝍦 𝍩𝍥	木𝍠𝍯𝍠 𝍮〇
多余数	𝍯〇	𝍰〇	𝍠𝍩〇	𝍭〇	𝍩〇	𝍩〇	𝍩〇	𝍩〇

以左行多余数，对乘右行用数。金得一百三十八万六千，丝得六十二万四千，石得五百八十九万八千七百五十，匏得一百四十三万，革得四十一万一千八百四十，竹得一万七千一百六十，土得一万七千一百六十，木得一十七万一千六百。具图如后。

金	丝	石	匏	革	竹	土	木		
𝍠𝍫𝍧 𝍮〇 〇〇	𝍮𝍡𝍬 〇〇 〇	𝍤𝍰 𝍨𝍰 𝍦𝍭 〇	𝍠𝍬𝍢 〇〇 〇〇	𝍬𝍠𝍩 𝍧𝍬 〇	𝍠𝍯𝍠𝍮 〇	𝍠𝍯𝍠𝍮 〇	𝍩𝍦 𝍩𝍥 〇〇	𝍨𝍱 𝍤𝍮 𝍤𝍩 〇 总数	𝍧𝍭 𝍧〇 〇 衍母

并八位得九百九十五万六千五百一十分，为总。满衍母八万五千八百，去之，不满三千七百一十分。展为三丈七尺一寸。为基地深。

译文

然后求地基的深度。对照问题：用大方砖砌少6寸；小方砖少3寸；城砖长少1寸，宽少1寸，厚多1寸；六门砖长多1寸，宽多1寸，厚多1寸。将这些数放在中间一列。然后将各砖的元数写在左列，进行相减。

现在将中行里多的数保留，少的数从左行对应元数中减去。保留的数，就去掉左行元数。相减的数，就在左行留下差。得到金70，丝80，石110，匏50，革10，竹10，土10，木10。

将这些剩余的差写在左列，对乘右列的用数。得到金1386000，丝624000，石5898750，匏1430000，革411840，竹17160，土17160，木171600。

将这8个数加起来得到9956510，就是深度的总数。用衍母85800去除，余数3710，换算为3丈7尺1寸，就是地基的深度。

术解

图六

代号	元数	深度差（中行）	深度剩余差	各深度总数
金	130	–60	70	1386000
丝	110	–30	80	624000
石	120	–10	110	5898750
匏	60	–10	50	1430000
革	25	10	10	411840
竹	100	10	10	17160
土	50	10	10	17160
木	20	10	10	171600

余米推数

原文

问：有米铺，诉被盗去米一般三箩，皆适满〔1〕，不记细数。今左壁箩剩一合〔2〕，中间箩剩一升四合，右壁箩剩一合。后获贼，系甲、乙、丙三名。甲称当夜摸得马杓〔3〕，在左壁箩，满舀入布袋。乙称踢着木履，在中箩舀入袋。丙称摸得漆椀〔4〕，在右边箩舀入袋。将〔5〕归食用，日久不知数。索〔6〕到三器，马杓满容一升九合，木履容一升七合，漆椀容一升二合。欲知所失米数，计贼结断〔7〕三盗各几何。

答曰：共失米九石五斗六升三合。

甲米三石一斗九升二合，乙米三石一斗七升九合，丙米三石一斗九升二合。

□ 木升

木升是古代农家必备的用具，多用来盛装粮食。在一些地区，木升也可用于祭祀。图为一升制木升。

注释

〔1〕适满：正好是满的。

〔2〕合：音（gě），容积单位，为$\frac{1}{10}$升。

〔3〕马杓：即马勺，一种生活器具。原本用来装饲料或水喂马，后农村也指类似瓢的器物。北方游牧民族则将其当作锅来使用。

〔4〕椀：同“碗”。

〔5〕将：持，拿。

〔6〕索：搜寻，寻找。

〔7〕结断：断案，结案。

译文

问：有一间米铺说自己被偷了三箩相同的米，三箩都是满的，但不记得详细的量。现在左墙边的箩里剩下1合，中间墙边的箩里剩下1升4合，右墙边的箩里剩下1合。后来抓到了小偷甲、乙、丙三人。甲说当天晚上摸到一个马杓，在左边的箩里满满地舀了米装进布袋。乙说踢到一只木鞋，用它从中间箩里舀米装进袋子。丙说摸到一个漆碗，在右边箩里舀米装进袋子。他们都拿米回家吃掉了，时间长了也不知道数量多少。三样器具也都找到了，马杓容量1升9合，木鞋容量1升7合，漆碗容量1升2合。求丢失米的总量，并计算三个盗贼各自偷了多少米，以此结案。

答：总共丢失米量9石5斗6升3合。

甲偷米3石1斗9升2合，乙偷米3石1斗7升9合，丙偷米3石1斗9升2合。

原文

术曰：

以大衍求之。列三器所容，为元数。连环求等，约为定母。以相乘，为衍母。以各定约衍母，得衍数。各满定母，去之，得奇。以奇、定，用大衍，求得乘率，以乘衍数，得用数。次以各剩米乘用，并之，为总。满衍母，去之，不满，为每箩米。各以剩米减之，余为甲、乙、丙盗米，并之为共失米。

译文

本题计算方法如下：

用大衍术去求解。列出三个容器的容量，作为元数，进行连环求等，化约得到定母。定母相乘，得到衍母。用各个定母去约衍母，得到衍数。用定母去除衍数，得到奇数。对奇数、定数，使用大衍求一术，求出乘率。用乘率乘衍数，得到用数。再用各箩内所剩的米量乘用数，得数相加，得到总数。用衍母除总数，余数就是各箩米的量。减去各自剩下的米量，差就是甲、乙、丙各自偷的米量，相加就是总共丢失米的量。

译解

元数：19、17、12。

连环求等，得定数：19、17、12。

衍母=19×17×12=3876。

用大衍求一术求解。

原文

草曰：

列三器所容，一升九合、一升七合、一升二合，为元数。连环求等，皆得一，不约。便以元数相乘，得三千八百七十六，为衍母。以各元数为定母，以定约衍母，得衍数。甲得二百〇四，乙得二百二十八，丙得三百二十三，各为衍数，列左行。以三定母，甲一十九，乙一十七，丙一十二，列右行。具图如后。

定母 右行	升合 𝍩𝍨 甲	𝍩𝍦 乙	𝍩𝍡 丙	𝍫𝍧𝍯𝍥 衍母
衍数 左行	𝍡〇𝍣	𝍡𝍪𝍧	𝍢𝍪𝍢	

各满定母，去衍数，得奇数。甲得一十四，乙得七，丙得一十一。

定母	𝍩𝍨甲	𝍩𝍦乙	𝍩𝍡丙
奇数	𝍩𝍣	𝍦	𝍩𝍠

各以奇定，用大衍求一，各得乘率。甲得一十五，乙得五，丙得一十一，各为乘率，列右行。对寄左行衍数。具图如后。

乘率	𝍠𝍤甲	𝍤乙	𝍩𝍠丙
衍数	𝍡〇𝍣	𝍡𝍪𝍧	𝍢𝍪𝍢

以两行对乘之，得用数。甲得用数三千六十，乙得一千一百四十，丙得三千五百五十三。列右行。具图如后。

右行	𝍫〇𝍮〇	𝍩𝍠𝍬〇	𝍫𝍤𝍭𝍢	用数
左行	左箩 合𝍠甲	中箩 𝍩𝍣乙	右箩𝍠丙	余数

既得用数，始验问题三箩剩米，列左行。对三人所用，以两行对乘之。甲得三千六十，乙得一万五千九百六十，丙得三千五百五十三。

𝍫〇𝍮〇	𝍠𝍭𝍨𝍮〇	𝍫𝍤𝍭𝍢	𝍡𝍪𝍤𝍯𝍢	𝍫𝍧𝍯𝍥	合𝍫𝍠𝍱𝍢
甲总	乙总	丙总	总数	衍母	不满

并三数，得二万二千五百七十三，为总数。满衍母三千八百七十六，去之，不满三千一百九十三。合展为三石一斗九升三合，为三箩适满细数。以左箩剩一合减之，余三石一斗九升二合，为甲盗米，又为丙盗米。以中箩剩米一升四合减之，余三石一斗七升九合，为乙盗米。并三人米，共得九石五斗六升三合，为所失米。合问。

译文

本题演算过程如下：

列出三个器具的容量1升9合（19合）、1升7合（17合）、1升2合（12合），作为元数。进行连环求等，都得到1，不约。就用各元数相乘，得到3876，是衍母。用各元数作为定母，去约衍母，得到衍数：甲204，乙228，丙323。这就是各自的衍数，写在左列。把三个定母，甲19，乙17，丙12，写在右列。

各自用定母去除衍数，得到奇数。甲得到14，乙7，丙11。对各自的奇数、定数，使用大衍求一术，得到各自的乘率：甲15，乙5，丙11。将它们写在右列，对应左列的衍数。

用两列的数字对乘，得到用数：甲3060，乙1140，丙3553，均写在右列。

得到用数后，再看原问题中三个箩里各自剩下的米量，写在左列，对应着三个人各自的用数，将两列相乘。得到甲3060，乙15960，丙3553。将这三个数字加起来，得到22573，是总数。用衍母3876除总数，余数3193，换算为3石1斗9升3合，作为三个箩装满时的详细数量。减去左边箩剩下的1合，余下3石1斗9升2合，就是甲偷去的米量，也是丙偷去的量。减去中间箩剩下的米量1升4合，余下3石1斗7升9合，就是乙偷去的米量。将三个人偷去的米量加起来，得到9石5斗6升3合，就是总共丢失的米量。于是解答了问题。

术解

器具名	衍数	定母	奇数	乘率	用数
甲	204	19	14	15	3060
乙	228	17	7	5	1140
丙	323	12	11	11	3553

第二章　天时类

本章包括卷三、卷四。其中的问题主要涉及三个方面："推气治历""治历推闰""治历演纪"是有关历法方面的计算问题；"缀术推星""揆日究微"是将数学方法应用于天文推算；而"天池测雨""圆罂测雨""峻积验雪""竹器验雪"则是利用不同的容器去测量降雨、降雪的量，涉及容积计算等方法。

卷三

推气治历

原文

问：太史测验天道[1]，庆元[2]四年戊午岁冬至三十九日九十二刻四十五分，绍定[3]三年庚寅岁冬至三十二日九十四刻一十二分。欲求中间嘉泰[4]甲子岁气骨[5]、岁余[6]、斗分[7]各得几何。

答曰：气骨，十一日三十八刻二十分八十一秒八十小分。岁余，五日二十四刻二十九分三十秒三十小分。斗分，空日二十四刻二十九分三十秒三十小分。

注释

〔1〕天道：天时、节气的规律。

〔2〕庆元：南宋宁宗年号，公元1195—1201年。

〔3〕绍定：南宋理宗年号，公元1228—1233年。

〔4〕嘉泰：南宋宁宗年号，公元1201—1204年。

〔5〕气骨：指冬至和甲子日相距的时间。

〔6〕岁余：回归年的天数和360天的差。

〔7〕斗分：岁余中不满一天部分的时长。

译文

问：太史官测量天候发现，庆元四年戊午年的冬至在甲子日之后的39日92刻45分，绍定三年庚寅年的冬至在甲子日之后的32日94刻12分。求这两年之间的嘉泰四年甲子年的冬至在甲子日之后多久，岁余是多少，斗分是多少。

答：气骨是11日38刻20分81秒80小分。岁余是5日24刻29分30秒30小分。斗分是0日24刻29分30秒30小分。

原文

术曰：

先距前后年数，为法。置前测日刻分，减后测日刻分，余为率。不足减，则加纪策[1]。以纪策累加之，令及天道，合用五日以上数，为实。以法除实，得岁余，去全日，余为斗分。以所求中间年，上距前测年数，乘岁余，益入前测日刻分。满纪策去之，余为所求年气骨。

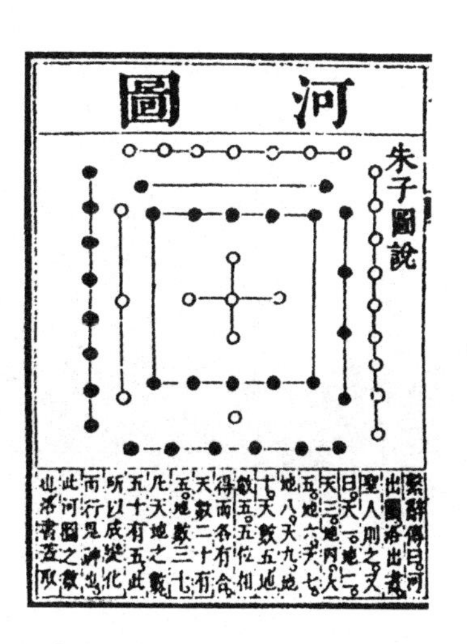

□ 河图

河图本是星图，蕴含着深奥的宇宙星象密码，被誉为“宇宙魔方”，实为数学的一个分支。河图以十数合五方、五行、阴阳、天地之象。图式以白圈为阳，为天，为奇数；黑点为阴，为地，为偶数。并以天地合五方，以阴阳合五行。

注释

〔1〕纪策：又称“纪法”，即一个甲子周期60日。

译文

本题计算方法如下：

先将前后两个年份（庆元四年到绍定三年）相距的年数，作为除数。用前面测量的时刻差去减后面测量的时刻差，得数作为率数。不够减的话就加上一个纪策。用纪策累加到率之上，让结果和前面的年份差相除时，商能够大于等于5，以这样的率作为被除数。用除数去除被除数，得到岁余。减去其中的整天数，得数就是斗分。用所求的嘉泰甲子年距离前面测量年份的年数，去乘岁余，结果加上前面测量的时刻差，得数超过一个纪策的部分就减去，余数就是要求的这一年的气骨数。

译解

相距年数$_1$=33。时刻差=32.9412+3×60−39.9245=173.0167（日）。

岁余=173.0167÷33≈5.2429（日）。

斗分=5.2429−5=0.2429。

原文

草曰：

置前测戊午岁距后测庚寅岁，得三十三，为法。置前测戊午岁冬至三十九日（日辰癸卯）九十二刻四十五分，减后测，绍定三年庚寅岁冬至三十二日（日辰丙申）九十四刻一十二分。今后测者少不及前测者以减。乃加纪法六十日于后测日内，得九十二日九十四刻一十二分。然后用前测者减之，余五十三日一刻六十七分，为率。按术，当以法三十三除率，须使商数必得五日以上乃可。今率未得五日，乃两度累加纪法一百二十，入率内，共得一百七十三日一刻六十七分，为实。实如法，除之，得五日二十四刻二十九分三十秒三十小分，不尽弃之，为岁余。乃去全五日，得二十四刻二十九分三十秒三十小分，为斗分。次推嘉泰甲子上距庆元戊午岁，得六，以乘岁余五日二十四刻二十九分三十秒三十小分，得三十一日四十五刻七十五分八十一秒十小分。益入前测戊午岁三十九日九十二刻四十五分，得七十一日三十八刻二十分八十一秒八十小分。满纪法六十，去之，余一十一日三十八刻二十分八十一秒八十小分。为所求甲子年气骨之数。合问。

译文

本题演算过程如下：

计算前面测量的戊午年和后面测量的庚寅年之间相距的年数，得到33，作为除数。用前面测量的戊午年冬至距离甲子日39日92刻45分，去减后面测量的绍定三年庚寅年冬至距离甲子日32日94刻12分。现在发现后测数小于前测数，不够减。就在后测数里加上一个纪法60日，得到92日94刻12分。然后用前测数去减，得到53日1刻67分，作为率数。按照计算方法，应当用除数33去除率数，得到商应当大于或等于5。现在的率数所得商小于5，就两次累加纪法，共加120到率数上，得到173日1刻67分，作为被除数。用这个被除数除以除数，得到5日24刻29分30秒30小分，余数略去，这个商就是所求的岁余。然后从中减去整数天5，得到24刻29分30秒30小分，就是斗分。再由嘉泰甲子年距前面的庆元戊午年有6年来推算，用6乘岁余5日24刻29分30秒30小分，得到31日45刻75分81秒10小分。得数加上前面戊午年测量的39日92刻45分，得到71日38刻20分81秒80小分。这个数字大于纪法60，从其中减去60，得到11日38刻20分81秒80小分，就是要求的甲子年气骨数。这样就解答了问题。

术解

相距年数$_2$=6。

甲子年气骨数=5.2429×6+39.9245−60=11.3819。

治历推闰

原文

问：开禧历，以嘉泰四年甲子岁天正[1]冬至为一十一日（日辰乙亥）四十四刻六十一分五十四秒，十一月经朔一日（日辰乙丑）七十五刻五十五分六十二秒问闰骨、闰率[2]各几何。

答曰：闰骨，九日六十九刻五分九十一秒，不尽一百六十九分秒之一百二十一。

闰骨率，十六万三千七百七十一。

□ 浮箭漏示意图

浮箭漏大约发明于汉武帝时期，由两只漏壶组成，一只是播水壶，另一只是受水壶，因为壶内装有指示时刻的箭尺，所以通常称为箭壶。随着受水壶内水位的上升，安在箭舟上的箭尺随之上浮，可指示当时的时刻。

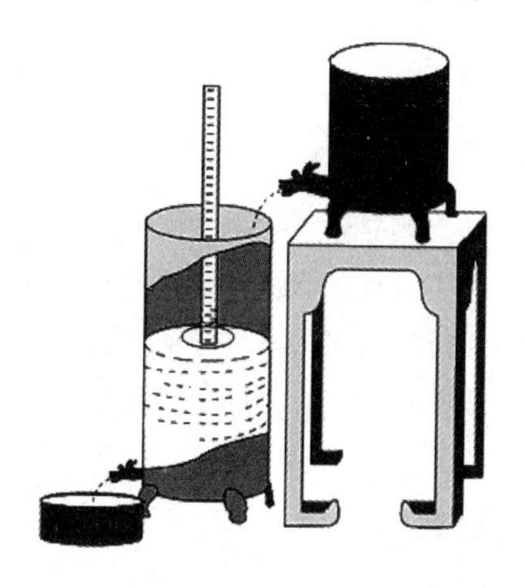

注释

〔1〕天正：子时正。

〔2〕闰骨、闰率：闰率，气骨分和朔骨分的差。（气骨分、朔骨分分别指冬至、朔日和甲子日之间相差时刻以分为单位的数值。）闰骨，闰率除以日法所得商数。（日法：回归年中不满一天的部分的分母，开禧历日法为16900。）

译文

问：在开禧历中，嘉泰四年甲子年的冬至在甲子日子时正之后的11日（乙亥日）44刻61分54秒，十一月的朔日（乙丑日）在甲子日之后的75刻55分62秒。求闰骨和闰率各是多少。

答：闰骨是9日69刻5分91秒，还有除不尽的部分是$\frac{121}{169}$秒。闰骨率是163771。

原文

术曰：

以日法各通〔1〕气说日刻分秒，各为气骨、朔骨分。其气骨分，如约率〔2〕而一，约尽者为可用。或收弃余分在一刻以下者亦可用。然后与朔骨分相减，余为闰骨率，以日法约之，为闰骨策。

注释

〔1〕通：乘。

〔2〕约率：用日法和斗分求公约数，得数乘以纪法，就得到约率。开禧历的约率是3120。

译文

本题计算方法如下：

用日法分别去乘冬至、朔日与甲子日的时刻差，分别得到气骨分、朔骨分。其中气骨分的整数部分能被约率除尽，这个数字可用。或者朔骨分的小数部分很接近1，就收为1，得到的整数也可用。然后用气骨分和朔骨分相减，得数就是闰骨率（闰率），用日法去除它，得到闰骨策（闰骨）。

译解

开禧历日法=16900。

气骨分=11.446154×16900=193440.0026≈193440。

朔骨分=1.755562×16900=29668.9978≈29669。

原文

草曰：

置本历日法一万六千九百，先通冬至一十一日四十四刻六十一分五十四秒，得一十九万三千四百四十分二十六小分，为实。其历约率，系三千一百二十，以约之，得六十二，可用。其实余小分二十六，乃弃之，只用一十九万三千四百四十，为气骨分。

次置朔一日七十五刻五十五分六十二秒，以本历日法一万六千九百，乘之，得二万九千六百六十八分九十九秒七十八小分，将近一分，故于气骨内所弃二十六小分，借二十二小分，以补朔内。收上，得二万九千六百六十九，为朔骨。然后以朔骨分减气骨分，余有一十六万三千七百七十一，为闰骨率。

复以日法除之，得闰骨策九日六十九刻五分九十一秒，不尽一百二十一算。直命之为一百六十九分秒之一百二十一。合问。

译文

本题演算过程如下：

用开禧历的日法16900，先去乘冬至到甲子日的时刻差11日44刻61分54秒，得到193440分26小分，用其中的整数部分作为被除数。开禧历的约率为3120，用它去约被除数，得到62，这个数可用。其中零余的26小分就去掉不用了，只用193440作为气骨分。

再用朔日和甲子日的时刻差1日75刻55分62秒，与开禧历的日法1690相乘，得到29668分99秒78小分，零余部分接近1分，就用气骨分里去掉的26小分中借用22小分补进来，收进为1，得到29669，作为朔骨分。然后用朔骨分减去气骨分，得到163771，就是闰骨率。

再用日法去除闰骨率，得到闰骨策9日69刻5分91秒，以及$\frac{121}{169}$秒的零余。这样就解答了问题。

术解

闰骨率=193440−29669=163771。

闰骨策=163771÷16900=9.690591+$\frac{121}{169}$（日）。

治历演纪

原文

问：开禧历，积年七百八十四万八千一百八十三。欲知推演之原[1]、调日法[2]，求朔余、朔率、斗分、岁率、岁闰、入元岁、入闰、朔定骨、闰泛骨、闰缩、纪率、气元率、元闰、元数，及气等率、因率、蔀率、朔等数、因数、蔀数、朔积年，二十三事[3]，各几何。

答曰：日法，一万六千九百。

朔余，八千九百六十七。

朔率，四十九万九千六十七。

斗分，四千一百八。

岁率，六百一十七万二千六百八。

入元岁，九千一百八十。

入闰，四十七万四千二百六十。

岁闰，一十八万三千八百四。

朔定骨，二万九千六百六十九。

闰泛骨，一十六万三千七百七十一。

闰缩，一十八万八千五百七十八。

纪率，一百一万四千。

气元率，一万九千五百。

元闰，三十七万七千八百七十三。

元数，四百二。

气等率，五十二。

因率，一百四十四。

蔀率，三百二十五。

朔等数，一。

因数，四十五万七千九百九十九。

蔀数，四十九万九千六十七。

朔积年，七百八十三万九千。

积年，七百八十四万八千一百八十三。

注释

〔1〕原：原理。

〔2〕调日法：指调整日法的数值得到一个合适的分数。

〔3〕二十三事：指前文提到的23项数值。这23项中尚未出现的定义将在下文计算过程中逐一给出解释。

译文

问：求开禧历颁布之时的上元积年7848183年的计算原理及其调日法，并求朔余、朔率、斗分、岁率、岁闰、入元岁、入闰、朔定骨、闰泛骨、闰缩、纪率、气元率、元闰、元数，及气等率、因率、蔀率、朔等数、因数、蔀数、朔积年，这23项各是多少。

答：日法是16900，朔余8967，朔率499067，斗分4108，岁率6172608，入元岁9180，入闰474260，岁闰183804，朔定骨29669，闰泛骨163771，闰缩188578，纪率1014000，气元率19500，元闰377873，元数420，气等率52，因率144，蔀率325，朔等数1，因数457999，蔀数499067，朔积年7839000，积年7848183。

原文

术曰：

以历法〔1〕求之，大衍入之。调日法，如何承天〔2〕术。用强弱母子互乘，得数，并之。为朔余。以二十九日通日法，增入朔余，为朔率。

又以日法乘前历[3]所测冬至气刻分，收弃末位为偶数，得斗分。

与日法，用大衍术入之，求等数、因率、蔀率。以纪乘等数为约率。置所求气定骨，如约率而一，得数，以乘因率，满蔀率，去之，不满，以纪法乘之，为入元岁。

次置岁日[4]，以日法通之，并以斗定分，为岁率。以十二月乘朔率，减岁率，余为岁闰。以岁闰乘入元岁，满朔率，去之，不满，为入闰。

与闰骨相减之，得差。或适足，便以入元岁为积年，后术并不用；或差在刻分法半数以下者，亦以入元岁为积年。必在刻分法半数以上，却以闰泛骨并朔率，得数，内减入闰，余与朔率，求闰缩。在朔率以下，使为闰缩；以上用朔率减之，亦得。

以纪法乘日法，为纪率。以等数约之，为气元率。以气元率乘岁闰，满朔率，去之，不满，为元闰。虚置一亿，减入元岁，余为实，元率除之，得乘限。乃以元闰与朔率，用大衍入之，求得等数、因数、蔀数。以等数约闰缩，得数，以因数乘之，满蔀数，去之，不满，在乘限以下，以乘元率，为朔积年。并入元岁，为演纪积年。又加成历年。

注释

〔1〕历法：指推演天时、日期、节气等的方法。

〔2〕何承天：南朝宋东海郡（今山东）人，天文学家、音乐家；东晋末年曾任辅国府参军、浔阳太守等职，南朝任尚书载丞、吏部郎；订正《元嘉历》，并创造出一套测量和计算天文历法的方法。

〔3〕前历：下文“草”中的“统天历”。

〔4〕岁日：365天。

译文

本题计算方法如下：

先用历法去求解，再用大衍术计算。调日法使用何承天的方法。用日法中的强数乘强子、弱数乘弱子，得数相加，作为朔余。用29日乘日法，得数加入朔余，得到朔率。

再用日法去乘之前的历法测量到的冬至时刻24刻31分，去掉末位的零余，得到的整数末位是偶数，这个数就是斗分。

用斗分和日法求得等数，用等数除日法得到的商就是蔀率，用大衍求一术得到因率。用纪法乘等数得到约率。用冬至和甲子日的时刻差乘日法得到气定骨，再除以约率，得数乘因率，所得积大于蔀率，就用蔀率去除，余数乘以纪法，得到入元岁。

再用岁日乘日法，得数和斗定分相加，得到岁率。用月数12乘朔率，再减岁率，得数为岁闰。岁闰和入元岁相乘，用朔率去除得数，余数是入闰。

求入闰和闰骨的差，如果正好为0，就将入元岁的值作为积年，后面的计算方法就不用了。如果差值接近于0，不到刻分法的一半，也仍然可以使用入元岁作为积年。如果差值在刻分法的一半以上，就用闰泛骨（闰骨）和朔率相加，得数再减去入闰，所得的差和朔率相比较，求出闰缩。如果差比朔率小，这个差就是闰缩。如果差大于朔率，就减去朔率，也能得到闰缩。

用纪法乘日法，得数就是纪率，用等数去约纪率，得到气元率。用气元率乘岁闰，结果用朔率除，余数就是元闰。虚设1亿，减去入元岁，得数作为被除数，用元率去除，得到乘限。用元率和朔率求等，用朔率除以等数得到蔀数，用大衍求一术计算因数。用等数约闰缩，得数去乘因数，再除以蔀数，余数小于乘限，就用它乘元率，得到朔积年。用朔积年和入元岁相加，得到题设条件时（嘉泰四年，公元1204年）的演纪积年。再加上到开禧历颁布时（开禧三年，公元1207年）经过的3年，就得到开禧历颁布时的上元积年。

译解

何承天的计算方法规定“强率”为$\frac{26}{49}$，“弱率”为$\frac{9}{17}$。而“强子”“弱子”就是这二者的分子。

开禧历日法16900=339×49+17×17。其中，339是“强数”，17是“弱数”。

朔余=26×339+9×17=8967。

朔率=29×16900+8967=499067。

斗分=16900×2431=41083900≈4108（分）。

原文

今人相乘演积年，其术如调日法。求朔余、朔率，立斗分、岁余；求气骨、朔骨、闰骨，及衍等数、约率、因率、蓓率，求入元岁、岁闰、入闰、元率、元闰，已上皆用此术。但其所以求朔积年之术，乃以闰骨减入闰，余谓之闰赢，欲与闰缩、朔率，列号甲、乙、丙、丁四位，除乘消减，谓之方程。乃求得元数，以乘元率，所得谓之朔积年。加入元岁，共为演纪岁积年。所谓方程，正是大衍术。今人少知。非特置算系名，初无定法可传，甚是惑误后学，易失古人之术意。故今术不言闰赢，而曰入闰差者，盖本将来可用入元岁便为积年之意。

故今止将元闰、朔率二项，以大衍先术等数、因数、蓓数者，乃仿前求入元岁之术理，假闰骨如气骨，以等数为约数，及求乘数、蓓数。以等约闰缩，得因乘数，满蓓，去之，不满，在限下，以乘元率，便得朔积年。亦加入元岁，共为演纪积年。

此术非惟止用乘除省便，又且于自然中，取见积年。不惑不差矣。新术敢不用闰赢而求者，实知闰赢已存于入闰之中，但求朔积年之奇分，与闰缩等，则自与入闰相合，必满朔率所去故也。

数理精微，不易窥识，穷年致志，感于梦寐，幸而得之，谨不敢隐。

译文

现在的人用计算方法去推演积年，使用的方法都类似调日法。要求朔余、朔率，以及斗分、岁余；或者求气骨、朔骨、闰骨，以及衍等数、约率、因率、蓓率，还有求入元岁、岁闰、入闰、元率、元闰，以上这些都使用调日法。但是求朔积年的方法是用闰骨减入闰，差叫作“闰赢”。将闰骨、入闰、闰缩、朔率，设为甲、乙、丙、丁四个数，使用乘除相减的运算，叫作“方程”。这样求出元数，再用元率相乘，得数叫作“朔积年”。再和元岁相加，得到演纪积年。这里所说的方程，其实就是大衍术。现在的人知道的很少。并不是在计算过程中才特别定义了这个算法的名称，而是因为古人的计算方法失传了。所以现在的算法都不提闰赢，而是叫作“入闰差”，大概是因为使用入元岁就能够算出积年的意思。

所以这里的算法只使用元闰、朔率两个数值，先用大衍术求出等数、因数、蔀数，然后仿照之前求入元岁的计算方法，将闰骨用作气骨，将等数作为月数，求出乘数、蔀数。用等数约闰缩，得数再和乘数相乘，大于蔀数就用蔀数去除，余数小于乘限，就去乘元率，就得到朔积年。再加上入元岁，得到演纪积年。

这个方法不仅是计算方便，而且在自然的过程中就得到了积年，不会令人困惑或出现差错。这一新方法之所以可以不使用闰赢来计算，实际上是因为知道闰赢已经包含在入闰当中了。只要求出朔积年的零余数，如果和闰缩相等，自然也就和入闰相等，而且其中的朔率已经减去了。

数学的原理十分精深微妙，不容易深入了解。我终其一生致力于这项研究，幸运地在睡梦中有了灵感，得出这一算法，不敢隐瞒，谨向读者公布。

译解

本题采用了大衍求一术来计算各个积年数值，这比当时人们普遍采用的方法要更加简便和准确。

原文

草曰：

本历以何承天术，调得一万六千九百为日法，系三百三十九强，一十七弱。先以强数三百三十九乘强子二十六，得八千八百一十四于上；次以弱数一十七乘弱子九，得一百五十三，并上，共得八千九百六十七为朔余。次以日法通朔策〔1〕二十九日，得四十九万一百，增入朔余，得四十九万九千六十七，为朔率。

又以日法乘统天历所测每岁冬至周日下二十四刻三十一分，得四千一百八分三十九秒，为斗泛分。验八分既偶，遂弃三十九秒，只以四千一百八分为斗定分。与日法，以大衍术入之，求得五十二，为等数。一百四十四，为因率。三百二十五，为蔀率。以甲子六十为纪法，乘等数，得三千一百二十，为约率。

却置本历上课所用嘉泰甲子岁气骨一十一日四十四刻六十一分五十四秒，以乘日法，得一十九万三千四百四十分二十六秒，为气泛骨。欲满约率三千一百二十而一。故就近乃弃微秒。只以一十九万三千四百四十分为气定骨，然后以约率三千一百二十，除之，得六十二。以因率一百四十四乘之，得八千九百二十八。满蔀率三百二十五，去之，不满一百五十三。以纪法六十乘之，得九千一百八十年，为入元岁。

注释

〔1〕朔策：一个朔望月的天数，约为29天。

译文

本题演算过程如下：

开禧历用何承天的计算方法，将日法调整为16900=339×49+17×17。先用强数339乘强子26，得到8814放在上面；再用弱数17乘弱子9，得153，加上上面的得数，共得到8967，就是朔余。再用日法乘朔策数29，得到490100，加上朔余，得到499067，就是朔率。

再用日法乘统天历所测出的每年冬至的时刻24刻31分，得到4108分39秒，就是斗泛分。检查个位数8，是偶数，于是丢掉零余的39秒，只用4108分作为斗定分。对斗定分和日法，使用大衍求一术，得到等数52，因率144，蔀率325。用甲子纪法60乘等数，得到3120，即约率。

用上一题目给出的开禧历嘉泰甲子年冬至和甲子日的时间差11日44刻61分54秒乘日法，得到193440分26秒，就是气泛骨。用它的整数部分除以3120得到整数商，即将零余的26秒丢掉，只用193440作为气定骨，除以3120，得到62，乘因率144，得8928，除蔀率325，余数153，乘纪法60，得9180年，就是入元岁。

术解

斗分和日法的公约数是52。

蔀率=16900÷52=325。

已知（因率×4108÷52）mod 325=1，用大衍求一术求得因率为144。

约率=60×52=3120。

入元岁=［（气定骨÷约率×因率） mod 蔀率］×纪法=［（193440÷3120×144）mod 325］×60=（8928 mod 325）×60=153×60=9180（年）。

原文

次置岁日三百六十五，以日法通之，得六百一十六万八千五百，并斗定分四千一百八，得六百一十七万二千六百八，为岁率。却以十二月乘朔率四十九万九千六十七，得五百九十八万八千八百四。减岁率，余一十八万三千八百四，为岁闰。以岁闰乘入元岁九千一百八十，得一十六亿八千七百三十二万七百二十。满朔率，去之，不满四十七万四千二百六十，为入闰。

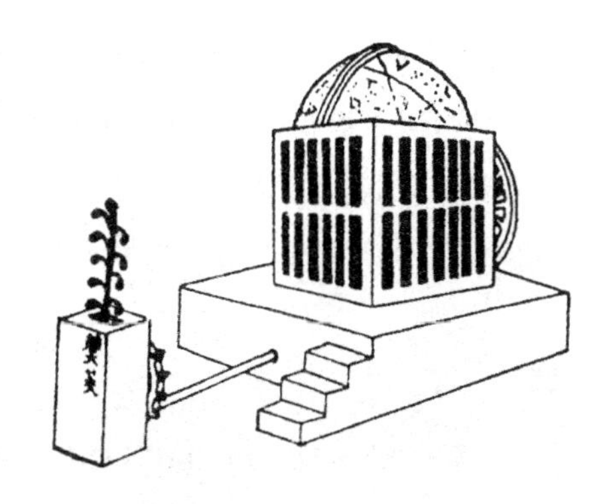

□ **水运浑象仪**

水运浑象仪，也称漏水浑天仪，为张衡所设计制造，主要用于演示天体运动。水运浑象仪用一个直径四尺多的铜球，球上刻有二十八宿、中外星官以及黄赤道、南北极、二十四节气、恒显圈、恒隐圈等，成一浑象，再用一套转动机械，把浑象和漏壶相结合，以漏壶流水控制浑象，使它与天球同步转动，以显示星空的周日视运动，如恒星的出没和中天等。

次置本历所用嘉泰甲子岁天正月朔一日七十五刻五十五分六十二秒，以日法乘之，得二万九千六百六十八分九千九百七十八秒，为朔泛骨。就近收秒为一分，共为二万九千六百六十九，为朔定骨数。然后乃以朔定骨减气定骨一十九万三千四百四十，余一十六万三千七百七十一，为闰泛骨。置日法，以二百约之，得八十四半，为半刻法。次以闰泛骨与入闰相课，减之，余三十一万四百八十九。此是闰赢。为差半刻法。以上乃以闰泛骨并朔率，共得六十六万二千八百三十八，以入闰四十七万四千二百六十减之，余一十八万八千五百七十八。在朔率下，便为闰缩。

译文

然后用岁日365乘日法，得到6168500，加上斗定分4108，得6172608，就是岁率。再用月数12乘朔率499067，得5988804。用岁率减这个得数，得到183804，就是岁闰。用岁闰乘入元岁9180，得1687320720，除以朔率，余数为474260，就是入闰。

然后用开禧历嘉泰甲子年朔日和甲子日子时正的时刻差1日75刻55分62秒乘日法，得到29668分9978秒，就是朔泛骨。将零余就近收进1分，一共是29669，就是朔定骨数。然后用朔定骨和气定骨193440相减，得到163771，就是闰泛骨。用200约日法，得到84.5，就是半刻法。然后用入闰减去闰泛骨，得到310489，这就是闰赢。闰赢大于半刻法，就用闰泛骨和朔率相加，得到662838，再减去入闰474260，得到188578。这个数小于朔率，就是闰缩。

术解

岁率=365×16900+4108=6172608。

岁闰=6172608−12×499067=183804。

入闰=（183804×9180）mod 499067=474260。

闰泛骨=193440−29669=163771。

半刻法=16900÷200=84.5。

闰赢=474260−163771=310489>84.5。

闰缩=闰泛骨+朔率−入闰=163771+499067−474260=188578。

原文

次以纪策六十乘日法，得一百一万四千，为纪率。以等数五十二约纪率，得一万九千五百，为气元率。以气元率，乘岁闰一十八万三千八百四，得三十五亿八千四百一十七万八千，满朔率，去之，不满三十七万七千八百七十三，为元闰。次置一亿，以入元岁九千一百八十减之，余九千九百九十九万八百二十，为实。以元率一万九千五百为法，除之，得五千一百二十七，为乘元限数。

乃以元闰三十七万七千八百七十三与朔率四十九万九千六十七，用大衍术求之，得等数一，因数四十五万七千九百九十九，蔀数四十九万九千六十七。然后以等数一，约闰缩，只得一十八万八千五百七十八。以因数四十五万七千九百九十九乘之，得八百六十三亿六千八百五十三万五千四百二十二。满蔀数四十九万九千六十七，去之，不满四百二。在乘元限数一下，为可用。

乃以乘元率一万九千五百，得七百八十三万九千年，为朔积年。并入元岁九千一百八十，共得七百八十四万八千一百八十，为嘉泰四年甲子岁积算。本历系于丁卯岁进呈，又加丁卯三年，共为七百八十四万八千一百八十三算，为本历积年。合具算图如后。

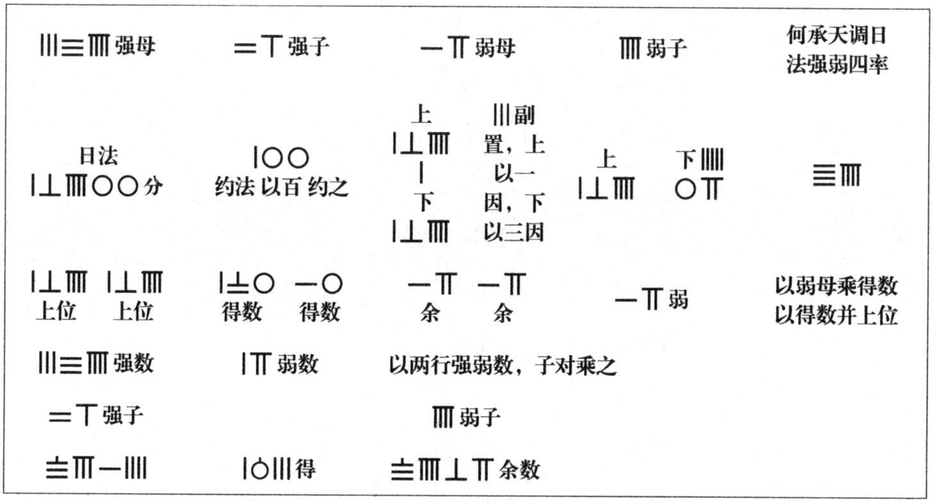

𝍢𝍫𝍨强母	𝍪𝍥强子	𝍩𝍦弱母	𝍨弱子	何承天调日法强弱四率
日法 𝍠𝍮𝍨〇〇分	𝍠〇〇 约法 以百 约之	上 𝍢副 𝍠𝍮𝍨 置，上 𝍠 以一 下 因，下 𝍠𝍮𝍨 以三因	上 下𝍤 𝍠𝍮𝍨 〇𝍦	𝍫𝍨
𝍠𝍮𝍨 𝍠𝍮𝍨 上位 上位	𝍠𝍯〇 𝍩〇 得数 得数	𝍩𝍦 𝍩𝍦 余 余	𝍩𝍦弱	以弱母乘得数 以得数并上位
𝍢𝍫𝍨强数	𝍠𝍦弱数	以两行强弱数，子对乘之		
𝍪𝍥强子		𝍨弱子		
𝍰𝍧𝍩𝍣	𝍠𝍭𝍢得	𝍰𝍨𝍮𝍦余数		

次以日法乘朔策日，得数，并朔余，为朔率〔1〕。

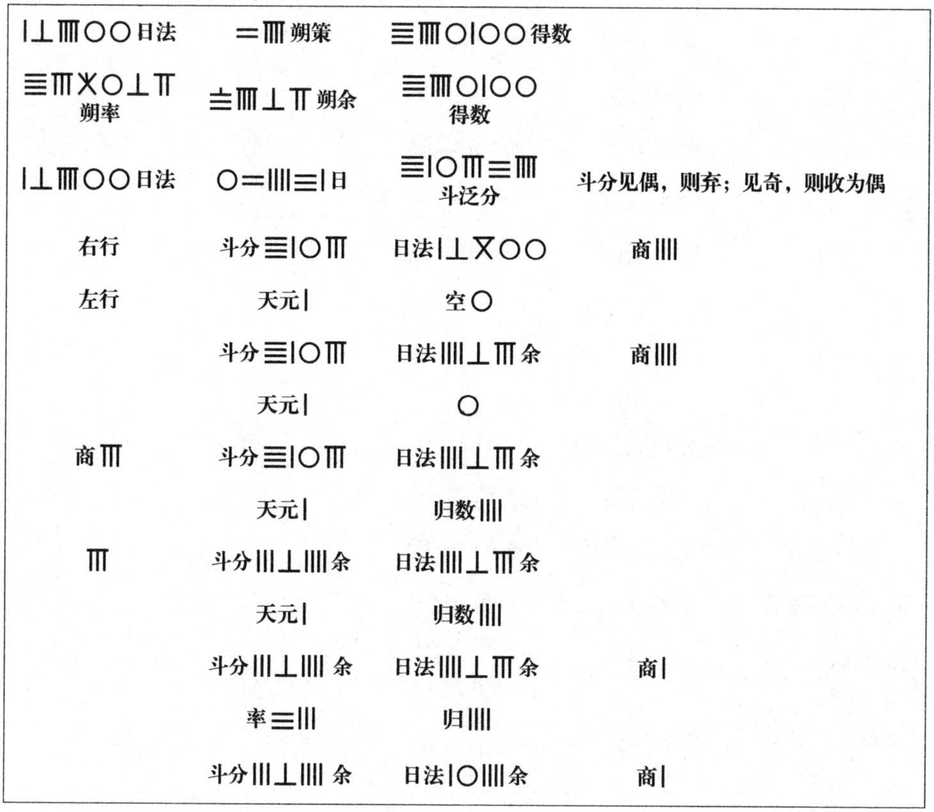

𝍠𝍮𝍨〇〇日法	𝍪𝍨朔策	𝍬𝍨〇𝍠〇〇得数	
𝍬𝍧㐅〇𝍮𝍦 朔率	𝍰𝍨𝍮𝍦朔余	𝍬𝍨〇𝍠〇〇 得数	
𝍠𝍮𝍨〇〇日法	〇𝍪𝍣𝍫𝍠日	𝍬𝍠〇𝍧𝍫𝍨 斗泛分	斗分见偶，则弃；见奇，则收为偶
右行	斗分𝍬𝍠〇𝍧	日法𝍠𝍮㐅〇〇	商𝍣
左行	天元𝍠	空〇	
	斗分𝍬𝍠〇𝍧	日法𝍣𝍮𝍧余	商𝍣
	天元𝍠	〇	
商𝍧	斗分𝍬𝍠〇𝍧	日法𝍣𝍮𝍧余	
	天元𝍠	归数𝍣	
𝍧	斗分𝍢𝍮𝍣余	日法𝍣𝍮𝍧余	
	天元𝍠	归数𝍣	
	斗分𝍢𝍮𝍣余	日法𝍣𝍮𝍧余	商𝍠
	率𝍫𝍢	归𝍣	
	斗分𝍢𝍮𝍣余	日法𝍠〇𝍣余	商𝍠

	率𝍫𝍢	归𝍣	
商𝍢	斗分余𝍢𝍮𝍣	日法余𝍠〇𝍣	
	率𝍫𝍢	归𝍫𝍦	
商𝍢	斗分𝍬𝍡余	日法𝍠〇𝍣余	
	率𝍫𝍢	归𝍫𝍦	
	斗分余𝍬𝍡	日法余𝍠〇𝍣	商𝍠
	率𝍠𝍫𝍣	归𝍫𝍦	
	等𝍬𝍡	等𝍬𝍡	商𝍠
	𝍠𝍫𝍣	归𝍫𝍦	
	等𝍬𝍡	等𝍬𝍡	
	乘率𝍠𝍫𝍣	归𝍠𝍯𝍠	
	等𝍬𝍡	等𝍬𝍡	
	乘率𝍠𝍫𝍣	蓓率𝍢𝍪𝍤	
右行	等数𝍬𝍡	纪策𝍮〇	
左行	乘率𝍠𝍫𝍣	蓓率𝍢𝍪𝍤	
右行	约率𝍫𝍠𝍪〇		
左行	乘率𝍠𝍫𝍣	蓓率𝍢𝍪𝍤	
气骨𝍩𝍠𝍫𝍣𝍮 𝍠𝍬𝍣	日法𝍩𝍥𝍰〇 〇	气泛骨𝍩𝍨𝍫 𝍣𝍬〇〇〇𝍪 𝍥	
商𝍮𝍡	气定骨 𝍩〤𝍫𝍣𝍬〇	约率 𝍫𝍠𝍪〇	
商𝍮𝍡	因率𝍠𝍫𝍣	得数𝍯𝍨𝍪𝍧	
商去之〇	得数𝍯𝍨𝍪𝍧	蓓率𝍢𝍪𝍤	
入元岁𝍬𝍠𝍯〇	不满𝍠𝍬𝍢	纪策𝍮〇	
岁策日𝍢𝍮𝍤	日法𝍠𝍮𝍨〇〇	得数𝍥𝍩𝍥𝍯 𝍤〇〇	斗分 𝍫𝍠〇𝍧
岁率𝍥𝍩𝍦𝍪 𝍥〇𝍧	朔率𝍬𝍨𝍰〇 𝍮𝍦	月数𝍩𝍡	

岁率	月得数	岁闰	入元岁	入得数
上𝍥𝍩𝍦𝍪𝍥〇𝍧	副𝍤𝍱𝍧𝍰𝍧〇𝍣	中𝍩𝍧𝍫𝍧〇𝍣	次𝍱𝍠𝍰〇	下𝍩𝍥𝍰𝍦𝍫𝍡〇𝍦𝍪〇

乃以副位得数，减上位岁率，余为岁闰。次以次位入元岁，乘中位岁位岁闰，成下位。

入得𝍩𝍥𝍰𝍦𝍫𝍡〇𝍦𝍪〇	朔率𝍬𝍨𝍱〇〇𝍮𝍦	入闰𝍬𝍦𝍬𝍡𝍮〇		
朔骨𝍠𝍯𝍤𝍬〇̄𝍮𝍡	日法𝍠𝍮𝍨〇〇	朔泛骨𝍡𝍱𝍥𝍮𝍧𝍱〤𝍯𝍧	收数𝍪𝍡	朔定骨𝍡𝍱𝍥𝍮𝍨
气定骨𝍩𝍨𝍫𝍣𝍫〇	朔定骨𝍡𝍱𝍥𝍮𝍨	闰泛骨𝍩𝍥𝍫𝍦𝍯𝍠		
日法𝍠𝍮𝍨〇〇	约法𝍡〇〇	半刻法𝍰𝍣𝍭		
入闰𝍬𝍦𝍬𝍡𝍮〇	闰泛骨𝍩𝍥𝍫𝍦𝍯𝍠	闰差𝍫𝍠〇𝍢𝍯𝍨即闰赢		
朔率𝍣𝍨𝍱〇𝍮𝍦	闰泛骨𝍩𝍥𝍫𝍦𝍯𝍠	得数𝍥𝍮𝍪𝍧𝍫𝍧		
闰缩𝍩𝍧𝍯〇̄𝍯𝍧	入闰〤𝍦𝍫𝍡𝍮〇			
纪策𝍮〇	日法𝍠𝍮𝍨〇〇	总率𝍠〇𝍠𝍬〇〇〇		
气元率𝍠𝍱𝍤〇〇	纪率𝍠〇𝍠𝍬〇〇〇	等数𝍬𝍡		
气元𝍠𝍱𝍤〇〇	岁闰𝍩𝍧𝍫𝍧〇𝍣	得数𝍫𝍤𝍰𝍣𝍩𝍦𝍰〇〇〇	朔率𝍬𝍨𝍱〇𝍮𝍦	
元闰𝍫𝍦𝍯𝍧𝍯𝍢	虚亿𝍠〇〇〇〇〇〇〇〇	入元岁𝍱𝍠𝍰〇		
乘元限〇̍𝍠𝍪𝍦	余宝𝍱𝍨𝍱𝍨〇𝍧𝍪〇	元率𝍠𝍱𝍤〇〇		
右行	元闰𝍫𝍦𝍯𝍧𝍯𝍢	朔率𝍬𝍨𝍱〇𝍮𝍦	商𝍠	
左行	天元𝍠	空〇		
	天元𝍠 元闰𝍫𝍦𝍯𝍧𝍯𝍢	余 朔率〇𝍩𝍡𝍩𝍠𝍱𝍣		

商𝍢	元闰𝍫𝍦𝍯𝍧 𝍯𝍢	朔率余𝍩𝍡𝍩𝍠𝍰 𝍣	
	天元𝍠	归𝍠	
商𝍢	元闰余𝍠𝍫𝍡𝍰𝍠	朔率余𝍩𝍡𝍩𝍠𝍰 𝍣	
	天元𝍠	归𝍠	
	元闰余𝍩𝍫𝍡𝍰𝍠	朔率余𝍩𝍡𝍩𝍠𝍰 𝍣	商𝍧
	数𝍣	归𝍠	
	元闰余𝍩𝍫𝍡𝍰	朔率余𝍮𝍧𝍮𝍥	商𝍧
	𝍣	𝍠	
商𝍡	元闰余𝍠𝍫𝍡𝍰𝍠	朔率余𝍮𝍧𝍮𝍥	
	数𝍣	归𝍫𝍢	
商𝍡	元闰余𝍤𝍬𝍨	朔率余𝍮𝍧𝍮𝍥	
	数𝍣	归𝍫𝍢	
	元闰余𝍤𝍬𝍨	朔率余𝍮𝍧𝍮𝍥	商𝍩𝍡
	数𝍯〇	归𝍫𝍢	
	元闰余𝍤𝍬𝍨	朔率余𝍠〇𝍧	商𝍩𝍡
	数𝍯〇	归𝍫𝍢	
商𝍢	元闰余𝍤𝍬ㄨ	朔率余𝍠𝍬𝍧	
	数𝍯〇	归𝍧𝍯𝍢	
商𝍢	元闰余𝍯𝍤	朔率余𝍠𝍬𝍧	
	数𝍯〇	归𝍧𝍯𝍢	
	元闰余𝍯𝍤	朔率余𝍠𝍬𝍧	商𝍠
	数𝍪𝍥𝍯𝍨	归𝍧𝍯𝍢	
	元闰余𝍯𝍤	朔率余𝍯𝍢	商𝍠
	数𝍪𝍥𝍯𝍨	归𝍧𝍯𝍢	

商𝍠	元闰余𝍯𝍤	朔率余𝍯𝍢	
	数𝍪𝍥𝍯𝍧	归𝍫〇̄𝍮𝍡	
商𝍠	元闰余𝍩𝍡	朔率余𝍯𝍢	
	数𝍪𝍥𝍯𝍧	归𝍫〇̄𝍮𝍡	
	元闰余𝍩𝍡	朔率余𝍯𝍢	商𝍥
	数𝍮𝍡𝍬𝍠	归𝍫〇̄𝍮𝍡	
商𝍩	元闰余𝍩𝍡	朔率余𝍠	
	数𝍮𝍡〇̍𝍠	归𝍫〇̄𝍮𝍡	
商𝍩𝍠	元闰余𝍩𝍡	朔率余𝍠	
	数𝍮𝍡〇̍𝍠	归𝍣𝍩〇𝍮𝍧	
商𝍩𝍠	等𝍠	等𝍠	
	数𝍮𝍡〇̍𝍠	归𝍣𝍩〇𝍮𝍧	
	等数𝍠	等数𝍠	
	因数𝍬𝍤𝍯𝍨 𝍰𝍨	归𝍣𝍩〇𝍮𝍧	
	等数𝍠	〇	
	因数𝍬𝍤𝍯𝍨 𝍰𝍨	蔀数𝍬𝍨𝍰〇 𝍮𝍦即朔数	
因数𝍬𝍤𝍯𝍨 𝍰𝍨	闰缩𝍪𝍧𝍯𝍤 𝍯𝍧	得数𝍧𝍮𝍢𝍮𝍧 〇̍𝍢〇̍𝍣𝍪𝍡	蔀数𝍬𝍨𝍰〇𝍮𝍦
不满𝍣〇𝍡可用	乘元限𝍬𝍠𝍪𝍦		
元数𝍣〇𝍡	气元数𝍠𝍰𝍤〇 〇	朔积年𝍥𝍯𝍢𝍰 〇〇〇	入元岁𝍰𝍠𝍯〇
	嘉泰甲子积𝍦𝍯 𝍣𝍯𝍠𝍯〇年	丁卯𝍢	开禧丁卯岁积年 𝍦𝍯𝍣𝍯𝍠𝍯𝍢

注释

〔1〕此句疑为衍文。朔率的计算前文已经出现过。

译文

再用纪策60乘日法，得到1014000，就是纪率。用等数52约纪率，得到19500，就是气元率。用气元率乘岁闰183804，得到3584178000，除以朔率，余数377873，就是元闰。然后设1亿，减去入元岁9180，得到99990820，作为被除数。用元率19500作为除数去除，得到5127，就是乘元限数（乘限）。

然后对元闰377873和朔率499067，使用大衍求一术计算，得到等数1，因数457999，蕃数499067。然后用等数1约闰缩，只得到188578。用因数457999去乘，得到86368535422，再除以蕃数499067，余数402，小于乘元限数，可以用。

然后用这个余数乘元率19500，得到7839000，就是朔积年。加上元岁9180，得到7848180，就是嘉泰四年甲子年的演纪积年。开禧历是在丁卯年进呈给皇帝然后颁布的，再加上到丁卯年的3年，一共是7848183年，就是开禧历的上元积年。以上全过程画算图如下。（图见原文）

术解

纪率$=60\times16900=1014000$。

气元率$=1104000\div52=19500$。

元闰=（19500×183804）mod $499067=358417800$ mod $499067=377873$。

乘限=（$100000000-9180$）$\div19500=5127.734359\approx5127$。

元闰和朔率的公约数为1。蕃数$=499067\div1=499067$。

已知（因数$\times377873$）mod $499067=1$，用大衍求一术得到因数457999。

（$188578\div1\times4577999$）mod $499067=402<5127$。

朔积年$=19500\times402=7839000$（年）。

演纪积年$=7839000+9180=7848180$（年）。

上元积年$=7848180+3=7848183$（年）。

缀术推星

原文

问：岁星〔1〕合伏〔2〕，经一十六日九十分，行三度九十分，去日一十三度乃见〔3〕，后，顺行〔4〕一百一十三日，行一十七度八十三分乃留〔5〕。欲知合伏段、晨疾初段〔6〕，常度〔7〕、初行率〔8〕、末行率〔9〕、平行率〔10〕，各几何？

答曰：合伏，一十六日九十分。常度，三度九十分。初行率，二十三分九十七秒。平行率，二十三分二秒，末行率，二十二分七秒。

晨疾初，三十日。常度，六度一十三分。初行率，二十一分九十六秒。平行率，二十分三十三秒。末行率，一十八分六十九秒。

注释

〔1〕岁星：古代指木星。

〔2〕合伏：指行星接近太阳，其光芒隐没在日光中看不到的一段运行轨迹。

〔3〕见：行星能被肉眼观测到。

〔4〕顺行：行星的运行方向和地球一致，即自西向东。相反方向称作“逆行”。

〔5〕留：当逆行和顺行交接时，行星看起来好像不动，称作“留”。

〔6〕晨疾初段：古代天文学将行星在一个会合周期内的动态划分为18段，分别称作：合伏、晨疾初、晨疾末、晨次疾初、晨次疾末、晨迟初、晨迟末、晨留、晨退、夕退、夕留、夕迟初、夕迟末、夕次疾初、夕次疾末、夕疾初、夕疾末、夕伏。疾：指行星运行速度较快，相反地，较慢称作“迟”。

〔7〕常度：运行经过的度数。

〔8〕初行率：初速度。

〔9〕末行率：末速度。

〔10〕平行率：平均速度。

译文

问：木星在合伏段经过16日90分，运行3度90分，离开太阳13度才可见，然后顺行113日，运行了17度83分才进入“留”的状态。求合伏段和晨疾初段的常度、初行率、末行率、平行率，各是多少。

答：在合伏段经过16日90分，常度是3度90分，初行率23分97秒，平行率23分2秒，末行率22分7秒。

在晨疾初段经过30日，常度是6度13分，初行率21分96秒，平行率20分33秒，末行率18分69秒。

原文

术曰：

以方程法求之。置见日，减一，余半之，为见率。以伏日并见日，为初行法。以法半之，加见率，共为伏率。以伏日乘伏率，为伏差。以见日乘见率，为见差。以伏日乘见差于上，以见日乘伏差，减上，余为法。以见日乘伏度，为泛，以伏日乘见度，减泛，余为实。满法而一，为度，不满，退除为分秒，即得日差。

求初行率，置初行法，减一，余乘日差，为寄。以半初行法，乘寄得数，又加伏、见度，共为初行实，以法退除之，得合伏日初行率。

求末行率，以段日乘日差，减初行率，余为末行率。

求平行率，以初行率并末行率而半之，为平行率。

求交段差，以各段常日下分数，减全日一百分，余乘末日行率，为交段差。累减前段积度，以益后段积度，各为常度。

译文

本题计算方法如下：

用方程术去求解。已知见日，减去1，得数除以2，得到见率。用伏日和见日相加，作为初行法数，除以2，加上见率，得到伏率。用伏日乘伏率，得到伏差。用见日乘见率，得到见差。用伏日乘见差，得数写在上方，用见日乘伏差，得数减去上方数，差作为除数。用见日乘伏度减去伏日乘见度，得到被除数。相除，余数换算为“度”，不足的部分化作分秒，就是日差。

求初行率，用初行法减1，得数乘日差，所得之积称作“寄”。用初行法的一半乘寄数，得数加上伏度和见度，再除以初行法（去掉初行法的小数部分），得到合伏段的初行率。

求末行率，用合伏段的天数乘日差，得数减初行率，得到末行率。

求平行率，用初行率和末行率的和再减半，就是末行率。

求交段差，用全日分数减去该段不满一日的分数，得数乘末行率，就是交段差。从两段的共积度里相继减去前段的常度和交段差，余下后段的积度，就是常度。

译解

“方程术”也是《九章算术》中介绍过的一种计算方法。

见率=（113−1）÷2=56。

伏率=（16.9+113）÷2+56=120.95。

伏差=16.9×120.95=2044.055（日）。

见差=113×56=6328（日）。

日差=（113×3.9−16.9×17.83）÷（113×2044.055−16.9×6328）=139.373÷124035.015≈0.00112366（度）。

原文

草曰：

兼具算图。以伏日随伏度为右行，以见日随见度为左行。以度对度，日对日，其度于上，日于中，空其下，列之。

右行 上	𝍢𝍱伏度	𝍢𝍱伏度	𝍢𝍱伏度
右行 中	𝍩𝍥𝍱	𝍩𝍥𝍱伏日	𝍩𝍥𝍱伏日
右行 下	〇	〇	〇
左行	𝍩𝍦𝍰𝍢见度	𝍩𝍦𝍰𝍢见度	𝍩𝍦𝍰𝍢见度
	𝍠𝍩𝍢见日	𝍠𝍩𝍢见日	𝍠𝍩𝍢见日
	〇	𝍠𝍩𝍡余	𝍭𝍥见率

置见日一百一十三，减一，余一百一十二。以半之，得五十六，为见率。以

伏日一十六日九十分，并见日一百一十三，得一百二十九日九十分，为初行法。

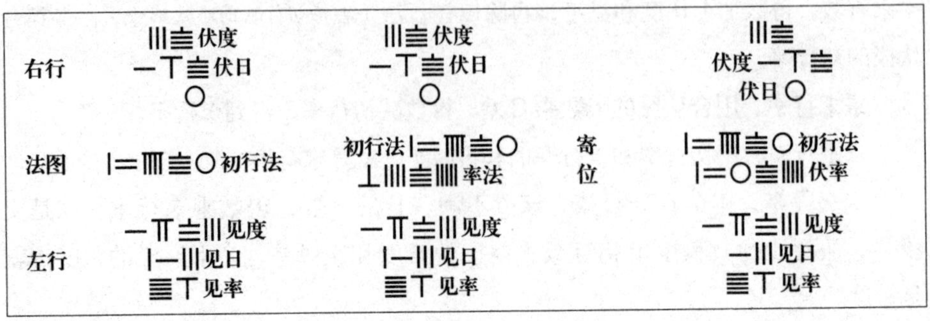

右行	Ⅲ≣伏度 一丅≣伏日 〇	Ⅲ≣伏度 一丅≣伏日 〇		Ⅲ≣ 伏度一丅≣ 伏日〇
法图	丨═Ⅲ≣〇初行法	初行法丨═Ⅲ≣〇 ⊥Ⅲ≣Ⅲ率法	寄 位	丨═Ⅲ≣〇初行法 丨═〇≣Ⅲ伏率
左行	一Ⅲ≐Ⅲ见度 丨一Ⅲ见日 ≣丅见率	一Ⅲ≐Ⅲ见度 丨一Ⅲ见日 ≣丅见率		一Ⅲ≐Ⅲ见度 一Ⅲ见日 ≣丅见率

以初行法半之，得六十四日九十五分，并见率五十六日，得一百二十日九十五分，为伏率。以初行法寄之，以伏率归右下，以对见率，仍分左右两行为首图。

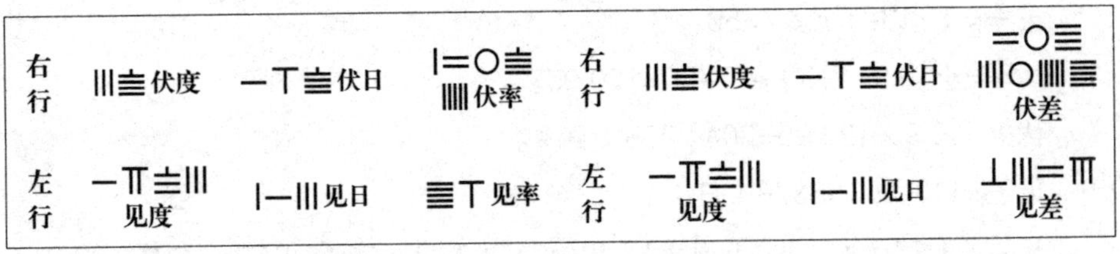

右行	Ⅲ≣伏度	一丅≣伏日	丨═〇≣ Ⅲ伏率	右行	Ⅲ≣伏度	一丅≣伏日	═〇≣ Ⅲ〇Ⅲ≣ 伏差
左行	一Ⅲ≐Ⅲ 见度	丨一Ⅲ见日	≣丅见率	左行	一Ⅲ≐Ⅲ 见度	丨一Ⅲ见日	⊥Ⅲ═Ⅲ 见差

以首图伏日一十六日九十分，乘伏率一百二十日九十五分，得二千四十四日五分五十秒，为伏差于右下。以首图见日一百一十三，乘见率五十六日，得六千三百二十八日，为见差于左下。乃成次图。

凡方程之术，先欲得者存之，以未欲得者互遍乘两行诸数。今验次图，先欲得日差，故存其左、右之上下。以左右之中伏见日数，互遍乘两行。乃以次图右中伏日一十六日九十分，先遍乘左行毕。左上得三百一度三十二分七十秒，左中得一千九百九日七十分，左下得一十万六千九百四十三日二十分。又以次图左中见日一百一十三，遍乘右行毕。右上得四百四十度七十分，右中亦得一千九百九日七十分，右下得二十三万九百七十八日二十一分五十秒。

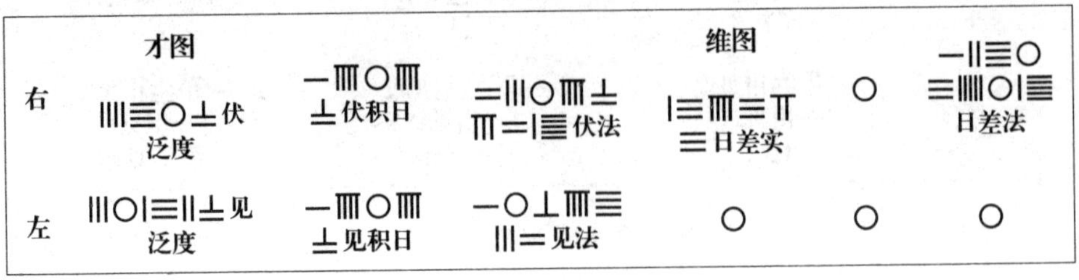

	才图			维图		
右	Ⅲ≣〇⊥伏 泛度	一Ⅲ〇Ⅲ ⊥伏积日	═Ⅲ〇Ⅲ⊥ Ⅲ═丨≣伏法	丨≣Ⅲ≡Ⅱ ≡日差实	〇	一‖≡〇 ≡Ⅲ〇丨≣ 日差法
左	Ⅲ〇丨≡‖⊥见 泛度	一Ⅲ〇Ⅲ ⊥见积日	一〇⊥Ⅲ≡ Ⅲ═见法	〇	〇	〇

故以两行所得，变名泛积法，而成才图[1]。

乃验才图，左下上皆少。用减右行毕，右上余一百三十九度三十七分三十秒，为日差实。右中空，右下得一十二万四千三十五日一分五十秒，为日差法。今维图法多实少，除得空度空分十一秒二十三小分六十五小秒，不尽十秒五十五小分三十九小秒五十二微分五十微秒，收为一小秒，为日定差一十一秒二十三小分六十六小秒。

○○○一丨═Ⅲ⊥ⅢⅢ日差 度 分 秒 小分 小秒 — 一○≡ⅢⅢ≡Ⅲ≡Ⅱ≡○ 秒 小分 小秒 微分 微秒 — ○ 法位

日丨═Ⅲ≡ 初行法|减日 — 丨═Ⅲ≡余 — 度○○○ 一丨═Ⅲ⊥ ⊤日差 — 度○一Ⅲ≡ Ⅲ≡Ⅲ⊥⊤ ≡寄

注释

〔1〕才图：因有“三才”之说，因此由前两幅图得出，且列为三行的第三幅图，被称作才图。

译文

本题演算过程如下：

以下步骤同时画出算图。用伏日和伏度写在右列，见日和见度写在左列。用度和度、日和日相对，度在上行、日在中行，下行空白，列出各数。见日是113，减1得112，除以2得56，作为见率。用伏日16日90分加上见日113，得到129日90分，作为初行法，除以2得到64日95分，加上见率56日，得到120日95分，作为伏率。将初行法先记在一边，将伏率写到右下，与见率相对，仍然分出左右两行，画成第一幅图。

用图中的伏日16日90分乘伏率120日95分，得到2044日5分50秒，作为伏差写在右下。用图1中的见日113乘见率56，得到6328日，作为见差写在左下，成为第二幅图。

凡是用方程术来求解，先将要求的项目保留不动，用不需要求解的项目去乘对列各数。现在来看第二幅图，先要求解的是日差，所以保留左、右列的上、下行。用左右列中行的伏日和见日去遍乘对列的各数：用第二幅图右中的伏日16日90分，先遍乘左列各数，左上得到301度32分70秒，左中得到1909日70分，左下得到106943日20分；再用左中的见日113，遍乘右列各数完毕，右上得到440度70分，右中也得到1909日70分，右下得到230978日21分50秒。于是将这两列得数去掉单位，作为泛数用于计算，画成下面的第三幅图。

然后观察第三幅图，左列上下的数字都小于右列，于是用右列减左列，右上得到139度37分30秒，作为求日差的被除数。右中减后得0。右下得到124035日1分50秒，作为求日差的除数。现在图中除数大而被除数小，除后得到0度0分11秒23小分65小秒。余数10秒55小分39小秒52微分50微秒，进位成1小秒，得到日定差为11秒23小分66小秒。

术解

图一

见度17.83	伏度3.9
见日113	伏日16.9
见率56	伏率120.95

图二

见度17.83	伏度3.9
见日113	伏日16.9
见差6328	伏差2044.055

图三

301.327	440.7
1909.7	1909.7
106943.2	230978.2150

原文

既得日差，乃求初行率。置法图内初行法一百二十九日九十分，内减去一日，余一百二十八日九十分。乘日差一十一秒二十三小分六十六小秒，得空度一十四分四十八秒三十九小分七十七小秒四十微分，为寄。次置初行法一百二十九日九十分，半之，得六十四日九十五分。乘寄得九度四十分七十三秒四十三小分三十二小秒一十三微分。为得数。

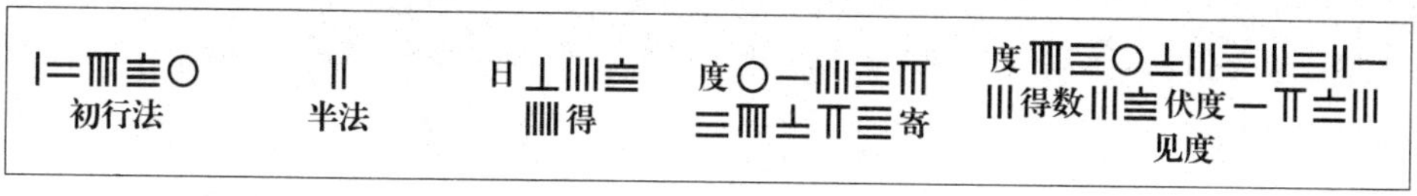

𝍠𝍪𝍨𝍱〇 初行法	𝍡 半法	日𝍮𝍣𝍱 𝍣得	度〇𝍩𝍣𝍬𝍧 𝍫𝍨𝍯𝍦𝍬寄	度𝍨𝍬〇𝍯𝍢𝍬𝍢𝍫𝍡𝍩 𝍢得数𝍢𝍱伏度𝍩𝍦𝍰𝍢 见度

以得数，加伏度三度九十分，见度一十七度八十三分，共得三十一度一十三分七十三秒四十三小分三十二小秒一十三微分，为初行实。如初行法一百二十九日九十分而一。

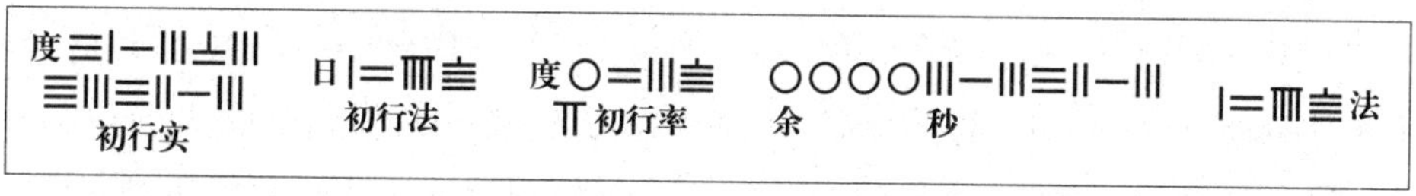

度𝍫𝍠𝍩𝍢𝍯𝍢 𝍬𝍢𝍫𝍡𝍩𝍢 初行实	日𝍠𝍪𝍨𝍱 初行法	度〇𝍪𝍢𝍱 𝍦初行率	〇〇〇〇𝍢𝍩𝍢𝍫𝍡𝍩𝍢 余　秒	𝍠𝍪𝍨𝍱法

乃得空度二十三分九十七秒，为伏合初日行率，余三秒一十三小分三十二小秒一十三微分，弃之。

求末行率，置合伏段日数一十六日九十分，乘日差一十一秒二十三小分六十六小秒，得一分八十九秒八十九小分八十五小秒四十微分。为得数。

𝍩𝍥𝍱 伏日	度〇〇〇𝍩𝍠 𝍪𝍢𝍮𝍥日差	度〇〇𝍠𝍰𝍨𝍰 𝍨𝍰𝍭𝍬得数	〇𝍪𝍫𝍱𝍦 初行率	度〇𝍪𝍡〇𝍦𝍩 〇𝍩𝍣𝍮末行率

乃以得数，减初行率二十三分九十七秒，余二十二分七秒一十小分一十四小秒六十微分，为合伏末日行率。但逐历收弃小分以下数，余为定。

求平行率，置初行率二十三分九十七秒，并末行率二十二分七秒，得四十六分四秒，以半之，得二十三分二秒，为平行率。

〇𝍪𝍢𝍱𝍦 初行率	〇𝍪𝍡〇𝍦 末行率	〇𝍬𝍥〇𝍣 得数	𝍡半法	〇𝍪𝍢〇𝍡 半行率

求交段差，置合伏日。下减全日一百分，余一十分。乘末行率二十二分七

秒，得二分二十秒七十小分，为交段差。

日〇≣	日丨	日〇一	度〇═‖〇╥ 末行率	度〇〇‖═〇 ⊥交段差

译文

既然已经求出了日差，现在再来求初行率。用之前图中写在一边的初行法129日90分减去1日，得到128日90分，乘日差11秒23小分66小秒得到0度14分48秒39小分77小秒40微分，将其作为“寄”。然后用初行法129日90分除以2，得到64日95分，乘寄数得到9度40分73秒43小分32小秒13微分，作为得数。用得数加上伏度3度90分和见度17度83分，得到31度13分73秒43小分32小秒13微分，作为初行实数，除以初行法数129日90分，得到0度23分97秒，就是合伏段的初行率。余下的3秒13小分32小秒13微分去掉。

然后求末行率，用合伏段天数16日97秒乘日差11秒23小分66小秒，得到1分89秒89小分85小秒40微分，作为得数。用得数减初行率23分97秒，得到22分7秒10小分14小秒60微分，就是合伏段的末行率。但也逐个把小分以下的数位都丢掉了，剩下的才是所求之数。

然后求平行率，用初行率23分97秒加上末行率22分7秒，得到46分4秒，除以2，得到23分2秒，就是平行率。

求交段差，用全天的100分减去合伏段的90分，得到10分，去乘末行率22分7秒，得到2分20秒70小分，就是所求的交段差。

术解

合伏初行率=［129.9÷2×（129.9−1）×0.00112366+3.9+17.83］÷129.9≈0.2397（度）。

合伏末行率=0.2397−16.9×0.00112366≈0.2207（度）。

合伏平行率=（0.2397+0.2207）÷2=0.2302（度）。

交段差=（100−90）×0.2207=2.207（分）。

原文

求晨疾初段常度。置合伏日一十六日九十分，乃收九十分作一日，通为一十七日。并旧历所注晨疾初段常日三十，得四十七，为共日。乘合伏初行率二十三分九十七秒，得一十一度二十六分五十九秒，为寄上。

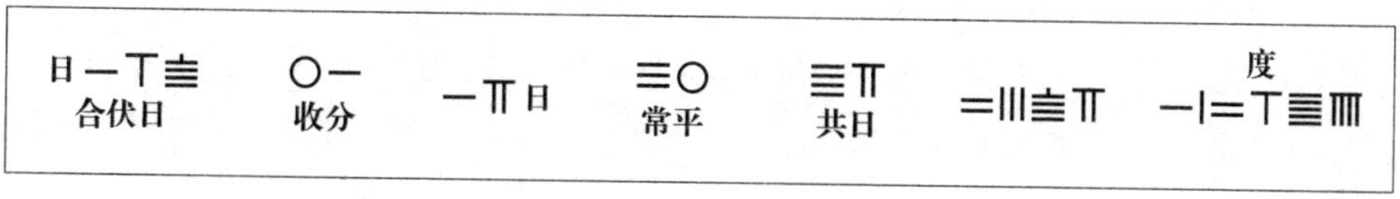

日一丅≐ 合伏日	○一 收分	一丌日	≡○ 常平	≣丌 共日	=|||≐丌	度 一|=丅≣𝍨

乃副置共日四十七，减一，余四十六，以半之，得二十三，以乘副四十七，得一千八十一，以乘日差十一秒二十三小分六十六小秒，得一度二十一分四十六秒七十六小分四十六小秒，以减上寄一十一度二十六分五十九秒，余一十度五分一十二秒二十三小分五十四小秒，为合伏晨疾初两段共积度。

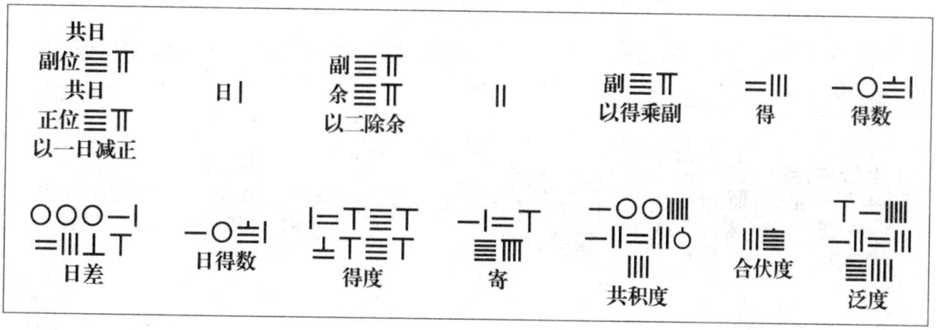

共日 副位≣丌 共日 正位≣丌 以一日减正	日|	副≣丌 余≣丌 以二除余	||	副≣丌 以得乘副	=||| 得	一○≐| 得数
○○○一| =|||⊥丅 日差	一○≐| 日得数	|=丅≣丅 ⊥丅≣丅 得度	一|=丅 ≣𝍨 寄	一○○𝍤 一||=|||○ |||| 共积度	|||≡ 合伏度	丅一𝍤 一||=||| ≣|||| 泛度

置共积，内减合伏三度九十分，余六度一十五分一十二秒二十三小分五十四小秒，为泛，次以交段差二分二十秒七十小分，减泛，余六度一十二分九十一秒五十三小分五十四小秒，为晨疾初段常度。注历乃收八秒五十六小分四十六小秒为全分常定度。

丅一𝍤一||= |||≣|||| 泛度	○○||=○⊥ 交段差	丅一||≐| ≣|||≣|||| 常泛度	收数○○○○ 𝍨≣丅≡丅	丅一||| 常定度晨疾初

求晨疾初段初行率。以日差一十一秒二十三小分六十六小秒，减合伏末行率二十二分七秒、余二十一分九十六秒，为晨疾初段初行率，得泛收之为定者也。

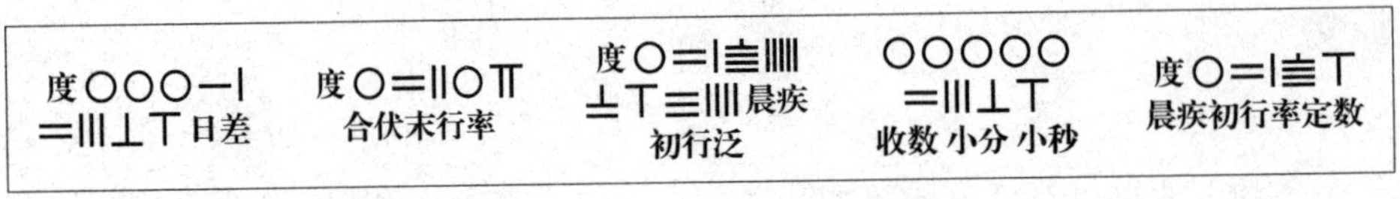

度〇〇〇𝍩𝍠 𝍪𝍢𝍮𝍥日差	度〇𝍪𝍡〇𝍦 合伏末行率	度〇𝍪𝍠𝍱𝍤 𝍯𝍥𝍫𝍣晨疾 初行泛	〇〇〇〇〇 𝍪𝍢𝍮𝍥 收数 小分 小秒	度〇𝍪𝍠𝍱𝍥 晨疾初行率定数

求晨疾初末行率。置晨疾初常日三十，减一，余二十九日，乘日差一十一秒二十三小分六十六小秒，得三分二十五秒八十六小分一十四小秒，以减晨疾初段初行率泛二十一分九十五秒七十六小分三十四小秒，余一十八分六十九秒九十小分二十小秒，为晨疾初末行率。

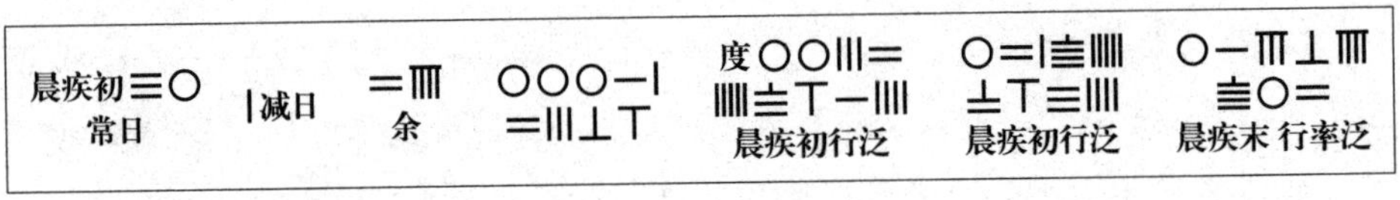

晨疾初𝍫〇 常日	𝍠减日	𝍪𝍨 余	〇〇〇𝍩𝍠 𝍪𝍢𝍮𝍥	度〇〇𝍢𝍪 𝍤𝍰𝍥𝍩𝍣 晨疾初行泛	〇𝍪𝍠𝍱𝍤 𝍯𝍥𝍫𝍣 晨疾初行泛	〇𝍩𝍧𝍮𝍨 𝍱〇𝍪 晨疾末 行率泛

求平行率。以晨疾初初行泛二十一分九十五秒七十六小分三十四小秒，并晨疾初末行泛一十八分六十九秒九十小分二十小秒，得四十分六十五秒六十六小分五十四小秒，以半之，得二十分三十二秒八十三小分二十七小秒，为晨疾初平行泛，乃以三泛收弃之为定。

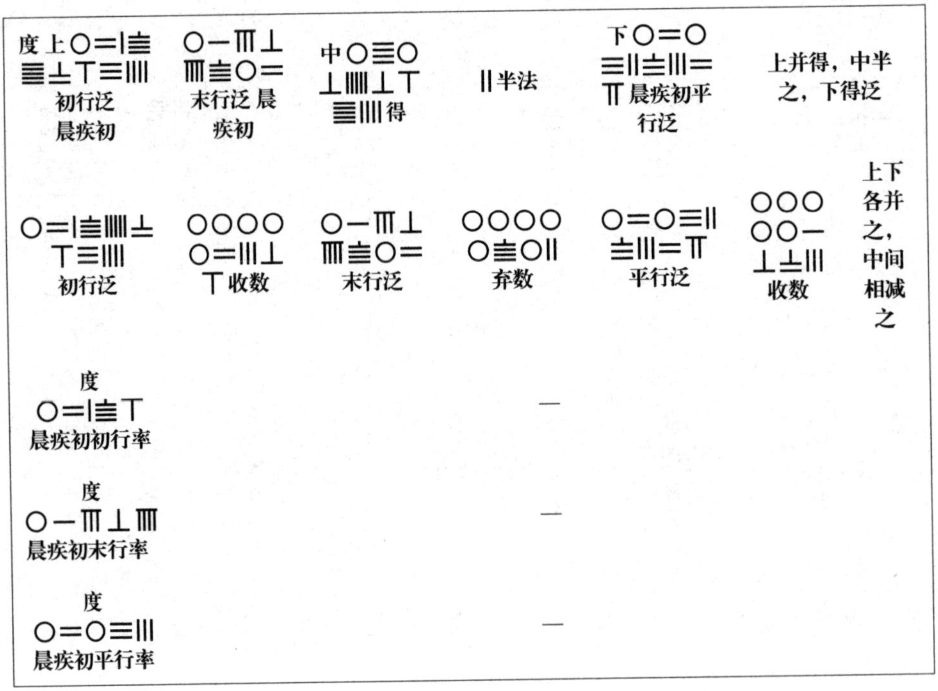

度上〇𝍪𝍠𝍱 𝍭𝍯𝍥𝍫𝍣 初行泛 晨疾初	〇𝍩𝍧𝍮 𝍨𝍱〇𝍪 末行泛 晨 疾初	中〇𝍬〇 𝍮𝍤𝍮𝍥 𝍭𝍣得	𝍡半法	下〇𝍪〇 𝍫𝍡𝍰𝍢𝍪 𝍦晨疾初平 行泛	上并得，中半 之，下得泛	
〇𝍪𝍠𝍱𝍤𝍯 𝍥𝍫𝍣 初行泛	〇〇〇〇 〇𝍪𝍢𝍮 𝍥收数	〇𝍩𝍧𝍮 𝍨𝍱〇𝍪 末行泛	〇〇〇〇 〇𝍱〇𝍡 弃数	〇𝍪〇𝍫𝍡 𝍰𝍢𝍪𝍦 平行泛	〇〇〇 〇〇𝍩 𝍮𝍯𝍡 收数	上下 各并 之， 中间 相减 之
度 〇𝍪𝍠𝍱𝍥 晨疾初初行率			—			
度 〇𝍩𝍧𝍮𝍨 晨疾初末行率			—			
度 〇𝍪〇𝍫𝍡 晨疾初平行率			—			

译文

下面求晨疾初段的常度。将合伏日16日90分的零余收进为1日，成为17日。加上旧历中注明的晨疾初段一般长度30日，得到47日，作为共日。乘以合伏段初行率23分97秒，得到11度26分59秒，作为寄数，写在上方。

然后将共日47写两次，其中一个减1，得到46再除以2，得23，乘以另一个47，得到1081，乘以日差11秒23小分66小秒，得到1度21分46秒76小分46小秒，和上面的寄数11度26分59秒相减，得到11度5分12秒23小分54小秒，就是合伏段和晨疾初段的共积度。

用共积度减去合伏段常度3度90分，得到6度15分12秒23小分54小秒，作为泛数，再用泛数减去交段差2分20秒70小分，得到6度12分91秒53小分54小秒，就是晨疾初段的常度。注意历算的时候这里可以加上8秒56小分46小秒，收进整分，得到常度（为6度13分）。

然后求晨疾初段的初行率。用合伏段末行率22分7秒，减去日差11秒23小分66小秒，得到21分96秒，就是晨疾初段的初行率，也将小数收进去作为答数。

求晨疾初段的末行率。用晨疾初段一般的天数30，减去1得29日，乘以日差11秒23小分66小秒，得到3分25秒86小分14小秒，减晨疾初段初行率21分95秒76小分34小秒，得到18分69秒90小分20小秒，就是晨疾初段的末行率。

求平行率。用晨疾初段初行率的原始泛数21分95秒76小分34小秒，加上末行率的泛数18分69秒90小分20小秒，得到40分65秒66小分54小秒，除以2，得到20分32秒83小分27小秒，就是晨疾初段的平行率泛数。最后将三个泛数后面的小数都收进去作为答数。

术解

求晨疾初段各项目数值：

常度=（17+30）×0.2397−［（47−1）÷2×47×0.00112366］−3.9≈6.13（度）。

初行率=0.2207−0.00112366=0.21957634≈0.2196（度）。

末行率=0.21957634−（30−1）×0.00112366=0.18699020（度）。

平行率=（0.21957634+0.18699020）÷2≈0.2033（度）。

卷四

揆日究微

原文

问：历代测景[1]，惟唐大衍历[2]最密。本朝崇天历[3]，阳城[4]冬至景一丈二尺七寸一分五十秒，夏至景一尺四寸七分七十九秒。系与大衍历同。今开禧历，临安[5]府冬至景一丈八寸二分二十五秒，夏至景九寸一分。欲求临安府夏至后差几日而与阳城夏至日等，较以大衍历晷[6]景所差尺寸，各几何。

答：大暑后五日午中景长一尺四寸八分八十五秒[7]。

注释

〔1〕景：通“影”，这里特指日影。

〔2〕大衍历：唐开元十七年（公元729年）颁布的历法，由天文学家一行编制，对后代历法有较大影响。

〔3〕崇天历：宋天圣二年（公元1024年）颁布的历法。

〔4〕阳城：今河南省登封县。

〔5〕临安：今浙江省杭州市，南宋都城。

〔6〕晷：日晷，测量日影的仪器。

〔7〕原文答案如此，和题目不合。

译文

问：历朝历代测量日影，只有唐代的大衍历最为精密。本朝的崇天历测量出阳城冬至的日影是1丈2尺7寸1分50秒，夏至日影1尺4寸7分79秒，这和大衍历的测量结果相同。现在的开禧历测量出临安府冬至日影1丈8寸2分25秒，夏至日影9寸1分。求临安府夏至之后几天日影能够和阳城相等，和大衍历所测量的日影尺寸比

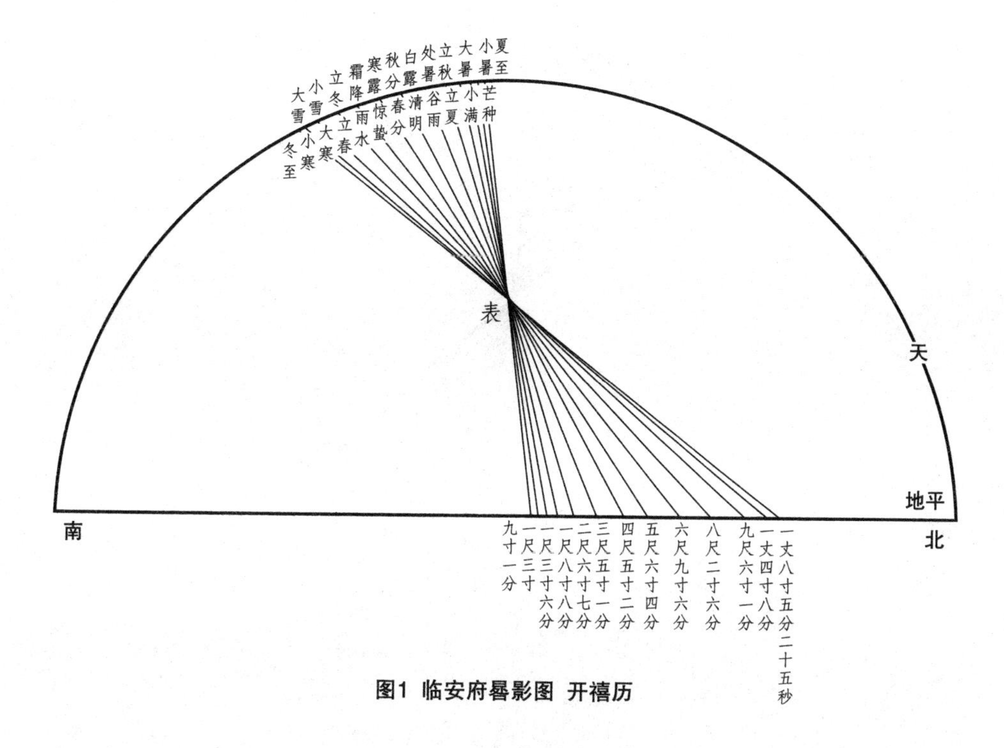

图1 临安府晷影图 开禧历

较相差多少。

答：大暑之后5天中午的日影长是1尺4寸8分85秒。

原文

草[1]曰：

置临安府所测冬至景一丈八寸二分二十五秒，以夏至景九寸一分，减之，余九尺九寸一分二十五秒，为景差，以为实。

寸一〇≡‖=‖‖临安冬至景	〇≡|临安夏至景	寸Ⅲ≡|=‖‖景差为实

置象限度九十一度三十一分四十四秒，加一十一度二十五分二十七秒五十小分，命度为寸，得一百二寸五千六百七十一分五十秒，为法，以除前差实，得空寸九千六百六十四分四十秒，不尽，弃之；自乘，得节泛数九千三百四十分，不尽，弃之。

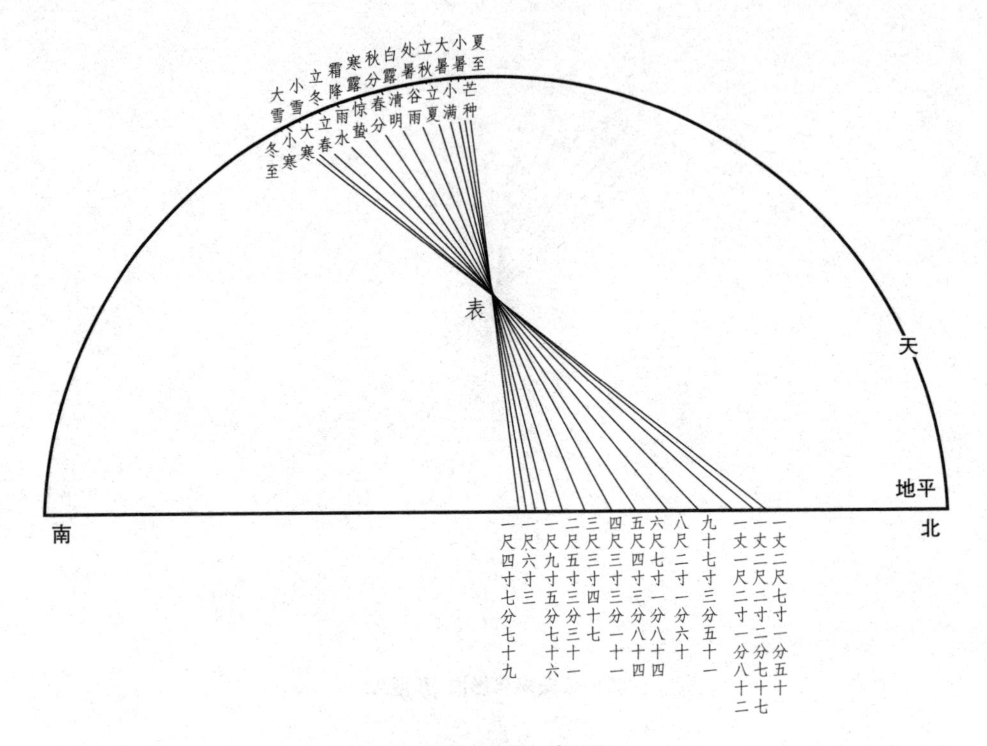

图2 阳城晷影图 崇天历

度≣|☰|≣|||| 象度	一|=||||=Ⅲ ≣	度|〇||〇⊤⊥| ≣法寸	≣Ⅲ一||≣实 寸	寸〇≣⊤⊥|||| ≣得数
〇≣⊤⊥||||≣ 得数	〇≣⊤⊥|||≣ 得数	寸〇Ⅲ≡||||〇 〇⊥||≟|||⊥ 节泛	⊥||≟|||⊥弃数	寸〇Ⅲ≡|||| 节率

先以小暑节乘率二十五，乘节率九千三百四十分，得二十三寸三千五百分于上。

节率图	=||||小暑乘率	寸〇≣|||≣节率	寸=|||≡≣上位

次以临安夏至影幂九寸一分自乘，得八十二寸八千一百分，为夏至影幂。

夏至幂图	寸Ⅲ一夏至景	≣|夏至景	寸≟||≟|夏至幂	
寸=|||≡|||| 上位	寸≟||≟| 夏至幂	寸|〇⊤一⊤ 小暑幂为实	〇	|平方隅

乃以夏至景幂，加上，得一百六寸一千六百分，为小暑幂，以为实。以一寸为隅[2]，开平方，得一尺三分，为临安小暑节景。不尽七百分，即寸下七毫，弃之。

寸一〇☰小暑景　　〇〇丌弃数　　‖〇|||方　　|隅

又以大暑乘率一百九，乘节率九千三百四十分，得一百一寸八千六十分于上位。

|〇|||| 大暑乘率　　寸〇≣|||☰节率　　寸|〇|≐〇⊥

仍加夏至幂八十二寸八千一百分，加上位一百一寸八千六十分，得一百八十四寸六千一百六十分，为大暑幂，以为实，以一寸为隅，开平方，得一尺三寸五分八十七秒，为大暑景，不尽，弃之。

寸≐‖≐| 夏至幂　　|〇|≐〇⊥　　|≐||||⊥|⊥ 大暑幂为实　　〇方　　|隅

寸一|||〇丌≟ 大暑景　　〇〇〇≣|||| ☰|弃数　　〇〇‖≟|⊥丌 方　　|隅

又置立秋乘率二百八十九，乘节率九千三百四十分，得二百六十九寸九千二百六十分于上位。

‖≐|||| 立秋乘率　　寸〇≣|||☰节率　　寸‖⊥丌≣‖⊥上位

仍置夏至幂八十二寸八千一百分，加上位二百六十九寸九千二百六十分，得三百五十二寸七千三百六十分，为立秋幂。

‖⊥丌≣‖⊥上位　　≐‖≐|夏至幂　　寸|||☰‖≟|||⊥立秋幂

置立秋幂为实，以一寸为隅，开平方，得一尺八寸七分八十一秒，为立秋影。不尽，弃之。

|||☰‖≟|||⊥ 实　　〇方　　|隅　　立秋景一丌≟ 丌一寸　　〇〇|〇〇☰|||| 弃数　　|||≟〇⊥|方　　|隅

注释

〔1〕本题没有“术”，而是有两段“草”，这两段“草”的内容大致相同。本

书仅翻译第一段“草”，第二段可参照理解。

〔2〕隅：方程中最高次项的系数。

译文

本题演算过程如下：

已知临安府测得冬至日影长1丈8寸2分25秒，减去夏至日影9寸1分，得到9尺9寸1分25秒，就是日影差，作为被除数。

已知一个象限是91度31分44秒，加上11度25分27秒50小分，将度化为寸，得到102寸5671分50秒，作为除数，除上面的被除数，得到0寸9664分40秒，零余部分去掉。求平方，得到9340分，叫做节泛数，零余部分去掉。

用小暑的乘率25乘节率9340分，得到23寸3500分，先写在上方。然后用临安夏至日影9寸1分求平方，得到82寸8100分，就是夏至影幂。和上方的得数相加，得到106寸1600分，就是小暑幂，作为被除数。用寸为单位开平方，得到1尺3分，是临安小暑的日影。零余700分，也就是寸之下的7毫，去掉不用。

再用大暑乘率109乘节率9340分，得到101寸8060分，写在上方。仍然加上夏至幂82寸8100分，得到184寸6160分，就是大暑幂。用它作为底，用寸为单位开平方，得到1尺3寸5分87秒，就是大暑影。

再用立秋乘率289，乘节率9340分，得到269寸9260分，写在上方。仍然用夏至幂82寸8100分加上269寸9260分，得到352寸7360分，就是立秋幂。用它作为底，用寸为单位开平方，得到1尺8寸7分81秒，就是立秋影。零余的部分去掉。

术解

节泛数=（108.225−9.1）÷（91.3144+11.252750）≈0.9340（寸）。

小暑影=$\sqrt{0.9340\times25+9.1^2}\approx10.3$（寸）。

大暑影=$\sqrt{0.9340\times109+9.1^2}\approx13.587$（寸）。

立秋影=$\sqrt{0.9340\times289+9.1^2}\approx18.781$（寸）。

原文

乃验阳城夏至景一尺四寸七分七十九秒，在大暑后立秋前，仍并大暑立秋二景，半之，得一尺六寸一分八十四秒，为大暑后九日景。又并大暑景，半之，得一尺四寸八分八十五秒半，为大暑后五日午中景。

𝍩𝍢𝍭𝍧𝍮 大暑景	𝍩𝍧𝍮𝍧𝍩 立秋景	𝍫𝍡𝍫𝍥𝍰 得	𝍩𝍥𝍩𝍧𝍬 大暑后九日景
𝍩𝍢𝍭𝍧𝍮 大暑景	𝍩𝍥𝍩𝍧𝍬 大暑九日景	𝍪𝍨𝍮𝍦𝍩 得	𝍩𝍬𝍰𝍧𝍭𝍤 大暑后五日景

又以大暑景并五日景，得二尺八寸四分七十二秒，以半之，得一尺四寸二分三十六秒少，为大暑后三日景。

𝍩𝍫𝍭𝍧𝍮大暑景	𝍩𝍫𝍰𝍧𝍭𝍤 大暑五日景	𝍪𝍧𝍬𝍦𝍪𝍣得	𝍩𝍣𝍪𝍢𝍮𝍡𝍭 大暑三日景

又以五日景并三日景，得二尺九寸一分二十一秒太，以半之，得一尺四寸五分六十秒八十七小分，为大暑后四日景。

𝍩𝍣𝍪𝍢𝍮𝍡𝍭 大暑三日景	𝍩𝍣𝍰𝍧𝍭𝍤 大暑五日景	𝍪𝍨𝍩𝍡𝍩𝍦𝍭得	𝍩𝍣𝍭𝍥〇𝍧𝍮𝍤 大暑四日景

今验阳城夏至景一尺四寸七分七十九秒为入临安府大暑后四日景一尺四寸五分六十秒太强，乃以四日景减五日景，余三分二十四秒太弱，为景差，以十二时除之，得二十七秒五小分二十小秒，为法。

𝍩𝍣𝍭𝍥〇𝍧𝍮𝍤 大暑四日景	𝍩𝍣𝍰𝍧𝍭𝍤 大暑五日景	〇𝍫𝍡𝍭𝍥𝍪𝍤 景差	𝍩𝍡时法
寸〇〇〇𝍪𝍥〇𝍤 𝍪为法	𝍠弃数	𝍩𝍡时	

乃置阳城夏至景一尺四寸七分七十九秒减临安大暑后四日景一尺四寸五分六十秒八小分七十五小秒，余二分一十八秒一十二小分五十小秒，为实。复以法二十七秒五小分二十小秒除之。

𝍩𝍣𝍮𝍦𝍱 阳城夏至景	𝍩𝍣𝍭𝍥〇𝍧𝍮𝍤 临安大暑四日景	〇𝍪𝍠𝍰𝍠𝍪𝍤 景差为实

=|≐|=||||实	||⊥○≡||法	Ⅲ商	○|⊥○≐余	||⊥○≡||法

实如法而一。得商数八，有余，命大暑四日午后数八辰。得大暑五日寅时景。与阳城夏至之日午景等。

求较，以大衍历晷景所差。乃置阳城大暑景长一尺九寸五分七十六秒，并阳城立秋景二尺五寸三分三十一秒，得四尺四寸九分七秒，以半之，得二尺二寸四分五十三秒半，为大暑后九日午中景。

一Ⅲ≡Ⅱ⊥ 阳城大暑景	=||||≡|||一 阳城立秋景	≡||||≐○⊥得	=||≡||||≡|||| 阳城大暑后九日景

置九日景，复并大暑一尺九寸五分七十六秒，得四尺二寸二十九秒半，以半之，得二尺一寸一十四秒太，为大暑后五日景。

	一Ⅲ≡Ⅱ⊥ 阳城大暑日景	=||≡||||≡|||| 阳城大暑后九日景
寸≡||○||≐||||得数	||半法	=|○|≡Ⅱ≡ 阳城大暑后五日景

今验开禧历所推临安府大暑后五日午中景一尺四寸八分八十五秒，与阳城大暑后五日午中景二尺一寸一十四秒太，课之。

=|○|≡Ⅱ≡ 阳城大暑 后五日景	一||||≐Ⅲ≡ 临安大暑后五日景

乃以临安府五日景，减阳城五日景，差少六寸一分二十九秒太，合问。

寸丅一||≐=≡差

译文

现在检查阳城夏至日影1尺4寸7分79秒，小于大暑而大于立秋。将大暑影1尺3寸5分87秒和立秋影1尺8寸7分81秒相加，得到3尺2寸3分68秒，再除以2，得到1尺6寸1分84秒，就是大暑后9天的日影。再加上大暑影，得到2尺9寸7分71秒，然后除以2，得到1尺4寸8分85秒半，是大暑后5天中午的日影。再加上大暑影，得到2尺8寸4分72秒，除以2，得到约1尺4寸2分36秒，是大暑之后三天的日影。再加上第5天的日影，得到约2尺9寸1分21秒，除以2，得到1尺4寸5分60秒87小分，就是大暑后4天的日影。

现在检查阳城夏至日影长度1尺4寸7分79秒，发现其大于临安大暑后第4天日影长度，因此用四日影减五日影，得到约3分24秒，作为差。用12时去除，化作27秒5小分20小秒，作为除数。用阳城夏至日影长度1尺4寸7分79秒和临安大暑后四日影1尺4寸5分60秒8小分75小秒相减，得到差2分18秒12小分50小秒，作为被除数。用除数27秒5小分20小秒去除，得到8，并有余数。就从大暑后4天的午后开始数8个时辰，得到大暑后5天寅时，这就是临安和阳城夏至中午日影相等的时间。

现求出和大衍历所测量的日影长度相比较的差值。于是用阳城大暑日影长度1尺9寸5分76秒，加上阳城立秋影2尺5寸3分31秒，得到4尺4寸9分7秒，除以2，得到2尺2寸4分53秒半，就是大暑之后9天中午的日影。再加上大暑日影1尺9寸5分76秒，得到4尺2寸29秒半，除以2，得到2尺1寸14秒多，作为大暑之后5天的日影。对比现在的开禧历，当天的日影是1尺4寸8分85秒，和阳城大暑后五日影长度2尺1寸14秒相比较，少了6寸1分29秒多。于是这就解答了问题。

术解

大暑后9日影=（13.587+18.781）÷2=16.184（寸）。

5日影=（16.184+13.587）÷2=14.8855（寸）。

3日影=（14.8855+13.587）÷2=14.23625（寸）。

4日影=（14.23625+14.8855）÷2=14.560875（寸）。

日影相等时间=（14.779−14.560875）÷［（14.8855−14.560875）÷12］≈8（时辰）

崇天历：

大暑后9日影=（19.576+25.331）÷2=22.4535（寸）。

5日影=（22.4535+19.576）÷2=21.01475（寸）。

日影差=21.01475−14.8855=6.12925（寸）。

天池测雨

原文

问：今州郡都有天池盆，以测雨水。但知以盆中之水为得雨之数，不知器形不同，则受雨多少亦异，未可以所测，便为平地得雨之数。假令盆口径二尺八寸，底径一尺二寸，深一尺八寸，接雨水深九寸，欲求平地雨降几何。

答曰：平地雨降三寸。

译文

问：现在各州郡都使用“天池盆”来测量降雨量，但只知道以盆里的水量作为降雨量，不知道因为器具的形状不同，接到的雨水量也会有差异，不能直接用测量到的数字作为平地上的降雨量。假设有一个盆的口径2尺8寸，底径1尺2寸，深1尺8寸，接了9寸深的雨水，求平地上降雨量多少。

答：平地降雨量3寸。

原文

术曰：

盆深乘底径，为底率。二径差乘水深，并底率，为面率。以盆深为法，除面率，得面径。以二率相乘，又各自乘，三位并之，乘水深为实。盆深乘口径，以自之，又三因，为法，除之，得平地雨深。

译文

本题计算方法如下：

用盆深乘底径，得到底率。用口径和底径的差乘水深，再加上底率，得到面率。用盆深作为除数，去除面率，得到面径。用底率乘面率，加上二者各自的平方数，得数乘水深，作为被除数。用盆深乘口径，得数求平方，再乘3，作为除数。计算除法，得到平地上的降雨量。

译解

底率=盆深×底径；

面率=（口径−底径）×水深+底率；

面径=面率÷盆深；

平地雨深=（底率×面率+底率^2+面率^2）×水深÷［（盆深×口径）^{2}×3］。

原文

草曰：

以盆深及径，皆通为寸。盆深得一十八寸，底径得一十二寸，相乘得二百十六寸，为底率。置口径二十八寸，减底径一十二寸，余一十六寸，为差。以乘水深九寸，得一百四十四寸，并底率二百一十六寸，得三百六十寸，为面率。以盆深一十八寸为法，除面率，得二十寸，展为二尺，为水面径。以底率二百一十六寸，乘面率三百六十寸，得七万七千七百六十寸于上。以底率二百一十六寸自乘，得四万六千六百五十六寸加上。又以面率三百六十自乘，得一十二万九千六百并上。共得二十五万四千一十六，以乘水深九寸，得二百二十八万六千一百四十四寸，为实。以盆深一十八寸，乘口径二十八寸，得五百四寸。自乘得二十五万四千一十六寸。又三因，得七十六万二千四十八寸，为法。除实，得三寸，为平地雨深。合问。

译文

本题演算过程如下：

将盆深和口径、底径都换算为寸。盆深18寸，底径12寸，相乘得到216寸，作为底率。用口径28寸，减去底径12寸，得到16寸，就是差。用差乘水深9寸，得到144寸，加上底率216寸，得到面率360寸。用盆深18寸作为除数，去除面率，得到20寸，换算为2尺，就是水的面径。用底率216寸，乘面率360寸，得到77760寸，先写在上面。用底率216寸求平方数，得到46656寸，和上面的数相加。再用面率360求平方，也加到上面。总共得到254016，乘水深9寸，得到2286144寸，作为被除数。用盆深18寸，乘口径28寸，得到504寸，求平方数得到254016寸，再乘3，得到762048寸，作为除数，去除刚才的被除数，得到3寸，就是平地上的降雨量。

术解

底率$x=18\times12=216$；

面率$y=(28-12)\times9+x=360$；

面径$z=y\div18=20$；

平地雨深$=(xy+x^2+y^2)\times9\div(28\times18)^2\div3=3$（寸）。

圆罂测雨

原文

问：以圆罂[1]接雨，口径一尺五分，腹径二尺四寸，底径八寸，深一尺六寸，并里明接得雨一尺二寸，圆法[2]用密率[3]，问平地雨水深几何。

答：平地水深一尺八寸七万四千八十八分寸之六万四千四百八十三。

注释

〔1〕罂：一种盛水或贮粮的器具。

〔2〕圆法：即π。

〔3〕密率：祖冲之将近似π的$\frac{22}{7}$称作约率，$\frac{355}{113}$称作密率。但本文计算时用的是$\frac{22}{7}$。

译文

问：用圆形的罂接雨水测量，罂的口径1尺5分，腹径2尺4寸，底径8寸，深1尺6寸。罂里接到的雨水高1尺2寸，圆法取密率，求平地降雨量高多少。

答：平地降雨量高1尺8寸74088分寸之64483。

原文

术曰：

底径与腹径相乘，又各自乘，并之，乘半罂深，以一十一乘之，为下率。以四十二为上法[1]，除得下积。以半罂深并雨深，减元罂深，余为上深。以口径减腹径，余乘上深，为次。以半罂深乘口径，加次，为面率。以半深除面率，得水面径。

以半深乘腹径，为腹率。置面率，与腹率相乘，又各自乘，并之，以一十一乘之，为上率。以半深自乘，为幂。以乘下法，为上法。上法除上率，得上积。半深幂乘下率，并上率，为总实。口径幂乘上法，为总法。除实，得平地雨高。

注释

〔1〕上法：应为“下法”。

译文

本题计算方法如下[1]：

用底径和腹径相乘，再各自求平方，相加，再乘罂深的一半，乘11，作为下率。用42作为“上法”，除下率，得到下积。用罂深的一半加上雨水深，用本来的罂深去减，得到上深。用口径减腹径，再乘上深，作为“次”。以罂深的一半乘口径，加上“次”，得到面率。用罂深一半除面率，得到水面径。

用罂深的一半乘腹径，得到腹率。用面率和腹率相乘，再各自求平方，三者相加，再乘11，得到上率。用罂深的一半求平方，得到幂。乘下法，得到上法。用上法除上率，得到上积。用罂深的一半的平方乘下率，加上上率，得到总实。用口径的平方乘上法，得到总法。用总法除总实，得到平地降雨量。

注释

〔1〕一些学者认为本题的计算方法有误，平地降雨量应为$35\frac{920}{1323}$。

译解

下率=（底径×腹径+底径^2+腹径^2）×罂深÷2×11；

下积=下率÷42；

面率=（罂深÷2+雨深−罂深）×（腹径−口径）+罂深÷2×口径；

腹率=罂深÷2×腹径；

上率=（面率×腹率+面率^2+腹率^2）×11，

上法=（罂深÷2）^{2}×42；

上积=上法÷上率；

总实=（罂深÷2）^{2}×下率+上率；

总法=口径^2×上法；

平地水深=总实÷总法。

原文

草曰：

置底径八寸，与腹径二十四寸，相乘得一百九十二寸于上。又底径八寸自乘，得六十四寸，加上。又腹径二十四寸自乘，得五百七十六寸，并上。共得八百三十二寸，以乘半罂深八寸，得六千六百五十六寸。又以一十一乘之，得七万三千二百一十六寸，为下率。置密率法一十四。以所并三，因之，得四十二，为下法。

以半深八寸，并雨深一十二寸，得二十寸。以减元深一十六寸，余四寸，为上深。以口径一十寸五分，减腹径二十四寸，余一十三寸五分。以乘上深四寸，得五十四寸，为次。以半罂深八寸，乘口径一十寸五分，得八十四寸。加次，共得一百三十八寸，为面率。以半深八寸，乘腹径二十四寸，得一百九十二寸，为腹率。

置面率一百三十八寸，与腹率一百九十二寸，相乘，得二万六千四百九十六寸于上。又以面率一百三十八寸自乘，得一万九千四十四，加上。又以腹率一百九十二寸自乘，得三万六千八百六十四，并上。共得八万二千四百四寸。以一十一乘之，得九十万六千四百四十四寸，为上率。

以半深八寸自乘，得六十四寸，为半深幂。以乘下法四十二，得二千六百八十八，为上法。以半深幂六十四寸，乘下率七万三千二百一十六寸，得四百六十八万五千八百二十四寸，并上率九十万六千四百四十四，共得五百五十九万二千二百六十八寸，为总实。以口径一十寸五分自乘，得一百一十寸二分五厘，以乘上法二千六百八十八寸，得二十九万六千三百五十二寸，为总法。除实，得一尺八寸，不尽二十五万七千九百三十二，与法求等，得四，俱约之，为一尺八寸七万四千八十八分寸之六万四千四百八十三，为平地雨深。合问。

译文

本题演算过程如下：

用底径8寸和腹径24寸相乘，得到192寸，写在上方。用底径8寸求平方，得到64寸，和上面的数相加。再用腹径24寸求平方，得到576寸，也和上面的数相加。共得到832寸，乘罂深的一半8寸，得到6656寸，再乘11，得到73216寸，作为下率。用密率的分母14，乘3，得到42，作为下法。

用罂深的一半8寸，加上雨水深12寸，得到20寸。减去罂深16寸，得到4寸，作为上深。用腹径24寸减去口径10寸5分，得到13寸5分，乘上深4寸，得到54寸，作为“次”。用罂深的一半8寸乘口径10寸5分，得到84寸，加上“次”，得到138寸，作为面率。用罂深的一半8寸乘腹径24寸，得到192寸，作为腹率。

用面率138寸和腹率192寸相乘，得到26496寸，写在上方。再用面率138寸求平方，得到19044寸，和上面的得数相加。再用腹率192寸求平方，得到36864，也加入上面的得数中。一共得到82404寸。乘11，得到906444寸，作为上率。

用罂深的一半8寸求平方，得到64寸，作为半深幂。乘下法42，得到2688，作为上法。用半深幂64寸乘下率73216寸，得4685824寸，加上上率906444，得到5592268寸，作为总实。用口径10寸5分求平方，得到110寸2分5厘，乘上法2688寸，得到296352寸，作为总法。用总法除总实，得到1尺8寸，余数257932，和总法求公约数，得到4，于是都进行化约，得到的1尺8寸74088分寸之64483，就是平地降雨量。于是这就解答了问题。

术解

下率=（$8\times24+8^2+24^2$）×（$16\div2$）×11=73216；

面率=（8+12−16）×（24−10.5）+8×10.5=138；

腹率=8×24=192；

上率=（$138\times192+138^2+192^2$）×11=906444；

上法=$8^2\times42$=2688；

总实=$8^2\times73216+906444$=5592268；

总法=$10.5^2\times2688$=296352；

平地水深=$5592268\div296352\approx18.8704$（寸）。

正确计算方法和结果为：

上率=906444×4=3625776；

总实=$8^2\times73216+3625776$=8311600；

总法=$10.5^2\times64\times33$=232848；

平地水深=$8311600\div232848\approx35.6954$（寸）。

峻积验雪

原文

问：验雪占年，墙高一丈二尺，倚木去址〔1〕五尺，梢〔2〕与墙齐，木身积雪厚四寸，峻〔3〕积薄，平积厚，欲知平地雪厚几何。

答曰：平地雪厚一尺四分。

注释

〔1〕址：建筑物的地基，这里指墙根。

〔2〕梢：条状物较细的一头。

〔3〕峻：陡峭，这里指斜面。

译文

问：用测量降雪量来预测年成。墙高1丈2尺，用一段木头倚着墙，顶端和墙头平齐，底端与墙距离5尺，木头的斜面积雪厚4寸，并且斜面积雪薄，平地积雪更厚一些。求平地积雪多厚。

答：平地积雪厚1尺4分。

原文

术曰：

以少广〔1〕求之，连枝入之。以去址自乘为隅。以墙高自乘，并隅于上。以雪厚自之，乘上，为实〔2〕。可约者，约而开之。开连枝平方〔3〕，得地上雪厚。

注释

〔1〕少广：指《九章算术·少广》一章的方法。

〔2〕实：一元多次方程中的常数。

〔3〕连枝平方：未知数最高次项系数（“隅”）不为1的一元二次方程。连枝：高次方程中未知数最高次项系数不为1。古代的“开方法”指的是一元高次方程。

译文

本题计算方法如下：

用《九章算术·少广》的方法去求解，使用开连枝平方的方法来计算。用木头底端和墙根的距离求平方得到隅数。用墙高的平方和隅数相加，写在上面。用雪的厚度求平方，再乘上面的得数，得到实数。如果可以化约，就约过之后再开方。开连枝平方，得到地面积雪厚度。

译解

隅=离墙距离^2;

实=雪厚^2×（隅+墙高^2）;

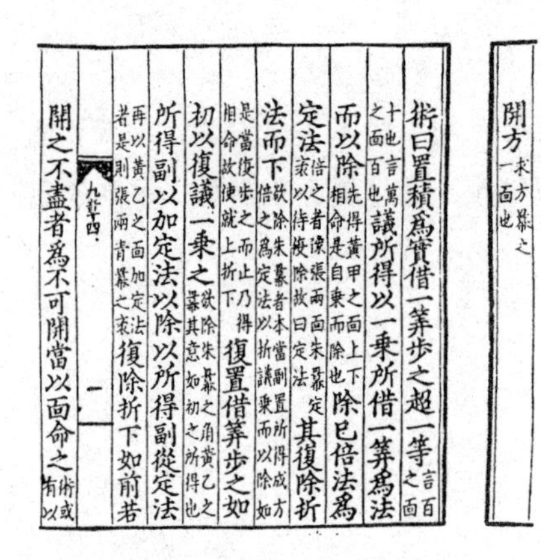

開方（求方冪之一面也）

術曰置積爲實借一筭步之超一等（言百之面十也言萬之面百也）議所得以一乘所借一筭爲法而以除（先得黃甲之面上下相命是自乘而除也）除已倍法爲定法（倍之者豫張兩面朱冪定袤以待復除故曰定法）其復除折法而下（欲除朱冪者本當副置所得成方倍之爲定法以折議乘而以除如是當復步之而止乃得相命故使就上折下）復置借筭步之如初以復議一乘之（欲除朱冪之角黃乙之冪其意如初之所得也）所得副以加定法以除以所得副從定法（再以黃乙之面加定法者是則張兩青冪之袤）復除折下如前若開之不盡者爲不可開當以面命之（術或有以）

九章四

□ 《周髀算经》中的开方术

关于二次方程的公式解法，中国最早记载于《周髀算经》中的《勾股圆方图》，后见于《九章算术》中的《少广》章，该章同时附有开平方、开立方的法则。近世学者经详细研究，确认这是世界上关于多位数开平方、开立方法则的最早记载。

求平地积雪即解一元二次方程：

x^2=实/隅。

原文

草曰：

以问数皆通为寸，置去址五十寸，自乘，得二千五百，为隅。以墙高一百二十寸，自乘，得一万四千四百寸，并隅，得一万六千九百寸于上。以雪厚四寸自之，得一十六，乘上，得二十七万四百寸，为实。开连枝平方。今隅实可求等，得一百。俱约之，得二千七百四，为实。得二十五为隅。开平方，得一十寸四分，展为一尺四分，为平地雪厚。合问。

译文

本题演算过程如下：

将题中各数都换算为寸，得到距离墙根50寸，求平方，得到2500，作为隅数。用墙的高度120寸，求平方，得到14400寸，加上隅数，得到16900，写在上方。用雪的厚度4寸求平方，得16，乘上面的得数，得到270400寸，作为实数。开平方。现在隅数和实数可以求公约数，得到100，两个数都化约，实数得到2704，隅数得到25。然后对两者的商开平方所得到的1尺4分，就是平地积雪厚度。于是这就解答了问题。

术解

隅$=50^2=2500$；

实$=4^2\times(2500+120^2)=270400$；

平地积雪$=\sqrt{\dfrac{270400}{2500}}=10.4$（寸）。

竹器验雪

原文

问：以圆竹箩验雪，箩口径一尺六寸，深一尺七寸，底径一尺二寸，雪降其中，高一尺。箩体通风，受雪多，则平地少。欲知平地雪高几何。

答曰：平地雪厚九寸三千四百三十九分之七百六十四。

译文

问：用圆形的竹箩来测量降雪量。箩的口径是1尺6寸，深1尺7寸，底径1尺2寸，里面的降雪高1尺。箩体是通风的，所以其中的降雪量会比平地多一些。求平地降雪高多少。

答：平地雪厚9寸3439分寸之764。

原文

术曰：

口径减底径，余乘雪深，半之，自乘，为隅。以箩深幂乘雪深幂，并隅，又乘雪深幂，为实。隅实可约，约之。开连枝三乘方[1]，得平地雪厚。

注释

〔1〕连枝三乘方：最高次项系数不为1的一元四次方程。注意，我国古代数学中所说的“X乘方”一般指的是X+1次幂，是用所进行的乘法次数命名。

译文

本题计算方法如下：

用口径减去底径，得数乘以雪深，除以2，求平方，得到隅数。用箩深平方乘雪深平方，加上隅数，再乘以雪深的平方，得到实数。隅数和实数之间可以求公约数，再化约。然后开连枝三次乘方，得到平地雪厚。

译解

隅=［（口径−底径）×雪深÷2］^{2}；

实=（篣深^2×雪深^2+隅）×雪深^2。

平地雪厚=$\sqrt[4]{实/隅}$

原文

草曰：

列问数，各通为寸。口径得一十六寸，深一十七寸，底径一十二寸，篣中雪高一十寸。

𝍩𝍥 篣口径	𝍩𝍡 篣底径	𝍩𝍦 篣深	𝍩〇 篣中雪高

乃以底径减口径，余四寸。乘雪深一十寸，得四十寸。

𝍣 余		𝍩〇 篣中雪高
𝍬〇 得	𝍡	𝍪〇 得
𝍪〇 得	𝍪〇	𝍣〇〇 隅

以半得数二十寸，自乘，得四百寸，为隅。以篣深一十七寸自乘，得二百八十九寸，为篣深幂。

𝍩𝍦 篣深	𝍠𝍦 篣深	𝍡𝍯𝍨 篣深幂

次置雪深一十寸自乘，得一百寸，为雪深幂。

𝍩〇 雪深	𝍩〇 雪深	𝍠〇〇 雪深幂

以雪深幂一百寸乘篣深幂二百八十九寸，得二万八千九百寸，并隅四百寸，得二万九千三百寸，为上。

𝍠〇〇 雪深幂	𝍡𝍯𝍨〇〇 篣深幂	𝍡𝍯𝍨〇〇 得数	𝍣〇〇 隅	𝍡𝍱𝍢〇〇 隅

置上位数二万九千三百寸，又乘雪深幂一百寸，得二百九十三万寸，为

实，开三乘方。

𝍡𝍱𝍢〇〇上位　𝍠〇〇雪深幂　寸𝍡𝍱𝍢〇〇〇〇实　〇方　〇上廉　〇下廉　寸𝍣〇〇隅

以隅实求等，得四百，俱为约之，得七千三百二十五，为实，一为隅，开之。

寸𝍯𝍢𝍪𝍤实　〇方　〇上廉　〇下廉　𝍠隅

步[1]法不可超，乃约实，置商九寸，与隅相生，得九，下廉[2]。

寸𝍨商　𝍯𝍢𝍪𝍤实　〇方　〇上廉　𝍨下廉　𝍠隅

下廉九又与商九相生，得八十一，为上廉。

𝍨商　𝍯𝍢𝍪𝍤实　〇方　𝍰𝍠上廉　𝍨下廉　𝍠隅

上廉又与商相生，得七百二十九，为从方[3]。

𝍨商　𝍯𝍢𝍪𝍤实　𝍦𝍪𝍨方　𝍰𝍠上廉　𝍨下廉　𝍠隅

乃以从方七百二十九，命上商九，除实七千三百二十五讫，实余七百六十四。既而复以商生隅，入下廉。

𝍨商　𝍦𝍮𝍣实余　𝍦𝍪𝍨方　𝍰𝍠上廉　𝍩𝍧下廉　𝍠隅

下廉得一十八，又与商九相生，入上廉。

𝍨商　𝍦𝍮𝍣实　𝍦𝍪𝍨方　𝍡𝍬𝍢上廉　𝍩𝍧下廉　𝍠隅

𝍨商　𝍦𝍮𝍫实　𝍪𝍨𝍩𝍥方　𝍡𝍬𝍢上廉　𝍩𝍧下廉　𝍠隅

上廉得二百四十三，又以商相生，入方，得二千九百一十六。

𝍨商　𝍦𝍮𝍣实余　𝍪𝍨𝍩𝍥方　𝍡𝍬𝍢上廉　𝍪𝍦下廉　𝍠隅

又以商九生隅一，入下廉一十八内，得二十七。

𝍨商　𝍦𝍮𝍣实余　𝍪𝍨𝍩𝍥方　𝍣𝍰𝍥上廉　𝍪𝍦下廉　𝍠隅

末图　𝍨商　𝍦𝍮𝍣实余　𝍪𝍨𝍩𝍥方　𝍣𝍰𝍥上廉　𝍫𝍧下廉　𝍠隅

又以商九生下廉二十七，入上廉二百四十三内，得四百八十六。又以商生隅，入下廉二十七内，得三十六，为末图。乃以末图方、廉、隅四者并之，得三千四百三十九，为母。以实余七百六十四，为子。

雪厚寸	𝍨商	𝍦𝍮𝍣子实余	𝍫𝍣𝍫𝍨母方廉隅

命为平地雪厚九寸三千四百三十九分寸之七百六十四。合问。

注释

〔1〕步：用算筹演算时，一步步地移动。这里指开方的时候要先移动数位，将被开方数进行分节。

〔2〕下廉：廉，除了最高次和一次项以外各项的系数。为了彼此区分，加“上”“下”等。

〔3〕从方：方，一次项的系数。从，指系数为正。

□ 古法七乘方图

构造一个数的三角形排列如下：顶上放1，下面放两个1，再下一行将两个1重复一遍，使得这一行的末尾也都是1，而第三行是1、2、1，每一次将两个数相加，得数放在下方，于是得出第四行1、3、3、1，这是朱世杰在《四元宝鉴》中展示的帕斯卡三角形的模样，该书写于帕斯卡出生前三个世纪。

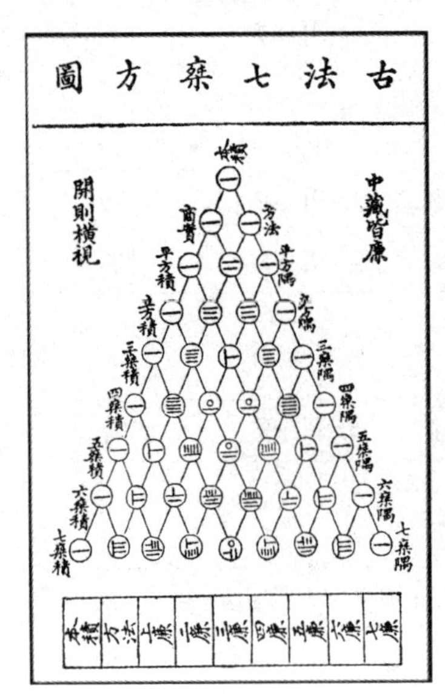

译文

本题演算过程如下：

列出各个问数，都换算成寸。箩口径16寸，深17寸，底径12寸，箩中的雪高10寸。然后用口径减去底径，得到4寸。乘雪深10寸，得40寸。用得数的一半20寸求平方，得到400寸，作为隅数。以箩深17寸求平方，得到289寸，是箩深幂数。然后用雪深10寸求平方，得到100寸，是雪深幂数。用雪深幂数100寸乘箩深幂数289寸，得到28900寸，加上隅数400寸，得到29300寸，写在上方。用上方的数29300寸，再乘雪深幂数100寸，得到2930000寸，作为实数，开三次乘方。先用隅数和实数求公约数，得到400，都进行化约，得到7325作为新的实数，1作为隅数去开方。

这个数字不能移动数位，于是直接想办法去约实数。取初商9寸，和隅数相乘，得9，作为下廉。下廉9又和商9相乘，得到81，作为上廉。上廉再和商相乘，得到729，作为从方。然后用从方729除7325，得到商9，余数764。

然后再用商乘隅数，结果加入下廉，下廉得到18。再和商9相乘，结果加入上廉，得到243。再和商相乘，结果加入从方，得到2916。再用商9乘1，加入下廉18，得到27。再用商9乘下廉27，加入上廉243，得到486。再用商乘隅，加入下廉27，得到36，写进最后一列。用最后一列中的方、廉、隅四个数相加，得到3439，作为分母，将之前实数除得的余数764，作为分子，得到平地雪厚9寸3439分寸之764。于是解答了问题。

术解

隅=$[(16-12)\times10\div2]^2=400$；

实=$(17^2\times10^2+400)\times10^2=2930000$；

开四次方：

$$\sqrt[4]{\frac{2930000}{400}}=\sqrt[4]{7325}\approx9.251\text{（寸）}。$$

第三章　田域类

本章包括卷五、卷六。这一类的9个问题归纳总结了各种形状的田地面积的计算方法，例如不规则的四边形、三角形、梯形、蕉叶形、环形，等等，并且灵活处理了各种与田地面积相关的实际问题，例如被水冲去一部分后的剩余面积计算、三人分配田地的面积计算等。这一类问题的亮点在于两种先进计算方法的提出。一是已知三角形的三条边长，求三角形面积的“三斜求积术”，这和西方的海伦公式异曲同工。二是求解一元高次方程的“正负开方术”。

卷五

尖田求积

原文

问：有两尖[1]田一段，其尖长不等，两大斜[2]三十九步，两小斜二十五步，中广[3]三十步[4]。欲知其积几何。

答曰：田积八百四十步。

注释

〔1〕两尖：两头突出的四边形。

〔2〕斜：边。

〔3〕中广：较短的对角线的长度。

〔4〕步：这里的“步”是长度单位。

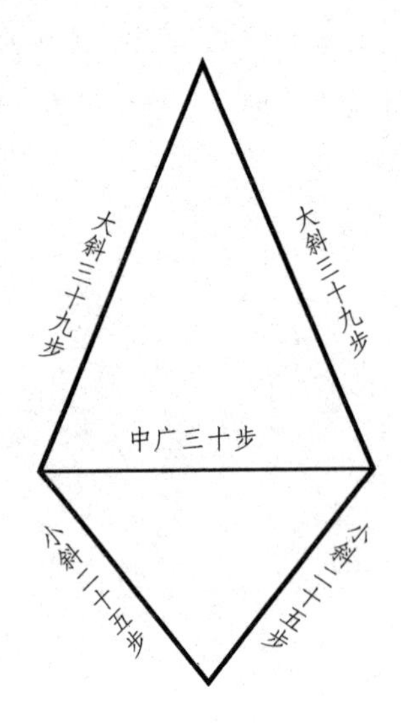

译文

问：有一块两端是尖形的田地，两尖长度不等，两条大斜边长39步，两条小斜边长25步，中间的宽度是30步。求这块田的面积。

答：田地面积840步。

□ **早期人类的测量方法**

人类最初是以人的手、足作为长度的单位，但是这些方法必须在测量结果无须很精确时方可使用。古埃及的胡夫金字塔，塔高为280腕尺，就是以胡夫的前臂长度作为“1腕尺”的标准建造的。相传我国古代大禹治水时，也曾用自己的身体长度作为长度标准进行治水工程的测量。唐太宗李世民规定，以他的双步，也就是左右脚各一步作为长度单位，称作“步”，并规定一步为五尺，三百步为一里。

原文

术曰：

以少广求之，翻法[1]入之。置半广自乘为半幂，与小斜幂相减，相乘，为小率。以半幂与大斜幂相减，相乘，为大率。以二率相减，余自乘，为实。并二率，倍之，为从上廉。以一为益隅[2]，开翻法三乘方，得积。一位开尽者，不用翻法。

注释

〔1〕翻法：又称“换骨”，是秦九韶在解本题中的高次方程时所提出的一种情况及其解法，相当于求解过程中实数的正负符号变化了，但仍可以继续进行开方。

〔2〕益隅：最高次项系数为负数，称作“益隅”。其余“益方”“益廉”也都是为负的系数。

译文

本题计算方法如下：

用《九章算术·少广》的方法去求解，用翻法计算。已知中广的一半，求平方得到半幂，和小斜的平方相减，得数乘半幂，得到小率。用半幂和大斜的平方相减，得数乘半幂，得到大率。用大率和小率相减，得数求平方，得到实数。将大率和小率相加，再乘2，得到从上廉。用-1作为益隅，用翻法开三乘方，得到积。如果一位就能开尽，就不需要使用翻法了。

译解

半幂=（中广÷2）^{2}；

小率=（小斜^2−半幂）×半幂；

大率=（大斜^2−半幂）×半幂；

实=（大率−小率）^{2}；

从上廉=（大率+小率）×2。

原文

草曰：

置广三十步，以半之，得一十五，以自乘，得二百二十五，为半幂。以小斜二十五步自乘，得六百二十五，为小斜幂。与半幂相减，余四百。与半幂二百二十五相乘，得九万步，为小率。置大斜三十九步自乘，得一千五百二十一，为大斜幂。与半幂二百二十五相减，余一千二百九十六，与半幂二百二十五相乘，得二十九万一千六百，为大率。以小率九万减大率，余二十万一千六百。自乘，得四百六亿四千二百五十六万，为实。

以小率九万，并大率二十九万一千六百，得三十八万一千六百。倍之，得七十六万三千二百，为从上廉。以一为益隅，开玲珑[1]翻法三乘方。步法乃以从廉超一位[2]，益隅超三位，约商得十。今再超进，乃商置百，其从商廉为七十六亿三千二百万。其益隅为一亿，约实。置商八百，为定商。以商生益隅，得八亿，为益下廉。又以商生下廉，得六十四亿，为益上廉。与从上廉七十六亿三千二百万相消，从上廉余十二亿三千二百万。又与商相生，得九十八亿五千六百万，为从方。又与商相生，得七百八十八亿四千八百万，为正积。

与元实四百六亿四千二百五十六万相消，正积余三百八十二亿五百四十四万，为正实。又以益隅一亿，与商相生，得八亿。增入益下廉，为一十六亿。又以益下廉与商相生，得一百二十八亿，为益上廉。乃以益上廉与从上廉一十二亿三千二百万相消，余一百一十五亿六千八百万，为益上廉。又与商相生，得九百二十五亿四千四百万，为益方。与从方九十八亿五千六百万相消，益方余八百二十六亿八千八百万，为益方。又以商生益隅一亿，得八亿。增入益下廉，得二十四亿。又以商相生，得一百九十二亿，入益上廉，得三百七亿六千八百万，为益上廉。又以商生益隅一亿，得八亿，入益下廉，得三十二亿毕。

其益方一退，为八十二亿六千八百八十万，益上廉再退，得三亿七百六十八万，益下廉三退，得三百二十万。益隅四退，为一万毕。乃约正实，续置商四十步，与益隅一万相生，得四万，入益下廉为三百二十四万。又与商相生，得一千二百九十六万，入益上廉内，为三亿二千六十四万。又与商相生，得一十二亿八千二百五十六万，入从方内，为九十五亿五千一百三十六万。乃命上续商四十，除实，适尽。所得八百四十步，为田积。今列求率开方图于后。

<table>
<tr><td>𝍫〇
中之广步</td><td>𝍩𝍣半广</td><td>𝍠𝍬自乘</td><td>𝍡𝍪𝍣
半幂</td><td>𝍪𝍣小斜</td><td>𝍡𝍬自乘</td><td>𝍥𝍪𝍣
小斜幂</td></tr>
<tr><td>𝍡𝍪𝍣
相减 半幂</td><td>𝍥𝍪𝍣
小斜幂</td><td>𝍡𝍪𝍣
相乘 半幂</td><td>𝍣〇〇余</td><td>𝍧〇〇〇
〇小率</td><td>𝍫𝍧大斜</td><td>𝍢𝍧自乘</td></tr>
<tr><td>𝍩𝍣𝍪𝍠
大斜幂</td><td>相减
𝍡𝍪𝍣</td><td>𝍩𝍡𝍰𝍥
相乘 余</td><td>𝍪𝍡𝍣
半幂</td><td>𝍪𝍧𝍩𝍥
〇〇大率</td><td>𝍪𝍧𝍩𝍥
〇〇大率</td><td>相减𝍧〇
〇〇〇
小率</td></tr>
<tr><td>𝍪〇𝍩𝍥
〇〇余</td><td>自乘为实𝍡
𝍡〇𝍠𝍮〇
〇余</td><td>𝍣〇𝍥𝍫
𝍡𝍬𝍥〇
〇〇〇
亿实</td><td>𝍪𝍧𝍩𝍥
〇〇大率</td><td>相并𝍧〇
〇〇〇
小率</td><td>𝍫𝍧𝍩𝍥
〇〇得
𝍡倍数
倍之为从上
廉</td><td>𝍯𝍥𝍫𝍡
〇〇
从上廉
𝍠益隅
以一为益隅</td></tr>
</table>

术曰：商常为正，实常为负，从常为正，益常为负。

<table>
<tr><td>商〇</td><td>实𝍣〇𝍥
𝍫𝍡〇𝍥
〇〇〇〇</td><td>虚方</td><td>从上廉
𝍯𝍥𝍫𝍡
〇〇</td><td>虚下廉〇</td><td>𝍠益隅</td><td>上廉超一位，
益隅超三位，
商数进一位</td></tr>
<tr><td>商〇〇</td><td>实𝍣〇𝍥
𝍫𝍡𝍬𝍥
〇〇〇〇</td><td>方</td><td>上廉
𝍦𝍮𝍢𝍪
〇</td><td>〇下廉</td><td>𝍠益隅</td><td>上廉再超一
位，益隅再超
三位，商数再
进一位</td></tr>
<tr><td>商𝍧〇</td><td>实𝍣〇𝍥
𝍫𝍡𝍬𝍥
〇〇〇〇</td><td>〇方</td><td>𝍯𝍥𝍫𝍡
〇〇上廉</td><td>〇下廉</td><td>𝍠益隅</td><td>上商八百为
定，以商生
隅，入益下廉</td></tr>
</table>

商 𝍧〇〇	实𝍣〇𝍥 𝍬𝍡𝍭𝍥 〇〇〇〇	〇方	𝍯𝍥𝍫𝍡 〇〇 从上廉	𝍮𝍣〇〇 〇〇 益上廉	𝍧〇〇 下廉	𝍠 益隅 以商生下廉， 消从上廉
商 𝍧〇〇	实𝍣〇𝍥 𝍬𝍡𝍭𝍥 〇〇〇〇	〇方	𝍩𝍡𝍫𝍡〇 〇上廉	𝍧〇〇 下廉	𝍠益隅	以商生上廉 入方
商 𝍧〇〇	实𝍣〇𝍥 𝍬𝍡𝍭𝍥 〇〇〇〇	𝍱𝍧𝍭 𝍥〇〇 〇〇方	𝍩𝍡𝍫𝍡〇 〇上廉	𝍧〇〇 下廉	𝍠益隅	以商生方，得 正积，乃与实 相消
商 𝍧〇〇	负实𝍣〇 𝍥𝍬𝍡𝍭 𝍥〇〇〇 〇	𝍦𝍰𝍧 𝍬𝍧〇 〇〇〇 〇〇 正积	𝍱𝍧𝍭𝍥 〇〇〇〇 方	𝍩𝍡𝍫𝍡〇 〇上廉	𝍧〇〇 下廉	𝍠〇益隅 以负实消正 积，其积乃有 余，为正实， 谓之换骨
商 𝍧〇〇	正实𝍢𝍰 𝍡〇𝍤𝍬 𝍣〇〇〇 〇	方𝍰𝍧 〇̇𝍥〇 〇〇〇	𝍩𝍡𝍫𝍡〇 〇上廉	𝍧〇〇 下廉	𝍠益隅	以上生隅，入 下廉，一变
商 𝍧〇〇	实𝍢𝍯𝍡 〇𝍤𝍬𝍣 〇〇〇〇	方𝍰𝍧 〇̇𝍥〇 〇〇〇	𝍩𝍡𝍫𝍡〇 〇上廉	𝍩𝍥〇〇 下廉	𝍠益隅	以商生下廉， 入上廉内，相 消
商 𝍧〇〇	𝍢𝍯𝍡〇 𝍤𝍬𝍣〇 〇〇〇实	方𝍰𝍧 〇̇𝍥〇 〇〇〇	𝍩𝍡𝍫𝍡〇 〇正上廉	𝍠𝍪𝍧〇 〇〇〇 上廉负	𝍩𝍥〇 〇 下廉	𝍠益隅 以正负上廉相 消
商 𝍧〇〇	𝍢𝍯𝍡〇 𝍤𝍬𝍣〇 〇〇〇实	𝍰𝍧〇̇ 𝍥〇〇 〇〇方	𝍠𝍩𝍣𝍮 𝍧〇〇 上廉	𝍩𝍥〇〇 下廉	𝍠益隅	以商生上廉， 入方内相消
商 𝍧〇〇	𝍢𝍯𝍡〇 𝍤𝍬𝍣〇 〇〇〇实	𝍰𝍧〇̇ 𝍥〇〇 〇〇 正方	𝍨𝍪𝍣𝍬 𝍣〇〇〇 〇负方	𝍠𝍩𝍣𝍮 𝍧〇〇 上廉	𝍩𝍥〇〇 下廉	𝍠益隅 以正负方相消
商 𝍧〇〇	𝍢𝍯𝍡〇 𝍤𝍬𝍣〇 〇〇〇实	𝍧𝍪𝍥 𝍯𝍧〇 〇〇〇 方	𝍠𝍩𝍣𝍮 𝍧〇〇 上廉	𝍩𝍥〇〇 下廉	𝍠益隅	以商生隅，入 下廉，二变
商 𝍧〇〇	𝍢𝍯𝍡〇 𝍤𝍬𝍣〇 〇〇〇实	𝍧𝍪𝍥 𝍯𝍧〇 〇〇〇 方	𝍠𝍩𝍣𝍮 𝍧〇〇 上廉	𝍪𝍣〇〇 下廉	𝍠益隅	以商生下廉， 入上廉

商 𝍧〇〇	𝍢𝍯𝍡〇 𝍣𝍫𝍣〇 〇〇〇实	𝍧𝍪𝍥 𝍯𝍧〇 〇〇〇 方	𝍢〇𝍦𝍮 𝍧〇〇 上廉	𝍪𝍣〇〇 〇 下廉	𝍠益隅	以商生隅，入下廉，三变
商 𝍧〇〇	𝍢𝍯𝍡〇 𝍣𝍫𝍣〇 〇〇〇实	𝍧𝍪𝍥 𝍯𝍧〇 〇〇〇 方	𝍢〇𝍦𝍮 𝍧〇〇 上廉	𝍢𝍪〇〇 下廉	𝍠隅	方一退，上廉二退，下廉三退，隅四退，商，续置，四变
续商 𝍧𝍫〇	𝍢𝍯𝍡〇 𝍣𝍫𝍣〇 〇〇〇实	𝍯𝍡𝍮 𝍧𝍯〇 〇〇〇 方	𝍢〇𝍦𝍮 𝍧〇〇 上廉	𝍢𝍪〇〇 下廉	𝍠隅	以方约实，续商置四十，生隅，入下廉内
商 𝍧𝍫〇	𝍢𝍯𝍡〇 𝍣𝍫𝍣〇 〇〇〇实	𝍯𝍡𝍮 𝍧𝍯〇 〇〇〇 方	𝍢〇𝍦𝍮 𝍧〇〇 上廉	𝍢𝍪〇〇 下廉	𝍠隅	以商生下廉，入上廉内
商 𝍧𝍫〇	𝍢𝍯𝍡〇 𝍣𝍫𝍣〇 〇〇〇实	𝍯𝍡𝍮 𝍧𝍯〇 〇〇〇 方	𝍢𝍪〇𝍦 𝍮𝍧〇〇 上廉	𝍢𝍪𝍣〇 下廉	𝍠隅	以商生上廉，入方内
商 𝍧𝍫〇	𝍢𝍯𝍡〇 𝍣𝍫𝍣〇 〇〇〇实	𝍯𝍣𝍫 𝍠𝍫𝍥 〇〇〇 方	𝍢𝍪〇𝍮 𝍣〇〇 上廉	𝍢𝍪𝍣〇 下廉	𝍠隅	以续商四十命方法，除实，递进
商 𝍧𝍫〇	〇〇〇〇 〇〇〇〇 〇〇〇 实空	𝍯𝍣𝍫 𝍠𝍫𝍥 〇〇〇 方	𝍢𝍪〇𝍮 𝍣〇〇 上廉	𝍢𝍪𝍣〇 下廉	𝍠隅	所得商数，八百四十步，为田积

注释

〔1〕玲珑：指方程的奇数次项系数均为0，即只有偶数次项。

〔2〕超一位：越过一位向前进位，即前进两位。后文“超三位”即向前进四位。

译文

本题演算过程如下：

已知中广长30步，除以2，得到15，求平方，得225，作为半幂。用小斜长度

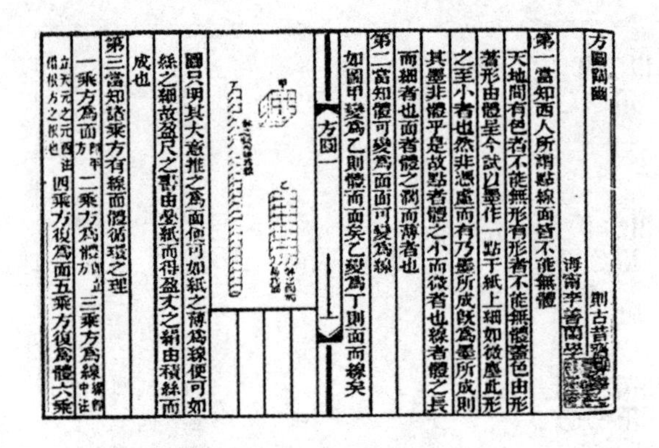
方圓闡幽　則古昔齋算學

海寧李善蘭學

第一當知西人所謂點線面皆不能無體

天地間有色者不能無形有形者不能無體蓋色由形著形由體是今試以墨作一點于紙上細如微塵此形之至小者也然非憑虛而有乃墨所成既為墨所成則其墨非體乎是故點者體之小而微者也線者體之長而細者也面者體之濶而薄者也

第二當知體可變為面面可變為線

如圖甲變為乙則體而面矣乙變為丁則面而線矣

方圖一

圖只明其大意推之為面便可如紙之薄為線便可如絲之細故盈尺之書由疊紙而得盈丈之綃由積絲而成也

第三當知諸乘方有線面體循環之理

一乘方為面　二乘方為體　三乘方為線

四乘方復為面五乘方復為體六乘

□ **《方圆阐幽》书影 李善兰 清代**

《方圆阐幽》为清代李善兰的数学著作。其内容是关于幂级数展开式方面的研究。书中提出“尖锥术”，并把“尖锥术”用于对数函数的幂级数展开；用求诸尖锥之和的方法来解决各种数学问题。

25步求平方，得625，作为小斜幂，和半幂相减，得到400，再和半幂225相乘，得90000步，作为小率。用大斜长度39步求平方，得1521，作为大斜幂，和半幂225相减，得1296，再和半幂225相乘，得291600，作为大率。用大率和小率相减，得201600，求平方，得40642560000，作为实数。

用小率90000，加上大率291600，得381600，乘2，得763200，作为从上廉。用-1作为益隅，用翻法开玲珑三乘方。移位方法是用从廉向前移动2位，益隅移动4位，议取初商为10。再将廉向前进2位、隅向前进4位，将商进为100，相应地廉也变为7632000000。此时益隅是1亿，去约实数，再取商为写在百位之上的8，作为定商。用商乘益隅，得到8亿，作为益下廉。再用商乘下廉，得到64亿，作为益上廉。和从上廉7632000000相减，得到1232000000。再和商相乘，得到9856000000，作为从方。再和商相乘，得到78848000000，作为正积。

正积和原来的实数40642560000相减，得到38205440000，作为正实数。再用益隅1亿和商相乘，得到8亿，加入益下廉，得到16亿。再用益下廉和商相乘，得128亿，作为益上廉。用益上廉和从上廉1232000000相减，得11568000000，作为益上廉。再和商相乘，得到92544000000，作为益方。和从方9856000000相减，得82688000000，作为益方。再用商和益隅1亿相乘，得到8亿，加入益下廉，得到24亿。再和商相乘，得192亿，加入益上廉，得30768000000，作为益上廉。再用商和益隅1亿相乘，得8亿，加入益下廉，得到32亿，这一阶段计算完毕。

将益方退一位，得到8268800000。益上廉退两位，得307680000。益下廉退三位，得3200000。益隅退四位，得到10000。退位完毕，然后约正实数。议商的十位为4，和益隅10000相乘，得到40000。加入益下廉得3240000。再和商相乘，得12960000，加入益上廉，得到320640000。再和商相乘，得到1282560000。加入从方，得到9551360000。然后用商十位上的4去除正实数，恰好除尽。这时完整的商840步就是所求的田地面积。

现在将开玲珑翻法三乘方的算图附在后面。（算图为古代算筹演示，此处略）

开玲珑翻法三乘方的计算方法：商总是正数，实数总是负数。从系数为正数，益系数为负数。

术解

半幂=（30÷2）^{2}=225；

小率=（25^2−225）×225=90000；

大率=（39^2−225）×225=291600；

实=（291600−90000）^{2}=40642560000；

从上廉=（291600+90000）×2=763200；

益隅=−1。

求田地面积x，就是解一元四次方程：

$-x^4+763200x^2=40642560000$。

三斜求积

原文

问：沙田一段，有三斜，其小斜一十三里，中斜一十四里，大斜一十五里，里法三百步，欲知为田几何。

答曰：田积三百一十五顷。

译文

问：有一块三角形的沙田，最短边13里，中等长度的边14里，最长的边15里，1里为300步，求这块田的面积。

答：田地面积315顷。

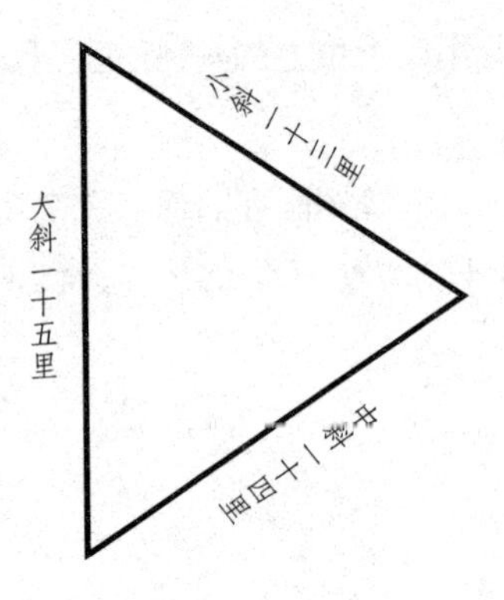

原文

术曰：

以少广求之。以小斜幂并大斜幂，减中斜幂，余半之，自乘于上。以小斜幂乘大斜幂，减上，余四约之，为实。一为从隅，开平方，得积。

译文

本题计算方法如下：

用《九章算术·少广》的方法去求解。用小斜幂和大斜幂相加，减去中斜幂，得数除以2，求平方，写在上方。用小斜幂乘大斜幂，减去上方的数，得数除以4，得到实数。以正1为隅数，进行开平方计算，得到田地面积。

译解

实$=\{$小斜$^2\times$大斜$^2-[($小斜$^2+$大斜$^2-$中斜$^2)\div 2]^2\}\div 4$。

原文

草曰：

以小斜一十三里自乘，得一百六十九里，为小斜幂。以大斜一十五里自乘，得二百二十五里，为大斜幂。并小斜幂，得三百九十四里，于上。以中斜一十四里自乘，得一百九十六里，为中斜幂。减上，余一百九十八里。以半之，得九十九里，自乘得九千八百一里于上。以小斜幂一百六十九，乘大斜幂二百二十五，得三万八千二十五。减上，余二万八千二百二十四，以四约之，得七千五十六里，为实。

以一为隅，开平方。以隅超步，为一百。乃于实上[1]商置八十，以商生隅，得八百，为从方。乃命上商，除实，余六百五十六。又以商生隅，入方，得数，退一位，为一百六十。隅退二位，为一。乃于实上续商四里，生隅，入从方内，得一百六十四。乃命续商，除实，适尽，所得八十四里，为田积。

其形长八十四里，广一里，以里法三百步自乘，得九万步[2]。乘八十四里，得七百五十六万步。以亩法二百四十除之，得三万一千五百亩。又以顷法一百亩约之，得三百一十五顷。

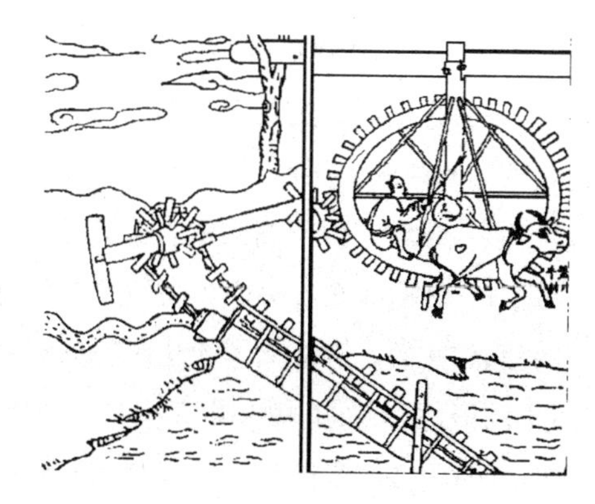

□ **水车灌溉**

古代灌溉农田，用的是木制的汲水装置——龙骨水车，亦称“踏车”。清蒋炯《踏车曲》：“以人运车车运辐，一辐上起一辐伏。辐辐翻水如泻玉。大车二丈四，小车一丈六。小以手运大以足，足心车柱两相逐。左足才过右足续，踏水浑如在平陆。高田低田足灌沃。不惜车劳人力尽，但愿秋成获嘉谷。”

注释

〔1〕实上：古代计算是用纵向排列的算筹图，所以“实上”指的是在实数的上方对应的位数写商。

〔2〕步：这里的“步”实际应当是“平方步”，本书中不区分这两个单位，译文保留原书用法，下文有多处这类用法。

译文

本题演算过程如下：

用短边长度13里求平方，得169里，作为小斜幂。用长边15里求平方，得225里，作为大斜幂。大小斜幂相加，得394里，写在上方。用中边14里求平方，得196里，作为中斜幂。和上面的得数相减，得到198里，除以2，得99里，求平方，得981里，写在上方。用小斜幂169乘大斜幂225，得38025，减去上面的得数，得到28224，用4去约，得7056里，作为实数。

用1作为隅，进行开平方运算。用隅向前进两位，得到100。在实数的上面写上试取的商80。用商十位上的8乘隅，得到800，作为从方。用上面的商除实数，得到余数656。再用商乘隅，加入方，得到1600，退一位得到160。将隅退两位，得到1。然后在实数上面再写商的个位4里，乘隅，加入从方，得到164。用第二次的商4除实数，恰好除尽。这时的商84就是所求田地面积。相当于一块长84里、宽1里的田地，用1里=300步去换算，得到单位面积为90000步，乘84里得到7560000步。用1亩=240步换算，得到31500亩。再用1顷=100亩去约，得到315顷。

术解

实$=\{13^2\times15^2-[(13^2+15^2-14^2)\div2]^2\}\div4=7056$。

求田地面积x即是解一元二次方程：

$x^2=7056$。

斜荡求积

原文

问：有荡[1]一所，正北阔一十七里，自南尖穿径中长二十四里，东南斜二十里，东北斜一十五里，西斜二十六里。欲知亩积几何。

答曰：荡积一千九百一十一顷六十亩。

注释

〔1〕荡：浅水湖。

译文

问：有一片浅水湖，正北方的边宽17里，从南方的顶点穿过整片湖到北边的“中长”为24里，东南方的边长20里，东北方的边长15里，西方的边长26里。求这片湖的面积有多少亩。

答：湖的面积为1911顷60亩。

原文

术曰：

以少广求之。置中长，乘北阔，半之为寄。以中长幂减西斜幂，余为实。以一为隅，开平方，得数，减北阔，余自乘，并中长幂，共为内率。以小斜幂，并率，减中斜幂，余半之，自乘于上。以小斜幂乘率，减上，余四约之，为实。以一为隅，开平方得数，加寄，共为荡积。

译文

本题计算方法如下：

用《九章算术·少广》的方法去求解。用中长乘北边长，除以2，作为寄数。用中长的平方减西边的平方，得数作为实数。用1作为隅，开平方，得数和北边长相减，得到的差求平方，再加上中长的平方，得到的和作为内率。用东北小边的平方，加上内率，减东南中边的平方，得数除以2，求平方，得数写到上边。用小边平方乘内率，减去上面的得数，再用4约，得到实数。用1作为隅，开平方的结果加上奇数，得到湖的面积。

译解

AB=东南斜=20（里）；

BC=东北斜=15（里）；

CD=正北阔=17（里）；

AD=西斜=26（里）；

AE=中长=24（里）。

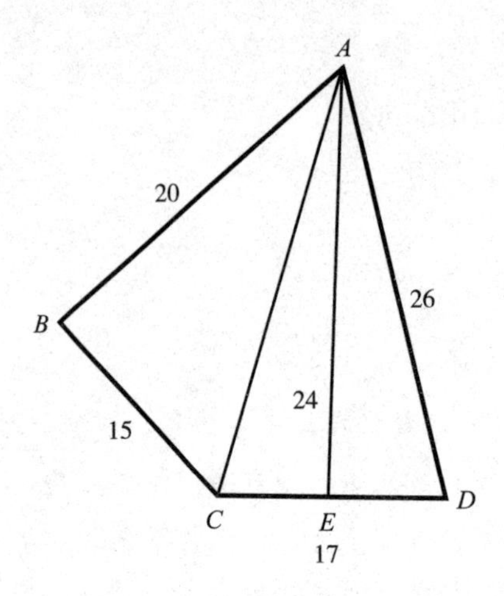

原文

草曰：

以中长二十四里，乘北阔一十七里，得四百八。乃半之，得二百四里，为寄。以中长自乘，得五百七十六，为长幂。以西斜二十六里自乘，得六百七十六，为大幂。以减长幂，余一百里，为实。开平方，得一十里。以减北阔数一十七里，余七里，自乘得四十九。并长幂五百七十六，得六百二十五，为内率。

次置东小斜一十五里自乘，得二百二十五，为小斜幂。又置东南中斜二十里自乘，得四百，为中幂。却以小斜幂并率，得八百五十，以减中幂四百，余四百五十，乃半之，得二百二十五。自乘，得五万六百二十五里于上。又以小斜幂二百二十五，乘率六百二十五，得一十四万六百二十五。减上，余九万里，以四约，得二万二千五百，为实。开平方，得一百五十，并寄二百四里，得三百五十四里，为泛。以里法三百六十自乘，得一十二万九千六百步，乘泛，得四千五百八十七万八千四百步。以亩法二百四十步约之，得一千九百一十一顷六十亩。为荡积。

译文

本题演算过程如下：

用中长24里乘北边17里，得到408，除以2，得204里，作为寄数。用中长边求平方，得到576，作为长幂。用西边26里求平方，得到676，作为大幂，和长幂相减，得到100里，作为实数，开平方，得10里，和北边17里相减，得7里，求平方得49。加上长幂576，得到625，作为内率。

然后用东北小边15里求平方，得225，作为小斜幂。再用东南中边20里求平方，得400，作为中幂。再用小斜幂加上内率，得到850，减去中幂400，得450，除以2，得225。求平方，得50625，写在上方。再用小斜幂225乘内率625，得140625。和上面的得数相减，得90000里，除以4，得22500，作为实数。开平方，得到150，加上寄数204里，得到354里，作为泛数。用1里=360步求平方，得到129600步，乘以泛数，得到45878400步。用1亩=240步去约，得到1911顷60亩。就是所求的湖面积。

术解

$\triangle ACD$面积$S_1=24\times17\div2=204$。

内率=$(17-\sqrt{26^2-24^2})^2+576=625$。

实=$\{15^2\times625-[(15^2+625-20^2)\div2]^2\}\div4=22500$。

隅=1。

求$\triangle ABC$面积S_2需要解一元二次方程：

$S_2^2=22500$；

$S_2=150$。

总面积$S=S_1+S_2=354$平方里。

计地容民

原文

问：沙洲一段，形如棹刀[1]，广一千九百二十步，纵三千六百步，大斜二千五百步，小斜一千八百二十步，以安集流民，每户给一十五亩，欲知地积、容民几何。

答曰：地积一百四十九顷九十五亩。容民九百九十九户。余地一十亩。

注释

〔1〕棹刀：形状像刀的船桨。

译文

问：有一段沙洲，形状好像船桨。宽1920步，长3600步，大斜边2500步，小斜边1820步。用来安置流民，每户分给15亩地。求这块地的总面积，以及能够容纳多少户流民。

答：总面积149顷95亩，能够容纳999户流民，剩余10亩地。

原文

术曰：

以少广求之。置广，乘长，半之，为寄。以广幂并纵幂，为中幂。以小斜幂并中幂，减大斜幂，余半之，自乘于上。以小斜幂乘中幂，减上，余以四约之，为实。以一为隅开平方，得数加寄，共为积。以每户给数，除积，得容民户数。

译文

本题计算方法如下：

用《九章算术·少广》的方法去求解。用宽乘长，除以2，作为寄数。用宽的平方加上长的平方，作为中幂。用小斜边平方加上中幂，减去大斜边平方，得数除以2，求平方，写在上方。用小斜边平方乘中幂，和上面的得数相减，结果用4去约，得到实数。用1作为隅开平方，得数加上奇数，就是沙洲的面积。用每户分到的面积去除总面积，得到能够容纳的流民户数。

译解

AB=大斜=2500（步）；

BC=小斜=1820（步）；

CD=广=1920（步）；

AD=纵=3600（步）。

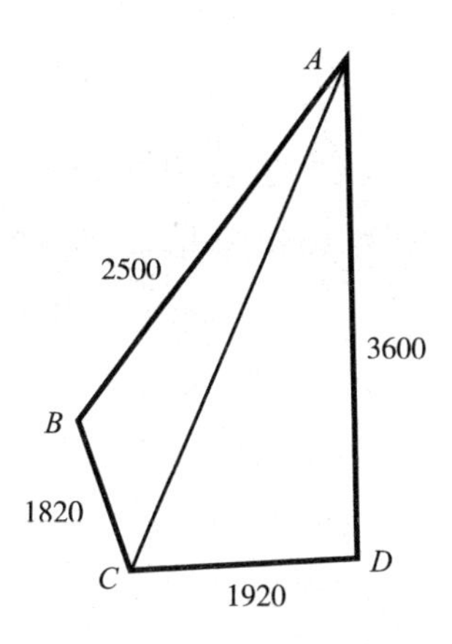

原文

草曰：

置广一千九百二十步，乘纵三千六百步，得六百九十一万二千步。乃半之，得三百四十五万六千步，为寄。以广自乘，得三百六十八万六千四百步，为广幂。又以纵自乘，得一千二百九十六万步，为纵幂。并广幂，得一千六百六十四万六千四百步，为中幂。次以小斜一千八百二十步自乘，得三百三十一万二千四百步，为小斜幂。又以大斜二千五百步自乘，得六百二十五万步，为大斜幂。却以小斜幂并中幂，得一千九百九十五万八千八百步。以大斜幂减之，余一千三百七十万八千八百步，乃半之，得六百八十五万四千四百步。自乘，得四十六万九千八百二十七亿九千九百三十六万步于上。次以小斜幂乘中幂，得五十五万一千三百九十五亿三千五百三十六万步。减上，余八万一千五百六十七亿三千六百万，为实。以四约之，得二万三百九十一亿八千四百万，为实。

以一为隅，开平方，得一十四万二千八百步，并寄三百四十五万六千步，共得三百五十九万八千八百步。以亩法二百四十步除之，得一万四千九百九十五亩。次以顷法一百亩约之，为一百四十九顷九十五亩，为地积。又为实。以每户所给一十五亩为法，除实，得九百九十九户。不尽一十亩，不及一户所给数，以为余地一十亩。

译文

本题演算过程如下：

用宽度1920步乘长度3600步，得到6912000步。除以2，得到3456000步，作为寄数。用宽度求平方，得到3686400步，作为广幂。再用长度求平方，得到12960000步，作为纵幂。加上广幂，得16646400步，作为中幂。然后用短边1820步求平方，得到3312400步，作为小斜幂。再用长边2500步求平方，得到6250000步，作为大斜幂。用小斜幂加上中幂，得到19958800步，和大斜幂相减，得13708800步，除以2，得6854400步。求平方，得46982735360000步，写在上方。再用小斜幂乘中幂，得到55139535360000步，和上面的得数相减，得到8156736000000，作为实数。用4去约，得到2039184000000，作为实数。

用1作为隅数，开平方，得到142800步[1]，加上奇数3456000步，得到3598800步。用1亩=240平方步去除，得到14995亩。再用1顷=100亩去约，得到149顷95亩，就是所求的沙洲面积。又将其作为被除数，用每户分到的15亩作为除数去除，得到999户。余下10亩，不够一户需分到的面积，就是剩余的土地。

注释

〔1〕此处开方后得数应为1428000，“译文”暂且依据原文翻译，正确计算及答案见术解。

术解

$\triangle ACD$面积$S_1=1920\times3600\div2=3456000$。

实$=\{1820^2\times(1920^2+3600^2)-[(1820^2+1920^2+3600^2-2500^2)\div2]^2\}\div4=2039184000000$。

隅=1。

求$\triangle ABC$面积S_2需要解一元二次方程：

$x^2=2039184000000$。

x=1428000（步）。

总面积$S=S_1+S_2$=3456000+1428000=4884000（平方步）=20350（亩）。

户数=20350÷15≈1356，余10亩。

蕉田求积

原文

问：蕉叶田[1]一段，中长五百七十六步，中广三十四步，不知其周，求积亩合几何。

答曰：田积四十五亩一角[2]十一步六万三千七十分步之五千二百一十三。

注释

〔1〕蕉叶田：蕉叶形状的田地，两头尖，两边弧形。

〔2〕角：面积单位。1角=60平方步。

译文

问：有一段形状如同蕉叶的田地，长576步，宽34步，周长不清楚。求这块田地的面积多少亩。

答：田地面积45亩1角11$\frac{5213}{63070}$（平方）步。

原文

术曰：

以长并广，再[1]自乘，又十乘之，为实。半广半长各自乘，所得相减，余为从方。一为从隅，开平方，半之，得积。

注释

〔1〕再：两次。

译文

本题计算方法如下：

用长和宽相加，两次自乘，再乘以10，得到实数。用长和宽的一半各自求平方，得数相减，得到从方。用1作为从隅，开平方，除以2，得到面积。

译解

AB=中广=34；

CD=中长=576。

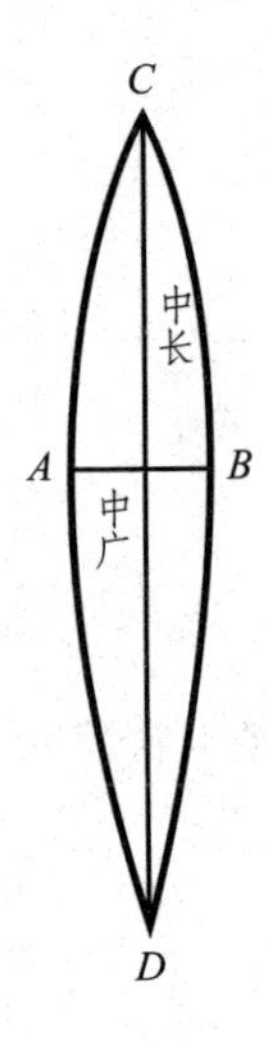

原文

草曰：

以长五百七十六步，并广三十四步，得六百一十。以两度自乘，得二亿二千六百九十八万一千步。进一位，即是以十乘之，得二十二亿六千九百八十一万步。定得此数以为实。置长五百七十六，以半之，得二百八十八，自乘得八万二千九百四十四于上。又置广三十四步，以半之，得一十七。自乘，得二百八十九。减上，余八万二千六百五十五，为从方。以一为从隅，开平方，得二万一千七百四十二步。不尽一万四百二十六步。以商生隅，入方，又并隅算，共得一十二万六千一百四十，为母。与不尽及开方田积数，皆半之，田积定得一万八百七十一步六万三千七十分步之五千二百一十三。以亩法二百四十约之，得四十五亩一角一十一步六万三千七十分之五千二百一十三。

译文

本题演算过程如下：

用长576步和宽34步相加，得到610步。两次自乘，得到226981000步。向前进一位，也就是乘以10，得到2269810000步。这个数字就是确定的实数。用长576除以2，得到288，求平方得到82944，写在上方。再用宽34步，除以2，得到17。求平方，得到289。和上方的得数相减，得82655，作为从方。用1作为从隅，开平方，得到21742步。余数10426步。用商和隅相乘，加入从方，再加上隅，得到126140，作为分母。将分母、余数，以及开方得到的田地面积的整数部分，都除以2。田地总面积最终得数为$10871\frac{5213}{63070}$步。用1亩=240步去除，得到45亩1角$11\frac{5213}{63070}$平方步。

术解

实=（576+34）^{3}×10=2269810000。

从方=（576÷2）^{2}–（34÷2）^{2}=82655。

隅=1。

解一元二次方程：$x^2+82655x=2269810000$，得$x\approx21742.1653$。

田地面积=$x\div2\approx10871.0827$（步）。

均分梯田

原文

问：户业田一段，若梯之状，南广[1]小三十四步，北广大五十二步，正长[2]

一百五十步。合系兄弟三人，均分其田，边道各欲出入。其地难分，经官乞分定，南甲、乙，北丙。欲知其田共积，各人合得田数，及各段正长、大小广几何。

答：田共积二十六亩二百一十步。

甲得八亩三角五十步。小广三十四步，系元南广。大广四十步五万八千七百九分步之五万二千二百八十四，大约百分之八十九分。正长五十七步二千四十五分步之八百五十三。大约一百分步之四十一分。

乙得八亩三角五十步。小广，同甲大广。大广四十六步八万四千八百二十六亿八千九百五十七万二千六百五十一分步之六万五千八百七十亿五千四百八十二万五千二百八十三。计大率约百分之七十七分半强。正长四十九步四亿一千二百四十万六千三百九分之二千二十七万六千三百一十九，大约百分步之四分九厘。

丙得八亩三角五十步。小广，同乙大广。大广五十二步，系元北广。正长四十三步八千四百三十三亿七千九十万一千九百五分之四千四百八十八亿八千六百二万七千四十六。大约百分步之五十三分强。

注释

〔1〕广：梯形的上、下底。

〔2〕正长：正面的长边，因田地是直角梯形，所以“正长”即是该梯形的高。

译文

问：有一户人家耕作的田地是梯形。南面的短边34步，北面的长边52步，高150步。现在有兄弟三人，平均分配这块田，各边留给进出用。这块地难以分配，经过官府分割确定，甲、乙分到南面，丙分到北面。求田地总面积，每人分到的面积，以及所分到每块地的高和长、短边各是多少。

答：田地总面积26亩210步。

甲分到8亩3角50步。短边34步，是最南端的边。长边$40\frac{52284}{58709}$步，约$40\frac{89}{100}$步。高$57\frac{853}{2045}$步，约$57\frac{41}{100}$步。

乙分到8亩3角50步。短边和甲长边相同。长边$46\frac{6587454825283}{8482689572651}$步，约

$46\frac{77.5}{100}$步多。高$49\frac{20276319}{412406309}$步，约$49\frac{43.9}{100}$步。

丙分到8亩3角50步。短边和乙长边相同。长边52步，是最北边。高$43\frac{448886027046}{843370901905}$步，约$43\frac{53}{100}$步多。

原文

术曰：

以少广及从法[1]求之。并两广，乘长，得数。以分田人数约之，为通率。半之，为各积。以长乘各积，为共实。以长乘南广，为甲从方。二广差，半之，为共隅。开连枝平方，得甲截长[2]。以甲长除通率，得数，减小广，余为甲广。即为乙小广。以元长乘乙小广，为乙从方。置共隅共实，开连枝平方得乙截长。以乙长除通率，得数，减乙小广，余为乙大广，即为丙小广。并甲、乙长，减元长。余为丙长。以元大广为丙大广。各有分者通之。

注释

〔1〕从法：解带从二次方程的方法。从：二次方程中一次项的系数。

〔2〕截长：甲田地的高，因为是整个梯形高的一段，所以称“截长”。

译文

本题计算方法如下：

用《九章算术·少广》的方法和“从法”去求解。将两边相加，乘以高，作为得数。用分田的人数去约，得到通率。除以2，得到积。乘以高，得到后面方程共用的实数。用高乘短边，得到甲方程的从方。两条边的差再除以2，得到方程共用的隅数。开连枝平方，得到甲的高。用甲高除通率，减去短边，得到甲的长边，也就是乙的短边。用整个梯形的高乘乙的短边，得到乙方程的从方。已知余数和实数，开连枝平方就得到乙的高。用乙高除通率，再减去乙的短边，得到乙的长边，也就是丙的短边。将甲、乙的高相加，从整个梯形的高中减去，得到丙的高。整个梯形的长边就是丙的长边。其中的带分数都化作假分数。

译解

AB=南广=甲田地短边=34（步）；

GH=北广=丙田地长边=52（步）；

$h=h_1+h_2+h_3=150$（步）。

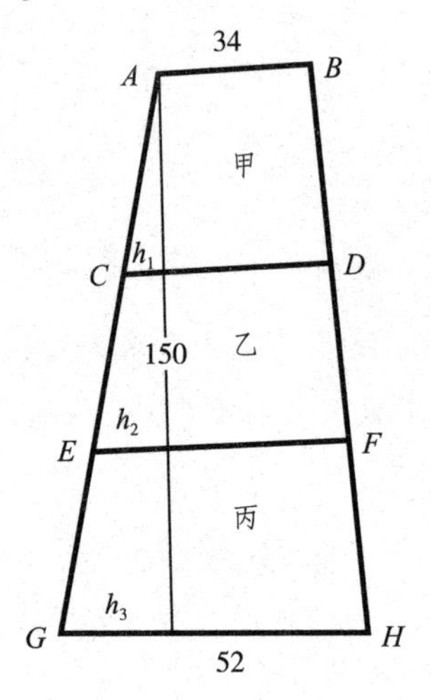

原文

草曰：

置小广三十四，并大广五十二，得八十六。乘长一百五十，得一万二千九百，为实。以兄弟三人约之，得四千三百，为通率。半之，得二千一百五十，为各积。以亩法二百四十步约之，得八亩。不尽二百三十步，以角法六十步约之，得三角五十步，是三人各得八亩三角五十步。

以元长一百五十步，乘各积二千一百五十，得三十二万二千五百，为共实。以长一百五十，乘小广三十四，得五千一百为甲从方。以小广减大广余一十八，乃半之，得九，为共隅。开连枝平方，开方草，更不繁具。得五十七步，不尽三，约为二千四十五分步之八百五十三，为甲截长。乃以分母二千四十五通全步，内子，共得一十一万七千四百一十八，为法。又以分母乘通率四千三百，得八百七十九万三千五百，为实。以法除之，得七十四步。不尽一十万四千五百六十八，与法求等，得二。俱约之，为五万八千七百九分步之五万二千二百八十四。乃以小广三十四步，与所得全步七十四步内减之，余四十步五万八千七百九分步之五万二千二百八十四，为甲大广，即为乙小广。

译文

本题演算过程如下：

用短边34加上长边52，得到86。乘以高150，得到12900，作为实数。除以人数3，得到4300，作为通率。除以2，得到2150，就是每人分得田地面积。用1亩=240步去约，得到8亩，余数230步，用1角=60步去除，得到3角50步。也就是每人分到8亩3角50步。

用整个梯形的高150步，乘积2150，得322500，作为后面方程共同的实数。用高150，乘以短边34，得5100作为甲方程的从方。用短边和长边相减得18，除以2，得9，作为后面方程共同的隅数。解二次方程，详细过程不具列。得到57步，余数3，化作分数是 $\frac{853}{2045}$ ，就是甲田地的高。用分母2045，将整个带分数化作假分数，分子是117418，作为除数。用分母乘通率4300，得到8793500，作为被除数。用除数去约，得74步。余数104568，和除数求公约数，得到2，通分为 $\frac{52284}{58709}$ 。用全长74步减去短边34，加上分数部分，得到40 $\frac{52284}{58709}$ 步，就是甲田地长边的长度，也就是乙短边的长度。

术解

每人分得田地面积S=（34+52）×150÷2÷3=2150（平方步）。

共实=150×2150=32250。

甲从方=150×34=5100。

共隅=（52−34）÷2=9。

求甲田地高h_1的一元二次方程：

$9h_1^2+5100h_1=322500$。

$h_1\approx57.41$（步）。

甲田长边=乙田短边=$CD=2S\div57.41-34\approx40.89$（步）。

原文

今次求乙长，乃以分母五万八千七百九，通乙小广四十步，得二百三十四万八千三百六十，内子五万二千二百八十四，得二百四十万六百四十四。又元长一百五十乘之，得三亿六千九万六千六百，为乙从方。又以分母五万八千七百九，通共实三十二万二千五百，得一百八十九亿三千三百六十五万二千五百，为乙实。又以分母通共隅九，得五十二万八千三百八十一，为乙从隅。开连枝平方，更不立草。得四十九步，不尽二千二十七万六千三百一十九。隅并方，得共四亿一千二百四十万六千三百九，为母。与不尽求等，单一不可约。乃定为四十九步四亿一千二百四十万六千三百九分之二千二十七万六千三百一十九，为乙截长。

以乙长母通全步，内子，得二百二亿二千八百一十八万五千四百六十，为法。以乙长步下，母四亿一千二百四十万六千三百九，乘通率四千三百，得一万一千七百三十三亿四千七百一十二万八千七百，为实。以法除之，得八十七步。不尽一百三十四亿九千四百九十九万三千六百八十，与法求等，得一百四十。俱约之，为八十七步一亿四千四百四十八万七千三十九分步之九千六百三十九万二千八百一十二。为得数。乃以乙小广母五万八千七百九，乘得数子九千六百三十九万二千八百一十二，得五万六千五百九十一亿二千五百五十九万九千七百八，为泛。却以得数母一亿四千四百四十八万七千三十九分，乘乙小广子五万二千二百八十四，得七万五千五百四十三亿六千三十四万七千七十六，以为寄数于上。乃以小广母五万八千七百九，乘得数母一亿四千四百四十八万七千三十九，得八万四千八百二十六亿八千九百五十七万二千六百五十一，以寄减泛。今不及减，乃破全步一为分，并泛，得八十六步十四万一千四百一十八亿一千五百一十七万二千三百五十九。减去小广四十步及分，余四十六步八万四千八百二十六亿八千九百五十七万二千六百五十一分步之六万五千八百七十四亿五千四百八十二万五千二百八十三，为乙大广，亦丙小广。

译文

然后求乙的高。用分母58709，乘乙的短边40步，得到2348360，加上分子52284，得到2400644。用整个梯形的高150去乘，得到360096600，作为乙方程的从方。再用分母58709，乘共同的实数322500，得到18933652500，是乙的实数。再用分母乘共同的隅数9，得到528381，是乙的隅数。解二次方程，过程不具列。得到49步，余数20276319。用隅数和从方得到分母412406309。和余数部分求公约数，得到1，不能约。于是得数为49 $\frac{20276319}{412406309}$ 步，是乙的高。

用乙高的分母将整个分数化作带分数，得到20228185460，作为除数。用乙高的分母412406309，乘通率4300，得到1173347128700，作为被除数，用除数去除得到87步。余数13494993680，和除数求公约数，得到140，约分成87 $\frac{96392812}{144487039}$，就是得数。用乙的短边分母58709，乘分子96392812，得到5659125599708，作为泛数。用得数的分母144487039，乘乙的短边分子52284，得到7554360347076，作为寄数，写在上方。用短边分母58709，乘得数的分母144487039，得到8482689572651。用泛数减去寄数，不够减，就用整数部分拿出1步化为分，加上泛数，得到86步14141815172359，减去短边40步和零余的分，得到46 $\frac{6587454825283}{8482689572651}$，是乙的长边，也是丙的短边。

术解

乙从方=150×CD≈6133.6。

求乙田地高h_2的一元二次方程为：

$$9h_2^2+6133.6h_2=322500。$$

$$h_2\approx49.049（步）。$$

乙田地长边=丙田地短边=EF=$2S$÷49.049−40.89≈46.775（步）。

原文

求丙长。置甲长五十七步二千四十五分步之八百五十六[1]，乙长四十九步四亿一千二百四十万六千三百九分步之二千二十七万六千三百一十九。以甲乙分母互乘子，甲乙分母相乘，得甲正长五十七步八千四百三十三亿七千九十万一千九百五分步之三千五百三十亿一千九百八十万五百四。乙正长四十九步八千四百三十三亿七千九十万一千九百五分步之四百一十四亿六千五百七万二千三百五十五。并甲乙长及分，共长一百六步三千九百四十四亿八千四百八十七万二千八百五十九分。用减元长一百五十步，先破一步，通分母，作八千四百三十三亿七千九十万一千九百五，减去甲乙共长，余四十三步八千四百三十三亿七千九十万一千九百五分步之四千四百八十八亿八千六百二万九千四十六。为丙正长。

注释

〔1〕这里甲的高度有误，应为57 $\frac{853}{2045}$ 步，但化作小数后对计算结果没有影响。

译文

求丙的高。已知甲高57 $\frac{856}{2045}$，乙高49 $\frac{20276319}{412406309}$。用甲、乙分母和分子互乘，得到甲高为57 $\frac{353019800540}{843370901905}$，乙高为49 $\frac{41465072355}{843370901905}$。将甲和乙的高及其零余部分相加，得到106步394484872859分。用整个梯形的高150步去减，先拿出1步，化作分子，得到843370901905，减去甲、乙高的和，得到43 $\frac{448886027046}{843370901905}$，就是丙的高。

术解

丙田地高$h_3=h-h_1-h_2=150-57.41-49.049\approx 43.5$（步）。

卷六

漂田推积

原文

问：三斜田，被水冲去一隅[1]，而成四不等直田[2]之状。元中斜[3]一十六步，如多长。水直五步，如少阔。残小斜一十三步，如弦。残大斜二十步，如元中斜之弦。横量径一十二步，如残田之广，又如元中斜之勾，亦是水直之股。欲求元积、残积、水积、元大斜、元中斜[4]、二水斜各几何？

答曰：元积一百三十八步一十一分步之八[5]。

水积一十二步一十一分步之八[6]。

残积一百二十六步。

元大斜二十九步一十一分步之一。

元中斜一十八步一十一分步之一十。

水大斜九步一十一分步之一。

水小斜五步一十一分之一。

注释

〔1〕隅：角，角落。

〔2〕直田：指田地有两边是平行的，即梯形。

〔3〕〔4〕此处应当是“元小斜”。

〔5〕〔6〕本题答案有误。此处依照原文翻译，正确答案见后文。

译文

问：有一块三角形的田地，被水冲掉了一角，变成了四边都不相等的梯形。原先三角形的中斜边（应为“小斜边”）长16步，成为梯形的下底。水冲积出的边长5步，是梯形上底。三角形小斜边残留13步，是梯形的短腰。三角形大斜边残留20步，是梯形的长腰。横宽12步，是梯形的高，和下底、上底分别构成两个直角三角形。求田地本来的面积，残留的面积，水冲掉部分的面积，本来三角形的大斜边、中斜边，被水冲掉的三角形的两条边，各是多少。

答：本来面积138$\frac{8}{11}$步，水冲掉的面积12$\frac{8}{11}$步，残留面积126步。原三角形大斜边29$\frac{1}{11}$步，中斜边18$\frac{10}{11}$步。被水冲掉的三角形大斜边9$\frac{1}{11}$步，中斜边5$\frac{1}{11}$步。

原文

术曰：

以少广求之，连枝入之，又勾股入之。置水直减中斜，余为法。以中斜乘大残，为大斜实。以法除实，得元大斜。以残大斜减之，余为水大斜。以法乘径，又自之，为小斜隅。以水直幂并径幂为弦幂。又乘径幂，又乘中斜幂，为小斜实。与隅可约，约之。开连枝平方，得元小斜。以残小斜减之，余为水小斜。以水直乘之，为水实。倍水小母为法，除之，得水积。以水直并中斜，乘径，为实。以二为法。除之，得残积。以残积并水积共为元积。有分者通之，重有者重通之。

译文

本题计算方法如下：

用《九章算术·少广》的方法求解，用解二次方程的方法和勾股法计算。用梯形上下底相减，得数作为除数。用下底乘长腰，得到被除数。相除得到原三角形大斜边。和长腰相减，得到冲掉的三角形大斜边。用除数乘高，求平方，得到求小斜方程的隅数。用上底平方加高的平方，得到弦幂。用弦幂和高的平方、下底的平方相乘，得到求小斜方程的实数。实数和隅数可以求公约数，再化约。求解二次方程，得到原三角形短边长，即元小斜（应为“元中斜”）。减去梯形短腰，得到被水冲掉部分的短边长，即水小斜（应为“水中斜”）。和上底相乘，得到被除数。用水小斜分母乘2，去除被除数，得到被水冲掉的面积。计算过程中，如果有带分数，要化成假分数，如果被除数、除数都是分数，要先通分。

译解

AB=元小斜=16（步）；

CD=水直=5（步）；

BD=残小斜=13（步）；

AC=残大斜=20（步）；

BC=横量径=12（步）；

△CDE是被水冲去的部分。

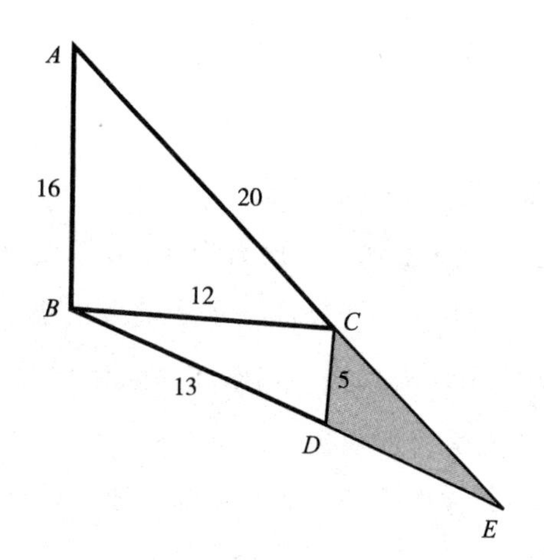

原文

草曰：

以水直五减中斜一十六，余一十一，为法。以中斜一十六乘大残二十，得三百二十，为大斜实。以法除之，得二十九步一十一分步之一，为元大斜。内减残大斜二十步，余九步一十一分步之一，为水大斜。以法一十一乘径一十二，得一百三十二。自之，得一万七千四百二十四，为小斜隅。以水直五自乘，得二十五，为水直幂。以径一十二自之，得一百四十四，为径幂。并水直幂，得一百六十九，为弦幂。以乘径幂一百四十四，得二万四千三百三十六于上。又以中斜一十六自乘，得二百五十六，为中斜幂。以乘上，得六百二十三万一十六，为小斜实，开平方，与隅求等，得一百四十四。俱约之，实得四万三千二百六十四，隅得一百二十一。开方，不尽以连枝术入之。用隅一百二十一乘实四万三千二百六十四，得五百二十三万四千九百四十四，为定实。以一为定，开平方，得二千二百八十八，为实。以约隅一百二十一，除之，得一十八步。不尽一百一十，与法一百二十一，俱以一十一约之，得一十一分步之十，为元小斜。减残小斜一十三步，余五步一十一分步之十，为水小斜。置水小斜通步内子，得六十五。以水直五步乘之，得三百二十五，为水实。倍水小母一十一，得二十二，为法。除之，得一十四步。不尽一十七，以法命之，得一十四步二十二分步之一十七，为水积。置中斜一十六，并水直五，得二十一。乘径一十二，得二百五十二。以半之，得一百二十六，为残积。以并水积，共得一百四十步二十二分步之一十七，为元积。

译文

本题演算过程如下：

用梯形上底5和下底16相减得11，作为除数。用下底16乘长腰20，得320，作为被除数。相除得到$29\frac{1}{11}$步，是原三角形的大斜边。减去长腰20步，得$9\frac{1}{11}$步，是水冲掉的三角形大斜边。用刚才的除数11乘高12，得132。求平方，得17424，是求小斜方程的隅数。用上底5求平方，得25，称作水直幂。用高12求平方，得144，称作径幂，和水直幂相加，得169，称作弦幂。用弦幂乘径幂144，得24336，写在上方。再用下底16求平方，得256，称作中斜幂（应为“小斜幂”），乘上面的得数，得到6230016，作为求小斜的方程的实数，用于解二次方程。实数和隅数求公约数，得到144，都进行化约。实数为43264，隅数为121。解方程，余数用开连枝平方的方法去计算。用隅数121乘实数43264，得5234944，作为待开方的被除数。开平方，得到2288，作为被除数。用隅数121去除，得到18步。余数110，和除数121，都用11去约，得到$\frac{10}{11}$，加上整数部分得$18\frac{10}{11}$，就是要求的原三角形小斜边，即元小斜（应为“元中斜”）。减去梯形短腰13步，得到$5\frac{10}{11}$，就是被水冲掉的三角形短边长，即水小斜（应为“水中斜”）。化为假分数，得到分子65，乘上底5步，得325，作为被除数。将水小斜分母11乘以2，得22，作为除数。相除得到14步，余数17，和除数一起化作分数，得到$14\frac{17}{22}$步，就是被水冲掉的面积。用下底16和上底5相加，得到21，乘高12，得252，除以2，得126，就是残留梯形的面积。加上冲掉的面积，得到140$\frac{17}{22}$步，是原三角形田地面积。

术解

AE=元大斜=16×20÷（16−5）=29$\frac{1}{11}$（步）；

CE=水大斜=AE−AC=29$\frac{1}{11}$−20=9$\frac{1}{11}$（步）。

求元中斜$BE=x$需要列出方程：

隅=（11×12）2=17424；

实=（52+122）×122×162=6230016；

方程：17424x^2=6230016；

解得x=18$\frac{10}{11}$（步）。

DE=水中斜=BE−BD=5$\frac{10}{11}$（步）。

△CDE面积=水积=（5×11+10）×5÷（11×2）=14$\frac{17}{22}$（平方步）。（此处计算方法有误，因△CDE并非直角三角形。故后面求得△ABE面积也不正确。）

梯形$ABDC$面积=残积=（5+16）×12÷2=126（平方步）。

△ABE面积=原积=14$\frac{17}{22}$+126=140$\frac{17}{22}$（平方步）。

本题正确计算方法和结果如下：

已知△CDE的三条边长分别为5、5$\frac{10}{11}$、9$\frac{1}{11}$，应用海伦公式求得△CDE面积为13$\frac{7}{11}$。

原积=13$\frac{7}{11}$+126=139$\frac{7}{11}$（平方步）。

环田三积

原文

问：环田[1]，大、小圆田共三段。环田外周三十步，虚径[2]八步。大圆田径一十步。小圆田周三十步。欲知三田积及环内周，通径[3]、实径[4]，大圆周，小圆径各几何。

答曰：环田积二十步二百三十六万二千二百五十六分步之一百二十九万八千二十五。

通径九步一十九分步之九。

实径一步一十九分步之九。

内周二十五步一十七分步之五。

大圆田积七十九步五十三分步之三；周三十一步二十一分步之十三。

小圆田积七十一步二百八十六分步之四十三；径九步一十九分步之九。

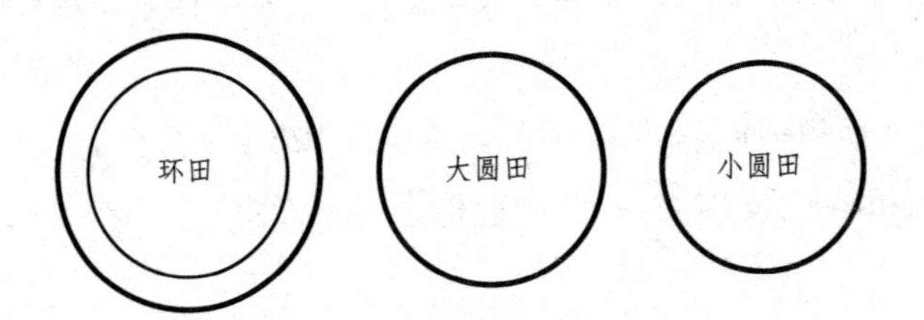

注释

〔1〕环田：圆环形的田地。

〔2〕虚径：圆环的内径。

〔3〕通径：圆环的外径。

〔4〕实径：圆环的外、内径之差，即环宽。

译文

问：有环形田、大圆田、小圆田共三块田地。圆环的外周长30步，内圆直径8步。大圆直径10步。小圆周长30步。求三块田各自的面积，以及圆环的内周长、外圆直径、环宽，大圆周长，小圆直径，各是多少。

答：圆环面积20 $\frac{1298025}{2362256}$ 步，直径9 $\frac{9}{19}$ 步，环宽1 $\frac{9}{19}$ 步，内圆周长25 $\frac{5}{17}$ 步。

大圆面积79 $\frac{3}{53}$ 步，周长31 $\frac{13}{21}$ 步。

小圆面积71 $\frac{43}{286}$ 步，直径9 $\frac{9}{19}$ 步。

原文

术曰：

以方田及少广率变求之。各置环圆径自乘，为幂，进位为实，以一为隅。开平方，得周。各置环、圆周自乘，为幂，退位为实，以一为隅。开平方，得径。以周幂或径幂乘各实，以一十六约之，为实。以一为隅。开平方，得圆积。置环周幂，乘径实，十六约之，为大率。置虚径幂，乘内周实，十六约之，为小率。以二率相减之余，以自乘为实。并二率，倍之，为从上廉。一为益隅，开三乘方，得环积。置环周自乘，退位为实，一为隅。开平方，得通径[1]。以虚径减通径，余为实径。其有开不尽者，约而命之。

注释

〔1〕这一步是重复的。

译文

本题计算方法如下：

用《九章算术·方田》《九章算术·少广》两章的计算和变化方法求解。用各个已知直径求平方，作为各自的幂值。进位得到实数，用1作为隅数，开平方得到所求周长。用各个已知周长求平方，作为幂值，退位得到实数，用1作为隅数，开平方得到所求直径。用周长、直径的幂值乘各自方程的实数，除以16，作为实数，用1作为隅数，开平方得到面积。用圆环外周长的幂值乘求通径方程中的实数，除以16，得到大率。用圆环内径幂值，乘求内周长方程中的实数，除以16，得到小率。用大、小率相减的差求平方作为实数，将大、小率相加乘以2作为从上廉。用1为隅数，解四次方程，得到圆环面积。用圆环外周长求平方，退位作为实数，1为隅数，开平方，得到外圆直径。用外径和内径相减，得到环宽。计算过程中有开方不尽的情况，都化作分数。

译解

环田外周长l_1=30（步），内圆直径d_1=8（步）；

大圆直径d_2=10（步）；

小圆周长l_3=30（步）。

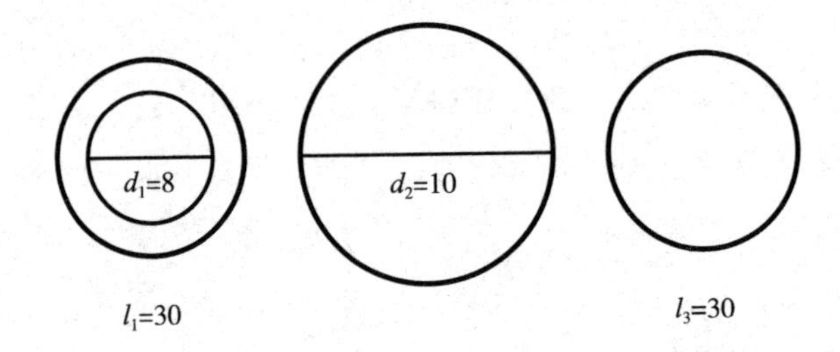

原文

草曰：

置大圆径一十步自乘，得一百，为径幂。进位得一千，为实。以一为隅，开平方，得三十一步。不尽三十九，为分子。乃以隅生方，又益隅，共得六十三，为分母。以分子与母求等，得三。俱以三约之，母子得二十一分步之一十三。为大圆周三十一步二十一分步之一十三。

次以径幂一百，乘前实一千，得一十万。以十六约之，得六千二百五十，为实。以一为隅，开平方，得七十九步。不尽九，为分子，乃以隅生方，又增隅，得一百五十九，为分母。以分子母求等，得三。俱以三约母子，得五十三分步之三，为大圆积七十九步五十三分步之三。

次置小圆田周三十步，以自乘，得九百，为周幂。退位得九十，为径实。以一为隅，开平方，得九步，不尽九。以隅生方，又益隅，得一十九分步之九，为小圆径九步一十九分步之九。

次以周幂九百，乘前实九十，得八万一千，以十六约之，得五千六十二步五分，为实。以一为隅，开平方，得七十一步。有不尽数二十一步五分为子。以隅生方，又益隅，得一百四十三为分母。以分子母求等，得五分，俱约之，得二百八十六分步之四十三为积。

次置环田周三十步自乘，得九百，为周幂。退位得九十，为实。以一为隅，开平方，得九步，不尽九，为分子。以隅生方，并隅，得一十九，为分母。直命之为环田通径九步一十九分步之九。

次以环周幂九百乘环实九十，得八万一千。以十六约之，得五千六十二步五分，为大率。次置环田虚径八步自乘，得六十四，为虚幂。进位得六百四十，为实。以一为隅，开平方，得二十五步，不尽一十五，为分子。以隅生方，又并隅，得五十一为分母。与子求等，得三，俱约之，得一十七分步之五，为环田内周二十五步一十七分步之五。

次以虚幂六十四，乘周实六百四十，得四万九百六十。以十六约之，得二千五百六十，为小率。以小率减大率，余二千五百二步五分，自乘得六百二十六万二千五百六步二分五厘，为实。以小大二率并之，得七千六百二十二步五分。倍之，得一万五千二百四十五，为从上廉。以一为益隅，开玲珑三乘方，得二十步。不尽三十二万四千五百六步二分五厘为分子。续商无数，乃以益隅一，益下廉八十，并之，得八十一，为减母。次以从上廉一万二千八百四十五，并从方五十七万七千八百，得五十九万六百四十五。以减母八十一，减之，余五十九万五百六十四，为分母。以分子求等，得二分五厘，俱约之，得二百三十六万二千二百五十六分步之一百二十九万八千二十五，为环田积二十步二百三十六万二千二百五十六分步之一百二十九万八千二十五。次置环田通径九步一十九分步之九，以虚径八步减之，余一步一十九分步之九，为环田实径。合问。

问数图 环田外周	上☰○ 步	环田虚径 副𝍧步	大圆田径 次一○ 步	小圆田径 下☰○ 步	此图，照问列位，以后照草运算，乃先置次大径		
大径 上 一○步	大径 副 一○步	大径幂 中 |○○步	实 次一 ○○○ 步	隅 下|	以上副自乘，得中，以中进位为次实，以一段为下隅		
商○	一○○ ○实	○方	|隅	商☰○	实一○ ○○步	|||○○ 方	|隅

商𝍫〇	𝍠〇〇余	𝍢〇〇 方	𝍠隅	商𝍫〇	𝍠〇〇实	𝍮〇方	𝍠隅
商 𝍪𝍠	𝍠〇〇实	𝍮𝍠方	𝍠隅	商𝍫𝍠	𝍫𝍨余	𝍮𝍠方	𝍠隅
商𝍫𝍠	𝍫𝍨余	𝍮𝍡方	𝍠隅	商𝍫𝍠	实𝍫𝍨 子	𝍮𝍢母	𝍢等
商𝍫𝍠	𝍩𝍢子	𝍡𝍩母	凡九变，至此得大圆周，次求大圆积				

大圆周

径幂上𝍠 〇〇步	周实副 𝍩〇〇 〇步	得中𝍩 〇〇〇 〇〇步	次𝍩𝍥 法	实下𝍮𝍡 𝍬〇步	𝍠隅	上副自乘，得中， 以次约之，得下为 实	
商〇	实 𝍮𝍡𝍬〇	〇方	𝍠隅	商𝍯〇	实 𝍮𝍡𝍬〇	𝍦〇〇 方	𝍠隅
商𝍯〇	𝍩𝍢𝍬 〇实	𝍦〇〇 方	𝍠隅	商𝍯〇	𝍩𝍢𝍬 〇实	𝍩𝍣〇 方	𝍠隅
商𝍯〇	𝍩𝍢𝍬 〇实	𝍠𝍬〇方	𝍠隅	商𝍯𝍨	𝍩𝍢𝍬 〇实	𝍩𝍬𝍨 方	𝍠隅
商𝍯𝍨	𝍨实	𝍩𝍬𝍨 方	𝍠隅	商𝍯𝍨	𝍨实	𝍩𝍬𝍨 方	𝍠隅
商𝍯𝍨	实𝍨余	𝍠𝍬𝍨母	〇	实𝍯𝍨	𝍨余子	𝍩𝍬𝍨 母	𝍢等
大圆径 𝍯𝍨步	𝍢子	𝍬𝍢母	〇	凡十一变，至此得大圆积，次求小圆径			
小圆周 𝍫〇步	自乘 小周 𝍫〇步	小周幂 𝍨〇〇	径〇	商	径𝍰〇 实	〇 方	𝍠隅
商𝍨	实 𝍰〇	〇方	𝍠隅	商𝍨	实𝍰〇	𝍨方	𝍠隅
商𝍨	𝍨余	𝍨方	𝍠隅	商𝍨	𝍨余	𝍩𝍧	𝍠隅
小圆径 𝍨	𝍨子	𝍩𝍨母	凡七变，至此得小圆径，次求小圆积				
小周幂 𝍨〇〇	𝍰〇 小径实	实𝍦𝍩 〇〇〇	𝍩𝍥 法	𝍬〇𝍮𝍡 𝍬实	𝍠隅	大率圆	
商𝍯〇	𝍬〇𝍮𝍡 𝍬	〇方	𝍠隅	商𝍯〇	𝍬〇𝍮𝍡 𝍬	𝍦〇方	𝍠隅

商𝍯〇	实𝍠𝍮𝍡 𝍫余	𝍦〇方	𝍠隅	商𝍯〇	𝍠𝍮𝍡𝍬 实	𝍩𝍣方	𝍠隅
商𝍯〇	𝍠𝍮𝍡𝍬 实	𝍠𝍫〇	𝍠隅	商𝍯𝍠	𝍠𝍮𝍡𝍬 实	𝍠𝍫𝍠方	𝍠隅
商𝍯𝍠	实𝍪𝍠𝍬 余	𝍠𝍫𝍠方	𝍠隅	商𝍯𝍠	实𝍪𝍠𝍬	𝍠𝍫𝍡方	𝍩隅
商𝍯𝍠	实𝍪𝍠𝍬 余	𝍠𝍫𝍢母	〇𝍬等	小圆积 𝍯𝍠步	𝍫𝍢子	𝍡𝍰𝍥母	一十变，得小圆积，次求环田通径

当求环田通径，盖环田之外周三十步，与小圆田外周同，则不过与前七变诸图一理。兹不复繁，乃求实径。

大率𝍬 〇𝍮𝍡𝍬	虚径𝍧	虚径𝍧	虚幂 𝍮𝍣	𝍥𝍫〇 实	𝍠隅		
商𝍪〇	实 𝍥𝍫〇	方𝍡〇	𝍠隅	商𝍪〇	实𝍡𝍬〇 余	𝍡〇	𝍠隅
商𝍪〇	实 𝍡𝍫〇	𝍣〇方	𝍠隅	商𝍪〇	实𝍡𝍫〇	𝍬〇	𝍠隅
商𝍪𝍤	𝍡𝍫〇余	𝍫𝍤方	𝍠隅	商𝍪𝍤	𝍩𝍤实	𝍫𝍤方	𝍠隅
商𝍪𝍤	实𝍩𝍤	𝍬〇方	𝍠隅	商𝍪𝍤	𝍩𝍤	𝍬𝍠	〇𝍢等
内周 𝍪𝍤步	𝍤子	𝍩𝍦母	凡九变，得环田内周，次求环积				
虚幂 𝍮𝍣	𝍥𝍫〇 周实	𝍣〇𝍧 𝍮〇实	𝍩𝍥法	小率𝍪 𝍤𝍮〇	只求此小率，与前大率两者求实径		
大率𝍫 〇𝍮𝍡𝍬	𝍪𝍤𝍮 〇小率	𝍪𝍤〇𝍡 𝍬余	𝍪𝍤〇𝍡 𝍬余	二率相减，得余，以余自乘，得后实			
实 𝍥𝍪𝍥 𝍪𝍤〇 𝍥𝍪𝍤	大率𝍫 〇𝍮𝍡𝍬	小率𝍪 𝍤𝍮〇	得𝍯𝍥 𝍪𝍡𝍬	倍数𝍡	并二率为得数，倍得数为从上廉，以一为益隅		

商	实	方	上廉	下廉	益隅	说明
商〇	实 𝍥𝍪𝍥 𝍪𝍤〇 𝍥𝍪𝍤	〇方	𝍠𝍬𝍡𝍫 𝍤从上廉	〇下廉	𝍠益隅	从上廉超二位，益隅超三位
商〇〇	实 𝍥𝍪𝍥 𝍪𝍤〇 𝍥𝍪𝍤	〇方	𝍩𝍬𝍡 𝍫𝍤 上廉	〇下廉	𝍠益隅	乃商置二十步
商𝍪〇	实 𝍥𝍪𝍥 𝍪𝍤〇 𝍥𝍪𝍤	〇方	𝍠𝍬𝍡𝍫 𝍤上廉	〇下廉	𝍠益隅	以商生隅，入下廉
商𝍪〇	𝍥𝍪𝍥 𝍪𝍤〇 𝍥𝍪𝍤 实	〇方	𝍠𝍬𝍡𝍫 𝍤上廉	𝍡〇下廉	𝍠益隅	以下廉生负廉
商𝍪〇	𝍥𝍪𝍥 𝍪𝍤〇 𝍥𝍪𝍤 实	〇方	正廉𝍠𝍬 𝍡𝍫𝍤 负廉𝍤 〇〇	𝍡〇下廉	𝍠益隅	以负廉与正廉相消，得正上廉
商𝍪〇	𝍥𝍪𝍥 𝍪𝍤〇 𝍥𝍪𝍤 实	〇方	𝍠𝍫𝍧𝍫 𝍤上廉	𝍡〇下廉	𝍠益隅	商与上廉生方
商𝍪〇	𝍥𝍪𝍥 𝍪𝍤〇 𝍥𝍪𝍤 实	𝍡𝍯𝍥 𝍰〇〇 方	𝍠𝍫𝍧𝍫 𝍤上廉	𝍡〇下廉	𝍠益隅	以方法命商，除实
商𝍪〇	𝍫𝍡𝍬𝍤 〇𝍥𝍪 𝍤余	𝍡𝍯𝍥 𝍰〇〇 方	𝍠𝍫𝍧𝍫 𝍤上廉	𝍡〇下廉	𝍠益隅	又以商生隅，入下廉
商𝍪〇	𝍫𝍡𝍬𝍤 〇𝍥𝍪 𝍤余	𝍡𝍯𝍥 𝍰〇〇 方	𝍠𝍫𝍧𝍫 𝍤上廉	𝍣〇 下廉	𝍠益隅	以下廉与商，生负上廉
商𝍪〇	𝍫𝍡𝍬𝍤 〇𝍥𝍪 𝍤余	𝍡𝍯𝍥 𝍰〇〇 方	正上廉 𝍠𝍫𝍧𝍫 𝍤负上廉 𝍧〇〇	𝍣〇 下廉	𝍠益隅	负上廉与正廉相消

商𝍪〇	𝍫𝍡𝍫𝍤 〇𝍥𝍪 𝍤余	𝍡𝍰𝍥 𝍰〇〇 方	𝍠𝍫〇𝍫 𝍤上廉	𝍣〇 下廉	𝍠益隅	商与上廉生方
商𝍪〇	𝍫𝍡𝍫𝍤 〇𝍥𝍪 𝍤余	〇̄𝍮𝍦 𝍯〇〇 方	𝍠𝍫〇𝍫 𝍤上廉	𝍣〇下 廉	𝍠益隅	商隅又相生，入下 廉
商𝍪〇	𝍫𝍡𝍫𝍤 〇𝍥𝍪 𝍤余	〇̄𝍮𝍦 𝍯〇〇 方	𝍠𝍫〇𝍫 𝍤上廉	𝍥〇 下廉	𝍠益隅	商又与下廉生负廉
商𝍪〇	𝍫𝍡𝍫𝍤 〇𝍥𝍪 𝍤余	〇̄𝍮𝍦 𝍯〇〇 方	正上𝍠𝍫 〇𝍫〇̍ 负上𝍩𝍡 〇〇	𝍥〇 下廉	𝍠益隅	负廉与正廉相消
商𝍪〇	𝍫𝍡𝍫𝍤 〇𝍥𝍪 𝍤余	〇̄𝍮𝍦 𝍯〇〇 方	𝍠𝍪𝍧𝍫 𝍤上廉	𝍥〇 下廉	𝍠益隅	商又与隅生，入下 廉
商𝍪〇	𝍫𝍡𝍫𝍤 〇𝍥𝍪 𝍤余	〇̄𝍮𝍦 𝍯〇〇 方	𝍠𝍪𝍧𝍫 𝍤上廉	𝍧〇 下廉	𝍠益隅	方一退，上廉再 退，下廉三退，隅 四退
商元步 𝍪〇	𝍫𝍡𝍫𝍤 〇𝍥𝍪 𝍤余	𝍬𝍦𝍮 𝍧〇〇 方	𝍠𝍪𝍧𝍫 𝍤上廉	𝍯〇 下廉	𝍠益隅	无商，以上廉并入 方，隅并下廉
商 𝍪〇步	𝍫𝍡𝍫𝍤 〇𝍥𝍪 𝍤余	𝍬𝍧〇 𝍥𝍫𝍤 从方 正廉	〇	𝍯𝍠 下廉 益隅	〇	益隅并负廉，与正 方廉相消，命为母
商 𝍪〇步	𝍫𝍡𝍫𝍤 〇𝍥𝍪 𝍤余	𝍬𝍧〇 𝍤𝍮𝍣 母	〇	〇	〇	求等，约之
商 𝍪〇步	𝍫𝍡𝍫𝍤 〇𝍥𝍪 𝍤余	𝍬𝍧〇 〇̄𝍮𝍣 母	等数 〇𝍪𝍤 为法	得数		
𝍪〇	𝍠𝍪𝍧𝍯 〇𝍪𝍤	𝍡𝍫𝍥 𝍪𝍡𝍬 𝍥	开三乘方，凡二十变，至此得环田积数			

所求是实径者，但以虚径减通径之余一步一十九分步之九，为环田实径。

译文

本题演算过程如下：

用大圆直径10步求平方，得100，作为径幂。进一位，得到1000，作为实数。用1为隅数，开平方，得到31步。余数39，作为分子。用隅数和开方结果相乘，两次加入隅数，得到63，作为分母。用分子和分母求公约数，得到3。用3去约分，得到$\frac{13}{21}$。于是得到大圆周长$31\frac{13}{21}$步。

然后用径幂100乘之前的实数1000，得到100000，除以16，得6250，作为实数。用1为隅数，开平方，得到79。余数9，作为分子。用隅数和开方得数相乘，两次加入隅数，得到159，作为分母。用分子和分母求公约数，得到3。用3去约分，得到$\frac{3}{53}$，于是得到大圆面积$79\frac{3}{53}$平方步。

然后用小圆周长30步求平方，得到900，作为周幂。退一位，得到90，作为径实。用1作为隅数，开平方，得到9，余数9。用隅数和开方得数相乘，两次加入隅数，得到$\frac{9}{19}$，于是得到小圆直径$9\frac{9}{19}$步。

然后用小圆周幂900，乘实数90，得到81000，除以16，得5062步5分，作为实数。用1作为隅数，开平方，得到71步。余数21步5分作为分子。用隅数和开方得数相乘，两次加入隅数，得到143，作为分母。用分子和分母求公约数，得到5，进行约分，得$\frac{43}{286}$平方步，于是得到小圆面积$71\frac{43}{286}$平方步。

然后用圆环外周长30步求平方，得到900，作为圆环周幂。退一位，得到90，作为方程实数，开平方，得9，余数9，作为分子。用隅数乘开方得数，结果两次加入隅数，得到19，作为分母。直接得到圆环外径$9\frac{9}{19}$步。

然后用圆环周幂900乘实数90，得到81000，除以16，得到5062步5分，作为大率。然后用圆环内径8步求平方，得到64，作为虚幂。进一位，得到640，作为实数。用1为隅数，开平方，得到25步，余数15，作为分子。用隅数乘开方得数，结果两次加入隅数，得到51，作为分母，和分子求公约数，得到3，进行约分，得$\frac{5}{17}$步，于是得到圆环内周长$25\frac{5}{17}$步。

然后用虚幂64，乘求周长的实数640，得到40960，除以16，得2560，作为小率。用大、小率相减，得2502步5分，求平方得到6262506步2分5厘，作为实数。用大、小率相加，得到7622步5分，乘2，得到15245，作为方程的从上廉。用–1作为隅数，解玲珑四次方程，得到20步。余数324506步2分5厘，作为分子。不再议商，用益隅数1、下廉80相加，得到81，作为减母。然后用从上廉12845加上从方577800，得590645。减去减母81，得到590564，作为分母，和分子求公约数，得到2分5厘，进行约分，得 $\frac{1298025}{2362256}$ ，于是环形面积为20 $\frac{1298025}{2362256}$ 步。然后用环形外径9 $\frac{9}{19}$ 步减去内径8步，得到1 $\frac{9}{19}$ 步，是环田实径。于是解答了问题。

本来应当求环田的外直径，但环田的外周长和小田相同，那么计算方法就和前文原理一致，不再重复了，直接求了环田的实径。

求实径，就用外径和内径相减，得到的差就是环田的实径。

术解

本题计算过程中将π^2看作10。

大圆周长：$l_2^2=10\times10^2=1000$，$l_2=31$（步）。大圆面积：$S_2^2=10^2\times1000\div16=6250$，$S_2=79\frac{3}{53}$（平方步）。

小圆直径：$d_3^2=30^2\div10=90$，$d_3=9\frac{9}{19}$（步）。小圆面积：$S_3^2=30^2\times90\div16=5062.5$，$S_3=71\frac{43}{286}$（平方步）。

圆环外径：$d_1=d_3=9\frac{9}{19}$（步）。内周长：$(l'_1)^2=10\times82=640$，$l'_1=25\frac{5}{17}$（步）。

大率$=30^2\times90\div16=5062.5$，小率$=8^2\times640\div16=2560$。

求圆环面积S_1需要解一元四次方程：

实=（5062.5−2560）^{2}=6262506.25；

从上廉=（5062.5+2560）×2=15245；

益隅=−1；

$S_1^4=6262506.25$，$S_1=20\frac{1298029}{2362256}$（平方步）。

圆环内径$=d_1-d'_1=9\frac{9}{19}-8=1\frac{9}{19}$（步）。

围田先计

原文

问：有草荡一所，广三里，纵一百十八里。夏日水深二尺五寸，与溪面等平。溪阔一十三丈，流长一百三十五里入湖。冬日水深一尺。欲趁此时，围裹成田。于荡中顺纵开大港一条，磬[1]折通溪。顺广开小港二十四条，其深同。其小港阔，比大港六分之一。大港深，比大港面三分之一。大小港底，各不及面一尺。取土为埂，高一丈，上广六尺，下广一丈二尺。荡纵当溪，其岸高、广倍其埂数。上下流各立斗门[2]一所，须令田内止用容水八寸，遏余水复溪入湖。里法三百六十步，步法五尺。欲知田积、埂土积、大小港底面深阔、冬夏积水、田港容水、遏水、溪面泛高各几何。

答曰：田积，一千八百六十六顷八亩二十四步。

埂土积，九百六十五亿五千二百万立方寸。

大港面阔，六丈一尺七寸。底阔，六丈七寸。深，六尺八寸。

小港面阔，一丈二寸六分寸之五。底阔，九尺二寸六分寸之五。深，六尺八寸。

夏积水，二万八千六百七十四亿立方寸。

冬积水，一万一千四百六十九亿六千万立方寸。

田容水，九千七十二亿六千九百七十二万立方寸。

港容水，九百六十五亿五千二百万立方寸。港上者在田内。

遏出水，一万八千六百三十五亿七千八百八十八万立方寸。

溪面泛高，一尺三寸一十三万一千六百二十五分寸之一万四千四百一十一。

注释

〔1〕磬：古代乐器，用石或玉制成，形状类似曲尺。

〔2〕斗门：闸门。

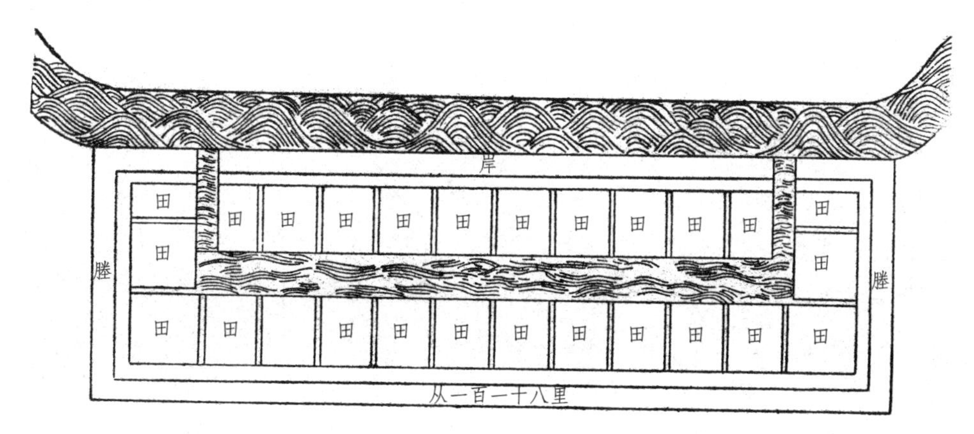

围荡成田图

译文

问：有一片草荡，宽3里，长118里。夏天时水深2尺5寸，和溪面是平齐的。溪宽13丈，溪水流经135里进入湖中。冬天时水深1尺，想要趁这时将草荡围成农田。从草荡里顺着长的方向开辟出一条大港，以类似磬的折线形通入溪流。顺着宽度开辟24条小港，深度都相同。小港的宽度是大港的1/6。大港的深度是宽度的1/3。大小港的底宽都比面宽少1尺。用土建筑田埂，高1丈，上宽6尺，下宽1丈2尺。草荡的长和溪流平行，岸的高度、宽度都是田埂的2倍。在上、下游各建一座闸门，要让田里只剩下8寸深的水，阻止多余的水再从溪里流进湖中。1里=360步，1步=5尺。求田地面积，田埂用土体积，大小港面、底宽度和深度，冬天和夏天的积水量，田港里容纳的水量，阻挡在外的水量，溪水上涨的高度，各是多少。

答：田地面积1866顷8亩24步。田埂土体积9655200万立方寸。

大港面宽6丈1尺7寸，底宽6丈7寸，深6尺8寸。

小港面宽1丈2$\frac{5}{6}$寸，底宽9尺2$\frac{5}{6}$寸，深6尺8寸。

夏天积水28674亿立方寸。冬天积水114696000万立方寸。田里水量90726972万立方寸。港内水量9655200万立方寸。港上方的水量算在田里水量内。阻挡水量186357888万立方寸。溪面涨水高度1尺3$\frac{14411}{131625}$寸。

原文

术曰：

以商功求之，步里法皆先化寸。各通广、纵为率，二率相并为和，二率相乘为寄。三因纵率于上，倍和，加上，为段。并埂二广，乘半埂高，又乘段，为土积，亦为港容水。以阔母乘土积，为实。以阔子乘小港数，又乘广率，为泛。阔母乘纵率，并泛，共为隅。开平方，所得至寸收之，为堡。以深子乘堡，为实，以深母除之，为大小港等深。以深母因堡，为实。以深子除之，为中。以半不及加中，为大港面。以阔母除之，为小港面。二面各减不及，为底。以埂下广乘段，为址。以大港面乘隅，为实。以阔母除之，为港平。以港平并址，减寄，余为田积。以址减寄，余乘容水，为田容水。以夏、冬水深乘寄，得夏、冬积水。以田容水并港容水，减夏积水，余为遏出水。以八节[1]乘之，为实。以溪阔乘流长，又乘岁日[2]，为法。除之，得溪面泛高。

注释

〔1〕八节：指立春、春分、立夏、夏至、立秋、秋分、立冬、冬至八个节气。

〔2〕岁日：一年的天数。本题中取360天。

译文

本题计算方法如下：

用《九章算术·商功》的方法求解。先将步、里都化作寸，将换算过的宽度和长度作为宽率、长率，相加得到和数，相乘得到寄数。用纵率乘3写在上方，将和数乘2，加上方得数，得数暂称作“段”。将田埂的上、下宽度相加，乘埂高的一半，再乘段数，得到埂土体积，也是港内水量。用大、小港宽度比例的分母6乘埂土体积，作为方程的实数。用比例的分子乘小港数目，再乘广率，得到泛数。用分母乘纵率，加上泛数，得到方程的余数。开平方，得数的零余部分收进寸，得到“堡”。用深度比例的分子乘堡，得到被除数，用深度比例分母去除，得到大、小港相同的深度。用深度分母乘堡，得到被除数，用深度分子去除，得数先写在中间。用半尺和中间得数相加，得到大港面宽。用宽度分母去除，得到小港面宽。两个宽度各自减去1尺，得到大、小港底宽。用田埂下宽乘段，得到

“址”。用大港面宽乘隅数，得到被除数，用宽度分母去除，得到“港平”。用港平和址数相加，减去寄数，得到田地面积。用址数和寄数相减，得数乘水量，得到田里水量。用夏天、冬天各自的水深乘寄数，得到两个季节各自的积水量。用田里水量加上港内水量，减去夏天水量，得到阻挡的水量。用节气数8去乘，得到被除数。用溪流宽度乘水流长度，再乘一年的天数，得到除数。相除，得到溪面涨水高度。

译解

1里=360步，1步=5尺=50寸，将已知条件都换算为寸，得：

广率m=54000（寸），纵率n=2124000（寸）。

草荡面积$S=m\times n$=54000×2124000=114696000000（平方寸）。

原文

草曰：

先通步法为五十寸，通三百六十步，得一万八千寸，为里法。以里法通荡广三里，得五万四千，为广率。又通荡纵一百一十八里，得二百一十二万四千，为纵率。以纵率并广率，得二百一十七万八千，为和。以纵率乘广率，得一千一百四十六亿九千六百万，为寄。三因纵率二百一十二万四千，得六百三十七万二千于上。倍和二百一十七万八千，得四百三十五万六千加上，得一千七十二万八千，为段。次以埂上广六尺并下广一丈二尺，得一十八尺，乘半埂高五十寸，得九千寸。又乘段一千七十二万八千，得九百六十五亿五千二百万，为土积。亦为港容水。

以港阔母六因土积，得五千七百九十三亿一千二百万，为实。以阔子一乘小港二十四条，又乘广率五万四千，得一百二十九万六千，为泛。以阔母六，因纵率二百一十二万四千，得一千二百七十四万四千，并泛得一千四百四万，为隅。开平方，得二百三寸，不尽七百三十七万六千四百，收为所得一寸。乃得二百四寸，为堡。以深子一乘之，以深母三除之，得六尺八寸，为大小港等深。

译文

本题演算过程如下：

先用1步=50寸，乘1里=360步，得到1里=18000寸，是里和寸的换算关系。用此换算草荡的宽度3里，得到54000，作为广率。再换算草荡长度118里，得到2124000，是纵率。纵率和广率相加，得到2178000，作为和数。用纵率和广率相乘，得到114696000000，作为寄数。纵率2124000乘3，得6372000，写在上方。将和数2178000乘2，得4356000，加上方的得数，得10728000，作为段数。然后用田埂上宽6尺和下宽1丈2尺相加，得到18尺，乘田埂高度一半50寸，得到9000寸。再乘段数10728000，得96552000000，是埂土的体积，也是港内水量。

用大、小港宽度比例的分母乘土的体积，得到579312000000，作为实数。用比例的分子1乘小港数目24条，再乘宽度54000，得1296000，作为泛数。用分母6乘纵率2124000，得12744000，加上泛数，得到14040000，作为隅数。开平方，得203寸，余数7376400，收进作为1寸，得到204寸，作为“堡”。用大、小港深度比例的分子1乘堡，再用分母3去除，得到6尺8寸，作为大、小港相同的深度。

术解

土积/港内水量$V=(60+120)\times 100\div 2\times[3n+2(m+n)]=96552000000$（立方寸）。

列出方程：

$实=6V=6\times 96552000000=579312000000$；

$隅=1\times 24\times m+6n=14040000$；

$14040000x^2=579312000000$，$x\approx 204$（寸）。

$港深=x\div 3=68$（寸）。

原文

次以深母三，因堡二百四寸，得六百一十二寸，为实。如深子一而一，得六丈一尺二寸，为中。以不及一尺，半之，得五寸，加中，得六丈一尺七寸，为大港面阔。如母六而一，得一丈二寸六分寸之五，为小港面。以不及一尺，各减大小港面，得六丈七寸，为大港底，得九尺二寸六分寸之五，为小港底。

次以埂下广一丈二尺，乘段一千七十二万八千寸，得一十二亿八千七百三十六万，为址。以大港面六丈一尺七寸，乘隅一千四百四万，得八十六亿六千二百六十八万，为实。以阔母六除之，得一十四亿四千三百七十八万，为港平。以并址一十二亿八千七百三十六万，得二十七亿三千一百一十四万，减寄一千一百四十六亿九千六百万，余一千一百一十九亿六千四百八十六万，为田积寸。以步法五十寸自乘，得二千五百，除积寸，得四千四百七十八万五千九百四十四步，为田积步。以亩法二百四十步约之，得一千八百六十六顷八亩，不尽二十四步，为田积。

以址一十二亿八千七百三十六万，减寄一千一百四十六亿九千六百万，余一千一百三十四亿八百六十四万，乘令容水八寸，得九千七十二亿六千九百一十二万，为田容水。

译文

然后用深度比例的分母3，乘堡数204，得到612寸，作为实数。用深度比例分子1去除，得到6丈1尺2寸，写在中间。用不到一尺的部分作为1尺除以2，得5寸，加上中间得数，得到6丈1尺7寸，就是大港面宽度。用分母6去除，得到1丈2$\frac{5}{6}$寸，是小港的面宽度。各自减去差1尺，得到大港底宽6丈7寸，小港底宽9尺2$\frac{5}{6}$寸。

用田埂下宽1丈2尺，乘段数10728000，得1287360000，作为“址”。用大港面宽6丈1尺7寸，乘余数14040000，得8663680000，作为被除数，用宽度比例分母6去除，得到1443780000，称作“港平”。加上址数1287360000，得到2731140000，去减寄数114696000000，得111964860000，是以平方寸计算的田地面积。用1步=50寸求平方，得2500，除田地面积，得44785944，是用平方步计算的田地面积。用1亩=240平方步去约，得到得1866顷8亩，余数24步，是所求的田地面积。

用址数1287360000，去减寄数114696000000，得113408640000，乘水深8寸，得907269120000，是所求的田里水量。

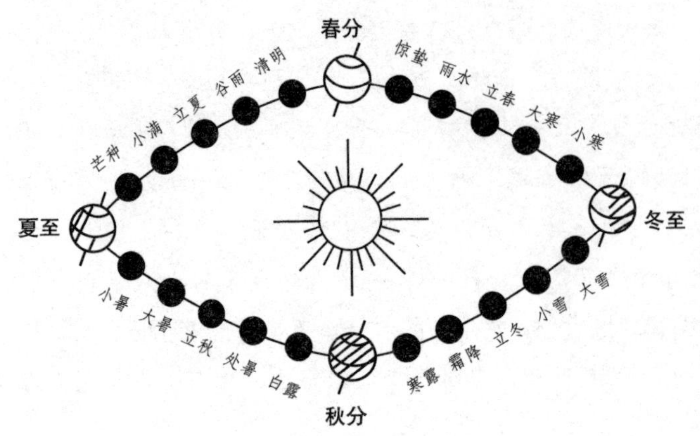

□ **节气黄道图**

从一个节气，经过中气，到下一个节气，被视为一个“节月”；由于地球不是按正圆而是按椭圆形轨迹绕太阳运行，所以运行的速度有快有慢。在小寒附近速度快，“节月”就短；而小暑前后速度最慢，故“节月”最长。

术解

大港面宽=3×204÷1+5=617（寸），底宽=617−10=607（寸）。

小港面宽=617÷6=102$\frac{5}{6}$（寸），底宽=102$\frac{5}{6}$−10=92$\frac{5}{6}$（寸）。

田地面积=S−617×14040000÷6−120×［3n+2（m+n）］=114696000000−1443780000−1287360000=111964860000（平方寸）。

田里水量=（114696000000−1287360000）×8=907269120000（立方寸）。

原文

次以夏水深二尺五寸，乘寄一千一百四十六亿九千六百万，得二万八千六百七十四亿寸，为夏积水。次以冬水深一尺乘寄，得一万一千四百六十九亿六千万寸，为冬积水。乃以田容水九千七十二亿六千九百一十二万，并港容水九百六十五亿五千二百万，得一万三十八亿二千一百一十二万。减夏积水二万八千六百七十四亿万寸，余一万八千六百三十五亿七千八百八十八万，为遏出水。

当以八节乘之，岁日三百六十除之，为实。今从省，先以八节约岁日三百六十，得四十五，为除率。次以里法一万八千寸，通流长一百三十五里，得二百四十三万。又乘溪阔一十三丈，得三十一亿五千九百万，以乘除率四十五，得一千四百二十一亿五千五百万，为法。除遏出水一万八千六百三十五亿七千八百八十八万，得一尺三寸，为溪面泛高。不尽一百五十五亿六千三百八十八万，与法一千四百二十一亿五千五百万，求等，得一百八万。俱以约之，为一十三万一千六百二十五分寸之一万四千四百一十一，为泛高寸下分母之数。合问。

译文

再用夏天水深2尺5寸，乘寄数114696000000，得2867400000000寸，是夏天积水量。然后用冬天积水深度1尺乘寄数，得1146960000000寸，是冬天积水量。用田里水量907269120000，加上港内水量96552000000，得1003821120000。和夏天积水量2867400000000相减，得1863578880000，是阻挡的水量。

用节气数8去乘，再用一年的天数360去除，得到被除数。现在简化计算，先用8个节气除360天，得45，作为除率。再用1里=18000寸，乘水流长度135里，得到2430000。再乘溪面宽度13丈，得到3159000000，和除率45相乘，得142155000000，作为除数。去除阻挡的水量1863578880000，得1尺3寸，是溪面涨水的高度。余数15563880000，和除数142155000000求公约数，得到1080000，进行约分，得$\frac{14111}{131625}$寸，是涨水高度的分数部分。这样就解答了问题。

术解

夏天积水量$=25\times114696000000=2867400000000$（立方寸）；

冬天积水量$=10\times114696000000=1146960000000$（立方寸）；

挡水量$=2867400000000-907269120000-96552000000=1863578880000$（立方寸）。

涨水高度$=(1863578880000\times8)\div(2430000\times1300\times360)=13\frac{14111}{131625}$（寸）。

第四章　测望类

本章包括卷七、卷八。这一类主要将《九章算术》中的勾股术、重差术用于实际问题，设想出若干复杂情境去测量山峰的高度和距离、河水的宽度、正方形城墙的边长、圆形城墙的直径和周长等。在这一类中，作者将上一类中介绍的正负开方术加以进一步运用，求解出了一元十次方程。

卷七

望山高远

原文

问：名山去城不知高远。城外平地有木一株，高二丈三尺，假为前表[1]。乃立后表，与木齐高，相去一百六十四步。先退前表三丈九寸，次退后表三丈一尺三寸，斜望山峰，各与其表之端参合[2]。人目高五尺。里法三百六十步，步法五尺。欲知山高及远各几何。

答曰[3]：高二十里半零三步五分步之三。远二十七里三百二十八步五百七十五分步之六十七。

注释

〔1〕表：测量日影时在地面上垂直竖立的标杆。

〔2〕参合：重合。这里指人的眼睛、表的顶端和山峰顶端在同一条直线上。

〔3〕有学者认为本题的计算方法和结果均有误。此处按照原文翻译，正确的计算方式和答案见后文。

译文

问：有一座名山，不知道高度，也不知道它离城有多远。城外的平地上有一棵树，高2丈3尺，借用它作为前表。然后立一根后表，和树高度一样，距离树164步。先从前表退后3丈9寸，再从后表退后3丈1尺3寸，斜向上方观测山峰，各自都和表的顶端重合。人眼睛高度5尺，1里=360步，1步=5尺。求山的高度和它离开城的距离各是多少。

答：山高20里183$\frac{3}{5}$步，距离城27里328$\frac{67}{575}$步。

原文

术曰：

以勾股求之，重差[1]入之。置二退表相减，余为高法。通表间，并法，于上。以目高减表高，余乘上，为高实。实如法而一，得山高。以法乘表高，为远法。以退后表乘高实，为远实。实如法而一，得山去。

□ **海岛算经**

从公元220年东汉分裂到公元581年隋朝开国，这段时期史称魏晋南北朝。这是社会的动荡期，也是思想的活跃期，学术思辨之风盛行，数学上也兴起了论证的趋势。在许多以注释研究《周髀算经》《九章算术》的杰出代表人物中，首推魏国的刘徽。刘徽除了《九章算术注》还有其他许多数学成果，特别是他关于勾股测量的章节，后来更是被单独刊行，史称《海岛算经》。该书是对古代数理天文学中的重差术的进一步发展，成为勾股测量学的典籍。

注释

〔1〕重差：使用表进行两次测量并计算高度的方法。

译文

本题计算过程如下：

用勾股术求解，用重差术计算。用两次退后的步数相减，得到求山高的法数。将两表之间的距离换算为寸，加上法数，得数写在上方。用眼睛高度和表高相减，乘上方得数，作为求山高的实数。二者相除，得到山高。用法数乘表的高度，得到远法数。用退后的步数乘山高的实数，得到远实数。远实数和远法数相除，得到山和城之间的距离。

译解

将丈、尺、步都换算为寸。

1步=5尺=50寸，两表间距离164步=8200寸。

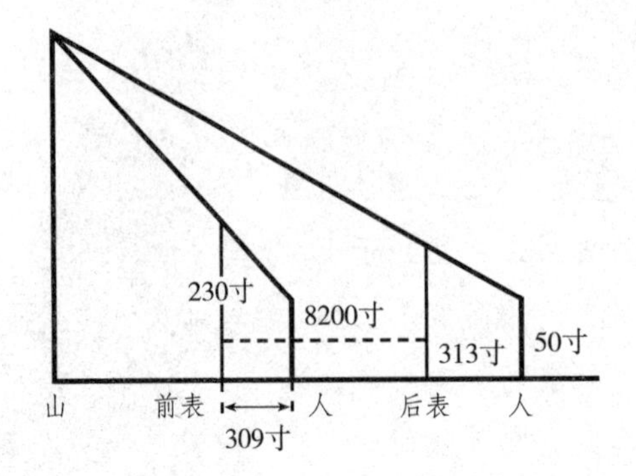

原文

草曰：

置后退表三丈一尺三寸，减前退表三丈九寸，余四寸，为高法。置表去木一百六十四步，以步法五十寸通得八千二百寸，为表间。并法四寸，得八千二百四寸于上。以目高五尺，减表高二丈三尺，余通之为一百八十寸。乘上，得一百四十七万六千七百二十寸，为高实。实如高法四寸而一，得三十六万九千一百八十寸，为积寸。次以步法五十寸约之，得七千三百八十三步五分步之三。次以里法三百六十步约之，得二十里一百八十三步五分步之三，为山高。

次以法四寸乘表高二丈三尺，得九百二十，为远法。以退后表三丈一尺三寸，乘高实一百四十七万六千七百二十寸，得四亿六千二百二十一万三千三百六十寸，为远实。实如元法九百二十寸而一，得五十万二千四百五寸二十三分寸之一十九，为积寸。乃以步法五十寸，乘远法九百二十，得四万六千寸，为法。亦除远实，得一万四十八步，不尽五千三百六十，与法求等，得八十。俱以约之，为五百七十五分步之六十七。又以里法三百六十步，约得二十七里三百二十八步五百七十五分步之六十七，为山后表人立望处。算图如后。

后退表𝍢𝍩𝍢上寸	前退表𝍢〇𝍨中	余为法𝍣寸下	以下减中，余下为法
表间𝍠𝍮𝍣上步	𝍭〇中寸	表间𝍰𝍡〇〇	以上乘中，得下数
上位𝍰𝍡〇𝍣上	目高𝍭〇中	表高𝍡𝍫〇下	以法并表间，得上，以中减下，得后图中
上位𝍰𝍡〇𝍣寸	余寸𝍩𝍧〇中	高实𝍠𝍬𝍦𝍮𝍦𝍪〇下	

乃以上位八千二百四寸，乘中一百八十寸，得一百四十七万六千七百二十寸，为高实。

商上〇	高实𝍠𝍬𝍦 𝍮𝍦𝍪〇 中	高法𝍣下	以下除中，得 后图上位数		
高积寸 上𝍫 𝍥𝍱𝍠𝍰〇	步法 中𝍭〇寸	高步 下𝍯𝍢𝍰𝍢	子𝍢	母𝍤	以中除上， 得下
高积寸𝍫𝍥 𝍱𝍠𝍰〇	高积步 𝍯𝍢𝍰𝍢	里法𝍢𝍮〇	以下除中，得 后上		
高里𝍪〇	步𝍠𝍰𝍢	子𝍢	母𝍤	合数	
法𝍣上	𝍡𝍫〇中 表高	远法𝍨𝍪〇 下寸	以上乘中，得 下		
后退表 𝍢𝍩𝍢上	𝍠𝍬𝍦𝍮𝍦 𝍪〇中 高实	远实 𝍣𝍮𝍡𝍪𝍠𝍫 𝍢𝍮〇下寸	以上乘中，得 下		
远实 𝍣𝍮𝍡𝍪𝍠𝍫 𝍢𝍮〇寸	远法 𝍨𝍪〇寸	高积𝍭〇𝍪 𝍣〇𝍤寸	𝍦𝍮	𝍨𝍪	以中除上， 得下
步法 𝍭〇上寸	远法𝍨𝍪〇 中寸	步法𝍣𝍮〇 〇〇下寸			

乃以步法五十寸，乘中位远法九百二十寸，得下位四万六千寸，为后图中位步寸法。

积寸上𝍣 𝍮𝍡𝍪𝍠𝍫 𝍢𝍮〇	步法中𝍣 𝍮〇〇〇 寸	积步 下𝍠〇〇 𝍭𝍧	𝍭𝍢𝍮 〇不尽	𝍣𝍮〇 〇〇法	以中除上，得下		
步上𝍠〇 〇𝍭𝍧	里法 中𝍢𝍮〇	下𝍪𝍦 里	𝍢𝍪𝍧 步	𝍭𝍢𝍮 〇不尽	𝍣𝍮〇 〇〇法	𝍰〇等	合数

乃以中除上，得下位里法及零步。其不尽寸，与法求等，得八十。俱约之，为步分母子之数。

译文

本题演算过程如下：

用从后表退后的3丈1尺3寸和从前表退后的3丈9寸相减，得到4寸，作为高法。表和树之间的距离164步，用1步=50寸进行换算，得到8200寸。加上高法4寸，得到8204寸，先写在上方。用眼睛高度5尺和表的高度2丈3尺相减，得数换算为180寸。乘上方得数，得1476720寸，是高实。用高实除以高法4尺，得369180寸，是所求的寸数。用1步=50寸去约，得到7383 $\frac{3}{5}$ 步。再用1里=360步去约，得20里183 $\frac{3}{5}$ 步，这是所求的山的高度。

然后用高法4寸乘表的高度2丈3尺，得920，作为远法。用从后表退后的3丈1尺3寸，乘高实数1476720寸，得462213360寸，作为远实。用远实除以远法920寸，得502405 $\frac{19}{23}$，是所求的寸数。用1步=50寸去乘远法920，得46000寸，作为除数，也去除远实数，得10048步。余数5360，和法数求等，得到80。进行约分，得到 $\frac{67}{575}$ 步。再用1里=360步去约，得27里328 $\frac{67}{575}$ 步，这是人站在后表测量山的位置。算图画在后面。

术解

山高=（313−309+8200）×（230−50）÷（313−309）=369180（寸）=20.51（里）。

离城距离=313×（313−309+8200）×（230−50）÷（313−309）÷230=502405 $\frac{19}{23}$（寸）≈27.911（里）。

原文在计算过程中忽略了人眼高度，正确计算方法和结果如下：

山高=369180+50=369230寸≈20.5128里；

山远=313×（313−309+8200）÷（313−309）=641963寸≈35.6646里。

临台测水

原文

问：临水城台，立高三丈，其上架楼。其下址侧脚阔二尺，护下排沙下桩，去址一丈二尺，外桩露土高五尺，与址下平。遇水涨时，浸至址。今水退不知多少，人从楼上栏杆腰串间，虚驾〔1〕一竿出外，斜望水际，得四尺一寸五分，乃与竿端参合。人目高五尺。欲知水退止深，涸岸斜长自台址至水际各几何。

答曰：水退立深一丈五尺一百五十七分尺之一百三十五。涸岸自台址至水际斜长四丈一尺一百五十七分尺之三十七。

注释

〔1〕虚驾：指伸出的竹竿另外一头没有支点。

译文

问：有一座靠水的城台，高度3丈，上面建有一座楼，城台底端侧面宽2尺。在台底打桩，既能保护台底，又能起到排沙作用。桩距离台底1丈2尺，露出地面高5尺，和台底平齐。遇到涨水的时候，水能够漫到台底处。现在水退下不知多少深度，有人从楼上栏杆中部的空隙里，伸出一根竹竿到外面，斜着测量水的边际，当伸出4尺1寸5分时，水际和竹竿顶端重合。人眼睛高度5尺。求水退下的深度，以及干涸部分的岸边从台底到水边

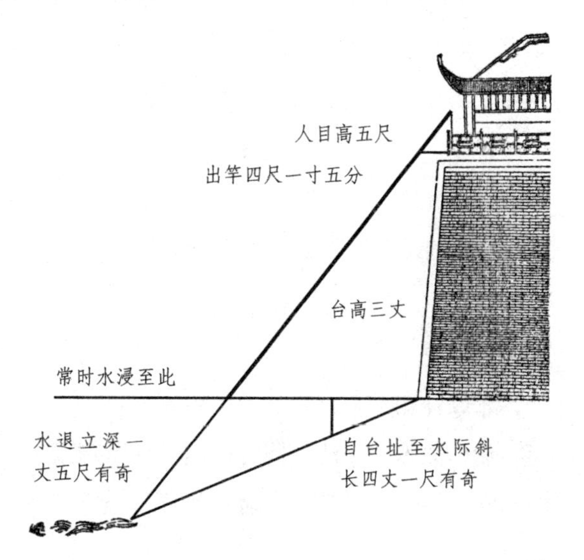

的距离各是多少。

答：水退下的深度1丈5$\frac{135}{157}$尺。自台底到水边的干涸长度为4丈1$\frac{37}{157}$尺。

□ **潜望镜《淮南万毕术》**

汉初成书的《淮南万毕术》记载："取大镜高悬，置水盆于其下，则见四邻矣。"说的是利用平面镜成像特点，来潜望周围事物的情况。这当是世界上最早的潜望镜装置，虽然它还很粗糙，但已雏形初具。

原文

术曰：

以勾股变法，兼少广求之。求涸岸斜长。置出竿乘台高，为段。以去基乘段，为阔泛。以岸高乘段，为浅泛。以目高乘去基，为约泛。三泛可约者，约之，为定率。不可约，径为率。以阔率自乘，为阔幂。以浅率自乘，为浅幂。并阔、浅二幂，共为峻幂。复乘阔幂于上，以台高幂乘上，为峻实。次以阔率乘浅率，为寄。以台高数乘阔率，又乘约率，得数。内减寄，余自乘，为峻隅。验峻实、峻隅两者可约，求等约之，为峻定实、峻定隅。开同体连枝平方[1]，得峻岸斜长。同体格，先以隅开平方，得数，名同隅。以同隅乘定实，开之，得数，为实。以同隅为法，除之，得峻斜。求水退深。置岸高幂乘峻定实，为深实。以去岸幂并岸高幂，乘峻定隅，为深隅。其深实、深隅可约，约之。仍以同体格入之。开连枝平方，得水退深。

注释

〔1〕同体连枝平方：用同体术开连枝平方。同体术的具体操作见下文。

译文

本题计算方法如下：

用勾股术的变法，同时使用《九章算术·少广》的方法求解。求岸边干涸段的长度。用探出竹竿的距离乘台高，得数作为段。用桩距离台底的长度乘段，得数作为阔泛。用桩露出水面的高度乘段，得到浅泛。用眼睛高度乘距台底长度，得到约泛。用三个泛数求公约数并且化约，得到各自的率。不能约的话，就直接作为各率。用阔率、浅率各自求平方，分别得到阔幂、浅幂，相加得峻幂。再用峻幂、阔幂相乘后，再与台高度的平方相乘，得到峻实。再用阔率乘浅率，得到寄数。用台高乘阔率，再乘约率，得数和寄数相减，再求平方，得到峻隅。检查发现峻实和峻隅有公约数，化约之后得到峻定实和峻定隅。开同体连枝平方，得到岸边干涸的长度。所谓的同体格，就是先用余数开平方，得数称作同隅，用同隅乘峻定实，再开方，得到被除数，用同隅作为除数去除，得到所求岸边长度。求水退去的深度。用桩露出的高度求平方得到岸高幂，再乘峻定实，得到深实。用桩和台底的距离求平方得到去岸幂，加上岸高幂，再乘峻定隅，得到深隅。这时深实、深隅有公约数，化约之后，仍然用同体术求解连枝二次方程，得到水退去的深度。

原文

草曰：

以出竿四尺一寸五分，乘台高三十尺，得一百二十四尺五寸，为段。以去址一十二尺，乘段，得一千四百九十四尺，为阔泛。以护岸高五尺，乘段一百二十四尺五寸，得六百二十二尺五寸，为浅泛。以目高五尺，乘去址一十二尺，得六十尺，为约泛。以阔泛、浅泛、约泛三者求等，得一尺五寸，皆以约之。其阔泛得九百九十六尺，为阔率。其浅泛得四百一十五尺，为浅率。其约泛得四十尺，为约率。以阔率九百九十六自乘，得九十九万二千一十六尺，为阔幂。以浅率四百一十五自乘，得一十七万二千二百二十五尺，为浅幂。并阔、浅二幂得一百一十六万四千二百四十一，为峻幂。以阔幂九十九万二千一十六，乘峻幂，得一万一千五百四十九亿四千五百六十九万九千八百五十六尺于上。又以台高三十尺自乘，得九百，为台高幂。乘上，得一千三十九万四千五百一十一亿二千九百八十七万四百尺，为峻实。次以阔率九百九十六，乘浅率四百一十五，得四十一万三千三百四十，为寄。以台高三十，乘阔率九百九十六，得二万九千八百八十。又乘约率四十，得一百一十九万五千二百，内减寄，余七十八万一千八百六十尺。自乘，得六千一百一十三亿五百五万九千六百尺，为隅。

以隅与峻实求等，得二千四百八十万四百，俱以约之，得四千一百九十一万二千六百七十六尺，为峻定实。得二万四千六百四十九，为峻定隅。开同体连枝平方，得峻岸至水际斜长。验同体格，乃以定隅二万四千六百四十九为实。先以一为隅，开平方，得一百五十七，为同体法。次以峻定实四千一百九十一万二千六百七十六尺为实。亦以一为隅，开平方，得六千四百七十四尺，为同体实。实如同体法一百五十七而一，得四十一尺。不尽三十七，与法一百五十七，求等，得一。俱以一各约之，其法与余，只得此数。乃直命之得四丈一尺一百五十七分尺之三十七，为涸岸斜长至水际。

求退水深，置岸高五尺，自乘，得二十五，为岸高幂。乘峻定实四千一百九十一万二千六百七十六尺，得一十亿四千七百八十一万六千九百，为深泛。以去岸一十二尺，自乘，得一百四十四尺，为去岸幂。并岸高幂二十五，得一百六十九。以乘峻定隅二万四千六百四十九，得四百一十六万五千六百八十一，为隅泛。置二泛求等，得一百六十九，俱约二泛，得六百二十万一百，为定实。得二万四千六百四十九，为深定隅。开连枝平方，得水退立深。验同体格，乃以深定隅二万四千六百四十九，为实。先以一为隅，开平方，得一百五十七，为同体法。次以深定实六百二十万一百为实，亦以一为隅，开平方，得二千四百九十，为同体实。实如法一百五十七而一，得一十五尺。不尽一百三十五，与法求等，得一。俱以一各约法，余只得此数。乃直命之得一丈五尺一百五十七分尺之一百三十五。为水退立深。

出竿𝍣𝍩𝍤尺	台高𝍫〇尺	得段𝍠𝍪𝍣𝍬尺	以出竿乘台高，得段
阔泛 𝍩𝍣𝍰𝍣尺	去址𝍩𝍡尺	段𝍠𝍪𝍣𝍬尺	以去址乘段，得阔泛
浅泛 𝍥𝍪𝍡𝍬尺	护岸𝍤尺	段𝍠𝍪𝍣𝍬尺	以护岸乘段，得浅泛
约泛𝍮〇尺	去址𝍩𝍡尺	目高𝍤尺	目高乘去址，得约泛
阔泛 𝍩𝍣𝍰𝍣尺	浅泛 𝍥𝍪𝍡𝍬尺	约泛𝍮〇尺	等𝍠𝍬尺　求等

阔率 𝍧𝍰𝍥 尺	浅率 𝍢𝍩𝍤 尺	约率 𝍫〇 尺	以等约泛，得率		
阔率 𝍧𝍰𝍥 尺	阔率 𝍧𝍰𝍥 尺	阔幂 𝍰𝍧𝍪〇𝍩𝍥	上乘中，得下		
浅率 𝍢𝍩𝍤 尺	浅率 𝍢𝍩𝍤 尺	浅幂 𝍩𝍦𝍪𝍡𝍪𝍤	上乘中，得下		
阔幂 𝍧𝍰𝍪〇𝍩𝍥 尺	浅幂 𝍩𝍦𝍪𝍡𝍪𝍤 尺	峻幂 𝍠𝍩𝍥𝍫𝍡𝍫𝍠	上并中，得下		
上位 𝍠𝍩𝍤𝍫𝍧𝍫𝍤𝍮𝍧𝍰𝍦𝍬𝍥 尺	阔幂 𝍧𝍰𝍪〇𝍩𝍥	峻幂 𝍠𝍩𝍮𝍣𝍪𝍢𝍩 尺	中乘下，得上		
台高 𝍫〇 尺	台高 𝍫〇 尺	台高幂 𝍧〇〇	上乘中，得下		
峻实 𝍩〇𝍫𝍧𝍫𝍤𝍩𝍠𝍪𝍧𝍰𝍦〇𝍣〇〇	台高幂 𝍧〇〇	上位 𝍠𝍩𝍤𝍫𝍧𝍫𝍤𝍮𝍧𝍰𝍦𝍬𝍥 尺	中乘下，得上		
阔率 𝍧𝍰𝍥 尺	浅率 𝍢𝍩𝍣	上乘下，得寄			
寄上 𝍫𝍠𝍪𝍢𝍫〇	台高 副𝍫〇	阔率 中𝍧𝍰𝍥	得数 次𝍡𝍰𝍧𝍰〇	约率 下𝍫〇	副乘中，得次，次乘下，得后上
得数 𝍠𝍩𝍧𝍬𝍡〇〇	寄 上𝍫𝍠𝍪𝍢𝍫〇	余 𝍯𝍧𝍩𝍧𝍮〇	上减寄，得余，余自乘，得隅		
隅 𝍮𝍠𝍩𝍢〇𝍤〇𝍤𝍰𝍥〇〇	峻实 𝍩〇𝍫〤𝍫𝍤𝍩𝍠𝍪〤𝍯𝍦〇㐅〇〇	等数 𝍪𝍣𝍯〇〇𝍣〇〇	求得等数，以约隅实		
峻定实 𝍫𝍠𝍰𝍠𝍪𝍥𝍯𝍥 尺	峻定隅 𝍡𝍫𝍥𝍫𝍧 尺	同体格，各以一为隅，开平方，得数，除之			
隅商 上数 𝍮𝍣𝍯𝍣 为实	𝍫𝍠𝍰𝍠𝍪𝍥𝍯𝍥 以峻定实为实	〇方	𝍠平隅	以隅开实，得上数，仍为实	
得商 𝍠𝍬𝍦 为峻法	𝍡𝍫𝍥𝍫𝍧 以峻定隅为实	〇方	𝍠平隅	以隅开实，得上数，仍为法，以除同体实	
〇商	同体实 中𝍮𝍣𝍯𝍣	同体法 下𝍠𝍬𝍦	以下除中，得上		

峻长 上𝍫𝍠尺	子𝍫𝍦	母𝍠𝍬𝍦	不尽为子，法为母		
岸高 上𝍤	岸高 副𝍤	岸高幂 中𝍪𝍤	峻定实 次 𝍫𝍠𝍰𝍠𝍪 𝍥𝍯𝍥	深泛 下𝍩 〇𝍫𝍦𝍰 𝍠𝍮𝍧〇 〇	上乘副，得中，中乘次，得下
去岸 上𝍮𝍩𝍡	去岸 副𝍠𝍪	去岸幂 次𝍠𝍬 𝍣	岸高幂 下𝍪𝍤	上乘副，得次，次并下，得后上	
得𝍠𝍮𝍨	峻定隅𝍡𝍫𝍥 𝍫𝍨	隅泛𝍣𝍩𝍥𝍬 𝍥𝍰𝍠	上乘中，得下		
深泛𝍩〇𝍫𝍦 𝍰𝍠𝍮㐅〇〇	隅泛𝍣𝍩𝍥 𝍬𝍥𝍰𝍠	等数𝍠𝍮㐅	下除中上，得隅实		
𝍥𝍪〇〇𝍠〇 〇深定实	𝍡𝍫𝍥𝍫𝍨 深定隅	隅实各以一为隅，开平方			
商𝍪𝍣𝍰〇	深定实𝍥𝍪 〇〇𝍠〇〇	方〇	𝍠隅	开得商，为实	
商𝍠𝍬𝍦	深定隅 𝍡𝍫𝍥𝍫𝍨	方〇	𝍠隅	开得商，为法	
𝍪𝍣𝍰〇 同体实	𝍠𝍬𝍦同体法	以法除实，得后上			
高𝍩𝍤尺	𝍠𝍫𝍤不尽	𝍠𝍬𝍦法			
商𝍩𝍤尺	𝍠 𝍠𝍫𝍤等	𝍠 等𝍠𝍬𝍦	等约不尽，为子，等约法数，为母		
水退立深 𝍩𝍤尺	子𝍠𝍫𝍤	母𝍠𝍬𝍦			

译文

本题演算过程如下：

用探出竹竿的距离4尺1寸5分，乘台高30尺，得124尺5寸，作为段数。用桩和台底的距离12尺，乘段，得1494尺，作为阔泛数。用桩露出水面的高度5尺，乘段124尺5寸，得622尺5寸，作为浅泛数。用眼睛高度5尺，乘桩和台底之间的距离12尺，得60尺，作为约泛数。用阔泛、浅泛、约泛三个数求公约数，得到1尺5寸，都进行化约。阔泛得到996尺，作为阔率。浅泛得415尺，作为浅率。约泛得40

尺，作为约率。用阔率996求平方，得992016尺，作为阔幂。用浅率415求平方，得172225尺，作为浅幂。阔幂和浅幂相加得到1164241，作为峻幂。用阔幂992016乘峻幂，得1154945699856，写在上方。再用台高30尺求平方，得900，作为台高幂，乘上方得数，得1039451129870400尺，作为峻实数。然后用阔率996乘浅率415，得413340，作为寄数。用台高30乘阔率996，得29880，再乘约率40，得1195200，减去寄数，得781860尺。得数求平方，得到611305059600尺，作为隅数。

用隅和峻实求公约数，得24800400，都进行化约。峻实化约后得41912676尺，是峻定实。隅数化约后得24649，是峻定隅。用同体术解连枝二次方程，得到从台底到水边的长度。同体术的具体过程：用定隅24649作为实数，先用1为隅数开平方，得到157，作为同体法数；再用峻定实41912676尺作为实数，也用1为隅数，再开平方，得6474尺，作为同体实数；用同体实数除以法数157，得41尺；余数37和法数157求公约数，得1，用1去化约，法数和余数都不变。于是，4丈1$\frac{37}{157}$尺就是所求的岸边干涸段到水边的距离。

然后求水退去的深度。已知桩露出岸高5尺，求平方，得25，是岸高幂。乘峻定实41912676尺，得1047816900，作为深泛数。用桩离开台底12尺求平方，得144尺，是去岸幂。用去岸幂和岸高幂25相加，得169，乘峻定隅24649，得4165681，作为隅泛数。用这两个泛数求公约数，得169，都进行化约。深泛数化约后得6200100，作为深定实。隅泛数化约后得24649，作为深定隅。解连枝二次方程，得到水退去的深度。同体术解方程：用深定隅24649作为实数，先用1为隅数开平方，得157，作为同体法；再用深定实6200100作为实数，还用1为隅数，开平方，得2490，作为同体实；用同体实除以同体法157，得15尺；余数135和同体法求公约数，得1，都进行化约，两数都不变。于是，水退去的深度就是1丈5$\frac{135}{157}$尺。

术解

水面上涨高度h、台基与水面距离l是所求数值。

将已知数值都换算为尺，求出计算过程中的各个中间数值：

段=4.15×30=124.5；

阔泛=124.5×12=1494，浅泛=124.5×5=622.5，约泛=5×12=60。

三者化约得到：阔率=996，浅率=415，约率=40。

求平方：阔幂=992016，浅幂=172225。

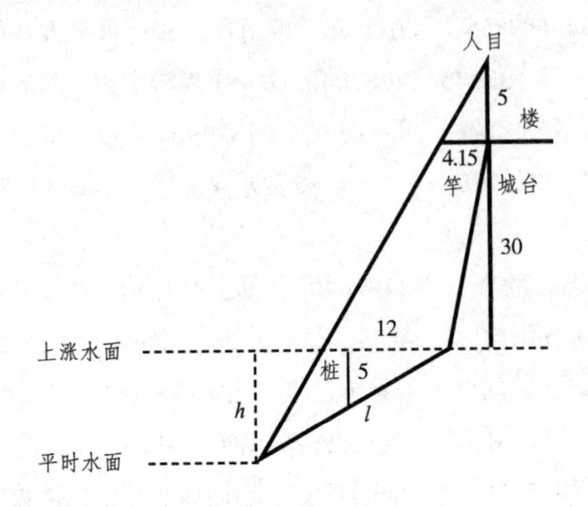

峻幂=992016+172225=1164241；

峻实=992016×1164241×30^2=1039451129870400；

峻隅=（30×996×40−996×415）^{2}=611305059600。

峻实、隅求等化约，得到：峻定实=41912676，峻定隅=24649。

求h的一元二次方程为：$24649h^2=41912676$，$h=41\frac{37}{157}$（尺）。

深泛=25×41912676=1047816900，隅泛=（12^2+5^2）×24649=4165681。

求等化约，得到：深定实=620010，深定隅=24649。

求水退深度l的一元二次方程为：$24649l^2=6200100$，$l=15\frac{135}{157}$（尺）。

陡岸测水

原文

问：行师遇水，须计篾缆，搭造浮桥。今垂绳量陡岸，高三丈。人立其上，欲测水面之阔。以六尺竿为矩[1]，平持去目下五寸。今矩本抵颐，遍望水彼岸，与矩端参相合。又望水此岸沙际，入矩端三尺四寸。人目高五尺。其水面阔几何？

答曰：水阔二十三丈四尺六寸。

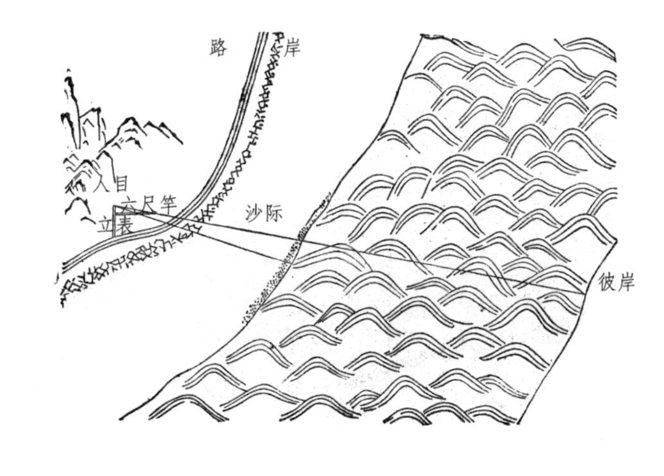

注释

〔1〕矩：测量工具。

译文

问：有一支行进的军队遇到了河水，需要计算篾缆长度来搭建浮桥。现在用垂绳来量河边的陡岸，高度是3丈。人站在岸边，想测量水面的宽度。用长6尺的竹竿作为矩，平拿放在眼睛下方5寸，用矩的一段抵着下巴，观测到河水对岸和矩的另一端重合。再观测河水这边和沙滩的交界处，视线和矩远端的水平距离是3尺4寸。人眼睛高度5尺。请问水面宽度多少？

答：水面宽度23丈4尺6寸。

原文

术曰：

以勾股重差求之。置矩去目下寸，为法。以人目并岸高，减去法，余乘入矩端，为实。实如法而一，得水阔。

译文

本题计算方法如下：

用勾股数和重差术求解。已知矩在眼睛下方的距离，作为法数。用人眼睛的高度加上河岸高度，减去法数，得数乘两次视线之间的距离，作为实数。实数除以法数，得到水面宽度。

译解

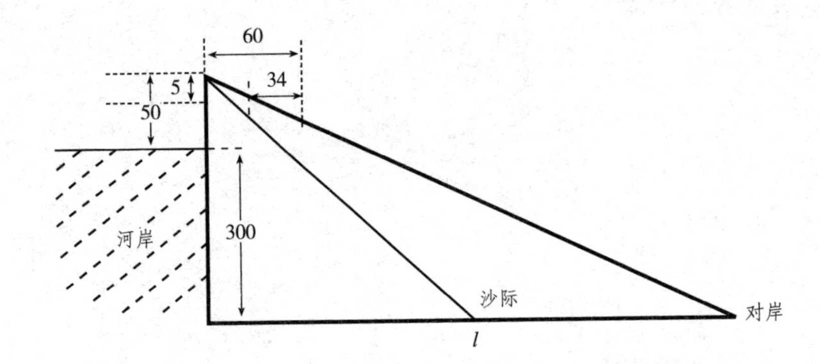

将已知数值都换算为寸。

求水面宽度l。

原文

草曰：

置矩本去目下五寸，为法。以人目高五尺并岸高三丈，得三丈五尺，通为寸，得三百五十寸。减法五寸，余三百四十五寸。乘沙际入矩端三十四寸，得一万一千七百三十寸，为实。实如法五寸而一，得二千三百四十六寸，展为二十三丈四尺六寸，为水阔。合问。

译文

本题演算过程如下：

用矩的一端到眼睛下面的距离5寸作为法数。用人眼睛高度5尺加上河岸高3丈，得到3丈5尺，换算为寸，得350寸。减去法数5寸，得345寸。乘观测沙滩边时的视线到矩的距离34寸，得11730寸，作为实数。用实数除以法数，得2346寸，换算为23丈4尺6寸，就是水面宽度。这样就解答了问题。

术解

水面宽度=（50+300−5）×34÷5=2346（寸）。

但正确算法和结果应为：

水面宽度=（50+300）×34÷5=2380（寸）。

卷八

表望方城

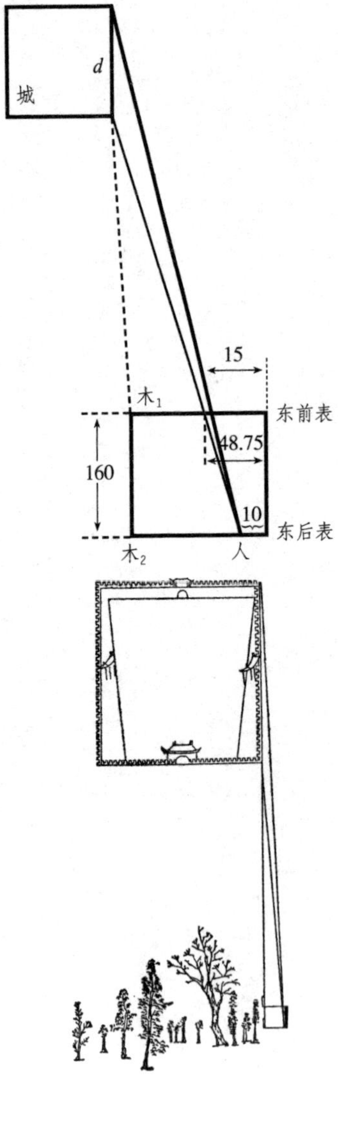

原文

问：敌城不知广远。傍城南山原林间望之，林际有木二株，南北相去一百六十步，遥与城东方面参相直。于二木之东相对立表，表间与木四方平。人目以绳维之。人自东后表向西行一十步，望城东北隅，入东前表一十五步。又望城东南隅，入东前表四十八步强半步。里法三百六十步。欲知其方广及相去几何。答曰：城方广各一十二里三百二十步。城去木九里三百二十步〔1〕。

注释

〔1〕有学者认为此处的答案是错误的。本书依照原文翻译。

译文

问：有一座敌人的城池，不知道它的边长，也不知道它和我方的距离。在城南面山上的树林里观测，树林边缘有两棵树，一南一北相距160步，和城的东侧边沿在一条直线上。在两棵树的东面竖立两根相对的表，表和树形成正方形的四个顶点。用肉眼配合绳来测量。观测者从位于东侧后方的表处向西方走10步，观测城的东北角，视线距离东侧前方表15步。再观测城的东南角，视线距离东侧前方表48 $\frac{3}{4}$ 步。1里=360步。求城的边长，以及距离我方多远。

答：城四边都是120里320步，距离树9里320步。

原文

术曰：

以勾股重差求之。置城东南隅景入表，减表间，余乘表间，为城去木实。以西行步减城东北隅景入表，余为法，得城去木数。以城东北隅景入表，减表间，余乘表间，为广实。实如前法而一，得城广数。

译文

本题计算方法如下：

用勾股术和重差法求解。已知测量城东南角时人与后表的距离，和表间距离相减，得数乘表间距离，得到求城距离的被除数。用人与后表的距离和测量城东北角时视线与前表的距离相减，得到除数。相除得到城和树的距离。用测量城东北角时视线与前表的距离和表间距离相减，得数再乘表间距离，得到求城边长的被除数。和前面的除数相除，得到城的边长。

译解

求木$_1$和城的距离l，以及城的边长d。

本题计算单位为“步”。

原文

草曰：

以西行一十步，减东北隅入表一十五步，余五步，为法。以城东南隅景入表四十八步七分半，减表间一百六十步，余一百一十一步二分半。乘表间一百六十步，得一万七千八百，为城去木实。以法五步除之，得三千五百六十步。以里法三百六十约之，得九里三百二十步，为城去北株木里及步数。次置城东北隅景入表一十五步，减表间一百六十，余一百四十五步。乘表间一百六十，得二万三千二百，为城广实。以前法五步除之，得四千六百四十步，以里法三百六十约之，为一十二里三百二十步，即城方广里数及步数。合问。

译文

本题演算过程如下：

用向西走的10步和测量城东北角时与视线前表的距离15步相减，得到5步，作为除数。用测量城东南角时视线与前表的距离48.75步和表间距离160步相减，得111.25步，乘表间距离160步，得17800，作为求城到树距离的被除数。用法数5去除，得3560步，用1里=360步去换算，得到9里320步，这就是城和北侧树的距离里数和步数。再用测量城东北角时视线与前表的距离15步，和表间距离160步相减，得145步，和表间距离160相乘，得到23200，作为求城边长的被除数。用前面的除数5去除，得4640步，再用1里=360步换算，得到12里320步，这就是正方形城的边长数。这样就解答了问题。

术解

城树距离=（160−48.75）×160÷（15−10）=3560（步）。

城边长=（160−15）×160÷（15−10）=4640（步）。

遥度圆城

原文

问：有圆城不知周、径。四门中开。北外三里有乔木，出南门便折东行九里，乃见木。欲知城周、径各几何。圆用古法[1]。

答：径九里。周二十七里。

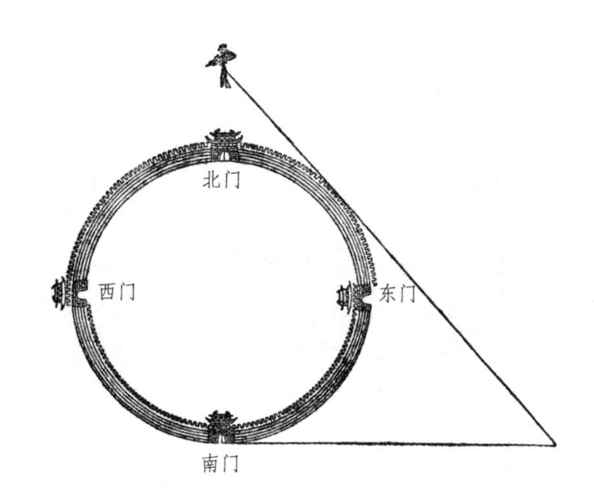

注释

〔1〕圆用古法：指圆周率取古率3。

译文

问：有一座圆形的城，不知道它的周长和直径。四个城门都向正东、南、西、北而开。距离北门外3里的地方有一棵大树，出了南门向东走9里，就能看见这棵树。求城的周长、直径各是多少。圆周率取古率。

答：圆城的直径9里，周长27里。

原文

术曰：

以勾股差率〔1〕求之。一为从隅。五因北外里，为从七廉〔2〕。置北里幂，八因，为从五廉。以北里幂为正率，以东行幂为负率。二率差，四因，乘北里，为益从三廉。倍负率，乘五廉，为益上廉。以北里乘上廉，为实。开玲珑九乘方，得数。自乘，为径。以三因径，得周。

求率图

𝍠上　从隅	𝍤副　因率	𝍢次　北里	𝍩𝍤下　从七廉	以副乘次，得下
𝍢北里	𝍢北里	𝍨正率	𝍧因率	以上乘副，得次，以次乘下，得后上
𝍯𝍡从五廉	𝍨东行步	𝍨东行步	𝍰𝍠负差	以副乘次，得下

𝍨正率	𝍰𝍠负率	𝍯𝍡负差	𝍣因率	以上减副，得次，以次乘下，得后上
𝍡𝍰𝍧得数	𝍢北里	𝍧𝍮𝍣益三廉	〇	以上乘副，得次
𝍰𝍠负率	𝍡倍数	𝍠𝍮𝍡得数	𝍯𝍡从立廉	以上乘副，得次，以次乘下，得后上
𝍠𝍩𝍥𝍮𝍣 益上廉	𝍢北里	𝍢𝍫𝍧𝍰𝍡实	〇	以上乘副，得次实

开方图

〇 商正	𝍢𝍫 𝍧𝍰 𝍡实 负里	〇 方虚	𝍠𝍩𝍥 𝍮𝍣 上廉 负	〇次 廉虚	𝍧𝍮 𝍣才 廉负	〇维 廉虚	𝍯𝍡 行廉 正	〇 爻廉 虚	𝍩𝍣星廉正 〇下廉虚，约实，商三里， 𝍠隅正
𝍢商 𝍢𝍫𝍧 𝍰𝍡		𝍠𝍩𝍥 𝍮𝍣	〇	𝍧𝍮 𝍣	〇	𝍯𝍡	〇	𝍪𝍣	𝍢下廉𝍠隅以商生隅，得下廉，以商生下廉，得星廉
𝍢商 𝍢𝍫𝍧 𝍰𝍡	〇	𝍠𝍩𝍥 𝍮𝍣	〇	𝍧𝍮 𝍣	〇	𝍯𝍡	〇	𝍪𝍣 星廉	𝍢下廉𝍠隅以商生星廉，得爻廉
𝍢商 𝍢𝍫𝍧 𝍰𝍡	〇	𝍠𝍩𝍥 𝍮𝍣	〇	𝍧𝍮 𝍣	〇	𝍯𝍡	𝍯𝍡 爻廉	𝍪𝍣	𝍢𝍠以商生爻廉，入行廉
𝍢商 𝍢𝍫𝍧 𝍰𝍡	〇	𝍠𝍩𝍥 𝍮𝍣	〇	𝍧𝍮 𝍣	〇	𝍡𝍰 𝍧 行廉	𝍯𝍡	𝍪𝍣	𝍢𝍠以商生行廉，得维廉
𝍢商 𝍢𝍫𝍧 𝍰𝍡	〇	𝍠𝍩𝍥 𝍮𝍣	〇	𝍧𝍮 𝍣	𝍧𝍮 𝍣 维廉	𝍡𝍰 𝍧	𝍯𝍡	𝍪𝍣	𝍢𝍠以商生维廉，得才廉
𝍢商 𝍢𝍫𝍧 𝍰𝍡实	〇方	𝍩𝍠𝍥 𝍮𝍣 上廉	〇 次廉	𝍧𝍮𝍣益才廉𝍪𝍣𝍰𝍡泛才从𝍧𝍮 ╳维廉	𝍡𝍰 𝍧行	𝍯𝍡 爻	𝍪╳ 星		𝍢下𝍠隅以益才廉，消从才廉，余是从才廉

<table>
<tr><td>𝍢 𝍢𝍫
𝍧𝍰𝍡</td><td>〇</td><td>𝍠𝍩𝍥
𝍮𝍣</td><td>〇</td><td>𝍩𝍦
𝍪𝍧
从才廉</td><td>𝍧𝍮
𝍣</td><td>𝍡𝍰
𝍧</td><td>𝍯𝍡</td><td>𝍪X</td><td>𝍢𝍠以商生才廉，得次廉</td></tr>
<tr><td>𝍢 𝍢𝍫
𝍧𝍰𝍡</td><td>〇</td><td>𝍠𝍩𝍥
𝍮𝍣</td><td>𝍬𝍠𝍰
𝍣
次廉</td><td>𝍩𝍦
𝍪𝍧</td><td>𝍧𝍮
X</td><td>𝍡𝍰
𝍧</td><td>𝍯𝍡</td><td>𝍪X</td><td>𝍢𝍠以商生次廉，得从上廉</td></tr>
<tr><td>𝍢 𝍢𝍫
𝍧𝍰𝍡</td><td>〇</td><td>𝍠𝍩𝍮𝍣
𝍠𝍬𝍣𝍬𝍡廉
益廉 上 从廉
上𝍬𝍠𝍰X</td><td></td><td>𝍩𝍦
𝍪𝍧</td><td>𝍧
𝍮
X</td><td>𝍡𝍰
𝍧</td><td>𝍯𝍡</td><td>𝍪X</td><td>𝍢𝍠以益上廉，消从上廉，余是从上廉</td></tr>
<tr><td>𝍢 𝍢𝍫
𝍧𝍰𝍡</td><td>〇</td><td>𝍫𝍧
𝍰𝍧
从上
廉</td><td>𝍬𝍠
𝍰X</td><td>𝍩𝍦
𝍪𝍧</td><td>𝍧
𝍮
X</td><td>𝍡𝍰
𝍧</td><td>𝍯𝍡</td><td>𝍪X</td><td>𝍢𝍠以商生从上廉，得从方</td></tr>
<tr><td>𝍢里𝍢
𝍫𝍧
𝍰𝍡
实里</td><td>𝍠𝍩
𝍥𝍮
X
从方</td><td>𝍫𝍧
𝍰𝍧</td><td>𝍬𝍠
𝍰X</td><td>𝍩𝍦
𝍪𝍧</td><td>𝍧
𝍮
X</td><td>𝍡𝍰
𝍧</td><td>𝍯𝍡</td><td>𝍪X</td><td>𝍢𝍠乃以从方，命上商，除实，递进，得三里</td></tr>
</table>

注释

〔1〕勾股差率：直角三角形中，勾和股（两直角边）相减得到勾股差，弦（斜边）和勾股差的比例中，前项叫作勾弦率，后项叫作勾股差率。

〔2〕从七廉：方程八次项的正系数。以下各廉以此类推。

译文

本题的计算方法如下：

用勾股差率来求解。用1作为从隅。用5乘树和北门的距离得到15，作为从七廉。用北门外距离的平方乘8，得到从五廉。用北门外距离的平方作为正率，用向东走的距离平方作为负率。两个率的差再乘4，乘北门外距离，得到益从三廉。将负率乘五廉，得到益上廉。用北门外距离乘上廉，得到实数。解十次方程，得数求平方，就是圆城的直径。用直径乘圆周率3，就是城的周长。

译解

本题需要求解“玲珑方程”，即未知数只有偶数次幂的一元高次方程。

原文

草曰：

以一为从隅。以五因北三里，得一十五里，为从七廉。以北三里自乘，得九里，为正率。以八因率，得七十二，为从五廉。以东行九里自乘，得八十一，为负率。以正率九，减负率，余七十二，为负差。以四因之，得二百八十八，以乘北三里，得八百六十四，系负差所乘者，为益三廉。倍负率八十一，得一百六十二。乘五廉七十二，得一万一千六百六十四，为益上廉。以北三里乘上廉，得三万四千九百九十二，为实。各置实、廉、隅，玲珑空耦位，方、廉以约实。众法不可超进，乃于实上定商三里。其隅与商相生，得三，为从下廉。又与商相生，入从七廉。共得二十四，为星廉。又与商相生，得七十二，为从六廉。又与商相生，入五廉内，共得二百八十八。又与商相生，得八百六十四，为从四廉。又与商相生，得二千五百九十二，为正三廉。内消益三廉八百六十四讫，余一千七百二十八，为从三廉。又与商相生，得五千一百八十四，为从二廉。又与商相生，得一万一千六百六十四，为从方。乃命上商三里，除实，适尽。所得三里，以自乘之。得九里，为城圆径之里数。又以古法圆率三因之，得二十七，为城周。

译文

本题演算过程如下：

用1作为从隅。用5乘北门外距离3里，得15里，作为方程的从七廉。用北门外距离3里求平方，得9里，作为正率。用8乘正率，得72，作为从五廉。用出南门向东走的距离9里求平方，得81，作为负率。用正率9和负率相减，得到72，作为负差。乘4，得288，乘北门外3里，得864，因为是从负差得到的，所以是负数，作为益三廉。将负率81乘2，得162，乘五廉72，得11664，作为益上廉。用北门外3里乘上廉，得34992，作为方程的实数。于是得到了各个实数、廉数、隅数，形成玲珑方程，其中没有偶数的廉，用各方、廉和实数化约。各个系数都不能跨越数位向前进。于是先议商为3里，写在实数上方。用隅数和商相乘，得3，作为从下廉。再和商相乘，加入从七廉，得24，作为星廉。再和商相乘，得72，作为从六廉。再和商相乘，加入五廉，得288。再和商相乘，得864，作为从四廉。再和商相乘，得2592，作为正三廉。减去益三廉864，得1728，作为从三廉。再和商相乘，得5184，作为从二廉。再和商相乘，得11664，作为从方。乘商后从实数中减去，恰好减尽。得到商3里求平方，得9里，这就是圆城的直径。再用圆周古率3去乘，得27，是城的周长。

术解

从隅=1；

从七廉=5×3=15；

从五廉=$3^2\times8=72$；

益三廉=－（9^2-3^2）×4×3=－864；

益上廉=$-9^2\times2\times72=-11664$;

实=11664×3=34992。

得到方程：$x^{10}+15x^8+72x^6-864x^4-11664x^2=34992$，$x=3$。

圆城直径=x^2=9里，周长=$3x^2$=27里。

望敌圆营

原文

问：敌临河为圆营，不知大小。自河南岸至某地七里，于其地立两表，相去二步。其西表与敌营南北相直。人退西表一十二步遥望东表，适与敌营圆边参合。圆法用密率。里法三百六十步。欲知其营周及径各几何。

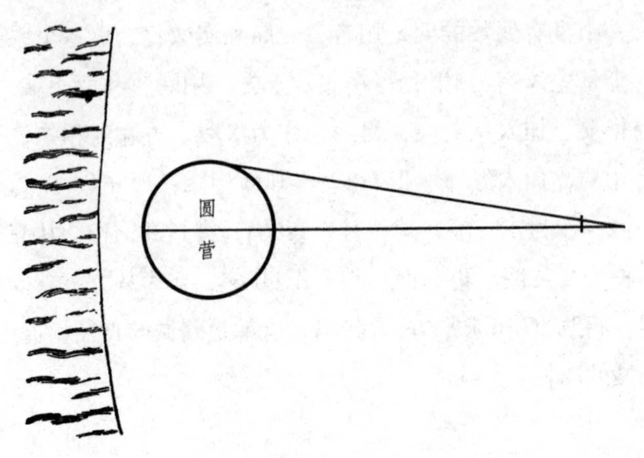

答曰：营周六里一百二步七分步之六。径二里[1]。

注释

〔1〕有学者认为本题答案有误。此处依照原文翻译，正确答案见下文。

译文

问：敌军在河边建有一座圆形的营地，不知道它的大小。从距离河的岸边7里的某个地方，竖立两根表，相距2步。其中西侧的表和敌营的南北方向在同一直线上。人从西侧的表退后12步，观测东侧的表，视线恰好和敌营的圆边相切。圆周率用密率。1里=360步。求敌营的周长和直径各是多少。

答：敌营周长6里102$\frac{6}{7}$步。直径2里。

原文

术曰：

以勾股、夕桀[1]求之。置表间自乘为勾幂，以退表自乘为股幂。并二幂为弦幂。置里通步，自之，乘勾幂，为率。自乘，为泛实。半弦幂乘率，为泛从上廉。以勾幂减股幂，余四约之，自乘，为泛益隅。三泛，可约，约之，为定。开连枝三乘玲珑方，得营径。以密率二十二乘，七除，为周。

注释

〔1〕夕桀：古代数学的一种计算方法，其具体内容已失传。

译文

本题计算方法如下：

用勾股术、夕桀术求解。用两表间距求平方，作为勾幂。用从西表退后的距离求平方作为股幂。两个幂数相加作为弦幂。把该地与河岸的距离换算为步，求平方，乘勾幂，得到率。求平方，得到泛实数。用弦幂的一半乘率，作为泛从上廉。用勾幂和股幂相减，除以4，得数求平方，作为泛益隅。三个泛数有公约数，进行化约，得到各个定数。解玲珑三次方程，得到敌营的直径。用密率计算，乘22，除7，得到周长。

术解

本题都用步为单位来计算，7里=2520步。

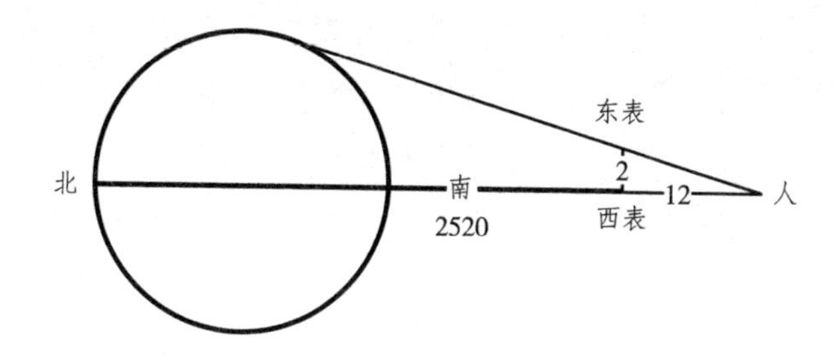

原文

草曰：

置表间二步，自乘，得四，为勾幂。以退表一十二步，自乘，得一百四十四，为股幂。以勾、股二幂并之，得一百四十八，为弦幂。置七里，以里法三百六十步通之，得二千五百二十步。自乘，得六百三十五万四百。乘勾幂四，得二千五百四十万一千六百，为率。以率自乘，得六百四十五万二千四百一十二亿八千二百五十六万，为泛实。乃半弦幂，得七十四，乘率二千五百四十万一千

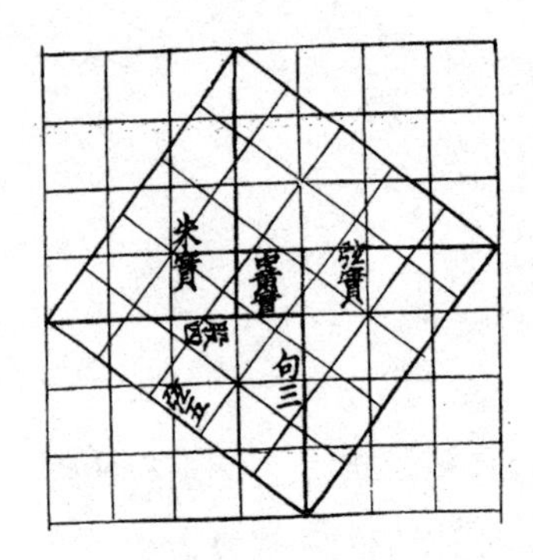

□ 勾股圆方图

“勾股各自乘，并而开方除之”，这是勾股定理在中国的最早记载。公元前六七世纪，一个叫陈子的人，最早提出勾股定理，大约与毕达哥拉斯同时代或更早。陈子认为地是平的，他从太阳向地平面作垂线，垂足叫作日下点，太阳、日下点、观测点三者构成一个直角三角形。从观测点到日下为勾，日下点至太阳的距离为股，勾、股各自乘，相加后开方，就可得到观测点到太阳的距离。后赵君卿在《周髀算经》中给出了该定理的证明。图为赵君卿《勾股方圆图》的注。

六百，得一十八亿七千九百七十一万八千四百，为泛从上廉。以勾幂四，减股幂一百四十四，余一百四十。以四约之，得三十五。以自乘，得一千二百二十五，为泛益隅。置三泛，求等，得一千二百二十五，俱以约之，得五千二百六十七亿二千七百五十七万七千六百，为定实。一百五十三万四千四百六十四，为从上廉。一为定益隅。

开玲珑三乘方。乃以廉、隅超二度，约商。置七百，上廉约一百五十三亿，益隅为一亿。乃以上商生隅，得七亿，为益下廉。又以上商生益廉，减从廉，余一百四亿四千四百六十四万。又以上商生从廉，得七百三十一亿一千二百四十八万，为从方。乃命上商除实，实余一百四十九亿四千二十一万七千六百。又以上商生益隅，入下廉，得一十四亿。又以上商生益廉，减从廉，余六亿四千四百六十四万。又以上商生从廉，入方，得七百七十六亿二千四百九十六万。又以上商生益隅，入下廉，得二十一亿。又以上商生益廉，减从廉，余一百四十亿五千五百三十六万，为益上。又以上商生益隅，入下廉，得二十八亿。诸法皆退。方一退，为七十七亿六千二百四十九万六千，益上廉再退，为一亿四千五十五万三千六百。益下廉三退，为二百八十万。益隅四退，为一万。乃于上商之次，续商，置二十步。以续商生隅，入下廉，为二百八十二万。又以续商生下廉，入下廉，为一亿四千六百一十九万三千六百。又以续商生上廉，减从方，余七十四亿七千一十万八千八百。乃命续商除实，适尽。所得七百二十步，以里法约之，得二里，为营径。次以密率二十二，乘七百二十，得一万五千八百四十，为实。以七除之，得二千二百六十二步七分步之六。以里法约得六里一百二步七分步之六。为营周。

表间‖	表间‖	句幂‖‖步	退表一‖	退表一‖	股幂|≡‖‖	
句幂‖‖	股幂|≡‖‖	弦幂|≡Ⅲ 步	里数丌	里法 |||⊥〇	得=‖‖= 〇	
得 =‖‖=〇	‖≡‖〇得	得幂 一≡‖‖〇 ‖‖〇〇	‖‖	=‖‖≡〇 一丅〇〇 率	‖≡‖‖〇| ⊥〇〇率	
泛实丅≡ ‖‖=‖‖一 ‖≐‖≡丅 〇〇〇〇	半弦幂 ⊥‖‖	率=‖‖≡ 〇一丅〇 〇	泛从上廉 一Ⅲ⊥Ⅲ ⊥|≐‖‖ 〇〇	句幂‖‖	股幂 |≡‖‖	
余|≡〇	‖‖约法	≡‖‖得	|||≡得	置三泛，求等，得一千二百二十五，以约三泛数		
泛实≐‖ ≡丅〇〇 〇〇步	泛从上廉 ⊥Ⅲ⊥| ≐‖‖〇〇	泛益隅 一‖=‖‖	等数一‖ =‖‖	以等，约三泛		
	丅≡‖‖=‖‖一‖				一Ⅲ	
商〇	≡‖⊥丌 =丌≡丌 ⊥丅〇〇	〇方	|≡|||〤〤 ⊥〤从廉	〇下廉	|益隅	空方一进，从上廉二进，空下廉三进，益隅四进
商〇	≡‖⊥丌 =丌≡丌 ⊥丅〇〇 实	〇方	|〇|||〤〤 ⊥〤	〇下廉	|益隅	同前各进
商 丌〇〇步	≡‖⊥丌 =丌≡丌 ⊥丅〇〇	〇方	|〇|||≡〤 ⊥‖‖上廉	〇下廉	|益隅	约实，置商七百步，生隅，得下廉
商 丌〇〇步	≡‖⊥丌 =丌≡丌 ⊥丅〇〇 实	〇方	|〇|||≡〤 ⊥‖‖上廉	丌〇〇 下廉	|益隅	以商生下廉，得益上廉
商 丌〇〇	≡丌⊥丅 〇〇	〇方	⊥〤从上廉 〇〇益上廉		以益上廉，消从上廉，余是从上廉	
≡‖⊥丌=丌		|〇|||〤〤≡Ⅲ〇〇		丌〇〇下廉	|益隅	

商 Π〇〇	≣‖⊥Π =Π≣Π ⫫⊤〇〇 实	〇方	|〇×× ×⊥|||| 上廉	Π〇〇 下廉	|益隅	以商生上廉，得从方
商 Π〇〇	≣‖⊥Π =Π≣Π ⫫⊤〇〇 实	Π≡|一‖ ≡Ⅲ〇〇 方	|〇×× ×⊥|||| 上廉	Π〇〇 下廉	|益隅	乃以从方命上商，除实
商 Π〇〇	|≡Ⅲ≡ 〇=|⫫ ⊤〇〇 实余	Π≡|一‖ ≡Ⅲ〇〇 方	|〇×≡ ×⊥× 上廉	Π〇〇 下廉	|益隅	复以商生隅，入下廉
商 Π〇〇	|≡Ⅲ≡ 〇=|⫫ ⊤〇〇实	Π≡|一‖ ×Ⅲ〇〇 方	|〇×≡ ×⊥× 从上廉 ≣Ⅲ〇〇 〇〇 益上廉	一||||〇〇 下廉	|益隅	以商生下廉，得益上廉，相消
商 Π〇〇	=|⫫⊤ 〇〇实	≡Ⅲ〇〇 方	⊥× 上廉	以商生上廉，入方		
	|≡Ⅲ≡ 〇	Π≡|一‖	⊤×||||	一||||〇〇 下廉	|益隅	
商 Π〇〇	|≡Ⅲ≡ 〇=|⫫ ⊤〇〇 实	Π⫫⊤= ×⋇⊤〇 〇方	⊤×||||⊥ × 上廉	一||||〇〇 下廉	|益隅	仍以商复生隅，入下廉
商 Π〇〇	|≡Ⅲ≡ 〇=|⫫ ⊤〇〇 实	Π⫫⊤= ×⋇⊤〇 〇方	⊥×||||⊥ × 上廉	=|〇〇 下廉	|益隅	又以商生下廉，得益上廉
商 Π〇〇	|≡Ⅲ≡ 〇=|⫫ ⊤〇〇实	Π⫫⊤= ||||⫫⊤〇 〇方	⊤×||||⊥ × 从上廉 |≡Π〇 〇〇〇 益下廉	=|〇〇 下廉	|益隅	上廉益从相消
商 Π〇〇	|≡Ⅲ≡ 〇=|⫫ ⊤〇〇实	Π⫫⊤= ×⋇⊤〇 〇方	|≡〇≡ ||||≡⊤ 益上廉	=|〇〇 下廉	|益隅	还以商生隅，入下廉
商 Π〇〇	=|⫫⊤ 〇〇实	⋇⊤〇〇 方		≡⊤ 上廉	从方一退，上廉再退，下廉三退	

	𝍠𝍬𝍨𝍬 〇	𝍦𝍮𝍥𝍪 X	𝍠𝍬〇𝍬 𝍣	𝍪𝍧〇〇 下廉	𝍠益隅	益隅四退
商 𝍦𝍪〇	𝍠𝍬𝍨𝍬 〇𝍪𝍠𝍮 𝍥〇〇	𝍯𝍦𝍮 𝍡X X̄ 𝍮〇〇 方	𝍠𝍬〇𝍬 𝍣𝍫𝍥	𝍡𝍯〇〇 下廉	𝍠益隅	续以商生隅入下廉
商 𝍦𝍪〇	𝍠𝍬𝍨𝍬 〇𝍪𝍠𝍮 𝍥〇〇实	𝍯𝍦𝍮 𝍡X X̄ 𝍮〇〇 方	𝍠𝍬〇𝍬 𝍣𝍫𝍥 上廉	𝍡𝍯𝍡〇 下廉	𝍠益隅	又以商生下廉，入上廉
商 𝍦𝍪〇	𝍠𝍬𝍨𝍬 〇𝍪𝍠𝍮 𝍥〇〇	𝍯𝍦𝍮𝍡 X X̄𝍮〇 〇方	𝍠𝍬𝍥𝍩 𝍧𝍫𝍥 上廉	𝍡𝍯𝍡〇 下廉	𝍠益隅	再以商生上廉，消从方
商 𝍦𝍪〇	𝍠𝍬𝍨𝍬 〇𝍪𝍠𝍮 𝍥〇〇实	𝍯X𝍯〇 𝍩〇𝍯𝍧 〇方	𝍠𝍬𝍥𝍩 𝍧𝍫𝍥 上廉	𝍡𝍯𝍡〇 下廉	𝍠益隅	乃以从方命上续商，除实递尽

译文

本题演算过程如下：

用两表间距离2步，求平方，得到4，作为勾幂。用从西表退后的12步，求平方，得144，作为股幂。用勾、股两个幂数相加，得到148，作为弦幂。将距离河岸的7里，用1里=360步换算，得2520步，求平方，得6350400，乘勾幂4，得25401600，作为率。用率求平方，得645241282560000，作为泛实数。然后用弦幂除以2，得74，和率25401600相乘，得1879718400，作为泛从上廉。用勾幂4和股幂144相减，得到140，除以4，得35，求平方，得1225，作为泛益隅。用三个泛数求公约数，得到1225，化约，得到定实数526727577600，从上廉1534464，定益隅为1。

解玲珑四次方程。用廉数、隅数分别跨数位进位，去约商。议商为700，上廉化作约153亿，益隅化作1亿。用商百位上的数字乘隅数，得到7亿，作为益下廉。再用商乘益廉，减去从廉，得到10444640000。再用商乘从廉，得73112480000，作为从方。乘商后从实数中减去，实数变为14940217600。再用商乘益隅，加上下廉，得14亿。再用商乘益隅，和从廉相减，得644640000。再用商乘从廉，和方相加，得77624960000。再用商乘益隅，加入下廉，得21亿。再用商乘益廉，和从廉相减，得14055360000，作为益上廉。再用商乘益隅，和下廉相加，得28亿。然后各个系数都进行退位。方退一位，得到7762496000。益上廉退两位，得140553600。益下廉退三位，得2800000。益隅退四位，得10000。然后在刚才商数的后面接着议商，得20步。用这个续商乘隅数，和下廉相加，得2820000。再用续商乘下廉，和上廉相加，得146193600。再用续商乘上廉，和从方相减，得7470108800。乘续商后从实数中减去，恰好减尽，商得到720步，换算成里，得到2里，就是敌营的直径。然后用圆的密率$\frac{22}{7}$计算，先用22乘720，得15840，作为被除数，除7，得到$2262\frac{6}{7}$步。换算成里，得到6里$102\frac{6}{7}$步，是敌营的周长。

术解

泛实=（$2520^2\times2^2$）^{2}=645241282560000；

泛从上廉=（2^2+12^2）÷2×（$2520^2\times2^2$）=1879718400；

泛益隅=［（12^2-2^2）÷4］^{2}=1225。

求等化约，得到：定实=526727577600，从上廉=1534464，定益隅=1。

求敌营直径的一元四次方程为：$-x^4+1534464x^2=526727577600$，$x$=720（步）。

敌营周长=$\frac{22}{7}\times720=2262\frac{6}{7}$（步）。

本题所立求敌营直径的方程有误，正确方程可利用三角形的相似性关系得到（参见《数书九章·札记》，宋景昌撰，中华书局，1985年）：

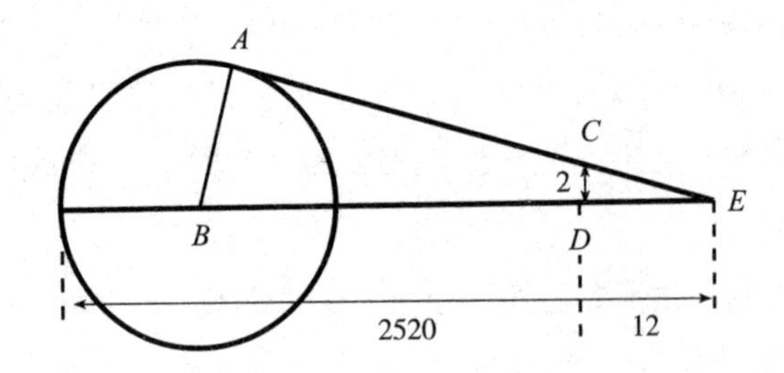

$$\frac{AB}{CD}=\frac{BE}{CE}$$

$$\frac{\frac{x}{2}}{2}=\frac{2520-\frac{x}{2}+12}{\sqrt{2\times2+12\times12}}$$

$(2+\sqrt{148})x=10128$

$x\approx715$（步）

周长≈2245（步）

望敌远近

原文

问：敌军处北山下，原不知相去远近。乃于平地立一表，高四尺。人退表九百步，步法五尺。遥望山原，适与表端参合。人目高四尺八寸。欲知敌军相去几何。

答曰：一十二里半。

译文

问：有敌军驻扎在北山下，不知道山原的距离有多远。于是在平地上竖立一根表，高四尺。人从表退后900步，1步=5尺。远眺山原，恰好和表的顶端在同一直线上。人眼睛高度4尺8寸。求敌军距离多远。

答：12.5里。

原文

术曰：

以勾股求之，重差入之。置人目高，以表高减之，余为法。置退表乘表高，为实。实如法而一。

译文

本题计算方法如下：

用勾股术求解，用重差术计算。用人眼睛高度和表的高度相减，得到除数。用从表后退的距离乘表的高度，作为被除数。相除。

译解

将已知数据均换算成“寸”来计算，表高=40寸，退后距离=45000寸，眼高=48寸。

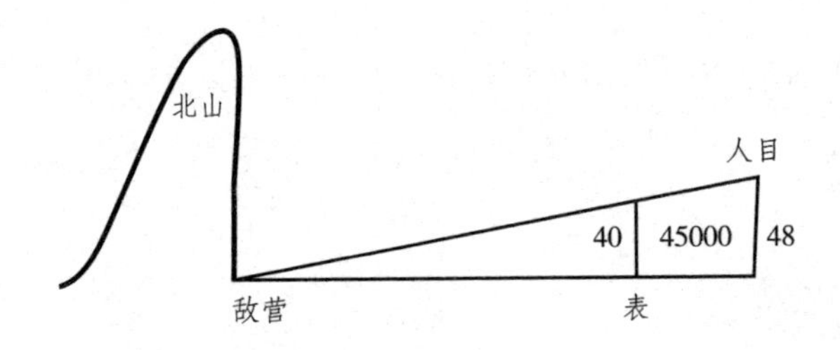

原文

草曰：

置人目高四尺八寸，减表高四尺，余八寸，为法。置退表九百步，以步法五十寸通之，得四万五千寸。乘表高四十寸，得一百八十万寸，为实。如法八寸而一，得二十二万五千寸。以步法五十寸约之，得四千五百步，为相去步。以里法三百六十步约之，得一十二里半，为敌去表所。合问。

译文

本题演算过程如下：

用人眼睛高度4尺8寸，和表的高度4尺相减，得8寸，作为除数。将从表后退的900步，用1步=50寸换算，得45000寸。乘表的高度40寸，得1800000寸，作为被除数。除以8寸，得225000寸。换算成步，得4500步，是敌军距离的步数。用1里=360步换算，得12.5里，是所求的敌军和表之间的距离。这样就解答了问题。

术解

敌军和表之间的距离=45000×40÷（48−40）=225000（寸）。

古池推元

原文

问：有方中圆[1]古池，堙圮[2]止余一角。从外方隅，斜[3]至内圆边，七尺六寸。欲就古迹修之。欲求圆、方、方斜各几何。

答曰：池圆径，三丈六尺六寸四百二十九分寸之四百一十二。

方面，三丈六尺六寸四百二十九分寸之四百一十二。

方斜，五丈一尺八寸四百二十九分寸之四百一十二。

注释

〔1〕方中圆：外方内圆，且圆和正方形的四边相切。

〔2〕堙圮：堙，堵塞。圮，倒塌。

〔3〕斜：指对角线。

译文

问：有一个外方内圆的古池，现已堵塞坍塌，只剩下一个角。从外切正方形的一个角沿对角线到圆边的距离是7尺6寸。现想要按照原先的样式修理它。求圆的直径、正方形的边长和对角线，各是多少。

答：池子的直径是3丈6尺6$\frac{412}{429}$寸。正方形边长3丈6尺6$\frac{412}{429}$寸。正方形对角线5丈1尺8$\frac{412}{429}$寸。

原文

术曰：

以少广求之，投胎术[1]入之。斜自乘，倍之，为实。倍斜为益方。以半为从隅开投胎平方，得径。又为方面。以隅并之，共为方斜。

注释

〔1〕投胎术：解高次方程的一种情况，即变换之后实数的绝对值比之前大。其解法属于前文所说“翻法”的一种。

译文

本题计算方法如下：

用《九章算术·少广》的方法求解，用投胎术计算。先用正方形对角线求平方，乘以2，作为实数。将对角线乘2，作为益方。用$\frac{1}{2}$寸作为从隅，用投胎术解二次方程，得到圆的直径。也是正方形的边长。加上隅数，得到正方形对角线长度。

译解

从图中可见，AE=76，圆的直径实际上等于长方形的边长。

而长方形对角线AC=2AE+圆直径。

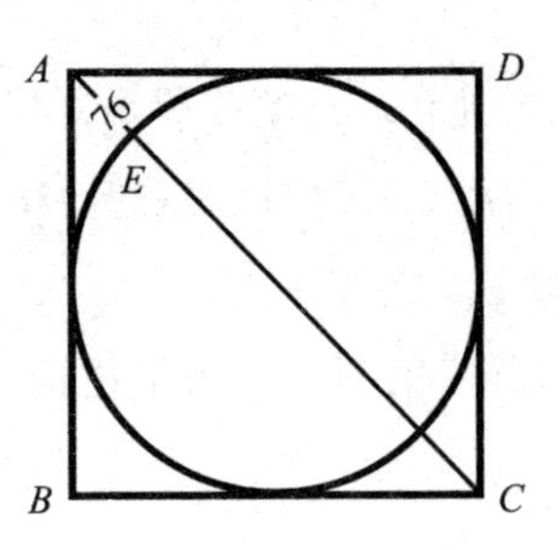

原文

草曰：

以斜七十六寸自乘，得五千七百七十六。倍之，得一万一千五百五十二寸，为实。倍斜七十六寸，得一百五十二，为益方。以半寸为从隅，开平方。置实一万一千五百五十二于上，益方一百五十二于中，从隅五分于下。超步，约得百。乃于实上商置三百寸。方再进，为一万五千二百。隅四进，为五千，以商隅相生，得一万五千，为正方。以消益方一万五千二百，其益方余二百。次与商相生，得六百。投入实，得一万二千一百五十二。又商隅相生，又得正方一万五千。内消负方二百讫，余一万四千八百，为从方。一退，为一千四百八十。以隅再退，为五十。乃于上商之次，续商置六十寸，与隅相生，增入正方，得一千七百八十。乃命验续商，除实讫。实余一千四百七十二。次以商生隅，增入正方，为二千八十。方一退，为二百八。隅再退，为五分。乃于续商之次，又商置六寸，与隅相生，增入正方，为二百一十一。乃命商，除实讫，实不尽二百六寸。不开，为分子。乃以商生隅，增入正方，又并隅共得二百一十四寸五分，为分母。以分母分子求等，得五分为等数。皆以五分约其分子分母之数，为四百二十九分寸之四百一十二。通命之，得池圆径及方面皆三丈六尺六寸四百二十九分寸之四百一十二。又倍隅斜七尺六寸，得一丈五尺二寸。并径三丈六尺六寸，共得五丈一尺八寸四百二十九分寸之四百一十二。为方斜。

译文

本题演算过程如下：

用对角线76寸求平方，得5776，乘2，得11552，作为实数。用对角线76乘2，得152，作为益方。用$\frac{1}{2}$寸作为从隅，解二次方程。将实数11552写在上方，益方152写在中间，从隅5分写在下面。各数进一位，在百位上议商。先议商为300寸，写在实数上方。方再进位，得到15200。隅数进四位，得5000，和商数相乘，得15000，作为正方。和益方15200相减，得200，为益方。然后和商相乘，得600。加上实数，得12152。再用商和隅相乘，得正方15000。和负方200相减，得14800，作为从方。退一位，得1480。隅数退两位，得50。在上面商的后面接着议商，续商为60寸，和隅相乘，加入正方，得1780。乘商后从实数中减去，实数变为1472。再用商和隅相乘，加上正方，得2080，退一位，得208。隅数退两位，得5寸。在续商后面再次议商6寸，和隅相乘，加上正方，得211。乘商后从实数中减去，余数206寸。无法约分，直接作为分子。然后用商和隅相乘，加上正，再加上隅，得214.5寸，作为分母。用分母和分子求公约数，得到5分，进行约分，得到$\frac{412}{429}$寸。再将对角线7尺6寸乘2，得1丈5尺2寸，加上直径3丈6尺6寸，得5丈1尺8$\frac{412}{429}$寸，就是所求的对角线长度。

术解

实$=76^2\times2=11552$；

益方$=-76\times2=-152$；

从隅$=0.5$。

得到求圆池直径/正方形边长x的一元二次方程：$0.5x^2-152x=11552$，$x=366\frac{412}{429}$（寸）。

对角线长度$=76\times2+366\frac{412}{429}=518\frac{412}{429}$（寸）。

表望浮图

原文

问：有浮图[1]攲侧[2]，欲换塔心木，不知其高。去塔六丈有刹竿[3]，亦不知其高。竿木去地九尺二寸始钉锔[4]，锔一十四枚，枚长五寸。每锔下股相去二尺五寸。就竿为表。人退竿三丈，遥望浮图尖，适与竿端斜合。又望相轮[5]之本，其景入锔第七枚上股。人目去地四尺八寸。心木放三尺为楯卯[6]剪截。欲求塔高、轮高、合用塔心木长各几何。

答曰：塔高，一十一丈七尺。相轮高，三丈。塔身高，八丈七尺。竿高，四丈二尺二寸。塔心木，九丈，内三尺为剪截穿凿楯卯。

注释

〔1〕浮图：又作“浮屠”，即塔。

〔2〕欹侧：倾斜。

〔3〕刹竿：塔前立的竹竿。刹：佛寺，佛塔。

〔4〕鍋：一种钉子。

〔5〕相轮：佛塔顶部的装饰物。

〔6〕榍卯：即榫卯，两个部件用凹凸的方式相互连接，凸出的部分叫“榫”，凹进的部分叫“卯”。

译文

问：有一座塔倾斜了，想要换塔心木，但不知道塔的高度。距离塔6丈有一根刹竿，也不知道高度。在竿离地面9尺2寸的地方开始钉鍋钉，共14枚，钉长5寸。每两根钉子下端相距2尺5寸。使用刹竿作为测量用的表。人从刹竿后退3丈，远眺塔尖，恰好和刹竿顶端重合。再测量塔顶相轮的顶端。正和第7枚鍋钉上部重合。人眼睛离地面4尺8寸。塔心木留出3尺用于安装榫卯。求塔高、相轮高、共用塔心木长各是多少。

答：塔高11丈7尺。相轮高3丈。塔身高8丈7尺。竿高4丈2尺2寸。塔心木高9丈，包括3尺的一段用来凿出榫卯。

原文

术曰：

以勾股求之，重差入之。置鍋数减一，余乘鍋相去数，并一枚长数，加竿本，共为表竿高。以退表为法。以人目高减表竿高，余乘竿去塔，为实。实如法而一，得数，加表竿高，共为塔高。置相轮本之鍋数减一，余乘鍋相去，又乘竿去塔，为实。实如法而一，得相轮高。以减塔高，余为塔身高。以益榍卯尺数，为塔心木长。

译文

本题计算方法如下：

用勾股术求解，用重差法计算。先用锔钉数目减1，得数乘钉子之间的距离，加上竿底长度，得到表竿的高度。用从表后退的长度作为除数，用人眼睛高度和表竿高度相减，得数乘竿和塔的距离，作为被除数。相除，得数加上表竿高度，得到塔高。用和相轮顶部重合的锔钉数减1，得数乘锔钉之间的距离，再乘竿到塔的距离，作为被除数。相除，得到相轮高度。和塔高相减，得到塔身高度。加上用于榫卯的尺数，得到塔心木长度。

译解

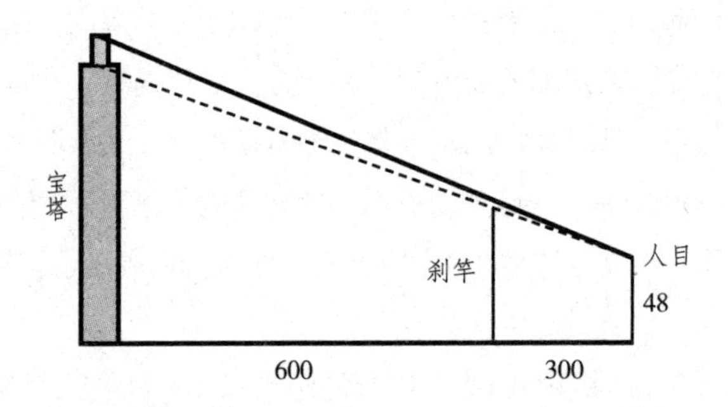

14根锔钉，其间共有14－1=13个间隔距离。还要加上最上面一根锔钉自身的长度，以及最下方离地面的高度。

表竿高=25×（14－1）+5+92=422（寸）。

原文

草曰：

置锔一十四枚，减一，余一十三。以乘锔相去二尺五寸，得三百二十五寸。并最上锔一枚长五寸，得三百三十寸。又加竿本九尺二寸，共得四百二十二寸，为表竿高。以人退表三丈，通为三百寸，为法。次以人目高四尺八寸，减表竿高四百二十二寸，余三百七十四寸。以乘竿去塔六丈，得二十二万四千四百寸，为实。实如法三百而一，得七百四十八寸。加表竿高四百二十二寸，得一千一百七十寸。以十约之，为一十一丈七尺，为塔高。置相轮本入第七锔，减一，余六。以乘锔相去二尺五寸，得一百五十寸。又乘竿去塔六丈，得九万寸，为实。实如前法三百寸而一，得三百寸。约三丈，得相轮高。以相轮高三丈，减塔高一十一丈七尺，余八丈七尺，为塔身高。益三尺，为剪截楯卯。共得九丈，为塔心木长。合问。

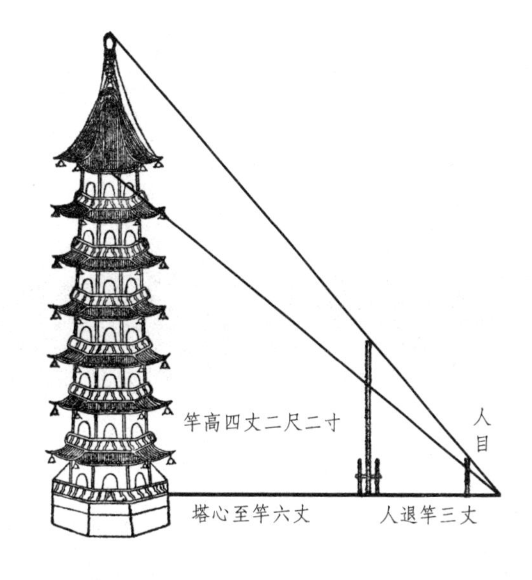

译文

本题演算过程如下：

用锔钉数目14枚减1，得到13。乘锔钉之间长度2尺5寸，得325寸。加上最上面一枚锔钉的长度5寸，得到330寸，加上竿底部9尺2寸，得422寸，是表竿高度。用人从表竿退后的距离3丈，换算为300寸，作为除数。然后用人眼睛高度4尺8寸，和表竿高422寸相减，得374寸。乘竿和塔之间的距离6丈，得224400寸，作为被除数。除以300，得748寸。加上表竿高度422寸，得1170寸。除以10，得11丈7尺，就是塔高。用与相轮顶端重合的锔钉数7减去1，得6。乘锔钉间长度2尺5寸，得150寸。又乘竿和塔的距离6丈，得到90000寸，作为被除数。除以300寸，得到300寸，换算为3丈，得到相轮高度。和塔高11丈7尺相减，得8丈7尺，即塔身的高度。加上3尺的一段用于榫卯，得9丈，就是塔心木的长度。这样就解决了问题。

术解

塔高=（422−48）×600÷300+422=1170（寸）。

相轮高=（7−1）×25×600÷300=300（寸）。

塔身高=1170−300=870（寸）。

塔心木长=870+30=900（寸）。

第五章　赋役类

本章包括卷九、卷十。本章探讨了数学如何应用于古代社会经济、民生最为重要的问题之一：徭役赋税。其中有的问题关于不同等级的田地如何分配各类赋税（“复邑修赋”“围田租亩”），有的问题关于兴造工程需要的人力和工作量计算（“筑埂均功”），有的问题关于不同赋税内容之间的折算（“宽减屯租”），等等。在这一类中使用的主要是来自《九章算术》的衰分、商功、粟米等计算方法及其拓展，所进行的主要是按比例分配、折算的数学方法操作。

卷九

复邑修赋

原文

问：有海坍县地今已复涨。岁久，乡井再成，申请创邑[1]，称土排到六乡，以附郭[2]为甲，最远为己，各有田九等，开具下项：

甲乡，共计田一十四万一百九十三亩三角一十二步。上等上田，五千六百七十八亩一角四十八步；中田，四千八百九十二亩三十步；下田，六千六百二十一亩五十四步。中等上田，八千二百二十五亩二十四步；中田，一万三十五亩六步；下田，一万六千五百三十亩。下等上田，二万一千九十亩二十四步；中田，三万二千六十亩三步；下田，三万五千六十一亩三角三步。

乙乡，田共计八万四千一十亩二角二步。上等上田，六千七百八十九亩一角三十六步；中田，五千九百八十七亩二角；下田，八千一十亩三角三步。中等上田，七千五百四十一亩；中田，九千一百二十一亩二角一十二步；下田；一万九千六十六亩六步。下等上田，一万八千三十七亩一角六步；中田，九千四百五十六亩三角五十九步；下田，无。

丙乡，田共计一十二万九百三十五亩五十八步五分。上等上田，四千八百六十八亩二角三步；中田，五千九百七十九亩三角六步；下田，六千八百八十八亩二角六步。中等上田，七千九百八十四亩一角；中田，一万四千五十六亩一十二步；下田，二万三千三百三十三亩一十二步。下等上田，二万七千七百五十五亩一十六步五分；中田，无；下田，三万七十亩三步。

丁乡，田共计八万九千六十六亩二步三分。上等上田，一万一千一百二亩一步；中田，九千八百七十六亩一角；下田，八千七百六十五亩一角三十步。中等上田，七千五百三十九亩三十四步三分；中田，无；下田，一万二千九百八十七亩四十二步。下等上田，无；中田，五千四百三十二亩一角六步；下田，三万三千三百六十三亩三角九步。

戊乡，田共计二十万四千四百七十四亩一角二十四步四分。上等上田，二万四千六百三十二亩三十九步四分；中田，一万三千五百二十一亩二十七步；下田，九千九百八十八亩三角三步。中等上田，八千八百七十七亩五十六步四分；中田，一万一千三百三十三亩三角；下田，二万七千六十七亩。下等上田，一万九千八百七十六亩三角六步；中田，七万九千一百三十五亩三角四十三步；下田，一万四十一亩二角三十步。

己乡，田共计一十五万八千四百六十亩三角十八步二分。上等上田，无；中田，七千七百八十八亩三角五十一步；下田，无。中等上田，九千九百九十九亩一角六十三步；中田，一万八百三十六亩五十六步；下田，无。下等上田，三万二千八十九亩一角四十五步六分；中田，四万三千六百七十八亩二角五十七步；下田，五万四千六十七亩三角四十五步六分。

照得昨来本县元科〔3〕苗米〔4〕，一十万三千五百六十七石八斗四升四合二勺。和买〔5〕，一万三千四百九十八匹一丈七尺三寸七分五厘。夏税〔6〕，九千八百七十六匹三丈二尺六寸五分六厘。其六乡田，系三色〔7〕，甲为上，乙、丙为次，丁戊己又为次。先令官物〔8〕为三差，使上比中，中比下，皆十分外差一。次令各乡九等，皆于十分内差一抛科，用合租额。其乙乡田最肥，次丁，次甲，次丙，次己，次戊。欲知三色等每亩等则及共科数，各乡几何?

答曰：

甲乡：

上等上田：苗，三斗二升三合二勺；和，一尺六寸九分；税，一尺二寸三分。中田：苗，二斗九升九勺；和，一尺五寸二分；税，一尺一寸一分。下田：苗，二斗五升八合六勺；和，一寸三寸五分；税，九寸九分。

中等上田：苗，二斗二升六合三勺；和，一尺一寸八分；税，八寸六分。中田：苗，一斗九升三合九勺；和，一尺一分；税，七寸四分。下田：苗，一斗六升一合六勺；和，八寸四分；税，六寸二分。

下等上田：苗，一斗二升九合三勺；和，六寸七分；税，四寸九分。中田：苗，九升七合；和，五寸一分；税，三寸七分。下田，苗，六升四合六勺；和，三寸四分；税，二寸五分。

乙乡：

上等上田：苗，三斗六升三合三勺；和，一尺八寸九分；税，一尺三寸九分。中田：苗，三斗二升七合；和，一尺七寸；税，一尺二寸五分。下田：苗，二斗九升六勺；和，一尺五寸二分；税，一尺一寸一分。

中等上田：苗，二斗五升四合三勺；和，一尺三寸三分；税，九寸七分。中田：苗，二斗一升八合；和，一尺一寸四分；税，八寸三分。下田：苗，一斗八升一合六勺；和，九寸五分；税，六寸九分。

下等上田:苗，一斗四升五合三勺；和，七寸六分；税，五寸五分。中田：苗，一斗九合；和，五寸七分；税，四寸二分。下田：苗，七升二合七勺；和，三寸八分；税，三寸八分。

丙乡：

上等上田：苗，三斗三合五勺；和，一尺五寸八分；税，一尺一寸六分。中田：苗，二斗七升三合一勺；和，一尺四寸二分；税，一尺四分。下田：苗，二斗四升二合八勺；和，一尺二寸七分；税，九寸三分。

中等上田：苗，二斗一升二合四勺；和，一尺一寸一分；税，八寸一分。中田：苗，一斗八升三合；和，九寸五分；税，六寸九分。下田：苗，一斗五升一合七勺；和，七寸九分；税，五寸八分。

下等上田：苗，一斗二升一合四勺；和，六寸三分；税，四寸六分。中田：苗，九升一合；和，四寸七分；税，三寸五分。下田：苗，六升七勺；和，三寸二分；税，二寸三分。

丁乡：

上等上田：苗，三斗四升三合二勺；和，一尺七寸九分；税，一尺三寸一分。中田：苗，三斗八合九勺；和，一尺六寸一分；税，一尺一寸八分。下田：苗，二斗七升四合六勺；和，一尺四寸三分；税，一尺五分。

中等上田：苗，二斗四升二勺；和，一尺二寸五分；税，九寸二分。中田：苗，二寸五合九勺；和，一尺七分；税，七寸九分。下田：苗，一斗七升一合七勺；和，八寸九分；税，六寸五分。

下等上田：苗，一斗三升七合三勺；和，七寸二分；税，五寸二分。中田，苗，一斗三合；和，五寸四分；税，三寸九分。下田：苗，六升八合六勺；和，三寸六分；税，二寸六分。

戊乡：

上等上田：苗，一斗五升三合八勺；和，八寸；税，五寸九分。中田：

苗，一斗三升八合四勺；和，七寸二分；税，五寸三分。下田：苗，一斗二升三合；和，六寸四分；税，四寸七分。

中等上田：苗，一斗七合七勺；和，五寸六分；税，四寸一分。中田：苗，九升二合三勺；和，四寸八分；税，三寸五分。下田：苗，七升六合九勺；和，四寸；税，二寸九分。

下等上田：苗，六升一合五勺；和，三寸二分；税，二寸三分。中田，苗，四升六合一勺；和，二寸四分；税，一寸八分。下田：苗，三升八勺；和，一寸六分；税，一寸二分。

□ 砻

砻是用来去稻粒外壳的一种工具。它用绳悬挂横杆，再将连杆和砻上的曲柄相连。当用两手反复且稍有摆动地推动横杆时，就可以通过连杆曲柄等构件使砻的上半部分旋转起来。这种机器可看成一种曲柄连杆装置。图中，古人正在利用砻去掉稻壳。

己乡：

上等上田：苗，二斗八升二合一勺；和，一尺四寸七分；税，一尺八分。中田：苗，二斗五升三合九勺；和，一尺三寸二分；税。九寸七分。下田：苗。二斗二升五合七勺；和，一尺一寸八分；税，八寸六分。

中等上田：苗，一斗九升七合五勺；和，一尺三分；税，七寸五分。中田：苗，一斗六升九合三勺；和，八寸八分；税，六寸五分。下田，苗，一斗四升一合一勺；和，七寸四分；税，五寸四分。

下等上田：苗，一斗一升二合九勺；和，五寸九分；税，四寸三分。中田：苗，八升四合六勺；和，四寸四分；税，三寸二分。下田：苗，五升六合四勺；和，二寸九分；税，二寸二分。

甲乡：苗米，一万九千五百五十石二斗四升八合三勺；和买，一万一百九十二丈二尺六寸五分六厘；夏税，七千四百五十七丈六尺八寸九分八厘。

乙乡：苗米，一万七千七百七十二石九斗五升三合；和买，九千二百六十五丈六尺九寸六分；夏税，六千七百七十九丈七尺一寸八分。

丙乡：苗米，一万七千七百七十二石九斗五升三合；和买，九千二百六十五丈六尺九寸六分；夏税，六千七百七十九丈七尺一寸八分。

丁乡：苗米，一万六千一百五十七石二斗三升；和买，八千四百二十三丈三尺六寸；夏税，六千一百六十三丈三尺八寸。

戊乡：苗米，一万六千一百五十七石二斗三升；和买，八千四百二十三丈三尺六寸；夏税，六千一百六十三丈三尺八寸。

己乡：苗米，一万六千一百五十七石二斗三升；和买，八千四百二十三丈三尺六寸；夏税，六千一百六十三丈三尺八寸。

注释

〔1〕邑：县。

〔2〕附郭：靠近城的地方，郊外。

〔3〕科：征税。

〔4〕苗米：苗，宋代赋税种类的名称，因为在秋季征收，通常用米缴纳，所以又称“苗米”。

〔5〕和买：宋代赋税名称，政府在春季给农民贷款，至春秋时令农民以绢布等织物偿还，又称“和市”。

〔6〕夏税：宋代赋税名称，在夏季缴纳，通常以绸、绢、棉等织物为主，也称“税”。

〔7〕色：等，级。

〔8〕官物：交给官家的财物，这里指前文所说的三种赋税。

译文

问：有一个县被海水冲塌了，后来地面又变高。过了很多年，此处再次成为宜居之地。于是该地申请创设县制，并称土地能够划分出6个乡，离县城最近的是甲乡，最远的是己乡，各自有9个等级的田地，面积列出如下：

甲乡田地共计140193亩3角12步。上等上田5678亩1角48步，中田4892亩30步，下田6621亩54步。中等上田8225亩24步，中田10035亩6步，下田16530亩。下等上田21090亩24步，中田32060亩3步，下田35061亩3角3步。

乙乡田地共计84011亩2角2步。上等上田6789亩1角36步，中田5987亩2角，下田8010亩3角3步。中等上田7541亩，中田9121亩2角12步，下田19066亩6步。下等上田18037亩1角6步，中田9456亩3角59步，无下田。

丙乡田地共计120935亩58步5分。上等上田4868亩2角3步，中田5979亩3角6步，下田6888亩2角6步。中等上田7984亩1角。中田14056亩12步，下田23333亩12步。下等上田27755亩16步5分，无中田，下田30070亩3步。

丁乡田地共计89066亩2步3分。上等上田11102亩1步，中田9876亩1角，下田8765亩1角30步。中等上田7539亩34步3分，无中田，下田12987亩42步。下等无上田，中田5432亩1角6步，下田33363亩3角9步。

戊乡田地共计204474亩1角24步4分。上等上田24632亩39步4分，中田13521亩27步，下田9988亩3角3步。中等上田8877亩56步4分，中田11333亩3角，下田27067亩。下等上田19876亩3角6步，中田79135亩3角43步，下田10041亩2角30步。

己乡田地共计158460亩3角18步2分。上等无上田，中田7788亩3角51步，无下田。中等上田9999亩1角63步，中田10836亩56步，无下田。下等上田32089亩1角45步6分，中田43678亩2角57步，下田54067亩3角45步6分。

按照这个县从前原有的标准征税，苗米103567石8斗4升4合2勺，和买13498匹1丈7尺3寸7分5厘，夏税9876匹3丈2尺6寸5分6厘。将6个乡分为3级，甲乡是上级，乙、丙乡是中级，丁、戊、己乡是下级。将赋税也分为三个等级，使上级比中级、中级比下级，比例都是11∶10，然后使各乡的9等田按照10∶9∶8∶7∶6∶5∶4∶3∶2的比例分配税额。其中乙乡田地最肥沃，其次是丁、甲、丙、己、戊。求三级每等田每亩应当出的税额以及每乡共应出的税额各是多少。

答：

甲乡：

上等上田：苗米，3斗2升3合2勺；和买，1尺6寸9分；夏税，1尺2寸3分。中田：苗米，2斗9升9勺；和买，1尺5寸2分；夏税，1尺1寸1分。下田：苗米，2斗5升8合6勺；和买，1寸3寸5分；夏税，9寸9分。

中等上田：苗米，2斗2升6合3勺；和买，1尺1寸8分；夏税，8寸6分。中田：苗米，1斗9升3合9勺；和买，1尺1分；夏税，7寸4分。下田：苗米，1斗6升1合6勺；和买，8寸4分；夏税，6寸2分。

下等上田：苗米，1斗2升9合3勺；和买，6寸7分；夏税，4寸9分。中田：苗米，9升7合；和买，5寸1分；夏税，3寸7分。下田：苗米，6升4合6勺；和买，3寸4分；夏税，2寸5分。

乙乡：

上等上田：苗米，3斗6升3合3勺；和买，1尺8寸9分；夏税，1尺3寸9分。中田：苗米，3斗2升7合；和买，1尺7寸；夏税，1尺2寸5分。下田：苗米，2斗9升6勺；和买，1尺5寸2分；夏税，1尺1寸1分。

中等上田：苗米，2斗5升4合3勺；和买，1尺3寸3分；夏税，9寸7分。中田：苗米，2斗1升8合；和买，1尺1寸4分；夏税，8寸3分。下田：苗米，1斗8升1合6勺；和买，9寸5分；夏税，6寸9分。

下等上田：苗米，1斗4升5合3勺；和买，7寸6分；夏税，5寸5分。中田：苗米，1斗9合；和买，5寸7分；夏税，4寸2分。下田：苗米，7升2合7勺；和买，3寸8分；夏税，3寸8分。

丙乡：

上等上田：苗米，3斗3合5勺；和买，1尺5寸8分；夏税，1尺1寸6分。中田：苗米，2斗7升3合1勺；和买，1尺4寸2分；夏税，1尺4分。下田：苗米，2斗4升2合8勺；和买，1尺2寸7分；夏税，9寸3分。

中等上田：苗米，2斗1升2合4勺；和买，1尺1寸1分；夏税，8寸1分。中田：苗米，1斗8升3合；和买，9寸5分；夏税，6寸9分。下田：苗米，1斗5升1合7勺；和买，7寸9分；夏税，5寸8分。

下等上田：苗米，1斗2升1合4勺；和买，6寸3分；夏税，4寸6分。中田：苗米，9升1合；和买，4寸7分；夏税，3寸5分。下田：苗米，6升7勺；和买，3寸2分；夏税，2寸3分。

丁乡：

上等上田：苗米，3斗4升3合2勺；和买，1尺7寸9分；夏税，1尺3寸1分。中田：苗米，3斗8合9勺；和买，1尺6寸1分；夏税，1尺1寸8分。下田：苗米，2斗7升4合6勺；和买，1尺4寸3分；夏税，1尺5分。

中等上田：苗米，2斗4升2勺；和买，1尺2寸5分；夏税，9寸2分。中田：苗米，2寸5合9勺；和买，1尺7分；夏税，7寸9分。下田：苗米，1斗7升1合7勺；和买，8寸9分；夏税，6寸五5分。

下等上田：苗米，1斗3升7合3勺；和买，7寸2分；夏税，5寸2分。中田，苗米，1斗3合；和买，5寸4分；夏税，3寸9分。下田：苗米，6升8合6勺；和买，3寸6分；夏税，2寸6分。

戊乡：

上等上田：苗米，1斗5升3合8勺；和买，8寸；夏税，5寸9分。中田：苗米，1斗3升8合4勺；和买，7寸2分；夏税，5寸3分。下田：苗米，1斗2升3合；和买，6寸4分；夏税，4寸7分。

中等上田：苗米，1斗7合7勺；和买，5寸6分；夏税，4寸1分。中田：苗米，9升2合3勺；和买，4寸8分；夏税，3寸5分。下田：苗米，7升6合9勺；和买，4寸；夏税，2寸9分。

□ 打谷

图为古代农人收割和舂打稻谷的情景。

下等上田：苗米，6升1合5勺；和买，3寸2分；夏税，2寸3分。中田：苗米，4升6合1勺；和买，2寸4分；夏税，1寸8分。下田：苗米，3升8勺；和买，1寸6分；夏税，1寸2分。

己乡：

上等上田：苗米，2斗8升2合1勺；和买，1尺4寸7分；夏税，1尺8分。中田：苗米，2斗5升3合9勺；和买，1尺3寸2分；夏税。9寸7分。下田：苗米。2斗2升5合7勺；和买，1尺1寸8分；夏税，8寸6分。

中等上田：苗米，1斗9升7合5勺；和买，1尺3分；夏税，7寸5分。中田：苗米，1斗6升9合3勺；和买，8寸8分；夏税，6寸5分。下田：苗米，1斗4升1合1勺；和买，7寸4分；夏税，5寸4分。

下等上田：苗米，1斗1升2合9勺；和买，5寸9分；夏税，4寸3分。中田：苗米，8升4合6勺；和买，4寸4分；夏税，3寸2分。下田：苗米，5升6合4勺；和买，2寸9分；夏税，2寸2分。

甲乡：苗米19550石2斗4升8合3勺；和买10192丈2尺6寸5分6厘；夏税7457丈6尺8寸9分8厘。

乙乡：苗米17772石9斗5升2合；和买9265丈6尺9寸6分；夏税6779丈7尺1

寸8分。

丙乡：苗米17772石9斗5升3合；和买9265丈6尺9寸6分；夏税6779丈7尺1寸8分。

丁乡：苗米16157石2斗3升；和买8423丈3尺6寸；夏税6163丈3尺8寸。

戊乡：苗米16157石2斗3升；和买8423丈3尺6寸；夏税6163丈3尺8寸。

己乡：苗米16157石2斗3升；和买8423丈3尺6寸；夏税6163丈3尺8寸。

原文

术曰：

以衰分求之。先列本县色位，自下锥行列之，又以乡数对列而乘之，副并为法。以除诸官物数，得一分之率。以率数乘未并者，各得诸乡之数。次列各乡等位，自上等置十分，每以内分锥行，九折之，至九等之。又各以亩步乘之，副并为乡法。以除诸各乡所得官物数，所得为一分之率。以乘未并者，各得每亩税色。

译文

本题计算方法如下：

用衰分法求解。先把本县田地的级别自上而下递增写出，再对应写上各乡比例数，对乘后相加写在旁边，作为除数，去除各项赋税应征收的数额，得到每一分的税率。用税率乘相加之前的各比例数，得到各乡缴纳税额。然后将各乡田地按等排列，从上等设为10分，依次递减9次，得到9等。再用各等的亩数去乘，各乡的9个得数相加，得到各乡法数，去除各乡征税的税额，得到每一分的税率。以税率乘相加之前各田等的比例数，各自得到每亩征收税额。

译解

上	甲	1	121
中	乙、丙	2	110
下	丁、戊、己	3	100

原文

草曰：

列本县色位三目。下色列十分，中十一分。上比中，身外加一，上得一百二十一，中得一百一十，下得一百。为上中下三率。列之右行。

右行	一‖一上	‖一〇中	|〇〇下

乃列甲一，对上率。乙、丙共二，对中率。丁、戊、己共三，对下率，列左行。

右行	|=|	|一〇	|〇〇
左行	|甲	乙‖丙	丁|||戊己

乃以左行率数，各相对乘右行率数，其上，得一百二十一。其中，得二百二十。其下，得三百。乃副置而并之，得六百四十一，为法。置元科苗米一十万三千五百六十七石八斗四升四合二勺，为实。以法除之，得一百六十一石五斗七升二合三勺，为一分之率。以未并下率一百，乘率，得一万六千一百五十七石二斗三升，为丁、戊、己三乡各科数。以于身下加一，得一万七千七百七十二石九斗五升三合，为乙、丙二乡各科数。又于身下加一，得一万九千五百五十石二斗四升八合三勺，为甲合科数。

求和买亦用六百四十一为法，置元科和买一万三千四百九十八匹。以匹法四丈通之，得五万三千九百九十二丈。内零一丈七尺三寸七分五厘，得五万三千九百九十三丈七尺三寸七分五厘，为实。以法除之，得八十四丈二尺三寸三分六厘，为一分之率。亦以为并下率一百乘之，得八千四百二十三丈三尺六寸，为丁、戊、己三乡各科数。次于身下加一，得九千六百六十五丈六尺九寸六分，为乙、丙二乡各科数。又于身下加一，得一万一百九十二丈二尺六寸五分六厘，为甲乡合科数。

求夏税。亦置六百四十一为法，置元科夏税九千八百七十六匹。以匹法四丈通之，得三万九千五百四丈。内零三丈二尺六寸五分六厘，得三万九千五百七丈二尺六寸五分六厘，为实。以法除之，得六十一丈六尺三寸三分八厘，为一分率。亦以未并下率一百乘之，得六千一百六十三丈三尺八寸，为丁、戊、己三乡各科数。次于身下加一，得六千七百七十九丈七尺一寸八分，为乙、丙二乡各科数。又于身下加一，得七千四百五十七丈六尺八寸九分八厘，为甲乡数。

次列九等，上以十，次九、八、七、六、五、四、三、二，各对乘六乡九等田亩。其田亩下角、步，以亩法除之，得分、厘、毫、丝、忽，接于亩下。对乘之，得各率。

译文

本题演算过程如下：

将本县田地列为3级，下级为10，中级11。上级比中级也是11：10，再进一位，上级121，中级110，下级100，作为上、中、下三个比率，写在右列。然后将甲1对应上率，乙、丙共2对应中率，丁、戊、己共3对应下率，写在左列。用左、右列的数对乘，上面得到121，中间得到220，下面得到300，相加得到641，作为除数；用原本缴纳税额苗米103567石8斗4升4合2勺，作为被除数。用除数去除，得到161石6斗7升2合3勺，是每一分的税率。用没有相加之前的下率100去乘，得到16157石2斗3升，是丁、戊、己三个乡各自缴纳的苗米数。按比例计算上一级，得17772石9斗5升3合，是乙、丙两个乡各自缴纳的苗米数。再按比例计算上一级，得19550石2斗4升8合3勺，是甲乡应当缴纳的苗米数。

求和买也用641作为除数；用原缴纳和买13498匹，乘1匹=4丈，得53992丈。还有零余1丈7尺3寸7分5厘，得到53993丈7尺3寸7分5厘，作为被除数。用除数去除，得到84丈2尺3寸3分6厘，是每一分的税率。也用下级比率100去乘，得8423丈3尺6寸，是丁、戊、己三个乡各自的税额。然后按照比例计算上一级，得到9665丈6尺9寸6分，是乙、丙两个乡各自的税额。再按照比例计算上一级，得10192丈2尺6寸5分6厘，是甲乡应缴纳的税额。

然后求夏税。也用641作为除数；用原本缴纳夏税额9876匹，以1匹=4丈去乘，得39504丈，还有零余3丈2尺6寸5分6厘，共得39507丈2尺6寸5分6厘，作为被除数。用除数去除，得61丈6尺3寸3分8厘，是每一分的税率。再用没有相加之前的下率100去乘，得6163丈3尺8寸，是丁、戊、己三个乡各自缴纳的税额。然后按照比例计算上一级，得6779丈7尺1寸8分，是乙、丙两个乡各自缴纳的税额。再按照比例计算上一级，得到7457丈6尺8寸9分8厘，是甲乡缴纳的税额。

然后列出田地的9个等级，最高等为10，然后依次是9、8、7、6、5、4、3、2，各自和6个乡的9等田地亩数相乘，其中亩之下的角、步，都用单位关系换算，得到分、厘、毫、丝、忽，加在亩的后面。进行对乘，得到各个田率。

术解

甲：

上等上田率：56784分5厘。中田率：4429分1厘2毫5丝。下田率：52969分8厘。

中等上田率：57575分7厘。中田率：60210分1厘5毫。下田率：82650分。

下等上田率：84360分4厘。中田率：96180分3毫7丝5忽。下田率：70123分5厘2毫5丝。

乙：

上等上田率：67894分。中田率：53887分5厘。下田率：64086分1厘。

中等上田率：53787分。中田率：54729分3厘。下田率：95330分1厘2毫5丝。

下等上田率：72149分1厘。中田率：28370分9厘8毫8丝。下田率无。

丙：

上等上田率：48685分1厘2毫5丝。中田率：53817分9厘7毫5丝。下田率：55108分2厘。

中等上田率：55889分7厘5毫。中田率：84336分3厘。下田率：116665分2厘5毫。

下等上田率：111020分2厘7毫5丝。中田率无。下田率：60140分2毫5丝。

丁：

上等上田率：111020分5毫。中田率：88886分2厘5毫。下田率：70123分。

中等上田率：52774分4厘8毫2丝5忽。中田率无。下田率：64935分8厘7毫5丝。

下等上田率无。中田率：16296分8厘2毫5丝。下田率：66727分5厘7毫5丝。

戊：

上等上田率：246321分6厘2毫5丝。中田率：121690分1毫2丝5忽。下田率：79910分1厘。

中等上田率：62146分6厘4毫5丝。中田率：68200分5厘。下田率：135335厘。

下等上田率：79507分1厘。中田率：237407分7厘8毫7丝5忽。下田率：20083分2厘5毫。

己：

上等上田率无。中田率：70100分6厘6毫2丝5忽。下田率无。

中等上田率：699696分5厘8毫7丝5忽。中田率：65017分4厘1毫。下田率无。

下等上田率：128357分7厘6毫。中田率：131036分2厘1毫2丝5忽。下田率：108135分8厘8毫。

原文

并六乡之九率，为六乡之法：

甲法：六十万四千八百八十三分二厘三毫七丝五忽。

乙法：四十八万九千二百三十四分一厘一毫三丝。

丙法：五十八万五千六百六十二分九厘。

丁法：四十七万七百六十三分五厘七毫五丝。

戊法：一百五万三百九十八分二毫。

己法：五十七万二千六百四十四分五厘一毫二丝五忽。

以六乡法，各除诸乡官物，得一分之率。米至圭、帛至忽。半已上，收。已下，弃。

甲乡苗米：三升二合三勺二抄一撮。和买：一寸六分八厘五毫八丝。夏税：一寸二分三里二毫八丝。

乙乡苗米：三升六合三勺二抄八撮一圭。和买：一寸八分九厘三毫九丝二忽。夏税：一寸三分八厘五毫八丝。

丙乡苗米：三升三勺四抄八撮。和买：一寸五分八厘二毫一丝。夏税：一寸一分五厘七毫五丝。

丁乡苗米：三升四合三勺二抄一撮四圭。和买：一寸七分八厘九毫三丝。夏税：一寸三分九毫二丝三忽。

戊乡苗米：一升五合三勺八抄二撮。和买：八分一毫九丝二忽。夏税：五分八厘六毫七丝七忽。

己乡苗米：二升八合二勺一抄五撮一圭。和买：一寸四分七厘九丝六忽。

夏税：一寸七厘六毫三丝。

用各乡锥行数十、九、八、七、六、五、四、三、二，各乘一分之率，为各乡每亩等则泛数。或自上等上田之则，以一分之率，累减之亦得（以下原文略，见术解）。已上田则。苗至寸。绢至分。收归为等则等数。答在前。

译文

将六个乡各自九个县的田率相加，作为各自的除数。具体得数见术解。

用各乡的除数去除各项税物额度，得到单位税率。米精确到圭，帛精确到忽。在0.5以上的收入，0.5以下的舍弃。具体得数见术解。

用各个乡的比率数10、9、8、7、6、5、4、3、2递减排列，各自乘单位税率，得到各乡每亩每样税物应交的额度。

或者从上等上田开始，先用10乘单位税率，再按照比例递减也能得到税额。

求得的各田税额。将其中苗精确到寸，绢精确到分，将小数部分收进去，得到答案，如前。

术解

各乡除数：

甲法：604883分2厘3毫7丝5忽。

乙法：489234分1厘1毫3丝。

丙法：585662分9厘。

丁法：470763分5厘7毫5丝。

戊法：1050398分2毫。

己法：572644分5厘1毫2丝5忽。

各乡税率：

甲乡苗米：3升2合3勺2抄1撮。和买：1寸6分8厘5毫8丝。夏税：1寸2分3厘2毫8丝。

乙乡苗米：3升6合3勺2抄8撮1圭。和买：1寸8分9厘3毫9丝2忽。夏税：1寸3分8厘5毫8丝。

丙乡苗米：3升3勺4抄8撮。和买：1寸5分8厘2毫1丝。夏税：1寸1分5厘7

毫5丝。

丁乡苗米：3升4合3勺2抄1撮4圭。和买：1寸7分8厘9毫3丝。夏税：1寸3分9毫2丝3忽。

戊乡苗米：1升5合3勺8抄2撮。和买：8分1毫9丝2忽。夏税：5分8厘6毫7丝7忽。

己乡苗米：2升8合2勺1抄5撮1圭。和买：1寸4分7厘9丝6忽。夏税：1寸7厘6毫3丝。

各乡税额：

甲：

上等上田：苗米，3斗2升3合2勺1抄；和买，1尺6寸8分5厘4丝；夏税，1尺2寸3分2厘8毫。中田：苗米，2斗9升8勺8抄9撮；和买，1尺5寸1分6厘5毫3丝6忽；夏税，1尺1寸9厘5毫2丝。下田：苗米，2斗5升8合5勺6抄8撮；和买，1尺3寸4分8厘3丝二忽；夏税，9寸8分6厘2毫4丝。

中等上田：苗米，2斗2升6合2勺4抄7撮；和买，1尺1寸7分9厘5毫2丝8忽；夏税，8寸6分2厘9毫6丝。中田：苗米，1斗9升3合9勺2抄6撮；和买，1尺1分1厘2丝4忽；夏税，7寸3分9厘6毫8丝。下田：苗米，1斗6升1合6勺5撮；和买，8寸4分2厘5毫2丝；夏税，6寸1分6厘4毫。

下等上田：苗米，1斗2升9合2勺8抄4撮；和买，6寸7分4厘1丝6忽；夏税，4寸9分3厘1毫2丝。中田：苗米，9升6合9勺6抄3撮；和买，5寸5厘5毫1丝2忽；夏税，3寸6分9厘8毫4丝。下田：苗米，6升4合6勺4抄2撮；和买，3寸3分7厘8忽；夏税，2寸4分6厘5毫6丝。

乙：

上等上田：苗米，3斗6升3合2勺8抄；和买，1尺8寸9分3厘9毫2丝；夏税，1尺3寸8分5厘8毫。中田：苗米，3斗2升6合9勺5抄2撮；和买，1尺7寸3厘5毫2丝8忽；夏税，1尺2寸4分7厘2毫2丝。下田：苗米，2斗9升6勺2抄4撮；和买，1尺5寸8厘6毫4丝；夏税，1尺1寸8厘6毫4丝。

中等上田：苗米，2斗5升4合2勺9抄6撮；和买，1尺3寸2分5厘7毫4丝4忽；夏税，9寸7分6丝。中田：苗米，2斗1升7合9勺6抄8撮；和买，1尺1寸3分6厘3毫5丝2忽；夏税，8寸3分1厘4毫8丝。下田：苗米，1斗8升1合6勺4抄；和买。9寸4分6厘9毫6丝；夏税，6寸9分2厘9毫。

下等上田：苗米，1斗4升5合3勺1抄2撮；和买，7寸5分7厘5毫6丝8忽；夏税，5寸6分4厘3毫2丝。中田：苗米，1斗8合9勺8抄4撮；和买，5寸5分8厘1毫7丝6忽；夏税，4寸1分5厘7毫4丝。下田：苗米，7升2合6勺5抄6撮；和买，3寸7分8厘8丝4忽；夏税，2寸7分7厘1毫6丝。

丙：

上等上田：苗米，3斗3合4勺8抄；和买，1尺5寸8分2厘1毫；夏税，1尺1寸5分7厘5毫。中田：苗米，2斗7升3合1勺3抄2撮；和买，1尺4寸2分3厘8毫9丝；夏税，1尺4分1厘7毫5丝。下田：苗米，2斗4升2合7勺8抄4撮；和买，1尺2寸6分5厘6毫8丝；夏税，9寸2分6厘。

中等上田：苗米，2斗1升2合4勺3抄6撮；和买，1尺1寸7厘4毫7丝；夏税，8寸1分2毫5丝。中田：苗米，1斗8升2合8抄8撮；和买，9寸4分9厘2毫6丝；夏税，6寸9分4厘5毫。下田：苗米，1斗5升1合7勺4抄；和买，7寸9分1厘5丝；夏税，5寸7分8厘7毫5丝。

下等上田：苗米，1斗2升1合3勺9抄2撮；和买，6寸3分2厘8毫4丝；夏税，4寸6分3厘。中田：苗米，9升1合4抄4撮；和买，4寸7分4厘6毫3丝；夏税，3寸4分7厘2毫。下田：苗米，6升6勺9抄6撮；和买，3寸1分6厘4毫2丝；夏税，2寸3分1厘5毫。

丁：

上等上田：苗米，3斗4升3合2勺1抄4撮；和买，1尺7寸8分9厘3毫；夏税，1尺3寸9厘2毫3丝。中田：苗米，3斗8合8勺9抄2撮6圭；和买，七尺6寸1分3毫7丝；夏税，1尺1寸7分8厘3毫7忽。下田：苗米，2斗7升4合5勺7抄1撮2圭；和买，1尺4寸3分1厘4毫4丝；夏税，1尺4分7厘3毫8丝4忽。

中等上田：苗米，2斗4升2勺4抄9撮8圭；和买，1尺2寸5分2厘5毫1丝；夏税，9寸1分6厘4毫6丝1忽。中田：苗米，2斗5合9勺2抄8撮4圭；和买，1尺7分3厘5毫8丝；夏税，7寸8分5厘5毫3丝8忽。下田：苗米，1斗7升1合6勺7撮；和买，8寸9分4厘6毫5丝；夏税，6寸5分4厘6毫1丝5忽。

下等上田：苗米，1斗3升7合2勺8抄5撮6圭；和买，7寸1分5厘7毫2丝；夏税，5寸2分3厘6毫9丝2忽。中田：苗米，1斗2合9勺6抄4撮2圭；和买，5寸3分6厘7毫9丝；夏税，3寸9分2厘7毫6丝9忽。下田：苗米，6升8合6勺4抄2撮6丝9忽；和买，3寸5分7厘8毫6丝；夏税，2寸6分1厘8毫4丝6忽。

戊：

上等上田：苗米，1斗5升3合8勺2抄；和买，8寸1厘9毫2丝；夏税，5寸8分6厘7毫7丝。中田：苗米，1斗3升8合4勺3抄8撮；和买，7寸2分1厘7毫2丝8忽；夏税，5寸2分8厘9丝3忽。下田：苗米，1斗2升3合5抄6撮；和买，6寸4分1厘5毫3丝6忽；夏税，4寸6分9厘4毫1丝6忽。

中等上田：苗米，1斗7合6勺7抄4撮；和买，5寸6分1厘3毫4丝4忽；夏税，4寸1分7毫3丝9忽。中田：苗米，9升2合2勺9抄2忽；和买，4寸8分1厘1毫5丝2忽；夏税，3寸5分2厘6丝2忽。下田：苗米，7升6合9勺1抄；和买，4寸9毫6丝；夏税，2寸9分3厘3毫8丝5忽。

下等上田：苗米，6升1合5勺2抄8撮；和买，3寸2分7毫6丝8忽；夏税，2寸3分4厘7毫8忽。中田：苗米，4升6合1勺4抄6撮；和买，2寸4分5毫7丝6忽；夏税，1寸7分6厘3丝1忽。下田：苗米，3升7勺6抄4撮；和买，1寸6分3毫8丝4忽；夏税，1寸1分7厘3毫5丝4忽。

己：

上等上田：苗米，2斗8升2合1勺5抄1撮；和买，1尺4寸7分9毫6丝；夏税，1尺7分6厘3毫。中田：苗米，2都5升3合9勺3抄5撮9圭；和买，1尺3寸2分3厘8毫6丝4忽。夏税，9寸6分8厘6毫7丝。下田：苗米，2斗2升5合7勺2抄8圭；和买，1尺1寸6厘7毫6丝8忽。夏税，8寸6分1厘4丝。

中等上田：苗米，1斗9升7合5勺5撮7圭；和买，1尺2分9厘6毫7丝2忽；夏税，7寸5分3厘4毫1丝。中田：苗米，1斗6升9合2勺9抄6圭；和买，8寸8分2厘5毫7丝6忽；夏税，6寸4分5厘7毫8丝。下田：苗米，1斗4升1合7抄5撮5圭；和买，7寸3分5厘4毫8丝；夏税，5寸3分8厘1毫5丝。

下等上田：苗米，1斗1升2合8勺6抄4圭；和买，5寸8分8厘3毫8丝4忽；夏税，4寸3分5毫2丝。中田：苗米，8升4合6勺4抄5撮3圭；和买，4寸4分1厘2毫8丝8忽；夏税，3寸2分2厘8毫9丝。下田：苗米，5升6合4勺3抄2圭；和买，2寸9分4厘1毫9丝2忽；夏税，2寸七分5厘2毫6丝。

卷十

围田租亩

原文

问：有兴复围田已成，共计三千二十一顷五十一亩一十五步。分三等，其上等每亩起租六斗，中等四斗五升，下等四斗。中田多上田弱半[1]，不及下田太半，欲知三色田亩及各租几何。

答曰：上田，四百七十七顷八亩一十五步。米，二万八千六百二十四石八斗三升七合五勺。

中田，六百三十六顷一十亩三角。米，二万八千六百二十四石八斗三升七合五勺。

下田，一千九百八顷三十二亩一角。米，七万六千三百三十二石九斗。

注释

〔1〕弱半：$\frac{1}{4}$。类似的有：$\frac{3}{4}$为“强半”，$\frac{2}{3}$为“太半”，$\frac{1}{3}$为“少半”。

译文

问：有一块围田修复完毕，共计3021顷51亩15步。分为三等，上等每亩收租6斗米，中等4斗5升，下等4斗。中田比上田多$\frac{1}{4}$，比下田少$\frac{2}{3}$，求三等田各自的面积和收租米多少。

答曰：上田面积477顷8亩15平方步，收租米28624石8斗3升7合5勺。中田面积636顷10亩3角，收租米28624石8斗3升7合5勺。下田面积1908顷32亩1角，收租米76332石9斗。

原文

术曰：

以衰分求之。列母子求田率，副并为法，以共田为实。实如法而一，得一分之率。以遍乘未并者，得三等田。各以起租乘之，各得米。

译文

本题计算方法如下：

用衰分法求解。将各田列为分子和分母求比率，相加得到除数，用田地总面积作为被除数。相除得到一份的面积，乘相加之前的比率数，得到三块田各自的面积。再用各自的收租标准去乘，得到各自收租米数。

译解

上田：中田：下田=3：4：12。

一分率=72516255÷（3+4+12）=3816645（平方步）。

原文

草曰：

置弱半母四，为中率。子三，为上率。以太半子二，减母三，余一。以乘中率四，只得四，为中泛。又以余一乘上率三，只得三，为上泛。次以太半母三，乘中泛四，得一十二，为下泛。副并三泛，得一十九，为法。置田三千二十一顷五十一亩。以亩法二百四十通之，得七千二百五十一万六千二百四十步。内子一十五步，得七千二百五十一万六千二百五十五步，为实。以法一十九除之，得三百八十一万六千六百四十五步，为一分之数。以上泛三因之，得一千一百四十四万九千九百三十五步，为上积。又以中泛四因之一分数，得一千五百二十六万六千五百八十步，为中积。又以下泛一十二乘一分数，得四千五百七十九万九千七百四十步，为下积。其三积，各以亩法二百四十，约之为亩。其上田，得四百七十七顷八亩一十五步，其中田，得六百三十六顷一十亩三角，其下田，得一千九百八顷三十二亩一角。各以起租三积，为三实。其上积一千一百四十四万九千九百三十五步，乘上租六斗，得六百八十六万九千九百六十一石，为实。以亩法二百四十除之，得二万八千六百二十四石八斗三升七合五勺，为上田租。其中积一千五百二十六万六千五百八十步，乘中租四斗五升，得六百八十六万九千九百六十一石，为实。以亩法二百四十除之，得二万八千六百二十四石八斗三升七合五勺。其下积四千五百七十九万九千七百四十步，乘下租四斗，得一千八百三十一万九千八百九十六石，为实。以亩法二百四十除之，得七万六千三百三十二石九斗，为下田米。

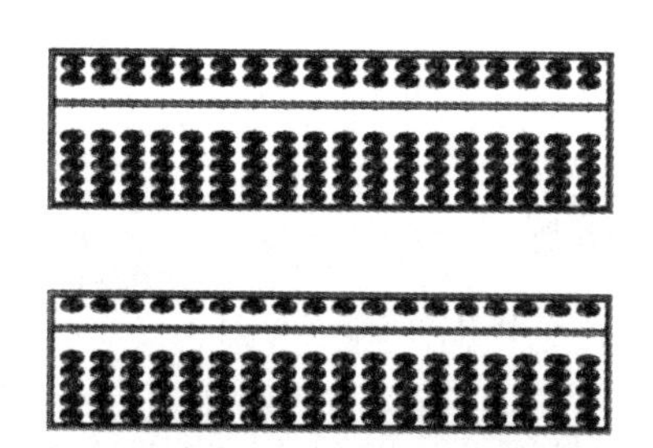

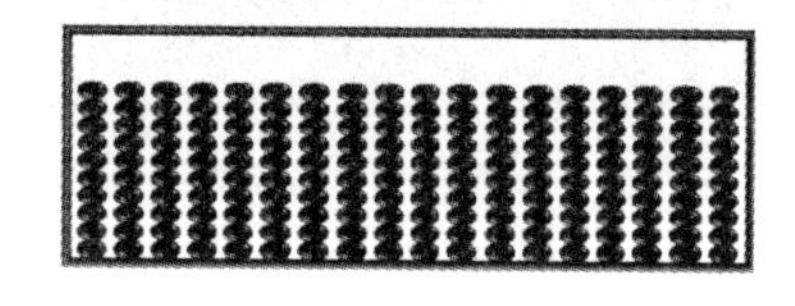

□ 算盘

算盘是中国独创，后于16世纪末传入日本和俄国。日本称算盘为“十露盘”，算珠由扁圆形改成菱形，梁上两珠改为一珠，盘窄而长，档数加至27。俄国的算盘则将若干铁条或木条镶在木框内，每条穿十珠。这是纯粹的十进位制，直观易懂，后来它被用作儿童学算术的工具而流行于全世界。

译文

本题演算过程如下：

用$\frac{3}{4}$的分母4作为中率，分子3作为上率。用$\frac{2}{3}$的分子2和分母3相减，得1。用差1乘中率4，仍然得到4，作为中泛。再用差1乘上率3，仍然得到3，作为上泛。然后用$\frac{2}{3}$的分母3，乘中泛4，得12。将三个泛数相加，得19，作为泛数。用田地总面积3021顷51亩，按照1亩=240平方步换算，得到72516240平方步。还有15步零余，得到72516255平方步，作为被除数。用除数19去除，得3816645平方步，是比例一份的数额。用上泛3去乘，得11449935平方步，作为上积。用中泛4去乘一份的数额，得15266580平方步，作为中积。再用下泛12乘一份的数额，得45799740平方步，作为下积。这三个积数各用1亩=240平方步去换算成亩，上田得477顷8亩15平方步，中田得636顷10亩3角，下田得1908顷32亩1角。各自用三个积数乘三块田的每亩租米数额，作为被除数。上积11449935平方步，乘上田每亩租6斗，得6869961石，作为被除数，用1亩=240平方步去除，得到28624石8斗3升7合5勺，是上田的租米数。中积15266580平方步，乘中田每亩租米4斗5升，得6869961石，作为被除数，用1亩=平方240平方步去除，得28624石8斗3升7合5勺。下积45799740平方步，乘下田每亩租米4斗，得18319896

石，作为被除数，用1亩=240平方步去除，得76332石9斗，是下田的租米数。

术解

田地面积：

上田=3816645×3=11449935（平方步），中田=3816645×4=15266580（平方步），下田=3816645×12=45799740（平方步）。

换算为亩：

上田=47708.0625（亩），中田=63610.75（亩），下田=190832.25（亩）。

求租米：

上田=47708.0625×6=286248.375（斗）；

中田=63610.75×4.5=286248.375（斗）；

下田=190832.25×4=763329（斗）。

筑埂均功

原文

问：四县共兴筑圩[1]埂，长三十六里半。甲县出二千七百八十人，乙县出一千九百九十人，丙县出一千六百三十人，丁县出一千三百二十人。其甲县先差到一千五百四十四夫，丙县先差到九百六十五夫。欲知各合赋役埂长计几何。里法三百六十步。

答曰：甲先到人，筑二千六百二十八步。计七里一百八步。丙先到人，筑一千六百四十二步半。计四里二百二步半。

注释

〔1〕圩：防水护田的堤岸。

译文

问：有四个县共同筑堤坝，长度36.5里。甲县出工人2780人，乙县出1990人，丙县出1630人，丁县出1320人。甲县先派到1544人，丙县先派到965人，求他们各筑堤坝长度多少。1里=360步。

答：甲县先到的工人筑了2628步，共筑7里108步。丙县先到的工人筑了1642步，共筑4里202.5步。

原文

术曰：

以商功求之。置里通步作尺，为积率。并诸县人数为均法。法与率，可约者约之。以科率各乘先到人为实，皆如法而一，各得先筑里步，为先赋埂长。其续到人合赋功，准次求之。

译文

本题计算方法如下：

用《九章算术·商功》的方法求解。将堤长里、步换算为尺，作为积率。将各县人数之和作为均法。均法和率数有公约数，进行化约。用率数分别乘两县先到的人数，再除以法数，得到各自先筑的长度，就是先来者完成的筑堤工作量。后到工人的工作量，也按照这个方法去求解。

译解

堤长36.5里换算为65700尺。

四县共派出2780+1990+1630+1320=7720（人）。

$65700 \div 7720=\frac{3285}{386}$（尺/人）。

原文

草曰：

置三十六里五分，以里法三百六十步通之，得一万三千一百四十步。又以步法五尺乘之，得六万五千七百尺，为长率。并甲、乙、丙、丁四县合科人，得七千七百二十，为均法。今法与率可求等，得二十以约之，率得三千二百八十五，法得三百八十六。以长率三千二百八十五尺，乘甲县先到人一千五百四十四夫，得五百七万二千四十尺，为甲实。实如法三百八十六而一，得一万三千一百四十尺，以步五尺法约之，得二千六百二十八步，为甲县先到人所筑积步。又以积率三千二百八十五，乘丙县先到人九百六十五夫，得三百一十七万二十五尺，为丙县实。实如法三百八十六而一，得八千二百一十二尺五寸。以步法五尺约之，得一千六百四十二步半，为丙县先到人所筑步。

译文

本题演算过程如下：

将堤长36.5里，用1里=360步换算，得到13140步。再用1步=5尺去乘，得65700尺，作为率数。计算甲、乙、丙、丁四个县的总人数，得7720人，作为法数。率数和法数可以求公约数，得20，进行化约，率数得3285，法数得386。用率数3285乘甲县先到的人数1544人，得5072040尺，作为甲的被除数。用被除数除以法数386，得到13140尺，用1步=5尺换算，得2628步，这是甲县先到的工人所筑的长度。再用率数3285乘丙县先到人数965人，得3170025尺，得到丙县被除数。除以法数386，得到8212尺5寸。用1步=5尺换算，得1642.5步，这就是丙县先到工人所筑的长度。

术解

甲县先筑：$1544\times\frac{3285}{386}=13140$（尺）；

丙县先筑：$965\times\frac{3285}{386}=8212.5$（尺）。

宽减屯租

原文

问：屯租欲议宽减，仍听以夏麦折纳分数。官牛[1]种者，与减二分；私牛种者，与减四分。每岁租谷，以三分之一许夏折二麦，内四分大，六分小。折色：每大麦三石，折小麦二石；小麦二石，折谷三石五斗。屯租旧额，官种一石，纳租五石；私种一石，纳租三石。今某州屯田，去年计官、私种共九千七百八十二石，共合收租谷三万九千五百八十六石。欲知官、私种各数目元额、今减、合催[2]成年夏麦秋谷租各几何。

答曰：请官种，五千一百二十石。私出种，四千六百六十二石。

元租额，共三万九千五百八十六石。官种，二万五千六百石。私种，一万三千九百八十六石。

今减，一万七百一十四石四斗。官种，五千一百二十石。私种，五千五百九十四石四斗。

合催，二万八千八百七十一石六斗。官种租，二万四百八十石。一分折麦，计谷六千八百二十六石大斗六升零三分升之二。四分折大麦，二千三百四十石五斗七升七分升之一。系折谷二七百三十石六斗六升三分升之二。六分折小麦，二千三百四十石五斗七升七分升之一。系折谷四千九十六石。二分正色谷，一万三千六百五十三石三斗三升三分升之一。

私种租，八千三百九十一石六斗。一分折麦，计谷二千七百九十七石二斗。四分折大麦，九百五十九石四升。系谷一千一百一十八石八斗八升。六分折小麦，九百五十九石四升。系折谷一千六百七十八石三斗二升。二分正色谷，五千五百九十四石四斗。

已上成年，共计收：夏折谷，大麦三千二百九十九石六斗一升七分升之一。小麦三千二百九十九石六斗一升七分升之一。秋正谷，一万九千二百四十七石七斗三升三分升之一。

注释

〔1〕官牛：官府饲养的牛。

〔2〕合催：共征收的租额。这里指原租额减免之后实际征收的数额。

译文

问：屯中要商议宽减税租，仍然可以用夏麦折算税额。官牛种的田，租额减去2分；私牛种的田，租额减去4分。每年租谷的$\frac{1}{3}$准许用两种夏麦来折抵，大麦占$\frac{4}{10}$，小麦占$\frac{6}{10}$。折算比例：大麦3石折小麦2石，小麦2石折谷3石5斗。屯租额度旧的规定是：官种1石要纳租5石，私种1石要纳租3石。现有某个州的屯田，全年官种、私种共计9782石，收租谷共39586石。求官、私种各自原先的租额，现在减免的租额，实际征收的租额，以及其中的夏麦、秋谷各是多少。

答：官种共收5120石。私种共收4662石。

原租额39586石，官种25600石，私种13986石。

减免10714石4斗，官种，5120石，私种，5594石4斗。

实收租28871石6斗。官种租20480石。其中一分折麦共计谷6826石6斗6$\frac{2}{3}$升。四分折大麦2340石5斗7$\frac{1}{7}$升，所折谷数2730石6斗6$\frac{2}{3}$升。六分折小麦2340石5斗7$\frac{1}{7}$升，所折谷数4096石。二分正色谷13653石3斗3$\frac{1}{3}$升。

私种租8391石6斗。一分折麦共计谷数2797石2斗。四分折大麦959石4升，折算谷数1118石8斗8升。六分折小麦959石4升，折算谷数1678石3斗2升。二分正色谷5594石4斗。

由以上计算今年共收：夏折谷，大麦3299石6斗1$\frac{1}{7}$升，小麦3299石6斗1$\frac{1}{7}$升。秋正谷，19247石7斗3$\frac{1}{3}$升。

原文

术曰：

以粟米求之，以互易入之。列共租共种，各以租种率数，依本色对之。先以各种率互乘诸租。验租数之少者，以乘共种，得数，复减共租，余为实。以二租数相减，余为官种法，实如法而一。得官种。以减共种，余为私种。各以租率对乘官、私种，各得官、私种所纳租。次以减分对乘各纳租，乃得各减数。以减所纳，余为合催租，乃分列之。先以总折分子乘之，各为实。并以总分母除之，各得折色〔1〕、正色〔2〕数。次置折色数二位，用夏折大小分乘之，各得与每折诸率，如雁翅列。常以多一事者，相乘为实。以少一事者，相乘为法。各得所折大小麦。其正色数如故，为并本色，得成年夏折二麦、秋收正谷。

注释

〔1〕折色：用夏麦折算的部分。

〔2〕正色：没有折算的部分，即仍然用谷来交税的部分。

译文

本题计算方法如下：

用"粟米互易"的方法计算求解。将官种、私种总共的种数和租数列出，各自与种租之间的比率对应。先用种率的比数互乘租数。然后找到较小的租率比数，用它乘总种数，得数和总租数相减，得实数。用租率的两个比数相减，得到官种法。用实数除以官种法，得到官种数，和总种数相减，余下的是私种数。再各自用租率比数对乘官种和私种，得到二者原本应缴纳的税额。再用各自减税的比例对乘各自纳税额，得到减税数额。用各自原本的税额减去减免税额，得到实际征收的税额，分别写在算图里。先用税额中折算和非折算的分子去乘，得到被除数，分别除以分母，得到折色和正色各自的数额。然后用两个折色数，乘折算夏麦中大麦、小麦的比例，各自得到折算部分的谷数，和大麦、小麦的折算率一起写成雁翅图排列。用图中每个数斜向右上的各数相乘得到被除数，下一行的各数（比上行少一个数字）相乘得到除数。相除得到谷数折算成的大麦、小麦数。不折算的部分还是原得数。同类相加，就得到这一年折算的大麦、小麦和用谷缴税的数额总数。

译解

雁翅图（向右上斜行相乘的数字用同样底色标出，浅色格相乘得被除数，

深色格相乘得除数）

		大麦率3
	小麦率2	小麦率2
官种大麦8192/3	谷率3.5	
	小麦率2	
官种小麦12288/3	谷率3.5	
		大麦率3
	小麦率2	小麦率2
私种大麦1118.88	谷率3.5	
	小麦率2	
私种小麦1678.32	谷率3.5	

原文

草曰：

列共租三万九千五百八十六石，并种九千七百八十二石。次各以官种一石纳租五石，私种一石纳租三石，各为率。对租种本色列之。先以种率各一石，互乘租数，只得共谷。次验租数率，三石系少者，以乘共种九千七百八十二石，得二万九千三百四十六石，为种。覆减共租，余一万二百四十石，为种实。以租率三，减租率五，余二石，系官租者，为官种法。除种实，得五千一百二十石，为官种。以减共种九千七百八十二，余四千六百六十二石，为私出种。以官租率五石，私租率三石，各对乘官私种，得二万五千六百石，为官种所纳租，得一万三千九百八十六石，为私种所纳租。并之，得元额租。次列官牛种与减二分，私牛种与减四分，各对乘所纳租数，得五千一百二十石，为官种减租数。得五千五百九十四石四斗，为私种减租数。并之，得一万七百一十四石四斗，为今减数。乃以官种减租五千一百二十石，减官种租二万五千六百，余二万四百八十石，为合催。次以私种减租五千五百九十四石四斗，减私种租一万三千九百八十六石，余八千三百九十一石六斗，亦是合催租。

乃以二等合催租，分列之。先以每岁三分之一，以子一减分母三，得二。乃以一及二皆为子，各乘合催租。其官种者一分租，得二万四百八十石。二分租得四万九百六十石。其私种者一分租得八千三百九十一石六斗，二分租得一万六千七百八十三石二斗，并为实。次四实，并如母三而一，其官种一分折得六千八百二十六石六斗六升零三分升之二。及二分正色谷，得一万三千六百五十三石三斗三升三分升之一。其私种一分折色得二千七百九十七石二斗。二分正色谷得五千五百九十四石四斗。次置官私种各一分折色数各二位，及用夏折四分大六分小对乘之，通系四位，乃并四六得一十分约之，是并退一位。其官种四分大麦者，置折谷六千八百二十六石六斗六升三分升之二。通分内子，得二万四百八十，列二位。上位以四分折之，得八千一百九十二石，为大麦实。下位以六分折之，得一万二千二百八十八石，为小麦实。次置私种折谷二千七百九十七石二斗，列二位。上位以四分折之，得一千一百一十八石八斗八升，为大麦实。下位以六分折之，得一千六百七十八石三斗二升，为小麦实。其图如后。次列折色。每大麦三石，折小麦二石。小麦二石，折谷三十五斗。为诸率。与大小麦实率四数，如雁翅列之，其六分折小麦，勿置。大麦折率，有母者列母。

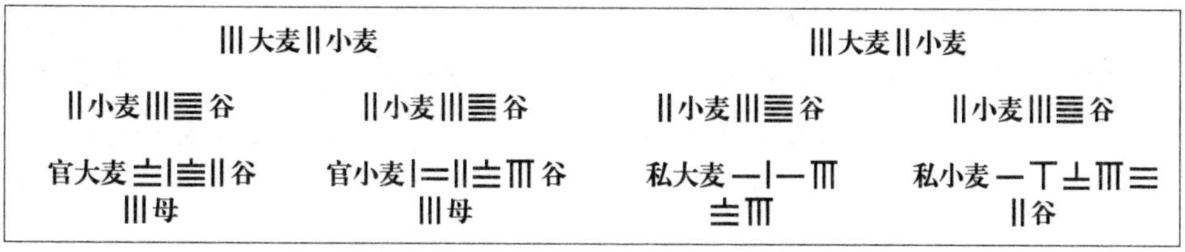

𝍢大麦𝍡小麦		𝍢大麦𝍡小麦	
𝍡小麦𝍢𝍭谷	𝍡小麦𝍢𝍭谷	𝍡小麦𝍢𝍭谷	𝍡小麦𝍢𝍭谷
官大麦𝍰𝍠𝍱𝍡谷 𝍢母	官小麦𝍠𝍪𝍡𝍰𝍧谷 𝍢母	私大麦𝍩𝍠𝍩𝍧 𝍰𝍧	私小麦𝍩𝍥𝍯𝍧𝍫 𝍡谷

官种者，先以大麦率三，乘小麦率二，得六。又乘谷实八千一百九十二石，得四万九千一百五十二石，为大麦实。次以小麦率二，乘谷率三石五斗，得七石。又乘母，得二十一石，为法。除实，得二千三百四十石五斗七升七分升之一，为官种折大麦数。仍以母三，约本实八千一百九十二石，得二千七百三十石六斗六升三分升之二，为所折上得大麦谷数。次以小麦率二，乘谷实一万二千二百八十八石，得二万四千五百七十六石，为小麦实。乃以谷率三石五斗，乘母三，得一十石五斗，为法。除实，得二千三百四十石五斗七升七分升之一，为官种折小麦谷。仍以母三，约本实一万二千二百八十八石，得四千九十六石，为所折上得小麦谷数。

私种者，先以大麦率三，乘小麦率二，得六。又乘谷数一千一百一十八石

□ 连机碓

连机碓是以水为动力的一种谷物加工工具。据元代王祯《农书·农器图谱·机碓》形容，“今人造作水轮，轮轴长可数尺，列贯横木，相交如枪之制。水激轮转，则轴间横木，间打所排碓梢，一起一落舂之，即连机碓也。”

八斗八升，得六千七百一十三石二斗八升，为实。乃以小麦率二，乘谷率三十五斗，得七石，为法。除之，得九百五十九石四升，为私种折大麦数。次以小麦率二，乘谷率一千六百七十八石三斗二升，得三千三百五十六石六斗四升，为实。以谷率三石五斗为法，除之，得九百五十九石四升，为私种谷折小麦数。

次以官种四分大麦二千三百四十石五斗七升七分升之一，并私种四分大麦九百五十九石四升，得三千二百九十九石六斗一升七分升之一，为成年夏折大麦数。次以官种六分大麦二千三百四十石五斗七升七分升之一，并私种六分小麦九百五十九石四升，得三千二百九十九石六斗一升七分升之一，为成年夏折小麦数。次以官种二分正色谷一万三千六百五十三石三斗三升三分升之一，并私种正色谷五千五百九十四石四斗，得一万九千二百四十七石七斗三升三分升之一。合问。

译文

本题演算过程如下：

列出总租数39586石，总种数9782石。然后用官种1石纳租5石、私种1石纳租3石，作为各自的比率，对应着租、种总数列出。先用两个种率各1石，互乘租率，得数仍然不变。然后找到租率中较小的数3石，乘总种数9782石，得29346石，作为种，再和总租数相减，得到10240石，作为种实数。用租率3和5相减，得2石，用于官租，称作官种法。用种实除官种法，得5120石。和总种数9782相减，得4662，是私种数。用官租率5石，私租率3石，各自对乘官种、私种，得到官种缴租25600石，私种缴租13986石。相加，得到原本应缴纳的租额。然后列出官牛减免2分，私牛减免4分，各自乘应缴税额，得到官种减租5120石，私种减租5594石

4斗。相加得到10714石4斗，是总减租额。然后用官种原租额25600石减去官种免租5120石，得20480石，是官种实际缴纳租额。用私种原租额13986石减去5594石4斗，得8391石6斗，也得到私种实际缴纳租额。

将实际租额中的两类分列。先用每年比例$\frac{1}{3}$，分母3和分子1相减，得2。然后用1和2都作为分子，各自乘总租额，官种的1分租额是20480石，2分租额是40960石。私种1分租额8391石6斗，2分租得16783石2斗，都作为实数。然后用三个实数都除以三，官种折色6826石6斗$6\frac{2}{3}$升，2分正色谷13653石3斗$3\frac{1}{3}$升。私种1分折色2797石2斗，2分正色谷5594石4斗。然后用官种、私种各自的1分折色数，和夏麦折算率大麦4分、小麦6分对乘，四个数依次乘遍，再用4和6相加的得数10去除，等于都退后一位。要计算官种折算4分大麦的谷数，用总折算谷数6826石6斗$6\frac{2}{3}$升，化为假分数，分子得到20480，分成两个数列出。上面的数折算成4分，得8192石，是大麦的实数。下面的数字用6分折算，得12288石，是小麦的实数，然后用私种折算谷数2797石2斗，分列成两行，上面折算乘成4分得1118石8斗8升，是大麦实数。下面用6分折算，得1678石3斗2升，是小麦的实数。算图如下（见原文）。然后列出折算比例：每大麦3石折算小麦2石，每小麦2石折算谷35斗，作为各个比率。和大麦、小麦的四个实数一起，写成雁翅图。折算6分小麦不需要再单独计算。大麦的折率有分母的列出分母。

计算官种，先用大麦率和小麦率2相乘，得6。再乘谷实数8192石，得49152石，作为大麦实数。再用小麦率2乘谷率3石5斗，得7石。再乘分母3，得21石，为法数，去除实数，得2340石5斗$7\frac{1}{7}$升，是官种折算成大麦的数额。仍然用分母3去除原本的谷实数8192石，得2730石6斗$6\frac{2}{3}$升，是折算成大麦的谷数。然后用小麦率2乘谷实数12288石，得24576石，是小麦实数，然后用谷率3石5斗乘分母3，得15石5斗，作为法数，去除实数，得到2340石5斗$7\frac{1}{7}$升，是官种折算小麦数，仍然用分母3去除本来的实数12288石，得4096石，是折算成小麦的谷数。

计算私种，先用大麦率3和小麦率2相乘得6，再乘谷数1118石8斗8升，得6713石2斗8升，作为实数。再用小麦率2乘谷率35斗，得到7石，作为法数，除实数，得959石4升，是私种折算成大麦的数额。然后用小麦率2乘谷率1678石3斗2升，得3356石6斗4升，作为实数。用谷率3石5斗作为法数去除，得959石4升，是私种折算成小麦的数额。

然后用官种4分折算大麦2340石5斗7$\frac{1}{7}$升和私种4分析算大麦959石4升相加，得3299石6斗1$\frac{1}{7}$升，是这一年折算大麦的总数。然后用官种6分折算大麦2340石5斗7$\frac{1}{7}$和私种6分折算小麦959石4升相加，得3299石6斗1$\frac{1}{7}$升，是这一年折算的小麦数。然后用官种2分正色谷数13653石3斗3$\frac{1}{3}$升和私种正色谷数5594石4斗相加，得19247石7斗3$\frac{1}{3}$升。这样就解答了问题。

术解

在雁翅图中斜行相乘分别得到被除数和除数，相除得到官种、私种折算麦数。

官种折大麦=$(3\times2\times\frac{8192}{3})\div(2\times3.5)\approx2340.857$（石）；

官种折小麦=$(2\times\frac{12288}{3})\div3.5\approx2340.571$（石）；

私种折大麦=$(3\times2\times1118.88)\div(2\times3.5)=959.04$（石）；

私种折小麦=$(2\times1678.32)\div3.5=959.04$（石）。

户田均宽

原文

问：州郡宽恤，近将某县下三等税户秋科余欠钱米，已与蠲[1]放共钱一千三百五十五贯七百六文，米五千二百七十二石一斗九升。其本县下等物力，计三万七千六百五十八贯五百文。今来官员，陈述本县多有乐输[2]无欠之户，今蒙蠲放税尾，似反宽润顽输[3]之户，于理未均，遂议将乐输三等户，于明年两税，与照昨来体例减免，契勘[4]得三等无欠户物力二十二万八百一十五贯三百二十一文。欲知每百文合减免钱米及共减各几何。

答曰：每物力一百文，放钱三文六分，放米一升四合。

明年两税放：放钱七千九百四十九贯三百五十一文五分五厘六毫，米三万九百一十四石一斗四升四合九勺四抄。

注释

〔1〕蠲：通“捐”，免除，减免。

〔2〕乐输：自愿缴纳。输：缴纳，进献。

〔3〕顽输：顽抗租税，故意不交。

〔4〕契勘：考核，审察。

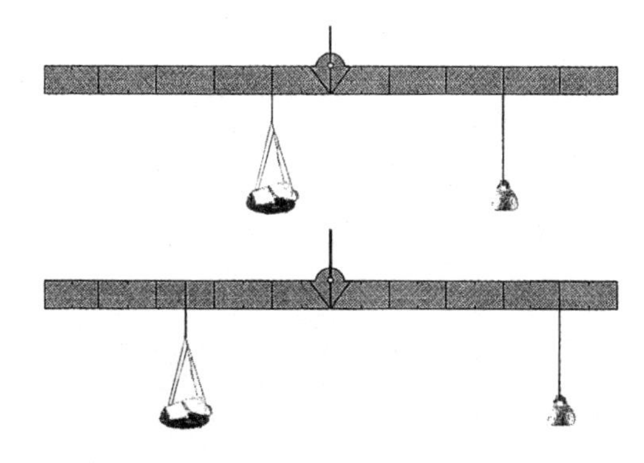

□ “王”铜衡杆示意图

战国时期的铜衡杆，其形制既不同于天平衡杆，也异于秤杆，很可能是介于天平和杆秤之间的衡器。衡杆正中有拱肩提纽和穿线孔，一面刻有贯通上、下的十等分线。图为“王”铜衡杆的使用示意图。用该衡杆称物，可以把被称物与权放在提纽两边不同位置的刻线上，即把衡杆的某一臂加长，这样，用同一个砝码就可以称出大于它一倍或几倍重量的物体。

译文

问：近来州郡宽大体恤某县的下三等纳税户，已经将他们秋季赋税拖欠钱、米的剩余部分都免去，共免除税钱1355贯706文，税米5272石1斗9升。该县下等户的物力共计37658贯500文。现有官员来述说县里有很多主动交税的住户，现在减免了拖欠者的尾数，好像反而是对故意欠税者的宽大处理，不合情理。于是商议将主动交税的三等户在明年应收的两种税里也按照这次的规定进行减免。审察得知该县三等户未欠税户的物力共计220815贯321文。求每100文应当减免钱、米多少，以及明年共应减免各多少。

答：物力每100文减免钱3文6分，米1升4合。

明年两税减免：钱7949贯351文5分5厘6毫，米30914石1斗4升4合9勺4抄。

原文

术曰：

以粟米衰分求之。置元物力为法，除元放钱米，得每百文物力所放钱米率。以各率乘今来物力，各得钱米，为明年两税合放数。

译文

本题计算方法如下：

用粟米法、衰分法求解。用该县原物力作为除数，去除原减免钱、米数，得到每100文物力减免钱、米率。各乘未欠税户的物力，得到钱、米数，是明年两项税收应当减免的数额。

译解

37658贯500文=376585（百文）。

钱率=1355706÷376585=3.6。

米率=527219÷376585=1.4。

原文

草曰：

以元物力三万七千六百五十八贯五百文，为法。先除元放钱一千三百五十五贯七百六文，定法伯[1]文上得一文，为商。除得三文六分，为物力伯文所放钱率。次除元放米五千二百七十二石一斗九升，得一升四合，为物力百文所放米率。以今三等户物力二十二万八百一十五贯三百二十一文，遍乘所放钱米二率，得钱七千九百四十九贯三百五十一文五分五厘六毫，得米三万九百一十四石一斗四升四合九勺四抄，为明年两税合放数。

注释

〔1〕伯：通“百”“佰”。

译文

本题演算过程如下：

用该县原物力37658贯500文作为除数，先去除原本减免的钱数1355贯706文，将每100文作为一个单位，除得商3文6分，是每100文物力减免租钱率。然后除原减免米5272石1斗9升，得1升4合，是每100文物力减免的租米率。用未欠税的三等户物力220815贯321文，分别乘减免钱、米的两个乘率，得到钱7949贯351文5分5厘6毫，得到米30914石1斗4升4合9勺4抄，是明年两项税应当减免的数额。

术解

免钱=220815321÷100×3.6=7949351.556（文）。

免米=220815321÷100×1.4=3091414.494（升）。

均科绵税

原文

问：县科绵[1]，有五等户，共一万一千三十三户，共科绵八万八千三百三十七两六钱。上等一十二，副等八十七户，中等四百六十四户，次等二千三十五户，下等八千四百三十五户。欲令上三等折半差，下二等比中等六四折差，科率求之，各户纳及各等几何。

答曰：

上等一户，一百二十四两。一十二户，计一千四百八十八两。

副等一户，六十二两。八十七户，计五千三百九十四两。

中等一户，三十一两。四百六十四户，计一万四千三百八十四两。

次等一户，一十二两四钱。二千三十五户，计二万五千二百三十四两。

下等一户，四两九钱六分。八千四百三十五户，计四万一千八百三十七两六钱。

注释

〔1〕科绵：收丝绵税。

译文

问：有一个县将住户分为五等收丝绵税，共11033户，收绵税88337两6钱。其中上等12户，副等87户，中等464户，次等2035户，下等8435户。使上三等之间逐级减半，中等和下二等依次递减$\frac{6}{10}$，用这样的征税比例去计算，各等每户纳税和各等纳税总额多少？

答：上等一户纳绵税124两，12户共计1488两。副等一户62两，87户共计5394两。中等一户31两，464户共计14384两。次等一户12两4钱，2035户共计25234两。下等一户4两9钱6分，8435户共计41837两6钱。

原文

术曰：

列五等户数。先以四折下等数，加次等户。又以四折之，加中等户数。却以半折之，加二等户。又以半折之，加上等户数。不折，便为法。除科绵，得上等一户之绵。复半之，为副等。又半之，为中等。又四折之，为次等。又四折之，为下等，各一户绵。却各以户数乘之，各得五等共出绵。具图折之。

𝍩𝍡上	𝍯𝍦副	𝍣𝍮𝍣中	𝍪〇𝍫𝍤次	𝍯𝍣𝍫𝍤下	〇𝍣分

译文

本题计算方法如下：

将五等户数列出。先用下等户数的4折加上次等户数，再求4折加上中等户数，再减半加上二等户数，再减半加上等户数。不再折算，就作为法数。去除总纳税额，得到上等一户的税额。减半，是副等一户纳税额。再减半，是中等一户纳税额。再乘4折，是次等一户纳税额。再乘4折，是下等一户纳税额。再用每一等的户数去乘，得到五等各自的总纳税额。

上等	12
副等	87
中等	464
次等	2035
下等	8435

折合上等户数={［（8435×0.4+2035）×0.4+464］×0.5+87}×0.5+12=712.4（户）。

原文

草曰：

先置下等户八千四百三十五，以四折之，得三千三百七十四。

𝍩𝍡上　𝍰𝍦副　𝍣𝍮𝍣中　𝍪〇𝍫𝍤次　𝍫𝍢𝍯𝍣下

乃以得数，并入次户二千三十五内，得五千四百九户讫。

𝍩𝍡上　𝍰𝍦副　𝍣𝍮𝍣中　𝍭𝍣〇𝍨次　〇　〇𝍬分

又以四折次数五千四百九，得二千一百六十三户六分。

𝍩𝍡上　𝍰𝍦副　𝍣𝍮𝍣中　𝍪𝍠𝍮𝍢𝍮次

乃以得次数，并入中户四百六十四内，共得二千六百二十七户六分。

𝍩𝍡上　𝍰𝍦副　𝍪𝍥𝍪𝍦𝍮中　〇　〇　〇𝍬

次以五分折中数二千六百二十七户六分，得数。

𝍩𝍡上　𝍰𝍦副　𝍩𝍢𝍩𝍢𝍰中

次以得数一千三百一十三户八分，并副户八十七，得一千四百户八分。

𝍩𝍡上　𝍩𝍣〇〇𝍰副　〇　〇　〇　〇𝍬

又以五折副数一千四百户八分，得七百户四分，既得数。

𝍩𝍡上　𝍦〇〇𝍬副

乃以副数七百户四分，并上户一十二户，得七百一十二户四分，不折，便以为法。

户𝍦𝍩𝍡𝍬为法

累折至上等，共得七百一十二户四分，以为总法。乃置科绵八万八千三百三十七两六钱，为实。如法七百一十二户四分而一，得一百二十四两，为上等一户所出绵。以五折之，得六十二两，副等一户所出绵。又五折之，得三十一两，为中等一户所出绵。乃以四折之，得一十二两四钱，为次等一户所出绵。又以四折之，得四两九钱六分，为下等一户所出绵。乃以各等户数，各乘一户所出，即各得每等共数之绵。

译文

本题演算过程如下：

先用下等户数8435，乘4折，得3374。用得数加上次等户数2035，得5409户后，再乘4折，得2163户6分，得数加上中等户数464，得2627户6分。然后用2527户6分减半，得1313户8分，加上副等户数87，得1400户8分。再用1400户8分减半，得700户4分，加上等户数12户，得712户4分。不再折算，就作为法数。这样累次折算到上等户，得到712户4分，作为总法数。然后用总税额88337两6钱，作为实数，除以法数712户4分，得到124两，是上等每户缴纳的税额。除以2，得到62两，是次等每户缴纳税额。再除以2，得31两，是中等每户缴纳税额。再乘4折，得12两4钱，是次等每户缴纳税额。再乘4折，得4两9钱6分，是下等每户缴纳税额。然后用各等的户数乘各自每户缴纳税额，得到每等各自缴纳的总税额。

术解

上等税=88337.6 ÷ 712.4 × 12=124 × 12=1488（两）；

副等税=124 × 0.5 × 87=62 × 87=5394（两）；

中等税=62 × 0.5 × 464=31 × 464=14384（两）；

次等税=31 × 0.4 × 2035=12.4 × 2035=25234（两）；

下等税=12.4 × 0.4 × 8435=4.96 × 8435=41837.6（两）。

户税移割

原文

问：某县据甲称，本户田地元纳苗三十五石七斗；和买本色一十一匹二丈二尺九寸四分八厘七毫五丝，折帛二十七匹二十一分三厘七毫五丝；䌷[1]绢折帛八匹三丈九尺七寸三分九厘，䌷绢本色二十匹二丈八尺九寸三分九厘。已将田四百七亩出与乙，五百一十六亩出与丙讫。乞移割本户所出田上税赋，归并乙丙两户税纳。会到乙元有田三百七十五亩，丙元有田四百六十三亩。并系本乡本等，每亩苗三升五合，税一尺一寸五分，物力一贯二百；本等地䌷一尺三寸四分，物力九百。物力三十二贯，敷和买一匹，内三分本色，七分折帛。夏税七分本色，三分折帛。䌷五分本色，五分折帛并绢䌷。欲知甲田地及甲乙丙分割合纳苗米、和买、夏税、折帛、本色、畸零各几何。

答曰：甲元有田一千二十亩。地，一十一亩二角四十八步。

甲今有田九十七亩，苗米，三石三斗九升五合，夏税折帛，三丈三尺四寸六分五厘，本色，一匹。畸零，三丈八尺八分五厘。物力，一百一十六贯四百文，地，一十一亩二角四十八步。税䌷折帛，七尺八寸三分九厘。税䌷畸零，七尺八寸三分九厘。物力，一十贯五百三十文。田地共物力，一百二十六贯九百三十文。和买折帛，二匹三丈一尺六分三厘七毫五丝，本色，一匹。畸零，七尺五寸九分八厘七毫五丝。

乙今有田七百八十二亩，苗米，二十七石三斗七升。夏税折帛，六匹二丈九尺七寸九分。本色，一十五匹，畸零，二丈九尺五寸一分，物力，九百三十八贯四百文，和买折帛，二十匹二丈一尺一寸。本色，八匹。畸零，三丈一尺九寸。

丙今有田九百七十九亩。苗米，三十四石二斗六升五合。夏税折帛，八匹一丈七尺七寸五分五厘，本色，一十九匹，畸零，二丈八尺九分五厘，物力，一千一百七十四贯八百文，和买折帛，二十五匹二丈七尺九寸五分，本色，一十一匹。畸零，五寸五分。

注释

〔1〕紬：同“绸”。

译文

问：某县的甲称，自家田和地原本纳税额为苗米35石7斗；和买不折算的本色部分11匹2丈2尺9寸4分8厘7毫5丝，折算成帛的部分27匹21分3厘7毫5丝；绸绢折算成帛的部分8匹3丈9尺7寸3分9厘，不折算的部分20匹2丈8尺9寸3分9厘。甲已经将407亩田卖给了乙，516亩卖给了丙，请求将自家卖出田的赋税额转移到乙、丙两户的赋税里去。已知乙原有田375亩，丙原有田463亩。三人都是同乡、同等级的田地。田每亩纳税苗米3升5合，税绢1尺1寸5分，物力1贯200文；此等地每亩纳绸1尺3寸4分，物力900。物力32贯相当于和买1匹，其中不折算的3分，折算成帛的7分。夏税中不折算的7分，折算成帛的3分。绸不折算的5分，折算帛和绢绸的5分。求甲的田地面积，甲、乙、丙分别应当缴纳的苗米、和买、夏税、折帛，其中的不折算部分，以及零头各是多少。

答：甲原有田1020亩，地11亩2角48步。

甲现有田97亩；纳苗米3石3斗9升5合；夏税中折帛3丈3尺4寸6分5厘，本色1匹，零余3丈8尺8分5厘；物力116贯400文；地11亩2角48步；纳绸折帛7尺8寸3分9厘，零余7尺8寸2分9厘；物力11贯530文，田地和物力共126贯930文；和买折帛2匹3丈1尺6分3厘7毫5丝，本色1匹，零余7尺5寸9分8厘7毫5丝。

乙现有田782亩；纳苗米27石3斗7升；夏税折帛6匹2丈9尺7寸9分，本色15匹，零余2丈9尺5寸1分；物力938贯400文；和买折帛20匹2丈1尺1寸，本色8匹，零余3丈1尺9寸。

丙现有田979亩；纳苗米34石2斗6升5合；夏税折帛8匹1丈7尺7寸5分5厘，本色19匹，零余2丈8尺9分5厘；物力1174贯800文；和买折帛25匹2丈7尺9寸5分，本色11匹，零余5寸5分。

原文

术曰：

以粟米及衰分求之。置甲元纳米，为实。以每亩为法，除之，得甲元有田。以乘每亩税，得田绢。次以甲绢本色折帛并之，内减田绢，余为地䌷。以每䌷约之，得甲元有地。次以甲出田，并乙丙元有田，各得三户今有田地。各以等则乘之，各得物力、苗、税。次以每匹物力率，约各户共物力，得和买。副之，三分因之，退位，为和本。七分因之，退位，为和折。夏税反其分而因之，退之。䌷以半之。并入税各得。

译文

本题计算方法如下：

用粟米法和衰分法求解。用甲原先缴纳的苗米数额作为实数。用每亩纳苗米数作为法数。相除，得到甲原有田面积。乘每亩田绢税额，得到应缴纳的田绢数。然后将甲缴纳绢绸的本色和折帛部分相加，减去田绢额，得到地绢额。用每亩地纳绸数去除，得到甲原有地的面积，然后用甲卖出的田，和乙、丙原有田相加，各自得到三户现有田的面积。各用纳税的单位额度去乘，得到每户的物力、苗米、税。然后用每匹的物力去约各户的总物力，得到缴纳和买数。将各户和买列出，乘三再退一位，得到和买中的本色。和买乘七再退一位，得到和买中折帛数。夏税就将因数反过来乘再退位。绸绢的两部分各占一半。得到各项税额。

译解

甲原田=3570÷3.5=1020（亩）；

甲原绢=1020×1.15=1173（尺）；

甲折帛=359.739+828.939−1173=15.678（尺）；

甲原地=15.678÷1.34=11.7（亩）；

甲今田=1020−407−516=97（亩）。

原文

草曰：

置甲元纳米三十五石七斗，为实。每亩以苗三升五合，为法。除之，得一千二十亩为甲元有田。以乘每亩税一尺一寸五分，得一百一十七丈三尺，为绢积尺。次以甲元纳绢䌷折帛八匹三丈九尺七寸三分九厘，并䌷绢本色二十匹二丈八尺九寸三分九厘，得二十九匹二丈八尺六寸七分八厘。以匹法四丈通匹数，内零丈，得一百一十八丈八尺六寸七分八厘。内减田绢积丈尺一百一十七丈三尺，余一丈五尺六寸七分八厘，为甲地䌷。以每亩䌷一尺三寸四分约之，得一十一亩七分。其亩下七分倍之，得一百四十。身下加二，得一百六十八步。以六十步纳之，得二角零四十八步。通得一十一亩二角四十八步，为甲元有地。

乃以甲所出四百七亩，及五百一十六亩，并得九百二十三亩。减元有一千二十亩，余九十七亩，为甲今有田，并元地。次以甲出田四百七亩，并乙元有田三百七十五亩，共得七百八十二亩，为乙今有田。次以甲所出田五百一十六亩，并丙元有田四百六十三亩，共得九百七十九亩，为丙今有田。各列三户今有田地数于右行，副之。先以每亩苗三升五合，遍乘右行。甲得三石三斗九升五合，乙得二十七石三斗七升，丙得三十四石二斗六升五合，为本户苗米。次以每亩税一尺一寸五分，遍乘左副行。甲得一十一丈一尺五寸五分，乙得八十九丈九尺三寸，丙得一百一十二丈五尺八寸五分，各为丈积。

各列二位，皆以三分因上位，七分因下位，并退一位，即是自下三七折之。又各以四丈，约丈积成匹。其甲得三丈三尺四寸六分五厘，为夏税折帛。又得一匹三丈八尺八分五厘，为夏税本色。其乙得六匹二丈九尺七寸九分，为夏税折帛。又得一十五匹二丈九尺五寸一分，为夏税本色。其丙得八匹一丈七尺七寸五分五厘，为夏税折帛。得一十九匹二丈八尺九分五厘，为夏税本色。

译文

本题演算过程如下：

用甲原本缴纳苗米35石7斗作为被除数，每亩田缴纳苗米3升5合作为除数，相除得到1020亩，是甲原有田的面积。乘每亩税额1尺1寸5分，得到117丈3尺，是应缴的田绢税。然后用甲原本缴纳绢绸中折帛部分8匹3丈9尺7寸3分9厘和本色部分20匹2丈8尺9寸3分9厘相加，得到29匹2丈8尺6寸7分8厘。用1匹=4丈换算，得到118丈8尺6寸7分8厘。减去田绢税117丈3尺，得1丈5尺6寸7分8厘，是甲所交的地绢税。按照每亩地缴纳1尺3寸4分去约，得到11亩7分。将不足一亩的7分按照1亩=240平方步换算为168平方步，再按照1角=60平方步换算为2角48平方步，于是总数换算为11亩2角48平方步，是甲原有地的面积。

用甲卖给乙和丙的田407亩和516亩，相加得到923亩。用原有1020亩田去减923亩，得到97亩，是甲现有田面积，此外甲还拥有原地面积。然后用甲卖出的407亩加上乙原有田375亩，得782亩，是乙现有田面积。然后用甲卖出的田516亩，加上丙原有田463亩，得979亩，是丙现有田面积。将三户各自现有田面积列在右侧，旁边再复写一遍。先用每亩苗米3升5合遍乘右列各数，甲得到3石3斗9升5合，乙得27石3斗7升，丙得34石2斗6升5合，是各户应缴纳的苗米数。然后用每亩税额1尺1寸5分，遍乘左边复写的一列数，甲得11丈1尺5寸5分，乙得89丈9尺3寸，丙得112丈5尺8寸5分，是各自缴纳夏税的数额。

将得数写两列，一列数都乘3，一列数都乘7，然后都退一位，也就是用三、七分去折算，再各自用1匹=4丈换算。甲得3丈3尺4寸6分5厘，是夏税折帛数。又得到1匹3丈8尺8分5厘，是夏税本色数。乙得到6匹2丈9尺7寸9分，是夏税折帛数；15匹2丈9尺5寸1分，是夏税本色数。丙得8匹1丈7尺7寸5分5厘，是夏税折帛数；19匹2丈8尺9分5厘，是夏税本色数。

术解

乙今田=375+407=782（亩）；

丙今田=463+516=979（亩）；

苗米：甲=97×3.5=339.5（升），乙=782×3.5=2737（升），丙=979×3.5=3426.5（升）；

田绢：甲=97×1.15=111.55（尺），乙=782×1.15=899.3（尺），丙=979×1.15=1125.85（尺）；

田绢折帛：

甲=111.55×0.3=33.465（尺），乙=899.3×0.3=269.79（尺），丙=1125.85×0.3=337.755（尺）；

田绢本色：

甲=111.55×0.7=78.085（尺），乙=899.3×0.7=629.51（尺），丙=1125.85×0.7=788.095（尺）。

原文

次以田力一贯二百，遍乘右副行。并以地物力乘甲元地及䌷。甲得一百一十六贯四百，乙得九百三十八贯四百，丙得一千一百七十四贯八百，各为田物力。其甲又置一十一亩七分，以乘地䌷一尺三寸四分，得一丈五尺六寸七分八厘，为甲地䌷。半之，得七尺八寸三分九厘，各为折䌷本色。又以甲地乘物力九百，得一十贯五百三十，为甲地物力。并田物力一百一十六贯四百，共得一百二十六贯九百三十文，为甲物力。

列甲乙丙三户共物力，各为实，皆以物力和买率三十二贯为法，除之。甲得三匹九分六厘六毫五丝六忽二微五尘，乙得二十九匹三分二厘五毫，丙得三十六匹七分一厘二毫五丝。各为和买率。亦各列二位，各以七三折之。其上位七折者，为和买折帛。下位三折者，为和买本色讫。其甲得二匹七分七厘六毫五丝九忽三微七尘五沙，为和买折帛率。又得一匹一分八厘九毫九丝六忽八微七尘五沙，为和买本色率。乙得二十匹五分二厘七毫五丝，为和买折帛率。又得八匹七分九厘七毫五丝，为和买本色率。丙得二十五匹六分九厘八毫七丝五忽，为和买折帛率。又得一十一匹一厘三毫七丝五忽，为和买本色率。各率除端匹外，乃以匹下分毫，皆以四因之，收为丈尺寸分。甲得和买折帛二匹三丈一尺六分三厘七毫五丝，本色一匹七尺五寸九分八厘七毫五丝。乙得和买折帛二十匹二丈一尺一寸，本色八匹三丈一尺九寸。丙得和买折帛二十五匹二丈七尺九寸五分，本色一十一匹五寸五分。为各户和买数匹分本色下畸零数。合问。

译文

然后用每亩田物力1贯200文去乘右列复写的田面积数。并且用每亩地的物力和绸绢额乘甲原有地面积。甲得116贯400，乙得938贯400，丙得1174贯800，是各自田的物力。甲又有11亩7分地，乘每亩地绸税1尺3寸4分，得1丈5尺6寸7分8里，是甲的地绸数。除以2，得到7尺8寸3分9厘，是其中本色和折帛的数额。再用甲地面积乘单位物力900，得10贯530，是甲地物力。加上甲田的物力116贯400，得126贯930文，是甲的总物力。

将甲、乙、丙三户的总物力列出，各自作为被除数，都用和买每匹32贯物力作为除数，相除。甲得3匹9分6厘6毫5丝6忽2微5尘，乙得29匹3分2厘5毫，丙得36匹7分1厘2毫5丝。这些是各自的和买，也写作两列，各自用三七开去折算，一列七折的是和买中折帛的数额，另一列三折是合买中本色的数额。计算完毕，甲和买折帛2匹7分7厘6毫5丝9忽3微7尘5沙，本色1匹1分8厘9毫9丝6忽8微7尘5沙。乙和买折帛20匹5分2厘7毫5丝，本色8匹7分9厘7毫5丝。丙和买折帛25匹6分9厘8毫7丝5忽，本色11匹1厘3毫7丝5忽。各数除了整匹数外，不足1匹的部分都用1匹=4丈换算，得到丈、尺、寸、分。甲得和买折帛2匹3丈1尺6分3厘7毫5丝，本色1匹7尺5寸9分8厘7毫5丝。乙得和买折帛20匹2丈1尺1寸，本色8匹3丈1尺9寸。丙得和买折帛25匹2丈7尺9寸5分，本色11匹5寸5分。这些是各户和买的本色和折帛部分各自的整匹数和零余数。这样就解答了问题。

术解

田物力：甲=97×1.2=116.4（贯），乙=782×1.2=938.4（贯），丙=979×1.2=1174.8（贯）。

甲：地绸=11.7×1.34=15.678（尺），本色=折帛=15.678÷2=7.839（尺）；

地物力=11.7×0.9=10.53（贯）；

总物力=116.4+10.53=126.93（贯）。

和买：

甲=126.93÷32=3.9665625（匹）；

乙=938.4÷32=29.325（匹）；

丙=1174.8÷32=36.7125（匹）。

和买折帛：

甲=3.9665625×0.3=1.18996875（匹）；

乙=29.325×0.3=8.7975（匹）；

丙=36.7125×0.3=11.01375（匹）。

和买本色：

甲=3.9665625×0.7=2.77659375（匹）；

乙=29.325×0.7=20.5275（匹）；

丙=36.7125×0.7=25.69875（匹）。

移运均劳（分郡县乡科均）

原文

问：今起夫移运边饷，于某郡交纳。合起一万二千夫。甲州有三县，上县力，五十七万三千二百五十九贯五百文，至输所[1]九百二十五里；中县力，五十万四千九百八十三贯七百八十文，至输所六百五十二里；下县力，四十九万八千七百六十贯九百五十文，至输所四百六十五里。乙军倚郭，一县五乡，仁乡力，一十二万八千三百七十一贯九百八十文，至输所七百六里；义乡力，一十一万九千四百七十二贯六百文，至输所七百九十五里；礼乡力，一十万八千四百六十三贯五十文，至输所七百九十里；智乡力，八万四千二百三十六贯二百八十五文，至输所七百四十九里；信乡力，九千三百四十五贯一百六十文，至输所八百四里。欲知以物力多寡道里远近均运之，令劳费等，各合科夫几何。

答曰：甲州上县，差二千四百三十夫。中县，差三千三十七夫。下县，差四千二百六夫。

乙郡郭县仁乡，七百一十三夫。义乡，五百八十九夫。礼乡，五百三十八夫。智乡，四百四十一夫。信乡，四十六夫。

注释

〔1〕输所：运输粮饷后缴纳的地点。

译文

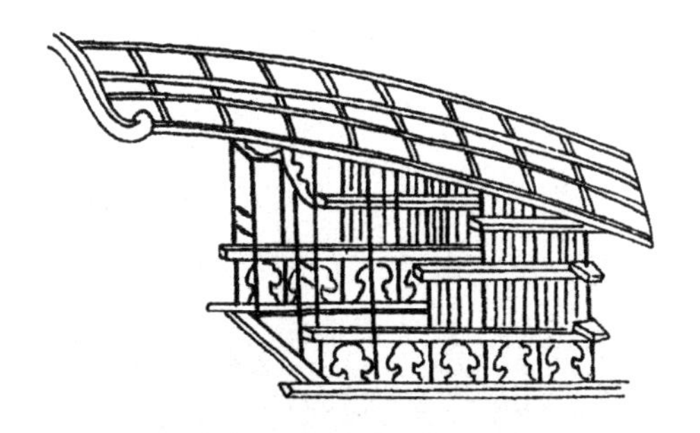

□ 五明坐车子局部结构图

从五明坐车子的形制特征看，它可能源于辽时北方常见的奚车，奚车传为北方奚人造的大车，元时也被称为驼车，曾用作官吏的专车。五明坐车子、驼车、奚车的形制大同小异。

问：现在派民工运送边关的粮饷，在某郡交纳，共起用民工12000人。甲州有三个县，上县物力573259贯500文，到输所距离925里；中县物力504983贯780文，到输所652里；下县物力498760贯950文，到输所465里。乙军的郭县包括五个乡：仁乡物力128371贯980文，到输所706里；义乡物力119472贯600文，到输所795里；礼乡物力108463贯50文，到输所790里；智乡物力84236贯285文，到输所749里；信乡物力9345贯160文，到输所804里。按照物力多少、距离远近平均安排运输，让劳费相等，求各地派出民工多少人。

答：甲州上县派出2430人，中县3037人，下县4206人。乙军郭县仁乡派出713人，义乡589人，礼乡538人，智乡441人，信乡46人。

原文

术曰：

以均输求之。置各县及乡力，皆如里而一，不尽者约之。复通分内子，互乘之，或就母迁退之，各得变力。可约约之，为定力。副并为法。以合起夫遍乘未并定力，各得为实。并如前法而一，各得夫。其余分辈[1]之。

注释

〔1〕辈：调整，调配。这里指将小数部分进为整数，因为所求的是人数，不能有零余。

译文

本题计算方法如下：

用《九章算术·均输》的方法求解。用各县的物力除以到输所的距离，得到单位距离的物力，除不尽的部分化作分数并约分。然后将所有分数化为假分数，进行互乘。或者直接用分母相乘，再乘各个单位距离的物力，得到各自的“变力”，其中有公约数的再化约，得到“定力”，相加得到法数。用总人数乘每个没有相加之前的定力，得到各个实数。相加再除以法数，得到各自工人数。余数都取进整数。

译解

各地每里物力：

甲州	上县	=573259500 ÷ 925=619740
	中县	=504983780 ÷ 652=774515
	下县	=498760950 ÷ 465=1072604 $\frac{6}{31}$
乙郡	仁乡	=128371980 ÷ 706=181830
	义乡	=119472600 ÷ 795=150280
	礼乡	=108463050 ÷ 790=137295
	智乡	=84236285 ÷ 749=112465
	信乡	=9345160 ÷ 804=11623 $\frac{1}{3}$

原文

草曰：

置甲州三县及乙军五乡物力里数，作八行列之，具图于后。

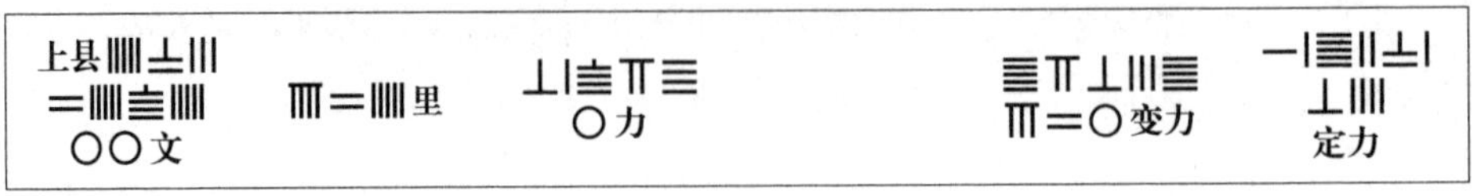

上县 文 里 力 变力 定力

<table>
<tr><td>中县𝍤〇𝍣
𝍱𝍧𝍫𝍦
𝍰〇文</td><td>𝍥𝍭𝍡里</td><td>𝍯𝍦𝍬𝍤
𝍩𝍤力</td><td></td><td>𝍯𝍡〇𝍡𝍱
𝍧𝍱𝍤变力</td><td>𝍩𝍣𝍫〇
𝍬𝍧𝍯𝍧
定力</td></tr>
<tr><td>下县𝍣𝍱𝍧
𝍯𝍥〇𝍨
𝍭〇文</td><td>𝍣𝍮𝍤里</td><td>𝍠〇𝍦𝍪𝍥
〇𝍣力</td><td>子𝍥母𝍫𝍠</td><td>𝍱𝍧𝍯𝍤
𝍪𝍠𝍱〇
变力</td><td>𝍩𝍧𝍱𝍤
〇𝍣𝍫𝍧
定力</td></tr>
<tr><td>仁乡𝍠𝍪𝍧
𝍫𝍦𝍩𝍨
𝍰〇文</td><td>𝍦〇𝍥里</td><td>𝍩𝍧𝍩𝍧
𝍫〇力</td><td></td><td>𝍩𝍥𝍱𝍠〇𝍠
𝍱〇变力</td><td>𝍢𝍫𝍧𝍪〇
𝍫𝍧定力</td></tr>
<tr><td>义乡𝍠𝍩𝍨
𝍬𝍦𝍪𝍥
〇〇文</td><td>𝍦𝍱𝍤里</td><td>𝍩𝍤〇𝍡𝍰
〇力</td><td></td><td>𝍩𝍢𝍱𝍦𝍮
〇𝍭〇变力</td><td>𝍡𝍮𝍧𝍬𝍡
〇𝍧定力</td></tr>
<tr><td>礼乡𝍠〇𝍧
𝍬𝍥𝍫〇
𝍭〇文</td><td>𝍦𝍱〇里</td><td>𝍩𝍢𝍯𝍡𝍱
𝍤力</td><td></td><td>𝍩𝍡𝍮𝍥𝍰
𝍣𝍫𝍤变力</td><td>𝍡𝍭𝍣𝍫𝍥
𝍰𝍦定力</td></tr>
<tr><td>智乡𝍰𝍣𝍪
𝍢𝍮𝍡𝍮𝍡𝍰
𝍤文</td><td>𝍦𝍬𝍨里</td><td>𝍩𝍠𝍪𝍢𝍮
𝍤力</td><td></td><td>𝍩〇𝍬𝍤
𝍱𝍡𝍬𝍤
变力</td><td>𝍡〇𝍧𝍩𝍧
𝍬𝍧定力</td></tr>
<tr><td>信乡𝍨𝍫𝍣
𝍭𝍠𝍮〇文</td><td>𝍧〇𝍣里</td><td>𝍠𝍩𝍥𝍪𝍢
力</td><td>子𝍠母𝍢</td><td>𝍠〇𝍧〇𝍧
𝍯〇变力</td><td>𝍪𝍠𝍮𝍠𝍱𝍣
定力</td></tr>
</table>

置上县力五十七万三千二百五十九贯五百文，如九百二十五里而一，得力六十一万九千七百四十。置中县五十万四千九百八十三贯七百八十文，如六百五十二里而一，得力七十七万四千五百一十五。置下县四十九万八千七百六十贯九百五十，如四百六十五里而一，得力一百七万二千六百四，不尽九十文。与法求等，得十五，约之，得三十一分之六。置仁乡一十二万八千三百七十一贯九百八十，如七百六里而一，得力一十八万一千八百三十。置义乡一十一万九千四百七十二贯六百文，如七百九十五里而一，得力十五万二百八十。置礼乡一十万八千四百六十三贯五十文，如七百九十而一，得力一十三万七千二百九十五。置智乡八万四千二百三十六贯二百八十五文，如七百四十九里而一，得力一十一万二千四百六十五。置信乡九千三百四十五贯一百六十文，如八百四里而一，得力一万一千六百二十三，不尽二百六十八文，与法求等，得二百六十八，约为三分之一。

其下县信乡二处，带母子者，各以母互遍乘八处。所得毕，二处各内本子。上得五千七百六十三万五千八百二十，中得七千二百二万九千八百九十五，下得九千九百七十五万二千一百九十。仁得一千六百九十一万一百九十，义得一千三百九十七万六千四十，礼得一千二百七十六万八千四百三十五，智得一千四十五万九千二百四十五，信得一百八万九百七十。已上为三县五乡变力率。

译文

本题演算过程如下：

已知甲州三个县，以及乙军五个乡的物力和到输所的距离，用八列表示出来，画算图如下（见原文）。

用上县物力573259贯500文，除以到输所的距离925里，得每里物力619740。用中县物力504983贯780文，除以652里，得到每里物力774515。用下县物力498760贯950文，除以465里，得到每里物力1072604，余数90文，和除数求公约数得15，约分得$\frac{6}{31}$。用仁乡物力128371贯980文，除以760里，得每里物力181830。用义乡物力119472贯600文，除以795里，得每里物力150280。用礼乡物力108463贯50文，除790里，得每里物力137295。用智乡物力84236贯285文，除以745里，得每里物力112465。用信乡物力9345贯160文，除以804里，得每里物力11623，余数268文，和除数求公约数得268，约分为$\frac{1}{3}$。

其中下县、信乡两个地方每里物力是有分数的，用两个分母相乘，再乘其他各数。乘过后，两个分数也化作整数。上县得57635820，中县72029895，下县99752190。仁乡得16910190，义乡13976040，礼乡12768435，智乡10459245，信乡1080970。以上是三个县、五个乡各自的变力值。

术解

下县分母×信乡分母=31×3=93

各地变力：

甲州	上县	619740×93=57635820
	中县	774515×93=72029895
	下县	$1072604\frac{6}{31}\times93=99752190$

续表

乙郡	仁乡	181830×93=16910190
	义乡	150280×93=13976040
	礼乡	137295×93=12768435
	智乡	112465×93=10459245
	信乡	$11623\frac{1}{3}\times93=1080970$

原文

可约者复求等，约之。求得五，故俱以五约之。上得一千一百五十二万七千一百六十四，中得一千四百四十万五千九百七十九，下得一千九百九十五万四百三十八。仁得三百三十八万二千三十八，义得二百七十九万五千二百八，礼得二百五十五万三千六百八十七，智得二百九万一千八百四十九，信得二十一万六千一百九十四。已上并为定力，副并八处定力，得五千六百九十二万二千五百五十七，为法。以合起一万二千夫，遍乘定力讫。上得一千三百八十三亿二千五百九十六万八千为实，中得一千七百二十八亿七千一百七十四万八千为中实，下得二千三百九十四亿五百二十五万六千为下实。仁得四百五亿八千四百四十五万六千为仁实，义得三百三十五亿四千二百四十九万六千为义实，礼得三百六亿四千四百二十四万四千为礼实，智得二百五十一亿二百一十八万八千为智实，信得二十五亿九千四百三十二万八千为信实。已上八实，皆如前法而一。上县得二千四百三十夫，不尽四百一十五万四千四百九十，辈归中县下县。中县得三千三十六夫，不尽五千四百八十六万四千九百四十八，辈为一夫。下县得四千二百五夫，不尽四千五百九十万三千八百一十五，辈为一夫。仁乡得七百一十二夫，不尽五千五百五十九万五千四百一十六，辈为一夫。义乡得五百八十九夫，不尽一千五百一十万九千九百二十七，辈归仁乡。礼乡得五百三十八夫，不尽一千九百九十万八千三百三十四，辈归智乡信乡。智乡得四百四十夫，不尽五千六百二十六万二千九百二十，辈为一夫。信乡得四十五夫，不尽三千二百八十一万二千九百三十五，辈为一夫。合问。

译文

对变力中有公约数的进行化约，得到公约数为5，于是都用5去约，上县得11527164，中县14405979，下县19950438。仁乡得3382038，义乡2795208，礼乡2553687，智乡2091849，信乡216194。以上都是定力，将八个定力相加，得到56922557，作为法数。用总人数12000，遍乘各个定力完毕。上县得138325968000，中县172871748000，下县239405256000。仁乡得40584456000，义乡33542496000，礼乡30644244000，智乡25102188000，信乡2594328000。分别为各地的实数。以上八个实数都除以法数。甲得2430人，余数4154490加入中县、下县。中县得3036人，余数54864948，进为1人。下县得4205人，余数45903815，进为1人。仁乡得712人，余数55595416，进为1人。义乡得589人，余数15109927，归入仁乡。礼乡得538人，余数19908334加入智乡、信乡。智乡得440人，余数56262920，进为1人。信乡得45人，余数32812935，进为1人。这样就解答了问题。

术解

各县定力=变力÷5:

甲州	上县	11527164
	中县	14405979
	下县	19950438
乙郡	仁乡	3382038
	义乡	2795208
	礼乡	2553687
	智乡	2091849
	信乡	216194
总计=除数		56922557

各县被除数=定力×12000:

甲州	上县	138325968000
	中县	172871748000
	下县	239405256000
乙郡	仁乡	40584456000

续表

乙郡	义乡	33542496000
	礼乡	30644244000
	智乡	25102188000
	信乡	2594328000

各县人数=被除数÷除数：

甲州	上县	2430
	中县	3036+1=3037
	下县	4205+1=4206
乙郡	仁乡	712+1=713
	义乡	589
	礼乡	538
	智乡	440+1=441
	信乡	45+1=46

均定劝分

原文

问：欲劝粜赈济，据甲民[1]物力亩步排定，共计一百六十二户，作九等。上等三户，第二等五户，第三等七户，第四等八户，第五等十三户，第六等二十一户，第七等二十六户，第八等三十四户，第九等四十五户。今先劝谕第一等上户愿粜五千石，第九等户愿粜二百石。欲知各等抛差石数，并总认米数各几何。

答曰：总认米二十三万七千六百石。上等一户米五千石，三户计一万五千石。

二等一户米四千四百石，五户计二万二千石。

三等一户米三千八百石，七户计二万六千六百石。

四等一户米三千二百石，八户计二万五千六百石。

五等一户米二千六百石，一十三户计三万三千八百石。

六等一户米二千石，二十一户计四万二千石。

七等一户米一千四百石，二十六户计三万六千四百石。

八等一户米八百石，三十四户计二万七千二百石。

九等一户米二百石，四十五户计九千石。

注释

〔1〕甲民：富有的百姓。

译文

问：想要动员人们卖米赈灾，根据富有之家的物力和田亩数排列，共有162户，分作9等。上等3户，二等5户，三等7户，四等8户，五等13户，六等21户，七等26户，八等34户，九等45户。现在先劝说一等户每户愿意卖出5000石，九等户每户愿意卖出200石。求各等卖米数递减多少，以及共买米多少。

答：共卖米237600石。上等每户卖米5000石，3户共计15000石。二等每户4400石，5户共计22000石。三等每户3800石，7户共计26600石。四等每户3200石，8户共计25600石。五等每户2600石，13户共计33800石。六等每户2000石，21户共计42000石。七等每户1400石，26户共计36400石。八等每户800石，34户共计27200石。九等每户200石，45户共计9000石。

原文

术曰：

以衰分求之。置上下户米，减余，为实。列等数，减一，余为法。除之，得抛差石数。以差累减上等米，各得诸等米，以各等户数乘，并之，为总数。

译文

本题计算方法如下：

用衰分法求解。用上等和下等每户卖米数相减，作为被除数。用总等数减1，得到除数，相除，得到每等递减的数额。从上等米开始递减，得到各等米数。乘各等户数，相加，得到总卖米数。

译解

每等米数=（5000−200）÷（9−1）=600。

原文

草曰：

置上等户米五千石，减下等户二百石，余四千八百石，为实。以九等减一，余八，为法。除实，得六百石，为每等抛差。用减上等，余四千四百石，为二等米。又减六百，得三千八百石，为三等米。又减六百，得三千二百石，为四等米。又减六百，得二千六百石，为五等米。又减六百，得二千石，为六等米。又减六百，得一千四百石，为七等米。又减六百，得八百石，为八等米。又减六百，得二百石，为九等米。又各乘户数，并之，得总认米石数二十三万七千六百石。

译文

本题演算过程如下：

用上等每户卖米5000石，减去下等每户卖米200石，得到4800石，作为被除数。用共9等减1，得8，作为除数。相除，得600石，是各等之间的级差。用上等每户卖米数减级差，得4400石，是二等每户卖米数。再减600，得3800石，是三等每户卖米数。再减600，得3200石，是四等每户卖米数。再减600，得2600石，是五等每户卖米数。再减600，得2000石，是六等每户卖米数。再减600，得1400石，是七等每户卖米数。再减600，得800石，是八等每户卖米数。再减600，得200，是九等每户卖米数。再乘各等户数，相加，得到总卖米数237600石。

术解

等级	每户米数	总米数
一等	5000	5000 × 3=15000
二等	5000−600=4400	4400 × 5=22000
三等	4400−600=3800	3800 × 7=26600
四等	3800−600=3200	3200 × 8=25600
五等	3200−600=2600	2600 × 13=33800
六等	2600−600=2000	2000 × 21=42000
七等	2000−600=1400	1400 × 26=36400
八等	1400−600=800	800 × 34=27200
九等	800−600=200	200 × 45=9000

第六章　钱谷类

本章包括卷十一、卷十二。这一类别主要关注经济生活中的货币和粮食问题，例如不同货币之间的折算，不同地区米价的比较，囤米空间的尺寸计算，运送粮食的运费计算，钱库本金和利息的计算，或以随机抽样法对粮食中的杂质进行计算，等等。这一类在“赋役类”的基础上增加了《九章算术》中少广、均输、盈不足等方法的运用。

卷十一

折解轻赍

原文

问：有甲、乙、丙、丁四郡，各合起上供银、绢。甲郡：银三千二百两，每两二贯二百文足。绢六万四千匹，每匹二贯文足。去京一千里，每担一里，佣钱六文足。其时旧会图，每贯五十四文足。乙郡：银二千七百两，每两二贯三百文足。绢四万九千二百匹，每匹二贯四百二十文足。去京九百八十里，每担一里，佣钱四文二分。旧会价五十九文足。丙郡，银四千两，每两新会九贯三百文。绢七万三千六百匹，每匹新会一十贯三百文。去京二千里，每担一里，佣钱八十文，旧会。丁郡：银二千六百两，每两五十一贯文，旧会。绢三万二千三十五匹，每匹五十八贯文，旧会。去京一千五百里，每担一里，佣钱一百文，旧会。诸郡银每五百两，绢每六十匹，新会每五千贯为担。欲并折新会，均作三限[1]起解，求各郡每限，及本色元理[2]，折解实用[3]、宽余[4]佣钱各新会几何。

答曰：甲郡合解五十万一百四十八贯一百四十八文。初限，一十六万六千七百一十六贯四十九文。次限，一十六万六千七百一十六贯四十九文。末限，一十六万六千七百一十六贯五十文。佣钱元理，二万三千八百四十五贯九百二十五文二十七分文之二十五。实用，二千二百二十二贯八百七十七文二十七分文之二十一。宽余，二万一千六百二十三贯四十八文二十七分文之四。

乙郡合解四十二万四千六百五十七贯六百二十七文。初限，一十四万一千五百五十二贯五百四十二文。次限，一十四万一千五百五十二贯五百四十二文。末限，一十四万一千五百五十二贯五百四十三文。佣钱元理，一万一千五百一十六贯四百二十八文五十九分文之二十八。实用，一千一百八十五贯一十文五十九分文之一十。宽余，一万三百三十一贯四百一十八文五十九分文之一十八。

丙郡合解七十九万五千二百八十贯文。初限，二十六万五千九十三贯三百三十三文。次限，二十六万五千九十三贯三百三十三文。末限，二十六万五千九十三贯三百三十四文。佣钱元理，三万九千五百九贯三百三十三文三分文之一。实用，五千八十九贯七百九十二文。宽余，三万四千四百一十九贯五百四十一文三分文之一。

丁郡合解三十九万八千一百二十六贯文。初限，一十三万二千七百八贯六百六十六文。次限，一十三万二千七百八贯六百六十六文。末限，一十三万二千七百八贯六百六十八文。佣钱元理，一万六千一百七十三贯五百文。实用，二千三百八十八贯七百五十六文。宽余，一万三千七百八十四贯七百四十四文。

注释

〔1〕三限：指运送进程的三个限期，即下文的初限、次限、末限。

〔2〕元理：本来的计算方法。

〔3〕实用：折算后的结果。

〔4〕宽余：元理和实用的差。

译文

有甲、乙、丙、丁四个郡，各自收缴起运上交朝廷的银钱和绢布。其中：

甲郡银3200两，每两2贯200文整。绢64000匹，每匹2贯整。距离京城1000里，每担1里佣钱6文整。当时旧会兑换价是每贯54文整。

乙郡银2700两，每两2贯300文整。绢49200匹，每匹2贯420文整。距离京城980里，每担1里佣钱4文2分。当时旧会兑换价每贯59文整。

丙郡银4000两，每两新会9贯300文。绢73600匹，每匹新会10贯300文。距离京城2000里，每担1里佣钱旧会80文。

丁郡银2600两，每两旧会51贯整。绢32035匹，每匹旧会58贯整。距离京城1500里，每担1里佣钱旧会100文。

所有郡都以每500两银钱，每60匹绢，每5000贯新会为1担。全都折算成新会，并且都按照三个期限起运，求各个郡每批运送，按原来规则计算的佣钱，折算后的佣钱，以及二者的差各是多少新会。

答：甲郡共缴纳500148贯148文。初限166716贯49文，次限166716贯49文，末限166716贯50文。佣钱：元理23845贯925 $\frac{25}{27}$ 文，实用2222贯877 $\frac{21}{27}$ 文，宽余21623贯48文 $\frac{4}{27}$ 。

乙郡共缴纳424657贯627文。初限141552贯542文，次限141552贯542文，末限141552贯543文。佣钱：元理11516贯428 $\frac{28}{59}$ 文，实用1185贯10 $\frac{10}{59}$ 文，宽余10331贯418 $\frac{18}{59}$ 文。

丙郡共缴纳795280贯整。初限265093贯333文，次限265093贯333文，末限265093贯334文。佣钱：元理39509贯333 $\frac{1}{3}$ 文，实用5089贯792文，宽余34419贯541 $\frac{1}{3}$ 文。

丁郡共缴纳398126贯整。初限132708贯666文，次限132708贯666文，末限132708贯668文。佣钱：元理16173贯500文，实用2388贯756文，宽余13784贯744文。

原文

术曰：

以均输求之，置各郡银绢，乘各价，并之，归足元展足为旧会，次以五约旧会为新会，各得合解钱。以限数除之，得每限钱，不尽，并归末限。次置里数，乘每里佣价为率。以率乘元银及元绢，各为佣实。以每担银绢率，各为法。实如法而一。不满者亦为担。并之，为元理佣钱。次以率乘合解钱，为实。乃以钱物每担率为法。实如法而一，各得实用佣钱。以减元理佣钱，余为宽余佣钱。

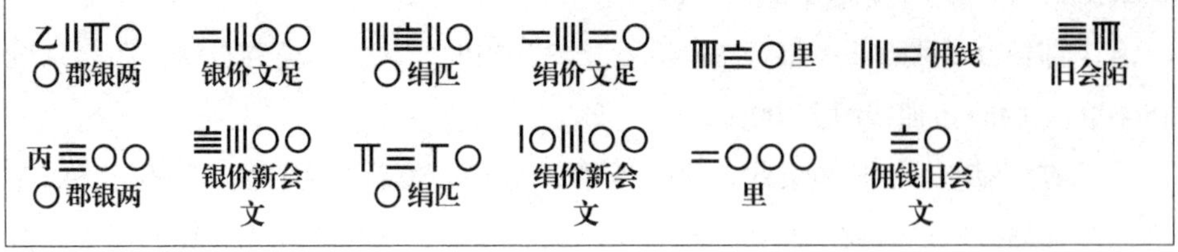

甲𝍫𝍡〇 〇郡银两	𝍪𝍡〇〇 银价文足	𝍥𝍫〇〇 〇绢匹	𝍪〇〇〇 绢价文足	𝍩〇〇〇 里	𝍥佣足钱	𝍬𝍣 旧会陌
乙𝍡𝍦〇 〇郡银两	𝍪𝍢〇〇 银价文足	𝍣𝍰𝍡〇 〇绢匹	𝍪𝍣𝍪〇 绢价文足	𝍨𝍰〇里	𝍣𝍪佣钱	𝍬𝍨 旧会陌
丙𝍬〇〇 〇郡银两	𝍱𝍢〇〇 银价新会文	𝍦𝍫𝍥〇 〇绢匹	𝍠〇𝍢〇〇 绢价新会文	𝍪〇〇〇 里	𝍯〇 佣钱旧会文	

丁＝T〇 〇郡银两	||||—〇〇 〇银价旧 会文	|||＝〇≡ ||||绢匹	||||≟〇〇 〇绢价旧 会文	—||||〇〇 里	|〇〇 佣钱旧会 文

译文

本题计算方法如下：

用《九章算术》的方法求解。用各郡缴纳的银钱、绢布数额，乘各自的价钱，结果相加，换算为旧会，然后除以5得到各自缴纳的新会数额。用限期批次数去除，得到每限数额，除不尽的余数都归入末限中。然后用距离里数乘每里佣钱，得到率数。用率数乘原本的银数和绢数，得到各自求佣钱的被除数，用每担银、绢的率数作为各自的除数，相除，余数也作为1担。相加得到本来的元理佣钱。然后用率数乘缴纳总数，作为被除数，用银、绢每担的率数作为除数，相除，得到各自实际的佣钱。两个佣钱相减，得到所求的宽余佣钱。

译解

郡名	银价	绢价	总价	旧会	新会
甲	3200 × 2200 =7040000	64000 × 2000 =128000000	135040000	135040000 ÷ 54 =2500740.741	2500740.741 ÷ 5 =500148.148
乙	2700 × 2300 =6210000	49200 × 2420 =119064000	125274000	125274000 ÷ 59 =2123288.136	2123288.136 ÷ 5 =424657.627
丙	4000 × 9300 =37200000	73600 × 10300 =758080000	—	—	795280000
丁	2600 × 51000 =132600000	32035 × 58000 =1858030000	—	1990630000	1990630000 ÷ 5 =398126000

原文

草曰：

置各郡银绢，乘各价。甲郡银三千二百两，乙郡银二千七百两，丙郡银四千两，丁郡银二千六百两于右行。甲郡银两价二贯二百足，乙郡银两价

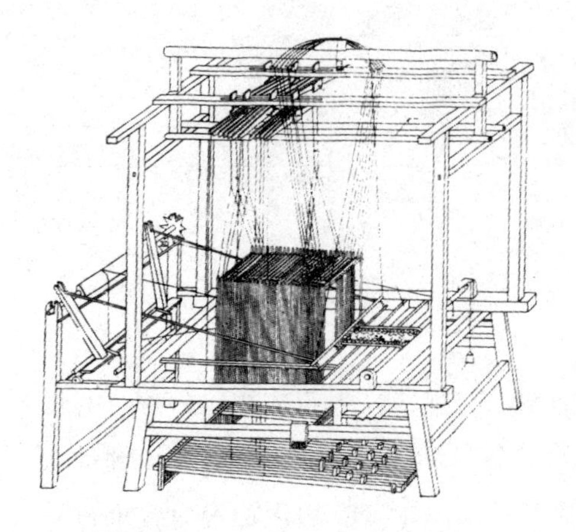

□ 丁桥织机

蜀锦位居我国四大名锦之首，兴于战国，盛于汉唐，因产于蜀地而得名，古代称其为“寸锦寸金”。据《华阳县志》等文献记载，蜀锦的辉煌，丁桥织机功不可没。因为这种织机的脚踏板上布满了竹钉，形似河面上依次排列的过河石墩“丁桥”，所以被称为“丁桥织机”。

二贯三百足，丙郡银两价九贯三百新会，丁郡银两价五十一贯旧会，于左行。对乘之，甲得七千四十贯足，乙得六千二百一十贯足，丙得三万七千二百贯新会，丁得十三万二千六百贯旧会。又列置各郡绢，甲六万四千匹，乙四万九千二百匹，丙七万三千六百匹，丁三万二千三十五匹于右行。各郡绢匹价，甲二贯足，乙二贯四百二十足，丙新会十贯三百，丁五十八贯旧会于左行。亦对乘之，甲得一十二万八千贯足，乙得一十一万九千六十四贯足，丙得七十五万八千八十贯新会，丁得一百八十五万八千三十贯旧会。乃并各郡银绢价，甲共一十三万五千四十贯足，乙共一十二万五千二百七十四贯足，丙共七十九万五千二百八十贯新，丁共一百九十九万六百三十贯旧。甲以旧会价五十四文展足钱，得二百五十万七百四十贯七百四十文，乙以旧会价五十九文展足钱，得二百一十二万三千二百八十八贯一百三十六文，丙已系新会，丁系旧会。今甲乙丁，俱以五除之，皆为新会。甲得五十万一百四十八贯一百四十八文，乙得四十二万四千六百五十七贯六百二十七文，丙得七十九万五千二百八十贯文，丁得三十九万八千一百二十六贯，各为合解钱。以限数三，除之，甲得一十六万六千七百一十六贯四十九文，为初限次限数。不尽一文，增入次限数内，共得一十六万六千七百一十六贯五十文，为末限数。乙得一十四万一千五百五十二贯五百四十二文，为初限次限数，不尽一文，增入，得一十四万一千五百五十二贯五百四十三文，为末限数。丙得二十六万五千九十三贯三百三十三文，为初限次限数。不尽一文，增入，得二十六万五千九十三贯三百三十四文，为末限数。丁得一十三万二千七百八贯六百六十六文，为初限次限数，不尽二文，增入，得一十三万二千七百八贯六百六十八文，为末限数。

右行	甲银两 𝍫𝍡〇〇	乙银两 𝍪𝍦〇〇	丙银两 𝍬〇〇〇	丁银两 𝍪𝍥〇〇	
		两行对乘			
左行	𝍪𝍡〇〇足	𝍪𝍢〇〇足	𝍰𝍢〇〇 新会文	𝍤𝍩〇〇〇 旧会文	
得四郡银价，为寄行	𝍦〇𝍣〇〇 〇〇文足	𝍥𝍪𝍠〇〇 〇〇文足	𝍫𝍦𝍪〇 〇〇〇〇 新会文	𝍠𝍫𝍡𝍮〇〇 〇〇〇 旧会文	
右行	甲绢匹𝍥𝍬 〇〇〇	乙绢匹𝍣𝍰 𝍡〇〇	丙绢匹𝍦𝍫 𝍥〇〇	丁绢匹𝍢𝍪 〇𝍫𝍤	两行亦对乘
左行	𝍪〇〇〇 文足	𝍪𝍣𝍪〇 文足	𝍠〇𝍢〇〇 新会文	𝍤𝍯〇〇〇 旧会文	
得四郡绢价，并前寄行	𝍠𝍪𝍧〇〇 〇〇〇〇 文足	𝍠𝍩𝍨〇𝍥 𝍬〇〇〇 文足	𝍦𝍬𝍧〇 𝍧〇〇〇〇 新会文	𝍩𝍨𝍬𝍧 〇𝍢〇〇〇 〇旧会文	
银价	𝍦〇𝍣〇〇 〇〇文足	𝍥𝍪𝍠〇〇 〇〇文足	𝍫𝍦𝍪〇 〇〇〇〇 新会文	𝍠𝍫𝍡𝍮〇〇 〇〇〇 旧会文	
绢价	𝍠𝍪𝍧〇〇 〇〇〇〇 文足	𝍠𝍩𝍨〇𝍥 𝍬〇〇〇	𝍦𝍬𝍧〇 𝍧〇〇〇〇 新会文	𝍩𝍨𝍬𝍧 〇𝍢〇〇〇 〇旧会文	两行并之
甲乙皆以会陌约之	甲共𝍠𝍫𝍤 〇𝍣〇〇〇 〇文足 𝍬𝍤会旧	乙共𝍠𝍪𝍤 𝍪𝍦𝍫〇 〇〇文足 𝍬𝍨旧会陌	丙共𝍦𝍰〇̄ 𝍪𝍧〇〇〇 〇新会文	丁共𝍩𝍨𝍰 〇𝍮𝍢〇〇 〇〇旧会文	
甲乙丁皆五约之	甲共𝍪〇̄〇 〇𝍯𝍣〇 𝍦𝍫〇 旧会文	乙共𝍪𝍠𝍪𝍢 𝍪𝍧𝍯𝍠𝍢 𝍥旧会文	丙共𝍦𝍰〇̄ 𝍪𝍧〇〇〇 〇新会文	丁共𝍩𝍨𝍰 〇𝍮𝍢〇〇 〇〇旧会文	
合解钱	甲𝍣〇〇 𝍩𝍣𝍯𝍠𝍫 𝍧文	乙𝍣𝍪𝍣 𝍮〇̄𝍯𝍥 𝍪𝍦文	丙𝍦𝍰𝍤 𝍪𝍧〇〇 〇〇文	丁𝍢𝍬𝍧 𝍩𝍡𝍮〇〇 〇文	四郡合解新会，各以三限约之
	甲𝍠𝍮𝍥𝍯𝍠 𝍮〇𝍫𝍧 不尽文𝍠	乙𝍠𝍫𝍠𝍬〇̄ 𝍪𝍣𝍫𝍡 不尽文𝍠	丙𝍡𝍮〇̄〇 𝍧𝍫𝍢𝍫𝍢 不尽文𝍠	丁𝍠𝍫𝍡𝍯〇 𝍰𝍥𝍮𝍥 不尽文𝍡	得三限钱

译文

本题演算过程如下：

用各郡缴纳的银、绢数，乘各自的价格。甲郡银3200两，乙郡2700两，丙郡4000两，丁郡2600两，写在右列。甲郡银价每两2贯200文整，乙郡2贯300文整，丙郡9贯300文新会，丁郡51贯旧会，写在左列。两列对乘，甲得7040贯，乙得6210贯，丙得37200贯新会，丁得132600贯旧会。再将各郡的绢数列出，甲64000匹，乙49200匹，丙73600匹，丁32035匹，写在右列。各郡绢的单价，甲是2贯整，乙2贯420文，丙新会10贯300文，丁旧会58贯，在左列。也用两列对乘，甲得128000贯，乙得119064贯，丙得758080贯新会，丁得1858030贯旧会。然后将各郡的银、绢数额相加，甲共135040贯，乙1252574贯，丙795280贯新会，丁1996030贯旧会。甲用旧会价格54文进行换算，得2500740贯740文。乙用旧会价格59文换算，得2123288贯136文。丙已是新会，丁是旧会。现在将甲、乙、丁的数额除以5，得到新会。甲得500148贯148文，乙得424657贯627文，丙得795280贯，丁得398126贯，是各自缴纳的总额。除以限数3，甲得166716贯49文，是初限和次限的数额。余数1文，加入次限的数值内，得到166716贯50文，是末限的数额。乙得141552贯542文，是初限和次限的数额，加上余数1文得到141552贯543文，是末限数额。丙得265093贯333文，是初限和次限的数值。加上余数1文得到265093贯334文，是末限的数额。丁得132708贯666文，是初限、次限数额，加上余数2文得132708贯668文，是末限数额。

术解

三限钱数=新会÷3：

郡名	初限	次限	末限
甲	166716.049	166716.049	166716.050
乙	141552.542	141552.542	141552.543
丙	265093.333	265093.333	265093.334
丁	132708.666	132708.666	132708.668

原文

各以里数，乘佣钱，各为率。置甲郡一千里，乙郡九百八十里，丙郡二千里，丁郡一千五百里于右行。次置甲郡佣钱六文足，乙郡佣钱四文二分足，丙郡佣钱八十旧会文，丁郡佣钱一百旧会，于左行。与右行对乘之，甲得率六贯足，乙得率四贯一百一十六文足，丙得率一百六十贯旧，丁得率一百五十贯，旧于右行。以率乘元银数，各为佣实。次置甲元银三千二百两，乙银二千七百，丙银四千两，丁银二千六百两于左行。与右行对乘之，甲得一万九千二百贯，乙得一万一千一百一十三贯二百文，丙得六十四万贯旧，丁得三十九万贯旧，皆银佣，置于右行。次置甲、乙、丙、丁，每担银率五百两，为法。遍除右行，甲得三十八贯四百文足，乙得二十二贯二百二十六文四分足，丙得一千二百八十贯旧，丁得七百八十贯旧，为各郡银佣钱。列寄别行。

次置甲元绢六万四千匹，乙绢四万九千二百匹，丙绢七万三千六百匹，丁绢三万二千三十五匹，为左行。与右行各率对乘之，甲得三十八万四千贯足，乙得二十万二千五百七贯二百足，丙得一千一百七十七万六千贯旧，丁得四百八十万五千二百五十贯，各为绢佣实。次以四郡每担绢率六十匹为法，除之，甲得六千四百贯足，乙得三千三百七十五贯一百二十足，丙得一十九万六千二百六十六贯六百六十六文三分文之二旧，丁得八万八十七贯五百旧，为各郡绢佣钱。并入寄别行。甲得六千四百三十八贯四百足，乙得三千三百九十七贯三百四十六文四分足，丙得一十九万七千五百四十六贯六百六十六文三分文之二旧，丁得八万八百六十七贯五百旧，列右行。

其甲旧会价五十四文，五因之，得二百七十文足。乙旧会价五十九文，亦五因之，得二百九十五文。丙以五，丁亦以五于左行，以对约右行，皆为新会。甲得二万三千八百四十五贯九百二十五文二十七分文之二十五，乙得一万一千五百一十六贯四百二十八文五十九分文之二十八，丙得三万九千五百九贯三百三十三文三分文之一，丁得一万六千一百七十三贯五百文。并新会，系四郡元佣价钱。次以元四郡率，对乘四郡合解新会，各为实率。其甲六贯足，乘甲合解钱五十万一百四十八贯一百四十八文，得三十亿八十八万八千八百八十八贯。其乙率四贯一百一十六足，乘乙合解钱四十二万四千六百五十七贯六百二十七文，得一十七亿四千七百八十九万七百九十二贯七百三十二文足。其丙率一百六十贯旧，乘丙合解钱七十九万五千二百八十贯，得一千二百七十二亿四千四百八十万贯旧。其丁率一百五十贯旧，乘丁合解三十九万八千一百二十六贯，得五百九十七亿一千八百九十万贯旧。各为实。乃以每担率五千贯为法而一，甲得六百贯一百七十七文足，不尽三千八百八十八贯文。乙得三百四十九贯五百七十八文足，不尽七百九十二贯七百三十二文。丙得二万五千四百四十八贯九百六十旧会文。丁得一万一千九百四十三贯七百八十旧会文。为各郡实用。甲以二百七十文约，乙以二百九十五文约，丁丙皆五约，为新会。甲二千二百二十二贯八百七十七文，不尽二百一十文。乙一千一百八十五贯一十文，不尽五十文。丙五千八十九贯七百九十二文。丁二千三百八十八贯七百五十六文。各减元理，甲余二万一千六百二十三贯四十八文，乙余一万三百三十一贯四百一十八文，丙余三万四千四百一十九贯五百四十一文，丁余一万三千七百八十四贯七百四十四文。合问。

右行　去京	甲𝍩〇〇〇 里	乙𝍧𝍯〇 里	丙𝍪〇〇〇 里	丁𝍩𝍤〇〇 里	两行对乘
左行　佣钱	𝍥文足	𝍣𝍪文足	𝍯〇旧会文	𝍠〇〇旧会文	
右行　佣率	𝍮〇〇〇 文足	𝍫𝍠𝍩𝍥 文足	𝍩𝍥〇〇 〇〇旧会文	𝍩Ō〇〇〇 〇旧会文	
			两行对乘		
左行	甲𝍫𝍡〇〇 两	乙𝍪𝍦〇 〇两	丙𝍬〇〇 〇两	丁𝍪𝍦〇 〇两	
银佣实	甲𝍩𝍣𝍪 〇〇〇〇〇	乙𝍩𝍠𝍩𝍠𝍫 𝍡〇〇文足	丙𝍥𝍬〇 〇〇〇〇〇 〇旧会文	丁𝍢𝍰〇〇 〇〇〇〇〇 旧会文	法𝍤〇〇 银两
银佣钱	甲𝍢𝍯𝍣〇 〇	乙𝍡𝍪𝍡𝍪 𝍥𝍬文足	丙𝍠𝍪𝍧〇 〇〇〇 旧会文	丁𝍮𝍧〇 〇〇〇 旧会文	寄别行
佣率	甲𝍮〇〇〇 文足	乙𝍫𝍠𝍩𝍥 文足	丙𝍩𝍥〇 〇〇〇 旧会文	丁𝍩𝍤〇〇 〇〇旧会文	
			两行对乘		
	甲绢𝍥𝍬〇 〇〇	乙绢𝍣𝍰𝍡 〇〇	丙绢𝍦𝍫𝍥 〇〇〇	丁绢𝍢𝍪〇 𝍫𝍤	

绢佣实	甲𝍢𝍯𝍣〇 〇〇〇〇〇 文足	乙𝍡〇𝍡𝍬 〇𝍯𝍡〇〇 文足	丙𝍠𝍩𝍦𝍯 𝍥〇〇〇〇 〇〇旧会文	丁𝍫𝍧〇〇̄ 𝍪𝍤〇〇〇 〇旧会文	法𝍮〇匹
右行　绢佣钱	甲𝍥𝍬〇 〇〇〇〇 文足	乙𝍢𝍫𝍦〇̇ 𝍠𝍪〇文足	丙𝍠𝍰𝍥𝍪 𝍥𝍮𝍥𝍮 𝍥旧会文 子𝍡母𝍢	丁𝍯〇〇 𝍧𝍯〇̄〇〇 旧会文	两行
银佣钱	甲𝍢𝍯𝍣〇 〇文足	乙𝍡𝍪𝍡𝍪 𝍥𝍫文足	丙𝍠𝍪𝍧〇 〇〇〇 旧会文	丁𝍯𝍧〇 〇〇〇 旧会文	别行　并之
右行	甲𝍥𝍫𝍢𝍯 𝍣〇〇文足	乙𝍢𝍫𝍧𝍯 𝍢𝍫𝍥𝍫 文足	丙𝍠𝍰𝍦〇̇ 𝍣𝍮𝍥𝍮 𝍥旧会文 子𝍡母𝍢	丁𝍯〇𝍯 𝍥𝍯〇̄〇〇 旧会文	左行除 右行
左行	甲𝍡𝍯〇文	乙𝍡𝍰𝍤文	丙𝍤	丁𝍤	

今欲变右行足钱旧会，皆为新会，故以五遍乘甲陌五十四，得二百七十。乙陌五十九，得二百九十五。

元佣 并新会	甲𝍪𝍢𝍯𝍤 〇̇𝍧𝍪𝍤 子𝍪𝍤 母𝍪𝍦文	乙𝍩𝍠𝍬𝍠𝍮 𝍣𝍪𝍧 子𝍪𝍧 母𝍬𝍧文	丙𝍫𝍧𝍬 〇𝍰𝍢𝍫𝍢 子𝍩母𝍢文	丁𝍩𝍥𝍩𝍦 𝍫𝍤〇〇文	
合解钱	甲𝍤〇〇𝍩 𝍣𝍯𝍠𝍫𝍧 文	乙𝍣𝍪𝍣 𝍮𝍤𝍯𝍥 𝍪𝍦文	丙𝍦𝍰𝍤 𝍪𝍧〇〇 〇〇文	丁𝍢𝍰𝍧𝍩 𝍡𝍮〇〇〇 文	皆是新会， 两行
佣率	甲𝍮〇〇〇 文足	乙𝍬𝍠𝍩𝍥 文足	丙𝍩𝍥〇 〇〇〇 旧会文	丁𝍩𝍤〇〇 〇〇 旧会文	对乘
术曰，如法而一，除至一文，乃止	实用𝍢〇〇 〇亿𝍧𝍯 𝍧𝍯𝍧𝍯 〇〇〇文	𝍠𝍯𝍣𝍯𝍧 𝍰〇𝍯𝍧 𝍪𝍦𝍫𝍡 亿文	𝍠𝍪𝍦𝍪𝍣 𝍫𝍧〇〇 〇〇〇〇〇 〇旧会文	𝍫𝍧𝍯𝍠𝍯 𝍧〇〇〇〇 〇〇〇〇 亿旧会文	𝍤〇〇〇 〇〇〇 每担法文
	甲𝍮〇〇𝍠 𝍯𝍦文足 不尽𝍢𝍯𝍧 𝍯〇〇〇	乙𝍫𝍤𝍰 〇𝍯𝍧文 不尽𝍯𝍧𝍪 𝍦𝍫𝍡	丙𝍪𝍤𝍬 𝍣𝍯𝍧𝍮 〇旧会文	丁𝍩𝍠𝍰𝍣 𝍫𝍦𝍯〇 旧会文	其甲乙有不尽者，不满担不计，佣钱所得，各约为新会

右行　各实	甲𝍮〇〇𝍠 𝍯𝍦	乙𝍫𝍣𝍰𝍤 𝍯𝍧文足	丙𝍪𝍤𝍫𝍣 𝍰𝍧𝍮〇 旧会文	丁𝍩𝍠𝍰𝍣 𝍫𝍦𝍯〇 旧会文	左行除右行
左行	甲𝍡𝍯〇	乙𝍡𝍰〇	丙𝍤	丁𝍤	
佣钱 实用	甲𝍡𝍪𝍡𝍪 𝍧𝍯𝍦子𝍪 𝍠母𝍪𝍦	乙𝍠𝍩𝍧𝍬 〇𝍩〇子𝍬 〇母𝍡𝍰 𝍤文	丙𝍤〇𝍧𝍰 𝍦𝍰𝍡文	丁𝍡𝍫𝍧𝍯 𝍦𝍬𝍮文	并新会实用佣钱
佣钱 元理	甲𝍪𝍢𝍯𝍣 𝍬𝍧𝍪𝍤 子𝍪𝍤 母𝍪𝍦	乙𝍩𝍠𝍬𝍠𝍮 𝍣𝍪𝍧 子𝍠𝍫〇 母𝍡𝍰𝍤	丙𝍫𝍧〇〇 𝍰𝍢𝍫𝍢 子𝍠母𝍢	丁𝍩𝍥𝍩𝍦 𝍫𝍤〇〇	
佣钱 宽余	甲𝍪𝍠𝍮𝍡𝍫 〇𝍫𝍧𝍣𝍪 𝍦	乙𝍩〇𝍫𝍢 𝍩𝍣𝍩𝍧 𝍯〇𝍡𝍰𝍤	丙𝍫𝍢𝍫𝍠 𝍰𝍤𝍫𝍠 子𝍠母𝍢	丁𝍩𝍢𝍯𝍧 𝍫𝍦𝍫𝍣	不尽，皆求等，约之
宽余	甲𝍠𝍪𝍮𝍡𝍫 〇𝍫𝍧𝍣𝍪 𝍦	𝍩〇𝍫𝍢𝍩 𝍣𝍩𝍧 𝍩𝍧𝍬𝍧	丙𝍫𝍢𝍫𝍠 𝍰𝍤𝍫𝍠𝍠𝍢	丁𝍩𝍢𝍯𝍧 𝍫𝍦𝍫𝍣	
合解	甲𝍤〇〇𝍩 𝍣𝍯𝍠𝍫𝍧	乙𝍣𝍪𝍣𝍮 𝍤𝍮𝍥𝍪𝍦	丙𝍦𝍰𝍤𝍪 𝍧〇〇〇〇	丁𝍢𝍰𝍧𝍩 𝍡𝍮〇〇〇	宽余合并合解，为共解钱
共解钱	甲𝍤𝍪𝍠𝍯 𝍦𝍩𝍠𝍰𝍥 子𝍣母𝍪𝍦	乙𝍣𝍫𝍣𝍰 𝍧𝍰〇𝍬𝍤 子𝍩𝍧 母𝍬𝍧	丙𝍧𝍪𝍧𝍮 𝍧𝍰𝍢𝍫𝍠 子𝍠母𝍢	丁𝍣𝍩𝍠𝍰𝍠 〇𝍦𝍫𝍫	并新会

译文

用各郡距离京城的里数乘佣钱，得到各自的率数。甲郡1000里，乙郡980里，丙郡2000里，丁郡1500里，写在右列。然后用甲郡佣钱6文，乙郡4文2分，丙郡80旧会文，丁郡100旧会写在左列，和右列对乘，甲得率数6贯，乙4贯116文，丙旧会160贯，丁旧会150贯。用率数乘各自原本的银钱数，得到各自佣钱的被除数。用甲原本银钱数3200两，乙2700两，丙4000两，丁2600两和右列对乘，甲得19200贯，乙11113贯200文，丙640000贯旧会，丁390000贯旧会，都是各自银钱的佣钱被除数，写在右列。然后用甲、乙、丙、丁共同的每担银钱数500两，除右列所有数，甲得38贯400文，乙得22贯226文4分，丙得1280贯旧会，丁得780贯旧会，是各郡银钱的佣钱。另外写在一列。

然后用甲原本绢数64000匹，乙49200匹，丙73600匹，丁32035匹，写在左列。和右列各率数对乘，甲得384000贯，乙202507贯200文，丙11776000贯旧会，丁4805250贯，是各自绢布的佣钱被除数。然后用四个郡共同的每担绢数60匹作为除数，相除。甲得到6400贯，乙3375贯120文，丙196266贯666$\frac{2}{3}$旧会文，丁80087贯500旧会文，是各郡绢布的佣钱。加入刚才写在旁边的一列，甲得6438贯400文，乙得3397贯346文4分，丙得197546贯666$\frac{2}{3}$旧会文，丁得80867贯500旧会文，写在右列。

甲郡旧会兑换价为54文，乘5得270文。乙郡旧会价59文，也乘5，得295文。丙、丁都是5，都写在左列，去对除右列的数值，得到新会数。甲得23845贯925$\frac{25}{27}$文，乙得11516贯428$\frac{28}{59}$文，丙得39509贯333$\frac{1}{3}$文，丁得16173贯500文。这些新会数是各郡的元理佣钱数额。然后用四个郡原本的率数，对乘各自缴纳的总数额，得到实率。甲用6贯乘50148贯148文，得3000888888贯，乙用4贯116文乘424657贯627文，得1747890792贯732文。丙用160贯旧会乘795280贯，得127244800000贯旧会。丁用150贯旧会乘398126贯，得59718900000贯旧会。各自作为被除数，用每担5000贯作为除数相除，甲得600贯177文，余数3888贯。乙得349贯578文，余数792贯732文。丙得25448贯960旧会文。丁得11943贯780旧会文。这些是各郡的实际佣钱。甲用270文去除，乙用295文除，丁、丙用5除，各自得到新会数。甲为2222贯877文，余数210文；乙为1185贯10文，余数50文；丙为5089贯792文；丁为2388贯756文。各自和元理佣钱相减，甲得21623贯48文，乙得10331贯418文，丙得34419贯541文，丁得13784贯744文。这样就解答了问题。

术解

郡名	率数	银佣钱	绢佣钱	总佣钱
甲	1000 × 6=6000	3200 × 6000 ÷ 500 =38400	64000 × 6000 ÷ 60 =6400000	6438400
乙	980 × 4.2=4116	2700 × 4116 ÷ 500 =22226.4	49200 × 4116 ÷ 60 =3375120	3397346.4

续表

郡名	率数	银佣钱	绢佣钱	总佣钱
丙	2000×80 $=160000$	$4000\times160\div500$ $=1280000$	$73600\times160\div60$ $=196266666\frac{2}{3}$	$197546666\frac{2}{3}$
丁	1500×100 $=150000$	$2600\times150\div500$ $=780000$	$32035\times150\div60$ $=80087500$	80867500

元理佣钱（新会）：

甲$=6438400\div54\div5\div1000=23845$贯$925\frac{25}{27}$文；

乙$=3397346.4\div59\div5\div1000=11516$贯$428\frac{28}{59}$文；

丙$=197546666\frac{2}{3}\div5\div1000=39509$贯$333\frac{1}{3}$文；

丁$=80867500\div5\div1000=16173$贯500文。

实际佣钱：

甲$=500148.148\times6\div5000\div54\div5=2222$贯$877\frac{7}{9}$文；

乙$=424657.627\times4.116\div5000\div59\div5=1185$贯$10\frac{10}{59}$文；

丙$=795280\times160\div5000\div5=5089$贯792文；

丁$=398126\times150\div5000\div5=2388$贯756文。

宽余佣钱：

甲$=23845$贯$925\frac{25}{27}$文-2222贯$877\frac{21}{27}$文$=21623$贯$48\frac{4}{27}$文；

乙$=11516$贯$428\frac{28}{59}$文-1185贯$10\frac{10}{59}$文$=10331$贯$418\frac{18}{59}$文；

丙$=39509$贯$333\frac{1}{3}$文-5089贯792文$=34419$贯$541\frac{1}{3}$文；

丁$=16173$贯500文-2388贯756文$=13784$贯744文。

算回运费

原文

问：有江西水运米一十二万三千四百石，元系至镇江交却，计水程二千一百三十里，每石水脚钱[1]一贯二百文，十七界会子[2]。今截上件米，就池州安顿，池州至镇江八百八十里，欲收回不该水脚钱几何。

答曰：收回钱六万一千一百七十八贯五百九十一文。

注释

〔1〕水脚钱：水运的运费。

〔2〕十七界会子：宋代发行的纸币第十七期。

译文

问：有一批从江西进行水路运输的米123400石，本应到镇江交付，水路共计2130里，每石水脚钱1贯200文，按十七界会子计算。现在拦截这批米就近到池州安放，池州到镇江880里，求收回不该付的运费多少。

答：收回钱61178贯591文。

原文

术曰：

以粟米互易求之。置池州至镇江里数，乘水脚钱，得数，又乘运米，为实。以元至镇江水程为法。除实，得收回钱。

译文

本题计算方法如下：

用粟米互易法求解。用池州到镇江的距离城水脚钱，得数乘所运米的重量，得到被除数。用本来到镇江的距离作为除数。相除得到收回的钱数。

译解

被除数=880×1200×123400=130310400000。

原文

草曰：

置池州至镇江八百八十里，乘每石水脚钱一贯二百，得一千五十六贯文。又乘运米一十二万三千四百石，得一亿三千三十一万四百贯文，为实。以元至镇江水程二千一百三十里为法，除实，得六万一千一百七十八贯五百九十一文，为收回钱数。

译文

本题演算过程如下：

用池州到镇江的880里乘每石的水脚钱1贯200，得1056贯文。再乘所运米的重量123400石，得到130310400贯文，作为被除数。用本来到镇江的路程2130里作为除数，相除，得到61178贯591文，是收回的钱数。

术解

收回钱数=130310400000÷2130=61178591.55（文）。

课籴贵贱

原文

问：差人五路和籴[1]，据甲浙西平江府石价三十五贯文，一百三十五合，至镇江水脚钱，每石九百文。安吉州石价二十九贯五百文，一百一十合，至镇江水脚钱，每石一贯二百文。江西隆兴府石价二十八贯一百文，一百一十五合，至建康水脚钱，每石一贯七百文。吉州石价二十五贯八百五十文，一百二十合，至建康水脚钱，每石二贯九百文。湖广潭州石价二十七贯三百文，一百一十八合。至鄂州水脚钱，每石二贯一百文。其钱，并十七界官会。其米，并用文思院斛。交量细数，欲皆以官斛计石钱，相比贵贱几何？文思院斛，每斗八十三合。

答曰：文思院斛，石钱：安吉州，二十三贯一百六十四文一十一分文之六。平江府，二十二贯七十一文，二十七分文之二十三。隆兴府，二十一贯五百七文，二十三分文之一十九。潭州，二十贯六百七十九文，五十九分文之三十九。吉州，一十九贯八百八十五文，一十二分文之五。

注释

〔1〕和籴：收购粮食。

译文

问：派人去五个地区收购粮食。根据行情：浙西平江府每石米价35贯文，1斗为135合，到镇江运费每石900文；安吉州米价29贯500文，1斗为110合，到镇江运费1贯200文；江西龙兴府米价28贯100文，1斗为115合，到建康运费1贯700文；吉州米价25贯850文，1斗为120合，到建康运费2贯900文；湖广潭州米价27贯300文，1斗为118合，到鄂州运费2贯100文。这些钱都用十七界会子。米用文思院官斛来量，1斗为83合。用这些单位来计算，求各地米运到后官价为多少。

答：使用文思院斛，官米价格分别为：安吉州，23贯164$\frac{6}{11}$文；平江府，22贯71$\frac{23}{27}$文；隆兴府，21贯507$\frac{19}{23}$文；潭州，20贯679$\frac{39}{59}$文；吉州，19贯885$\frac{5}{12}$文。

原文

术曰：

以粟米互换求之。置石价并水脚，乘官斗合数为实。各如本州合数而一，各得官斛石钱，以课贵贱。

译文

本题计算方法如下：

用粟米互换的方法求解。用米价加上运费，乘官斗的合数，作为被除数。各自除本州1斗的合数，得到各自米的官价，来比较贵贱。

译解

各地石钱：

平江=（35000+900）×83÷135=22贯71$\frac{23}{27}$文；

安吉=（29500+1200）×83÷110=23贯164$\frac{6}{11}$文；

隆兴=（28100+1700）×83÷115=21贯507$\frac{19}{23}$文；

吉州=（25850+2900）×83÷120=19贯885$\frac{5}{12}$文；

潭州=（27300+2100）×83÷118=20贯679$\frac{39}{59}$文。

原文

草曰：

置安吉州石价二十九贯五百文，平江石价三十五贯文，隆兴石价二十八贯一百文，吉州石价二十五贯八百五十文，潭州石价二十七贯三百文，列右行。次置水脚，安吉一贯二百文，平江九百文，隆兴一贯七百文，吉州二贯九百文，潭州二贯一百文，列左行。各对本州石价，以两行数并之，得数。安吉三十贯七百，平江三十五贯九百，隆兴二十九贯八百，潭州二十九贯四百，吉州二十八贯七百五十，仍于右行。次以文思院官斗八十三合，遍乘之。安吉州得二千五百四十八贯一百文，平江府得二千九百七十九贯七百文，江西隆兴得二千四百七十三贯四百文，湖南潭州得二千四百四十贯二百文，江南吉州得二千三百八十六贯二百五十文，各为实于右行。次列安吉斗一百一十合，平江斗一百三十五合，隆兴斗一百一十五合，潭州斗一百一十八合，吉州斗一百二十合于左行，为法。以对除右行之实，安吉得二十三贯一百六十四文一十一分文之六，平江得二十二贯七十一文二十七分文之二十三，隆兴得二十一贯五百七文二十三分文之一十九，潭州得二十贯六百七十九文五十九分文之三十九，吉州得一十九贯八百八十五文一十二分文之五。相课石价，其安吉州最贵，平江次之，隆兴又次之，潭州又次之，吉州最贱。

译文

本题演算过程如下：

用安吉州米价29贯500文，平江35贯，隆兴28贯100文，吉州25贯850文，潭州27贯300文，写在右列。然后写出运费，安吉1贯200文，平江900文，隆兴1贯700文，吉州2贯900文，潭州2贯100文，在左列。各自对应本州的米价，将两列数相加，得到安吉30贯700文，平江35贯900文，隆兴29贯800文，潭州29贯400文，吉州28贯750文，仍然写在右列。然后用文思院官斗容量83合乘各个得数。安吉州得2548贯100文，平江府得2979贯700文，江西隆兴得2473贯400文，湖南潭州得2440贯200文，江南吉州得2386贯250文，各自作为被除数写在右列。然后列出安吉1斗容量110合，平江135合，隆兴115合，潭州118合，吉州120合，写在左列，作为除数。用除数对除右列的各个被除数，得到安吉23贯164 $\frac{6}{11}$ 文，平江22贯71 $\frac{23}{27}$ 文，隆兴21贯507 $\frac{19}{23}$ 文，潭州20贯679 $\frac{39}{59}$ 文，吉州19贯885 $\frac{5}{12}$ 文。将各米价相比较，安吉州最贵，其后依次是平江、隆兴、潭州，吉州最便宜。

术解

各地米价比较：

安吉>平江>隆兴>潭州>吉州。

卷十二

囤积量容

原文

问：有圆囤米二十五个，内有大囤一十二个，上径一丈，下径九尺，高一丈二尺；小囤一十三个，上径九尺，下径八尺，高一丈。今出租斗一只，口方九寸六分，底方七寸，正深四寸。并里明准尺，先令准数造五斗方斛及圆斛各二只，须令二斛口径正深、大小不同，各得多少，及囤积米几何。

答曰：方斛一只，口方六寸四分，底方一尺二寸，深一尺五寸九分二厘。又一只，口方一尺，底方一尺二寸，深一尺一寸四分五厘。圆斛一只，口径一尺二寸七分，底径一尺二寸，深一尺一寸一分四厘〔1〕。又一只，口径一尺三寸，底径一尺二寸，深一尺一寸八分五厘。囤米〔2〕，计八千六十七石四升七合四勺一抄八撮。

注释

〔1〕此处有误，与下文“草”不符，以下文为正确答案。

〔2〕此囤米数有误，正确答案见下文。

译文

问：有25个圆形的囤用来装米，其中大囤12个，上口直径1丈，下底直径9尺，高1丈2尺；小囤13个，上口直径9尺，下底直径8尺，高1丈。现在有一只出租用的斗，上口正方形，边长9尺6分，下底边长7寸，深4寸。现在将这只斗作为标准，制造容量是斗5倍的方形斛和圆斛各2只，要让几个斛直径、深度、大小都不相同。求这几个新斛的尺寸各是多少，大小圆囤各自能装多少米。

答：方斛一，上口边长6寸4分，下底边长1尺2寸，深1尺5寸9分2厘。

方斛二，上口边长1尺，下底边长1尺2寸，深1尺1寸4分5厘。

圆斛一，上口直径1尺2寸7分，下底径1尺2寸，深1尺1寸1分4厘。

圆斛二，上口直径1尺3寸，下底直径1尺2寸，深1尺1寸8分5厘。

装米容量为8067石4升7合4勺1抄8撮。

原文

术曰：

以商功及少广求之。置出斗上下方，相乘之，又各自乘，并之，乘深，又以五斗乘之，为积于上。

求方斛。先自如意立数，为斛深。又如意立数，为底方。置深为从隅。以底方乘隅，为从方。又以底乘从方为减率，以减上积，余为实。开连枝平方，得方斛口方。不尽，以所得数为基，增损求之。以口底方相乘，又各自乘，并之，为法。除前上积，得深。余分收弃之。

求圆斛。置四数，以因前积，为寄，如意立数为斛深，别如意立数为底径。以三因深为从隅。以底径乘隅，为从方。以底径乘从方为减率，以减寄，余为实。开连枝平方，得口径。不尽，以所得为基，如意求差。以口底径相乘，又各自乘，并之，为法，除寄，得深。余方收弃之。

求囤米。置各囤上径下径相乘，又各自乘，并之，乘高，又乘囤数所得之数，为积。囤有大小，以类并之，为共积。如四而一，为实。以斛法除之，得米。

		出斗		
口方𝍣寸𝍮分	底方𝍦寸	正深𝍣寸		出斗为率
上得𝍮𝍦𝍪上寸	口方𝍣𝍮中寸	底方𝍦下寸		中乘下，得上
上位上𝍮𝍦𝍪	得副𝍫𝍡𝍩𝍥	口方𝍣𝍮次寸	口方𝍣𝍮寸	次乘下，得副，以并上
上 上𝍠𝍬𝍣𝍫𝍥	得副𝍫𝍣寸	底方次𝍦寸	底方下𝍦寸	次乘下，得副，以并上
𝍫𝍥	𝍬𝍣			上乘副，得次

得上𝍡〇𝍧寸	副深𝍣寸	得次𝍧𝍫𝍢	下𝍣斗	次乘下，得解积三段
解积 𝍬𝍠𝍮𝍦𝍪寸	母𝍢	如意寸 𝍩𝍥解深	𝍩𝍡寸解底方	如意立此二数
减积 上𝍪𝍢〇𝍣	副底方𝍩𝍡寸	次𝍠𝍰𝍡从方	下𝍩𝍥隅	副乘次，得上之减积数
实𝍩𝍧𝍮𝍢𝍪寸	从方𝍠𝍰𝍡	从隅𝍩𝍥	方隅皆不可超进，乃约实，置商六寸	
商𝍥寸	实𝍩𝍧𝍮𝍢𝍪寸	𝍠𝍰𝍡从方	𝍩𝍥从隅	约实，置首商六寸，生隅入方
商𝍥寸	实𝍩𝍧𝍮𝍢𝍪寸	方𝍡𝍯𝍧	𝍩𝍥隅	以方命商，除实
商𝍥寸	实𝍠𝍫𝍣𝍪	方𝍡𝍯𝍧	𝍩𝍥隅	又以商生隅，入方
商𝍥寸	实𝍠𝍫𝍣𝍪	方𝍢𝍯𝍣	𝍩𝍥隅	方一退，隅再退
商𝍥寸	实𝍠𝍫𝍣𝍪	方𝍫𝍧𝍬	𝍩𝍥隅	约实，续商三分
商𝍥𝍫寸	实𝍠𝍫𝍣𝍪	方𝍫𝍧𝍬	𝍩𝍥隅	以续商生隅，入方
商𝍥𝍫寸	实𝍠𝍫𝍣𝍪	方𝍫𝍧𝍯𝍧	𝍩𝍥隅	以方命续商，除实
商𝍥𝍫寸	实𝍩𝍧〇𝍥寸	𝍫𝍧𝍯𝍧方	𝍩𝍥隅	以续商又生隅，入方
商𝍥𝍫寸	实𝍩𝍧〇𝍥	𝍫𝍨𝍫𝍥方	𝍩𝍥隅	方一退，隅再退
商𝍥𝍫寸	实𝍩𝍧〇𝍥	𝍢𝍰𝍢𝍮方	𝍩𝍥隅	约实，又续商五厘
商𝍥𝍫𝍤寸	实𝍩𝍧〇𝍥	𝍢𝍰𝍢𝍮方	𝍩𝍥隅	以续商生隅，入方
商𝍥𝍫𝍭寸	实𝍩𝍧〇𝍥 不及𝍠𝍩𝍥寸	𝍢𝍰𝍣𝍫方	𝍩𝍥隅	以续命方，除实
𝍥𝍫𝍤 基益寸	益𝍤厘	口方𝍥𝍫基寸	元底𝍩𝍡寸	造解尽无厘，又益厘为分，基乘底，得上

上上𝍯𝍥𝍰	口方 副𝍥𝍫基	口方 次𝍥𝍫基	下下𝍫〇𝍰𝍥	副次基自乘得下，上下相并，得后图上数
上 上𝍠𝍩𝍦𝍯𝍥	副底方𝍠𝍫𝍣幂	次底方𝍩𝍡	下底方𝍩𝍡	底方自乘，得底方幂并上为法
斗积图	斗积实 𝍫𝍠𝍮𝍦𝍪	𝍡𝍮𝍠𝍯𝍥法	实如法，除之，得泛深	
得泛深 𝍩𝍤𝍱𝍡	口方𝍥𝍫	𝍢𝍮寸累加	自基数变至于此，除得一尺五寸九分二厘，为深，尚在如意数一十六寸以下，故累加口方，又求	
口方𝍩〇寸	口方𝍩〇	口方𝍩〇	底方𝍩𝍡	累加口方自乘，得后图，口方乘底方，得后图副
上𝍠〇〇寸	副𝍠𝍪〇寸	次底𝍩𝍡	下底𝍩𝍡	上并副，得后图副，底自乘，得后上
上𝍠𝍫𝍣	副𝍡𝍪〇	次𝍢𝍮𝍣法	上并副，得次法	
商𝍩𝍠𝍫𝍣寸	实𝍫𝍠𝍮𝍦𝍪	𝍢𝍮𝍣法	以法除前斗积图内实，得商，为此深	
斛深	𝍩𝍤𝍱𝍡寸	𝍩𝍠𝍫𝍣寸	两等斛深	
方斛一只	口方𝍥𝍫	深𝍩𝍤𝍱𝍡	底方𝍩𝍡寸	答数
又一只	口方𝍩〇	深𝍩𝍠𝍫𝍣寸	底方𝍩𝍡寸	答数
求圆斛	因数𝍣	前积𝍫𝍠𝍮𝍦𝍪	寄𝍠𝍮𝍥𝍮𝍧 𝍰寸	因数乘前积，为寄
常用因率𝍢	如意深𝍩𝍡寸	如意底径 𝍩〇寸	因率乘如意深，为从隅	
𝍫𝍥从隅	𝍩〇底	从隅乘如意底，为从方		
从方𝍢𝍮〇寸	𝍩〇底	从方乘底，为减积		
减积 𝍫𝍥〇〇寸率	圆寄 𝍠𝍮𝍥𝍮𝍧𝍰	以减积损圆寄		
实𝍠𝍫〇𝍮𝍧 𝍰寸	从方𝍢𝍮〇寸	从隅𝍫𝍥	进退开除，得商	
商𝍩𝍣𝍯寸	𝍧𝍯𝍡𝍰实	不及𝍡𝍫𝍣	𝍠𝍫𝍧𝍫𝍡方 𝍥𝍫隅	益不及以就商，为基

口径基一||||𝍯	底径一〇寸	口底和 ═||||𝍯寸	如意〇𝍯寸为差	基并底，为和，如意差减和，得余
余寸═||||	||半法	底径一||寸	差〇𝍯	半余为底径差，并底径，为口径
|≣||≡	一||	一||𝍯	口径相乘，得上	
上|≣||≡寸	口径幂得 |⊥|═𝍧	口径一||𝍯	口径一||𝍯	口径自乘，得口幂，口幂并上，得后上
上|||一|||⊥𝍧	底幂|≡||||	底径一||	底径一||	底径自乘，得底幂，底幂并上，得后上
上 ||||≣𝍦⊥𝍧寸	𝍰|||因率	法〇𝍦一|||𝍯|||〇𝍦寸		三因上，得法
|⊥|⊥寸为实	法一|||𝍯|||寸	法除实，得商		
商一||一||||	实 〇≣||||⊥|||||≡	|≡𝍦≡〇𝍯 法	法退，续商	
商一||一||||	实〇≣||||⊥〇̄≡寸不及═⊤✕𝍧	一|||𝍯|||〇一||	实不及，收就续商，为解深	
因解深一||一||||	基一||||𝍯寸	如意〇≡寸	得径一|||||寸	如意益分入基，为口径
如意差|	和═|||||寸	底径一〇寸	口径一|||||寸	底径并口径，为和，如意立差损和，为余
余═||||寸	||半法	中一||得寸	|差寸	半余，得中，以差并中，为口径
上|≣⊤寸	口径一|||寸	底径一||寸	口径相乘，得上	
并上|⊥𝍧	口径一|||寸	口径一|||寸	口径自乘，得并	
上|≣⊤	并上|⊥𝍧	得|≡||||	底一||	底一|| 底自乘，并上
并上||||⊥||||寸	|||因率	一||||〇𝍦法	三因得数，为法	
圆寄 |⊥⊤⊥𝍧𝍰	法一||||〇𝍦寸	以法除圆寄，得商		

商 𝍩𝍠𝍰𝍢𝍯寸	余 〇〇𝍦𝍩寸厘	𝍠𝍫〇𝍯法	余厘弃之	
商 𝍩𝍠𝍰𝍢𝍯寸	收〇〇〇𝍫寸	圆斛深 𝍩𝍠𝍰𝍣寸	收余毫，得斛深	
圆斛一只	口径𝍩𝍡𝍯寸	深𝍩𝍡𝍩𝍣	底𝍩𝍡径寸	答数
又一只	口径𝍩𝍢寸	深𝍩𝍠𝍰𝍣寸	底径𝍩𝍡寸	答数
上𝍱〇〇〇寸	圆上径 𝍠〇〇寸	圆下径 𝍱〇寸	上下径相乘，得后上	
上𝍱〇〇〇寸	上深幂 𝍠〇〇〇〇寸	上径𝍠〇〇寸	上径𝍠〇〇寸	上径自乘，为径幂，并上，得后上
上𝍠𝍱〇〇〇	下径幂𝍰𝍠〇〇	下径𝍱〇	下径𝍱〇寸	下径自乘，为径幂，并上，得后上
得𝍡𝍯𝍠〇〇寸	囤高𝍠𝍪〇寸	得𝍢𝍪𝍤𝍪〇 〇〇寸	囤𝍩𝍡数	上乘囤高，得次乘囤数，得寄
寄𝍫𝍨〇𝍡𝍬 〇〇〇	小囤上径 𝍱〇寸	下径𝍰〇寸	次𝍯𝍡〇〇寸	副乘下径，得次
次𝍯𝍡〇〇寸	得𝍰𝍠〇〇寸	上𝍱〇径	上𝍱〇径	径自乘，得副，以副并上，得后上
次𝍠𝍭𝍢〇〇寸	𝍮𝍣〇〇寸	下径𝍰〇寸	下径𝍰〇寸	下径自乘，得副，并上，得后上
𝍡𝍩𝍦〇〇上	𝍠〇〇副	𝍡𝍩𝍦〇〇〇 〇次	𝍩𝍢下	以上乘副，得次；乘下，得后上
得𝍪𝍧𝍪𝍠〇 〇〇〇寸	寄𝍫𝍨〇𝍡𝍬 〇〇〇寸	实𝍮𝍦𝍪𝍢𝍬 〇〇〇寸	斗积 𝍬𝍠𝍮𝍦𝍪寸	𝍡 上并寄，为实，二因斗积，为法
商〇石	实𝍮𝍦𝍪𝍢𝍬 〇〇〇寸	法𝍰𝍢𝍫𝍣𝍬 寸	法除实，得商	
商𝍰〇𝍮𝍦〇𝍣𝍯𝍣𝍩𝍧石		不及〇〇〇〇 〇̄𝍯𝍧𝍪寸	𝍰𝍢𝍫𝍣𝍬法	其商，即囤米
大小二十五囤米𝍰〇𝍮𝍦〇𝍣𝍯𝍣𝍩𝍧石			方圆四斛，皆同得此数	

译文

本题计算方法如下：

用《九章算术》中的商功、少广方法求解。用出租斗的上下边长相乘，再各自求平方，相加，再乘深，又乘以5斗，得到的结果写在上方。

求方斛尺寸。先任意取一个数，作为方斛的深度。再随意取数，作为下底边长。将深度作为从隅。用底边乘从隅，得到从方。再用底边乘从方，作为减率，和上面的积相减，得到实数。解连枝二次方程，得到上口边长。小数部分以得数为基础进行四舍五入。用上口和下底的边长相乘，再各自求平方，相加，得到除数，去除上面的积，得到深度。零余部分进行四舍五入。

求圆斛尺寸。用四去乘上面的积，得到寄数。任意取一个数作为深度，再任意取数作为下底直径。用深度乘3作为从隅，乘底径，得到从方。用底径和从方相乘，作为减率，和寄数相减，得到实数。解连枝二次方，得到上口直径。小数部分依据得数进行四舍五入。用上口和下底的直径相乘，再各自求平方，相加，得到除数，去除寄数，得到深度。零余部分进行四舍五入。

求装米容量。用各个容器的上、下直径相乘，再各自求平方，得数相加，再乘高，又乘各类囤的个数。囤有大小之分，按类别合并到一起，得到共积。除以4，得到实数，再除以从斛得到的法数，得到装米容量。

译解

三倍斛积=（$9.6\times7+9.6^2+7^2$）$\times4\times5$=4167.2（立方寸）。

原文

草曰：

置出租斗口方九寸六分，与底方七寸，相乘，得六十七寸二分于上。又以口方九寸六分自乘之，得九十二寸一分六厘加上。又以底方七寸自乘，得四十九寸。又加上，共得二百八寸三分六厘。乘深四寸，得八百三十三寸四分四厘。又以五斗乘之，得四千一百六十七寸二分为三段斛积于上。

求方斛，如意立一尺六寸，为斛深。又如意立一尺二寸，为斛底。以深一十六寸为从隅，以底一十二寸乘隅，得一百九十二寸，为从方。又以底一十二寸，乘从方一百九十二寸，得二千三百四寸，为减积。以减上积四千一百六十七寸二分，余一千八百六十三寸二分，为实。开连枝平方，得六寸三分五厘，为基。其积不及一寸一分六厘，系有亏数。其基数未可用，须合损益基数。今益作六寸四分，为口方。以元立一尺二寸为底方，以口方乘底方，得七十六寸八分于上。又以口方六寸四分自乘，得四十寸九分六厘。又以底方一十二寸自乘，得一百四十四寸，并以加上，共得二百六十一寸七分六厘，为法。以除前积四千一百六十七寸二分，得一尺五寸九分二厘，为方斛深。其积不及一厘九毫二丝，收为闰。

又累增至一十寸，为口方。仍以一十二寸，为底方。乃以口方一十寸，乘底方一十二寸，得一百二十寸于上。又以口方自乘，得一百寸，加上。又以底方自乘，得一百四十四寸。又加上，共得三百六十四寸，为法。亦除前实积四千一百六十七寸二分，得一十一寸四分五厘，为方斛深。其积不及六分，收为闰。此是求出两等斛数。在人择而用之。

译文

本题演算过程如下：

用租斗上边长9寸6分和下边长7寸相乘，得67寸2分，写在上方。再用上边长9寸6分求平方，得92寸1分6厘，和上面的数相加。再用底边长7寸求平方，得49寸，再和上面得数相加，总共得到208寸3分6厘。乘深度4寸，得833寸4分4厘。再乘5倍，得4167寸2分，是3倍的斗容积，称作斛积，写在上方。

求方斛尺寸。随意取斛，深1尺6寸，底边长1尺2寸。用深度16寸作为从隅，乘底12寸，得192寸，作为从方。再用底边12寸乘从方192寸，得2304寸，作为减积。和上面的斛积4167寸2分相减，得1863寸2分，作为实数。解连枝二次方程，得到6寸3分5厘，作为基数。得到零余部分1寸1分6厘，就是有不足整数的部分，这样的基数不能直接用，必须四舍五入。现在入为6寸4分，作为上口边长。用原本的取的底边长1尺2寸乘口径，得76寸8分，写在上方。再用上口边长6寸4分求平方，得40寸9分6厘。再用底边12寸求平方，得144寸，都加入上面得数，得到261寸7分6厘，作为法数。去除前面的斛积4167寸2分，得1尺5寸9分2厘，是方斛的深度。零余部分1厘9毫2丝，收进。

又取上口边长10寸，仍然用12寸作为下底边长，二者相乘，得120寸，写在上方。再用口边求平方得100寸，加到上方得数。再用底边求平方，得144寸，也加入上方得数，得364寸，作为除数，也去除之前的斛积数4167寸2分，得到11寸4分5厘，即另一只方斛的深度。得数零余6分，收进。这样就求出了两个不同尺寸的方斛数值。任人选用。

术解

从隅=16，从方=192，实=4167.2−12×192=1863.2；

求方斛上口边长x的方程为：$16x^2+192x=1863.2$，$x=6.35\approx6.4$。

方斛深$_1$=4167.2÷（$6.4\times12+6.4^2+12^2$）≈15.92（寸）。

再设上口边长为10寸，方斛深$_2$=4167.2÷（$10\times12+10^2+12^2$）≈11.45（寸）。

原文

求圆斛。置四数，以因前积四千一百六十七寸二分，得一万六千六百六十八寸八分为寄。如意立一尺二寸，为圆斛深。又如意立一尺，为底径。以三因深，得三十六寸，为从隅。以底一十寸乘隅，得三百六十十寸，为从方。又以底一十寸乘从方，得三千六百寸，为减率。以减寄一万六千六百六十八寸八分，余一万三千六十八寸八分，为实。开连枝平方，得一尺四寸七分，为基。其实不及二寸四分四厘，收为闰。次以元立底径一尺，并基一尺四寸七分，得二尺四寸七分。只减七分为差，余二尺四寸。以半之，得一尺二寸，为底径。以差七分，并底径得一尺二寸七分，为口径。始以口径一尺二寸七分，乘底径一尺二寸，得一百五十二寸四分于上。次以口径自乘，得一百六十一寸二分九厘，加上。又以底径自乘，得一百四十四寸。又加上，共得四百五十七寸六分九厘。以三因之，得一千三百七十三寸七厘，为法。除前圆寄一万六千六百六十八寸八分，得一尺二寸一分四厘，为圆斛正深。其实不及二毫六丝九忽八微，收为闰。又以基一尺四寸七分，增三分，得一尺五寸。并底径一尺，得二尺五寸。减一寸为差，余二尺四寸。以半之，得一尺二寸，为底径。以差一寸并底径一尺二寸，得一尺三寸，为口径。始以口径一十三寸，乘底径一尺二寸，得一百五十六寸于上。又以口径一十三寸自乘，得一百六十九寸，加上。又以底径一十二寸自乘，得一百四十四寸。又加上，共得四百六十九寸。以三因之，得一千四百七寸，为法。除前圆寄一万六千六百六十八寸八分，得一尺一寸八分四厘七毫，为圆斛深。寄余七厘一毫，却收深七毫，作一厘，通得一尺一寸八分五厘，为圆斛深。此是求出两等圆斛，在人择而用之。

译文

求圆斛的尺寸。用4乘之前的斛积4167寸2分，得16668寸8分，作为寄数。随意选取圆斛深度1尺2寸、底面直径1尺。用3乘深度。得到36寸，作为从隅。用底径10寸乘从隅，得360寸，作为从方。再用底径10寸乘从方，得3600寸，作为减率。和寄数16668寸8分相减，得13068寸8分，作为实数。解连枝二次方程，得1尺4寸7分，作为基数。零余2寸4分4厘，收进。然后用原本取的底径1尺加上基数1尺4寸7分，得2尺4寸7分。把7分零头减掉，余下2尺4寸，除以2，得1尺2寸，作为底径。用7分零头加入底径中，得1尺2寸7分，作为口径。然后用口径1尺2寸7分乘底径1尺2寸，得152寸4分，写在上方。然后用口径求平方得161寸2分9厘，加入上方得数。再用底径求平方得144寸，也加入上方。共得457寸6分9厘，乘3，得1373寸7厘，作为除数，去除前面的寄数16668寸8分，得到1尺2寸1分4厘，是圆斛的深度。零余2毫6丝9忽8微，收进。再用寄数1尺4寸7分，进为1尺5寸，加上底径1尺，得2尺5寸。减去1寸差数，得到2尺4寸。除以2，得1尺2寸，作为底径。用差数1寸加入底径1尺2寸，得1尺3寸，作为口径。然后用口径13寸乘底径1尺2寸，得156寸，写在上方。再用口径13寸求平方，得169寸，加入上方得数。再用底径12寸求平方，得144寸，也加入上方，共得469寸。乘3，得1407寸，作为除数，除前面的寄数16668寸8分，得1尺1寸8分4厘7毫，是另一个圆斛的深度。零余7厘1毫，将深度的7毫收入，进为1厘，得到1尺1寸8分5厘，作为另一个圆斛的深度。这样就求出了两种圆斛的尺寸，任人选用。

术解

从隅=3×12=36；

从方=10×36=360；

实数=4267.2×4−360×10=13068.8。

求圆斛上口直径基数y的方程为：$36y^2+360y=13068.8$，$y\approx14.7$。

调整得到第一只圆斛：底径=12（寸），口径=12.7（寸）。解深$_1$=4267.2×4÷（12.7×12+12.72+122）÷3≈12.14（寸）。

取另一只圆斛：底径=12（寸），口径=13（寸）。斛深$_2$=4267.2×4÷（13×12+132+122）÷3≈11.85（寸）。

原文

求囤米。置大囤上径一丈，通为百寸，乘下径九十寸，得九千寸于上。又以上径自乘，得一万寸，加上。又以下径九十寸自乘，得八千一百寸，加上，共得二万七千一百寸。乘高一百二十寸，得三百二十五万二千寸。又乘大囤一十二个，得三千九百二万四千寸，为寄。次置小囤上径九十寸下径八十寸相乘，得七千二百寸于次。又上径自乘，得八千一百，加次。又下径自乘，得六千四百寸，加次。共得二万一千七百寸。又乘高一百寸，得二百一十七万寸。又乘小囤一十三个，得二千八百二十一万寸。并寄，共得六千七百二十三万四千寸，为实。倍前斛积四千一百六十七寸二分，为法。除之，得八千六十七石四升七合四勺一抄八撮。

译文

求囤装米容积。用大囤上直径1丈，换算为100寸，乘下直径90寸，得9000寸，写在上方。再用上径求平方，得10000寸，加入上面得数。再用下径90寸求平方，得8100寸，同样加入上方得数。共得27100寸，乘高120寸，得3252000寸。再乘大囤各数12，得39024000，作为寄数。然后用小囤上径90寸和下径80寸相乘，得7200寸，写在次行。再用上径求平方，得8100，加上次行得数。再用下径求平方，得6400寸，也加入次行得数。共得21700寸。再乘高100寸，得2170000寸。再乘小囤各数13，得28210000寸。加入寄数，得67234000寸，作为被除数。将此前的斛积4167寸2分乘2，作为除数。相除，得8067石4升7合4勺1抄8撮。

术解

大囤寄数=（$100\times90+10^2+90^2$）$\times120\times12$=39024000。

小囤寄数=（$90\times80+90^2+80^2$）$\times100\times13$=28210000。

总囤米数=（39024000+28210000）÷4167.2÷2=8067.47418（石）。

此处计算方法有误，应将寄数乘以$\frac{1}{4}$，斛积乘以$\frac{1}{3}$，正确答案如下：

总囤米数=〔（39024000+28210000）$\times\frac{1}{4}$〕÷（$4167.2\times2\times\frac{1}{3}$）=6050.285564（石）。

积仓知数

原文

问：和籴[1]米运，借仓权顿，计五十敖[2]，母敖阔一丈五尺，深三丈，米高一丈二尺。又借寺屋四十间，内二十五间，阔一丈二尺，深二丈五尺，米高一丈；内一十五间，各阔一丈三尺，深三丈，米高一丈二尺。欲知寺屋及仓容米共计几何。

答曰：共计米一十六万六千八十石。仓五十敖，米一十万八千石。寺屋四十间，米五万八千八十石。

注释

〔1〕和籴：政府向民间征购粮食。

〔2〕敖：仓库。

译文

问：官府征购运送粮食，借用仓库暂且放置。共有50间仓库，每间宽1丈5尺，深3丈，米高1丈2尺。又借用寺院的房屋40间，其中25间宽1丈2尺、深2丈5尺、米高1丈，另外15间宽1丈3尺、深3丈、米高1丈2尺。求寺屋和仓库共存放米量多少。

答：共计存放米166080石。仓库50间存米108000石，寺屋40间共存米58080石。

原文

术曰：

商功求之。置敖并屋深、阔、米高相乘，并之，为实。如斛法而一。

译文

本题计算方法如下：

用《九章算术·商功》的方法去求解。用仓库和寺屋各自的深、宽、米高相乘，得数相加，得到被除数。用单位换算得到结果。

译解

仓库存米数=30×15×12×50÷2.5=108000（石）。

寺屋存米数=（25×12×10×25+30×13×12×15）÷2.5=58080（石）。

原文

草曰：

先以敖深三丈，通为三十尺，乘阔一十五尺，得四百五十尺。又乘高一十二尺，得五千四百尺，以乘五十敖，得二十七万尺，为实。以斛法二尺五寸除之，得一十万八千石，为仓五十敖共容米。次置寺屋深二十五尺，乘阔一十二尺，得三百尺。又乘米高一十尺，得三千尺。以二十五间乘之，得七万五千尺于上。次置深三十尺，乘阔一十三尺，得三百九十尺。又乘米高一十二尺，得四千六百八十尺。以乘一十五间，得七万二百尺，加上，共得一十四万五千二百尺，为寄。斛法二尺五寸除之，得五万八千八十石，为寺屋四十间共容米。以并敖米，共得一十六万六千八十石，为共和籴到米。

译文

本题演算过程如下：

先用仓库深3丈换算为30尺，乘宽15尺，得到450尺。再乘高12尺，得5400尺。乘仓库数50间，得270000尺，作为被除数。用1石=2.5立方尺去除，得到108000石，是50间仓库总共存放米量。然后用寺屋深25尺乘宽12尺，得300尺。再乘米高10尺，得3000尺。用寺屋数25间去乘，得75000尺，写在上方。然后用屋深30尺乘屋宽13尺，得390尺。再乘米高12尺，得4680尺。乘间数15，得70200尺，加入上面得数，共得到145200尺，作为寄数。用1石=2.5立方尺去除，得到58080石，是40间寺屋总共存放米量。加上仓库存米总数，得到166080石，是征购到米量的总数。

术解

总米数=108000+58080=166080（石）。

推知籴数

原文

问：和籴三百万贯，求米石数。闻每石牙钱[1]三十，籴场量米折支牙人所得，每石出牵钱[2]八百，牙人量米四石六斗八合，折与牵头[3]。欲知米数、石价、牙钱、牙米、牵钱各几何。

答曰：籴到米一十二万石。石价，二十五贯文。牙钱，三千六百贯文。折米，一百四十四石。牵钱，一百一十五贯二百文。

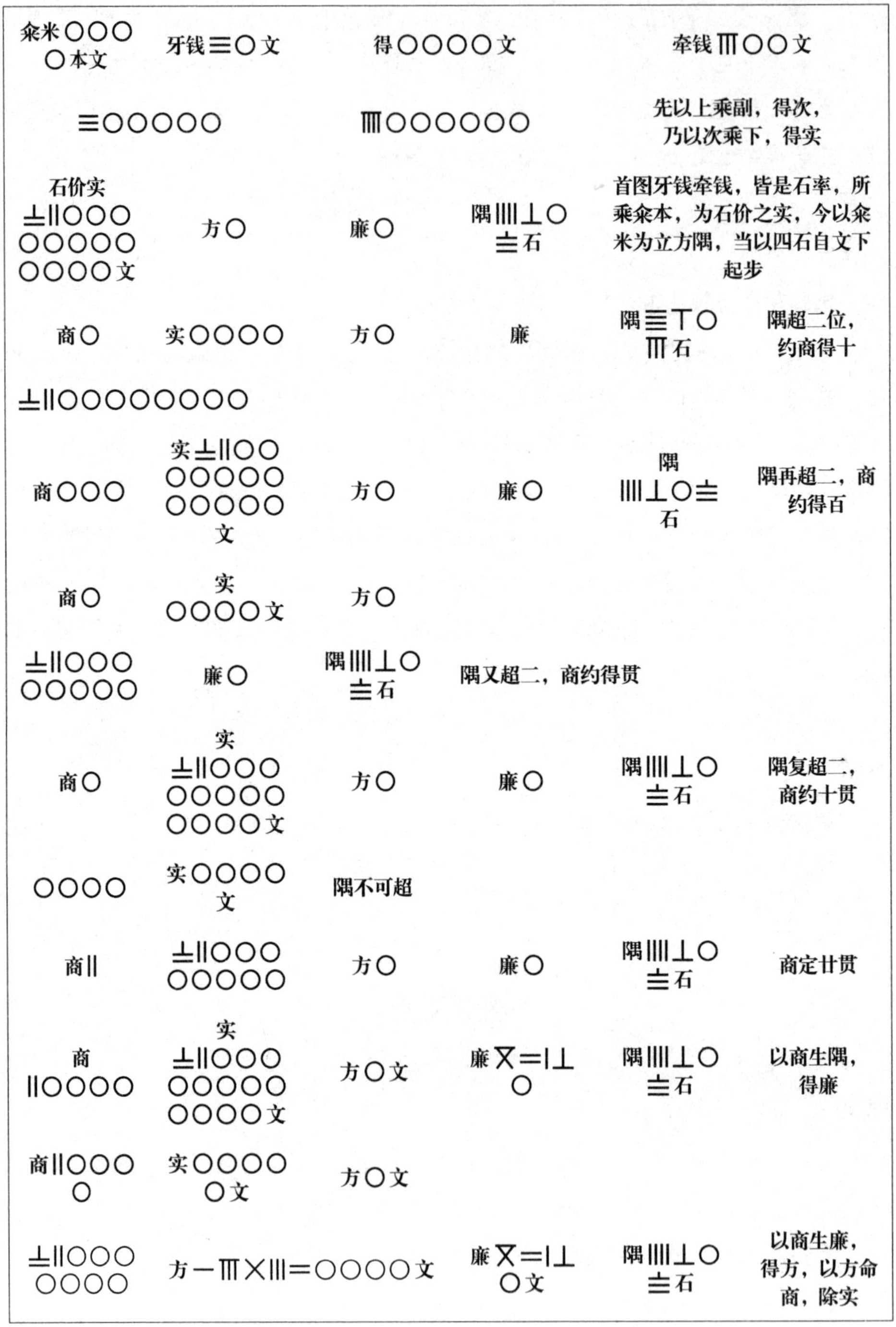

籴米○○○○本文	牙钱≡○文	得○○○○文		牵钱Ⅲ○○文	
≡○○○○○		Ⅲ○○○○○○		先以上乘副，得次，乃以次乘下，得实	
石价实╧‖○○○○○○○○○○○○文	方○	廉○	隅||||⊥○╧石	首图牙钱牵钱，皆是石率，所乘籴本，为石价之实，今以籴米为立方隅，当以四石自文下起步	
商○	实○○○○	方○	廉	隅≣T○Ⅲ石	隅超二位，约商得十
╧‖○○○○○○○○○					
商○○○	实╧‖○○○○○○○○○○○○文	方○	廉○	隅||||⊥○╧石	隅再超二，商约得百
商○	实○○○○文	方○			
╧‖○○○○○○○○	廉○	隅||||⊥○╧石	隅又超二，商约得贯		
商○	实╧‖○○○○○○○○○○○○文	方○	廉○	隅||||⊥○╧石	隅复超二，商约十贯
○○○○	实○○○○文	隅不可超			
商‖	╧‖○○○○○○○○	方○	廉○	隅||||⊥○╧石	商定廿贯
商‖○○○○	实╧‖○○○○○○○○○○○○文	方○文	廉╳═|⊥○	隅||||⊥○╧石	以商生隅，得廉
商‖○○○○	实○○○○○文	方○文			
╧‖○○○○○○○	方一Ⅲ╳Ⅲ═○○○○文		廉╳═|⊥○文	隅||||⊥○╧石	以商生廉，得方，以方命商，除实

商𝍡〇〇〇〇	实𝍫Ō𝍩𝍢𝍮〇〇〇〇〇〇〇〇〇文	方𝍩𝍧𝍫𝍢𝍪〇〇〇〇〇文	廉𝍧𝍪𝍠𝍮〇文	隅𝍣𝍮〇𝍰石	以商生隅，入廉
商𝍡〇〇〇〇	实〇〇〇〇〇〇文	方〇〇文	以商生廉，入方		
	𝍫Ō𝍩𝍢𝍮〇〇〇	𝍩𝍧𝍫𝍢𝍪〇〇〇	廉𝍩𝍧𝍫𝍢𝍪〇文	隅𝍣𝍮〇𝍰石	
商𝍡〇〇〇〇	实𝍫Ō𝍩𝍢𝍮〇〇〇〇〇〇〇〇〇文	方𝍬Ō𝍡𝍤𝍮〇〇〇〇〇文	廉𝍩𝍧𝍫𝍢𝍪〇文	隅𝍣𝍮〇𝍰石	以商隅续入廉
商𝍡〇〇〇〇	实〇〇〇〇〇〇〇文	方〇〇〇文	方一退，廉再退		
𝍫Ō𝍩𝍢𝍮〇〇	𝍬Ō𝍪𝍧𝍮〇〇	廉𝍪𝍦𝍮𝍣𝍰〇		隅𝍣𝍮〇𝍰石	隅三退
商𝍡〇〇〇〇	实𝍫Ō𝍩𝍢𝍮〇〇〇〇〇〇〇〇〇文	方𝍨ò𝍡𝍰𝍥〇〇〇〇〇文	廉𝍪𝍦𝍮𝍣𝍰〇文	隅𝍣𝍮〇𝍰石	约实，续商五贯
商𝍡𝍬〇〇〇	实〇〇〇〇〇〇〇〇文	方〇〇〇〇〇文	廉𝍰〇文	〇𝍧	以续商生隅，入
	𝍫Ō𝍩𝍢𝍮〇	𝍨ò𝍡𝍭𝍥	𝍪𝍦𝍮𝍣	隅𝍬𝍥石	廉
商𝍡𝍬〇〇〇	𝍫Ō𝍩𝍢𝍮〇〇〇〇〇〇〇〇〇	Ōò𝍡𝍰𝍥〇〇〇〇〇方	廉𝍪𝍧𝍰Ō𝍪〇文	隅𝍬𝍥〇𝍧石	以续商生廉，入方
商𝍡𝍬〇〇〇	实〇〇〇〇〇〇〇〇文	方〇〇〇〇〇文	廉𝍪〇文	〇𝍨	乃以方命续商
𝍫Ō𝍩𝍢𝍮〇	𝍦〇𝍡𝍯𝍡	𝍪𝍤𝍭Ō	隅𝍬𝍥	除实递尽	
商〇	每石实𝍫〇〇〇〇〇〇〇〇〇文	法𝍡𝍬〇〇〇文	粜到米石𝍩𝍡〇〇〇〇	牙钱𝍫〇文	以石价除粜本，得粜到米，以牙钱乘粜到米，得牙钱

丨丨丨⊥○○○ ○○	法丨丨☰○○ ○文	牙米丨☰丨丨丨丨 石	牵丅丅丅○○ 钱文	以石价除牙钱，得牙米，以率 钱乘牙米，得都牵钱
都牵钱一丨☰ 丨丨○○	石价丨丨☰○ ○○法			

注释

〔1〕牙钱：买卖成交后中间人“牙人”抽取的佣金。

〔2〕牵钱：运费。

〔3〕牵头：承运人。

译文

问：征购粮食，求3000000贯能购得多少米。听说买1石米要付30文牙钱，到了籴场，需量出折算的米来支付给牙人。每石米还要付800文的牵钱，由牙人量出4石6斗8合米，折算后付给牵头。求所运米数，每石米价钱，牙钱和折算的牙米，以及牵钱各是多少。

答：共购得米120000石。1石米的价钱是25贯。共付牙钱3600贯，折算米144石。牵钱115贯200文。

原文

术曰：

以商功求之，率变入之。置籴本、牙钱、牵钱，相乘为实。以牵米为隅。开连枝立方。得石价。以价除本，得籴到米。以牙钱乘米，得总牙钱。以价除之，得牙米。以牵钱乘牙米，得共牵钱。

译文

本题计算方法如下：

用《九章算术·商功》的方法求解，即率变法计算。用买米总花费，每石米的牙钱、牵钱，相乘得到实数。用折算的牵米数作为隅数。解连枝三次方程，得到1石米的价格。用米价除总钱数，得出买到的总米量。用每石米的牙钱乘米量，得到总牙钱。用米价去除，得到折算乘的牙米量。用每石米的牵钱乘牙米，得到总牵钱。

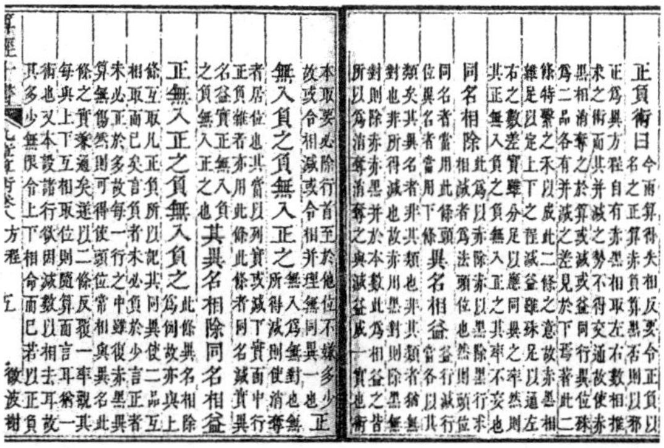

□ **正负术**

正负术最早见于《九章算术》“方程章”，是指方程两行所消元的系数同为正数或负数，即同号时，用减法；若其他对应项的系数（含常数项）为一正一负者，就相加。

译解

实=3000000000×30×800=72000000000000；

隅=4.608；

求每石米价x的方程为：$4.608x^3=72000000000000$，$x=25000$文=25贯。

原文

草曰：

置籴米三百万贯，乘牙钱三十文，得九千万贯。又乘牵钱八百文，得七百二十亿万贯，为价实。置牵米四石六斗八合，于实数零文之下，为立方从隅。起步，步法常超二位。每超一度，商进之。今隅凡超四度，当于实上约定首商二十贯。乃以商生隅四石六斗八合，得九十二贯一百六十文，乃以为廉。又以商生廉，得一百八十四万三千二百贯，为方。乃以方命上商二十贯，除实讫。实余三百五十一亿三千六百万贯。复以商生隅四石六斗四合，入廉得一百八十四贯三百二十文。又以商生廉，加入方内，得五百五十二万九千六百贯，为方法。复以商又生隅四石六斗八合，加入廉，得二百七十六贯四百八十文，为廉法。其方法一退，廉法二退，从隅三退。乃于首商之次，约实续商五贯。以续商生隅四十六斗八合，入廉，得二百九十九贯五百二十文。又以续商生廉，入方，得七百二万七千二百贯。乃命续商五贯，除实适尽。所得二十五贯，为每石米价，以为法。以籴本三百万贯为实，如法而一，得一十二万石，为籴到米数。以米数乘牙钱三十，得三千六百贯，为牙钱。以石价二十五贯，除牙钱三千六百贯文，得一百四十四石，为籴场量米折牙钱。以牵钱八百，乘牙米一百四十四石，得一百一十五贯二百文，为牵头得牙人所与牵钱之数。今乃以石价二十五贯文，约牵钱一百一十五贯二百文，得四石六斗八合，为牵米折钱。合问。

译文

本题演算过程如下：

用买米的总费用3000000贯乘牙钱30文，得到90000000贯。再乘每石米牵钱800文，得到72000000000贯，作为求米价的实数。再用牵米数4石6斗8合，写在实数之下，从个位开始对齐，作为方程的从隅。开始按数位求解，每次需要超过两位数去进位。每超位进一次，商也要跟着进位。现在隅数超了四位，应该在实数上面先议商20贯。用商乘隅数4石6斗8合，得92贯160文，作为廉数。再用（进位后的）商乘廉，得到1843200贯，作为方。然后用实数减去方与商的乘积，实数剩余35136000000贯。再用商乘隅4石6斗4合，加入廉，得184贯320文。再用商乘廉，加入方，得5529600贯，作为方的法数。再用商乘隅数4石6斗8合，加入廉，得276贯480文，作为廉的法数。将方法数退一位，廉法数退两位，从隅数退三位。在首次议得商的后面接着议续商5贯。用续商乘隅数46斗8合，加入廉，得299贯520文。再用续商乘廉，加入方，得7027200贯。然后用续商5贯乘方，和实数相减，恰好为0。得到的总商25贯，就是每石米的价格，作为除数。用买米总费用3000000贯作为被除数，相除，得120000石，是收购的总米量。用米量乘每石米牙钱30文，得3600贯，是牙钱。用每石米价25贯，除牙钱3600贯，得到144石，是在籴场量出折算牙钱的米量。用每石米牵钱800，乘牙米144石，得到115贯200文，是牙人付给牵头的牵钱数。用每石米价25贯，去除牵钱115贯200文，得4石6斗8合，是牵钱折算的米数。于是这就解决了问题。

术解

总米量=3000000÷25=120000（石）；

牙钱=120000×30=3600000（文）=3600（贯）；

折算米量=3600÷25=144（石）。

牵钱=800×144=115200（文）=115贯200文。

牵钱折算米量=115.200÷25=4.608（石）。

分定网解

原文

问：州郡合解诸司窠名[1]钱，户部九十六万五千四百二十一贯文，总所六十四万三千六百一十四贯文，运司一万六千九十贯三百五十文。今诸窠名，先催到九千二百五十三贯六百二十文，欲照元额分数，均定桩米候解，合各几何。

答曰：户部五千四百九十七贯二百文。总所三千六百六十四贯八百文。运司九十一贯六百二十文。

注释

〔1〕窠名：名目，项目。这里指税收的各项目。

译文

问：州郡给各部门运送税收费用，户部965421贯，总所643614贯，运司16090贯350文。现在各项税收共催收到9253贯620文，想要按照原本的额度分配，都将已收到的税费先行运送，求各部门分别运送多少。

答：户部5497贯200文，总所3664贯800文，运司91贯620文。

原文

术曰：

以衰分求之。置诸元率，可约，约之。副并为法。以催到钱乘未并者，各为实。实如法而一。

译文

本题计算方法如下：

用衰分法求解。已知各部门原来的比率，可求公约数，进行化约，相加得到除数。用催收到的税费乘没相加之前的各个率数，各自作为被除数。相除，得到答案。

译解

户部、总所、运司三个元率可以求等化约，得到：60、40、1。

原文

草曰：

列户部九十六万五千四百二十一贯，总所六十四万三千六百一十四贯，运司一万六千九十贯三百五十文，各为元率。今元率可约求等，得一万六千九十贯三百五十为等数，俱约之。户部得六十，总所得四十，运司得一，各为率。副并得一百一为法。次置催到九千二百五十三贯六百二十文，为总积。以户部率六十乘之，得五十五万五千二百一十七贯二百。以总所率乘，得三十七万一百四十四贯八百。以运司乘，得九千二百五十三贯六百二十文。各为候解钱分积率。各如一百一而一，其户部得五千四百九十七贯二百文，总所得三千六百六十四贯八百文，运司得九十一贯六百二十。各为候解钱。

译文

本题演算过程如下：

将户部965421贯，总所643614贯，运司16090贯350文作为各自的元率。元率之间有公约数，为16090贯350文，都进行化约。得到户部60，总所40，运司1，作为各自的率数。相加得到101，作为除数。然后用催收到的税款9253贯620文作为总积，乘户部的率数60，得555217贯200；总积乘总所率数，得370144贯800；用运司的率数乘总积，得9253贯620文。分别作为等待运送的税款积率，再各自除以101，户部得到5497贯200文，总所得3664贯800文，运司得91贯620文，是各自等待运送的钱数。

术解

被除数=60+40+1=101（文）。

户部钱数=60×9253620÷101=5497200（文）；

总所钱数=40×9253620÷101=3664800（文）；

运司钱数=1×9253620÷101=91620（文）。

累收库本

原文

问：有库本钱五十万贯，月息六厘半。令今掌事每月带本纳息，共还一十万。欲知几何月而纳足，并末后畸钱多少。

答曰：本息纳足，共七个月。末后一月钱，二万四千七百六贯二百七十九文三分四厘八毫四丝六忽七微七沙三莽一轻二清五烟。

译文

问：有一所钱库借出本钱500000贯，每月利息6.5厘。现在要求掌事每个月连本带利归还100000贯。求多少个月能够还清，最后一个月余钱多少。

答：本利还清共需7个月。最后一个月余钱24706贯279文3分4厘8毫4丝6忽7微7沙3莽1轻2清5烟。

原文

术曰：

以盈朒[1]变法求之。置元本，以息数退位，乘归本位，每出共纳，累得月数。以末后不及数，为足月钱数。

注释

〔1〕盈朒：即“盈不足”，《九章算术》中的一种计算方法。

译文

本题计算方法如下：

用盈不足的变法求解。用原来的本金乘利率，再加上本金，减去该月还款数，累计得到总月数，最后剩余的数额，就是末尾一个月的余钱数。

译解

1月余额=500000+500000×0.065−100000=432500（贯）。

原文

草曰：

置本五十万贯，以六厘五毫，乘入共本内，得五十三万二千五百贯文。内减初月一十万贯，余四十三万二千五百贯文。以六厘五毫乘之，得四十六万六百一十二贯五百文。又减次月一十万贯，余三十六万六百一十二贯五百文。又以六厘五毫乘之，得三十八万四千五十二贯三百一十二文五分。又减第三月钱一十万贯，余二十八万四千五十二贯三百一十二文五分。又以六厘五毫乘之，得三十万二千五百一十五贯七百一十二文八分一厘二毫五丝。内减第四月钱一十万贯，余二十万二千五百一十五贯七百一十二文八分一厘二毫五丝。又以六厘五毫乘之，得二十一万五千六百七十九贯二百三十四文一分四厘五毫三丝一忽二微五尘。内减第五月前一十万贯，余一十一万五千六百七十九贯二百三十四文一分四厘五毫三丝一忽二微五尘。又以六厘五毫乘之，得一十二万三千一百九十八贯三百八十四文三分六厘四毫七丝五忽七微八尘一沙二渺五莽，减第六月钱一十万贯，余二万三千一百九十八贯三百八十四文三分六厘四毫七丝五忽七微八尘一沙二渺五莽。又以六厘五毫乘之，得二万四千七百六贯二百七十九文三分四厘八毫四丝六忽七微五尘七沙五渺三莽一轻二清五烟，为第七月纳足本息畸钱。

□ 取锡　《天工开物》插图

在殷墟文化中，曾出土过数具虎面铜盔，内部红铜尚好，外面镀一层厚锡，镀层精美，这说明当时的人已掌握铜外镀锡技术，而锡的开挖技术据此可判断是在殷商之前。

译文

本题演算过程如下：

用本金500000贯乘利率6厘5毫，再加上本金，得到532500贯。减去第一个月要还的10万贯，余下432500贯。再乘6厘5毫，加上本金，得460612贯500文。再减去第二个月要还的100000贯，得360612贯500文。再乘6厘5毫，加上本金，得384052贯312文5分。再减去第三个月的月钱100000贯，得284052贯312文5分。再乘6厘5毫，加上本金，得302515贯712文8分1厘2毫5丝。再减去第四个月的月钱100000贯，得202515贯712文8分1厘2毫5丝。再乘6厘5毫，加上本金，得215679贯234文1分4厘5毫3丝1忽2微5尘。减去第五个月的月钱100000贯，得115679贯234文1分4厘5毫3丝1忽2微5尘。再乘6厘5毫，加上本金，得123198贯384文3分6厘4毫7丝5忽7微8尘1沙2渺5莽。减去第六个月的月钱100000贯，得23198贯384文3分6厘4毫7丝5忽7微8尘1沙2渺5莽。再乘6厘5毫，加上本金，得24706贯279文3分4厘8毫4丝6忽7微5尘7沙5渺3莽1轻2清5烟，这是第七个月还清本息之后的余钱。

术解

2月余额=432500+432500×0.065−100000=360612.5（贯）。

3月余额=360612.5+360612.5×0.065−100000=284052.3125（贯）。

4月余额=284052.3125+284052.3125×0.065−100000=202515.7128125（贯）。

5月余额=202515.7128125+202515.7128125×0.065−100000=115679.2

341453125（贯）。

6月余额=115679.2341453125+115679.2341453125×0.065-100000=23198.3843647578125（贯）。

7月余额=23198.3843647578125+23198.3843647578125×0.065=24706.2793484675753125（贯）。

米谷粒分

原文

问：开仓受纳，有甲户米一千五百三十四石到廊。验得米内夹谷，乃于样内取米一捻，数计二百五十四粒，内有谷二十八颗。凡粒米率，每勺三百。今欲知米内杂谷多少，以折米数科责及粒，各几何。

答曰：米，一千三百六十四石八斗九升七合六勺，一百二十七分勺之四十八。谷，一百六十九石一斗二合三勺二百二十七分勺之七十九。合折米八十四石五斗五升一合一，一百二十七分勺之一百三。元米折米，共计四十三亿四千八百三十四万六千四百五十六粒。

译文

问：官府开仓接受百姓纳粮，甲户交米1534石到廊前，检验出米里夹杂着谷子，于是从米样粒取出一捻，数出共254粒，其中有谷子28颗。每勺300粒米。求米里夹杂了多少谷，以及折算成米之后，共交米多少粒。

答：米1364石8斗9升7合6$\frac{48}{127}$勺。谷169石1斗2合3$\frac{79}{227}$勺，折合米84石5斗5升1合1勺$\frac{103}{127}$。原本的米折算为4348346456粒。

原文

术曰：

以粟米求之，衰分入之。置样米粒数，为法。以带谷颗数减之，余与谷为列衰。可约，约之。以共米乘列衰，为各实。实如法而一，各得米数、谷数。置谷数，以粟率折之，为谷所折米。次以勺率遍乘米数、折米。得粒数。

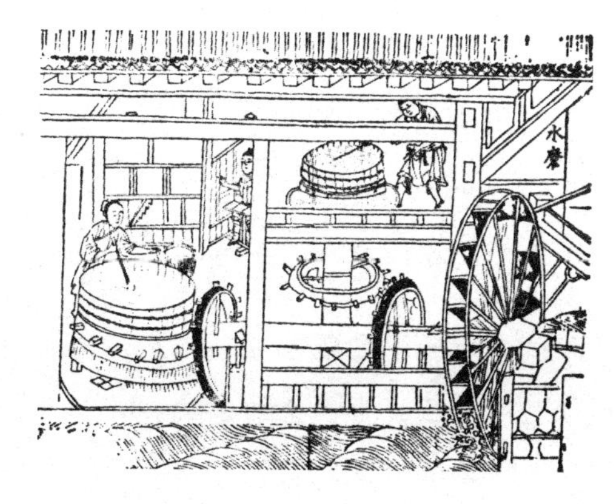

□ 水磨

水磨是用水力作动力的磨，大约发明于晋代。水磨由水轮、轴和齿轮组成，它的动力是一个卧式或立式的水轮，在轮的立轴上安装有磨的上扇，流水冲动水轮时就会带动磨一起转动。至于安装卧轮还是立轮，则要根据当地的水力资源、水势高低、齿轮与轮轴的匹配原则等来决定。

译文

用粟米法、衰分法求解。将样本米粒数作为除数。减去其中谷粒数，得数和谷粒数都作为“衰”数。衰数和除数有公约数，进行化约。用总米数乘米衰，得米实数。总米数乘谷衰，得谷实数。都除以除数，各得到米数、谷数。用粟率折算谷数，得到谷子折成的米数。然后用勺率分别乘米数和折算成的米数，相加得到总米粒数。

译解

法=254÷2=127；

谷衰=28÷2=14；

米衰=（254−28）÷2=113；

米量=1534×113÷127=1364.897638（石）；

谷量=1534×14÷127=169.1023622（石）。

原文

草曰：

置一捻样粒数二百五十四，为法。以带谷二十八颗，为谷衰，以减法，余二百二十六，为米衰。此二衰与法，皆可约，求等得二，俱以二约之。法得一百二十七，米衰得一百一十三，谷衰得一十四。以共米一千五百三十四石，遍乘二衰，得一十七万三千三百四十二石为米实，得二万一千四百七十六石为谷实。皆如法一百二十七而一。米得一千三百六十四石八斗九升七合六勺一百二十七分勺之四十八。谷得一百六十九石一斗二合三勺一百二十七分勺之七十九。以粟率五十折之，得八十四石五斗五升一合一勺一百二十七分勺之一百三，为谷折纳米数。并二米，得一千四百四十九石四斗四升八合八勺一百二十七分勺之二十四。先通分纳子，得一十八万四千八十石，以勺率三百粒乘子，得五千五百二十二亿四千万粒，为实。以母一百二十七除之，得四十三亿四千八百三十四万六千七[1]百五十六粒，不尽八十八，弃之。合问。

注释

〔1〕此处“七”应为“四”。

译文

本题演算过程如下：

用一捻样米的粒数254作为法数，用其中的谷粒数28作为谷衰数，从法数中减去，得到226，作为米衰数。这两个衰数和法数有公约数，为2，都用2化约。法数得127，米衰113，谷衰14。用总米量1534石分别乘两个衰数，得到米实数173342石，谷实数21476石。都除以法数127，得米量1364石8斗9升7合6 $\frac{48}{127}$ 勺，谷量169石1斗2合3 $\frac{79}{127}$ 勺。用谷折算米的粟率50%去乘，得到84石5斗5升1合1 $\frac{103}{127}$ 勺，是谷折成的米数。将两个米数相加，得1449石4斗4升8合8 $\frac{24}{127}$ 勺。化作假分数，得到184080石，用勺率300粒乘分子，得552240000000粒，作为被除数。用分母127去除，得4348346756粒，余数88，丢弃。这样就解决了问题。

术解

谷折米量=169.1023622×0.5=84.5511811（石）。

总米量=1364.897638+84.5511811=1449.448819（石）=14494488.19（勺）。

粒数=14494488.19×300≈4348346756（粒）。

第七章　营建类

本章包括卷十三、卷十四。这一类别是秦九韶本人非常感兴趣的建筑问题，所营造的对象包括城墙、楼橹、石坝、河渠、清台、地基等，所计算的问题除了建筑的尺寸，还有所需各项材料以及人力的数量。在计算过程中，主要使用了《九章算术》中的商功、均输、少广以及方田等方法。

卷十三

计定城筑

原文

问：淮郡筑一城。围长一千五百一十丈。外筑羊马墙[1]，开壕[2]，长与城同。城身高三丈，面阔三丈，下阔七丈五尺。羊马墙高一丈，面阔五尺，下阔一丈。开壕面阔三十丈，下阔二十五丈。女头鹊台[3]，共高五尺五寸，共阔三尺六寸，共长一丈。鹊台长一丈、高五寸、阔五尺四寸，座子长一丈、高二尺二寸五分、阔三尺六寸，肩子高一尺二寸五分、阔三尺六寸、长八尺四寸，帽子高一尺五寸、阔三尺六寸、长六尺六寸，箭窗三眼各阔六寸、长七寸五分，外眼比内眼斜低三寸。取土用穿四坚三[4]为率。周回石板，铺城脚三层，每片长五尺、阔二尺、厚五寸。通身用砖包砌，下一丈九幅、中一丈七幅、上一丈五幅。砖每片长一尺二寸、阔六寸，厚二寸五分，护险墙高三尺、阔一尺二寸，下脚高一尺五寸，铺砖三幅；上一尺五寸，铺砖二幅。每长一丈，用木物料永定柱[5]二十条，长三丈五尺，径一尺。每条栽埋功七分，串凿功三分。爬头拽后木共八十条，长二丈、径七寸。每条作功三分，串凿功二分。扌丰子木二百条，长一丈、径三寸。每条作功二分，般[6]加工二分。纴橛二千个，每个长一尺、方一寸，每个功七毫。纴索二千条，长一丈。径五分，每条功九毫。石板一十片，匠一功，般一功，每片灰一十斤。般灰千斤，用一功。砖匠每功砌七百片。石灰每砖一斤，芦蓆[7]一百五十领，青茅五百束，丝竿笙竹[8]五十条，芮子水竹[9]一十把，每把二尺围。钁[10]手、锹手、担土、杵[11]手，每功各六十尺。火头[12]一名，管六十工；部押[13]壕寨一名，管一百二十工；每工日支新会一百文、米二升五合。欲知城墙坚积[14]、壕积、壕深、共用木、竹、橛、索、砖、石、灰、芦、茅、人工钱、米共数各几何。

答曰：城积，二千三百七十八万二千五百尺坚积。墙积，一百一十三万二千五百尺坚积。壕积，三千三百二十二万尺穿积[15]。壕深，八丈[16]。永定柱，三万二百条，每条长三丈五尺、径一尺。爬头拽后木，一十二万八百条，每条长二丈、径七寸。抟子木，三十万二千条，每条长一丈、径三寸。纴橛子，三百二万个，每个长一尺、方一寸。纴索，三百二万条，每条长一丈，径五分。芦蓆，二十二万六千五百领。青茅，七十五万五千束，每束六尺围。筀竹，七万五千五百竿，每竿六寸围。水竹，一万五千一百把，每把二寸围。石板，一万五千一百片。城砖，一千二百八十三万三千四百九十片。石灰，一千二百九十八万四千四百九十斤。用功，二百万三千七百七十功。新会，二十万三百七十七贯文。支米，五万九十四石二斗五升。

注释

〔1〕羊马墙：又称“羊马城”“羊马垣”，古代筑在城墙外、护城河的壕墙。

〔2〕壕：护城河。

〔3〕女头鹊台：又称“女墙”，筑在城墙之上的一座矮墙，用于防御。下文鹊台、座子、肩子、帽子都是其组成部分。

〔4〕穿四坚三：指挖土和用土的比例为4∶3。

〔5〕永定柱：栽入地下以固定的一种柱子。后文“爬头拽后木”“抟子木”“纴橛”“纴索”等都是建筑用材料。

〔6〕般：同“搬”。

〔7〕蓆：同“席”。

〔8〕筀竹：又名“桂竹”，一种竹子的名称。

〔9〕水竹：一种竹子的名称。

〔10〕钁：一种挖土的农具。

〔11〕杵：本义为一头粗一头细的木棒。“杵土”意为筑土、夯土。

〔12〕火头：又作“伙头”，小头领。

〔13〕部押：管理，这里指管理人员。部：管辖。押：执掌。

〔14〕坚积：按照前文“穿四坚三”，这里“坚积”指的是实际筑成的城墙体积。

〔15〕穿积：按照前文“穿四坚三”，这里“穿积”指的是从护城河中挖出土的体积。

〔16〕此处答案单位有误，壕深应为8尺。

译文

淮郡筑了一座城，周长1510丈，外面筑了一道羊马墙，开辟了护城河，长度都和城墙相同。城身高3丈，上面宽3丈，下底宽7丈5尺。羊马墙高1丈，上面宽5尺，下底宽1丈。护城河上面宽30丈，下底宽25丈。女墙总高度5尺5寸，总宽度3尺6丈，总长度1丈。其中鹊台长1丈、高5寸、宽5尺4寸，座子长1丈、高2尺2寸5分、宽3尺6寸，肩子高1尺2寸5分、宽3尺6寸、长8尺4寸，帽子高1尺5寸、宽3尺6寸、长6尺6寸。上面还开了三眼箭窗，每眼宽6寸、长7寸5分，外眼比内眼向斜下方低3寸。所挖土和筑墙用土的比例是4∶3。周围用一圈石板在城墙脚铺了三层，每片石板长5尺、宽2尺、厚5寸。城墙周身用砖包砌，离地面1丈高的范围内顺次缩进9砖，1—2丈内缩进7砖，2丈以上缩进5砖。每片砖长1尺2寸、宽6寸、厚2寸5分。城外还有一座护险墙高3尺、宽1尺2寸，离地面1尺5寸的范围内，顺次向内缩进3砖，1尺5寸以上缩进2砖。

城每1尺长度需要用：木质的永定柱20条，长3丈5尺，直径1尺，每条需栽埋工7分，串凿工3分；爬头拽后木80条，长2丈、直径7寸，每条作共3分，串凿工2分；拵子木200条，长1丈、直径3寸，每条作工2分，搬加工2分；纴橛2000个，每个长1尺、边长1寸，每个用工7毫；纴索2000条，每条长1丈、直径5分，用工9毫；石板10片，1个石匠，1个搬运工，每片用石灰10斤，搬运石灰1000斤用工1个；砖匠每工砌700片；石灰每砖1斤；芦席150领；青茅500束；丝竿筀竹50条；芮子水竹10把，每把周长2尺。

钁手、锹手、担土、杵手，每功完成60立方尺；一名火头，管理60工；一名壕寨总管，管理120工；每工每天支取新会100文、米2升5合。求城墙和羊马墙的实际体积，护城河挖出的土的体积，护城河深度各是多少，以及使用的木、竹、橛、索、砖、石、灰、芦、茅和人工的钱、米各是多少。

答：城墙的实际体积为23782500尺。羊马墙体积1132500尺。护城河容积33220000尺。壕深8丈。

永定柱30200条，每条长35尺、直径1尺。爬头拽后木120800条，每条长2丈、直径7寸。拵子木302000条，每条长1丈、直径3寸。纴橛子3020000个，每个长1尺、边长1寸。纴索3020000条，每条长1丈，直径5分。芦席226500领。青茅755000束，每束周长6尺。筀竹75500竿，每竿周长6寸。水竹15100把，每把周长2寸。石板15100片。城砖12833490片。石灰12984490斤。用人工2003770功，新会200377

贯，支米50094石2斗5升。

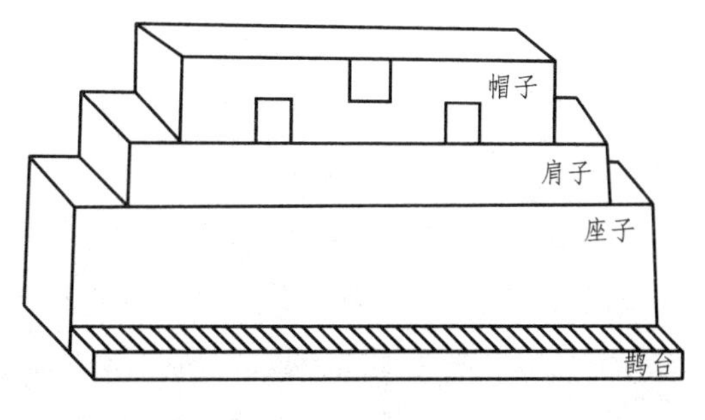

女墙图

原文

术曰：

以商功求之。置城及墙上下广，各并之，乘高，进位，半之，各得每丈积率。并之，为共率。先以每功尺除之，又以诸色工各数乘之，为土功丈率。次置柱、木，极、索，乘其每条段功，得各共功。次置城方一丈自之，乘用砖总幅数，为实。以砖长乘厚，为侧法。除实，得城身用砖。次置鹊台、座子、肩子、帽子各高、阔、长相乘，为寄，并之于上。次以箭窗眼高低差寸，求斜深虚积。减寄，余为女头砖实。以侧法乘砖阔，为砖积法。除之，得女头鹊台用砖。又置护险墙高，以丈乘而半之，又乘上下幅共数，为实。以砖阔厚相乘为法，除之，得护险墙用砖。并三项用砖，为都实。以每功片为法，除之，得砖匠功。以每丈用石板数，求石匠功。以搬每丈石，求搬石功。以片用灰数，乘都砖，得砖用灰。以每丈石板数，乘片用灰，得石用灰。并之，为砖石共灰。以每功般灰数除之。得搬灰功。并诸作功，为实。以火头、壕寨每管人数各为法，除之，得各数。又并之，为都功。然后以城围通长，遍乘诸项每丈率积灰各功料，得共数。

译文

本题计算方法如下：

用《九章算术·商功》的方法求解。用城墙和羊马墙上、下宽度各自相加，乘高度，进一位，再除以2，得到各自每1丈的体积率数。相加，得到共率。先用每1功的立方尺数去除，再乘4类工人，得到每1丈的做功率数。然后用柱、木、橛、索每条或每个需要的功数去乘，得到各自的总功。然后用城上每段砌砖的边长1丈求平方，再乘各段用砖的总数，作为被除数。用砖长乘厚度作为除数，相除，得到城身用砖数。然后用鹊台、座子、肩子、帽子各自的高、宽、长相乘，作为寄数，相加之后写在上方。然后用箭窗眼之间的高低差，求斜深的虚积。减去寄数，得到女墙砖的被除数。用刚才的除数乘砖的宽度，是砖积的除数。相除，得到女墙用砖数。再用护险墙的高度乘1丈再除以2，再乘各段砖的总数，得到被除数。用砖的宽度和厚度相乘作为除数，相除，得到护险墙用砖数。将三项砖数相加，得到总砖数。用砖匠每功砌砖片数去除，得到砖匠的做功数。用每丈石匠功数去除，得到石匠做功数。用每丈搬运功数去除，得到搬运工做功数。用每片砖所用石灰数乘总砖数，得到所有砖需要的石灰数。用每丈石板数乘每片石板用石灰数，得到石板使用总石灰数。两个石灰数相加，得到砖和石板共用石灰数。用每功搬运石灰数去除，得到搬运石灰所需功数。将各个做功数相加，得到被除数，用火头、壕寨各自每人管理的人数作为除数，相除，得到各自的人数。再相加，得到总的功数。然后用城墙周长乘每丈的各项体积、各类材料、功数，各自得到总数。

译解

以“尺”为单位进行计算。

城墙每丈体积=（30+75）×30×10÷2=15750。

羊马墙每丈体积=（5+10）×10×10÷2=750。

每丈总体积=15750+750=16500。

原文

草曰：

置城上广三丈，并下广七丈五尺，得一十丈五尺。乘高三丈，得三千一百五十尺。进位，得三万一千五百尺。半之，得一万五千七百五十尺，为每丈城积率。次置羊马墙阔五尺，并下阔一丈，得一十五尺。乘高一丈，得一百五十尺。进位，得一千五百尺。以半之，得七百五十尺，为羊马墙每丈积率。并城墙二率，得一万六千五百尺，为共率，以为实。

以䦆锹担土杵手各六十尺，为法。除实，得二百七十五功。以四色因之，得一千一百功，为䦆锹担土杵手功。

置永定柱二十条，乘每条栽埋功七分，得一十四功。又乘串鉴功三分，得六功，计二十功，为永定柱功。置爬头拽后木八十条，乘作功三分，得二十四功。又乘串鉴功二分，得一十六功，计四十功，为爬头拽后木功。置抟子木二百条，乘作功二分，得四十功。又乘般加功二分，得四十功，计八十功，为抟子木功。置纴橛二千个，乘作功七毫，得一十四功。纴索二千条，乘作功九毫，得一十八功，计三十二功，为橛索共功。

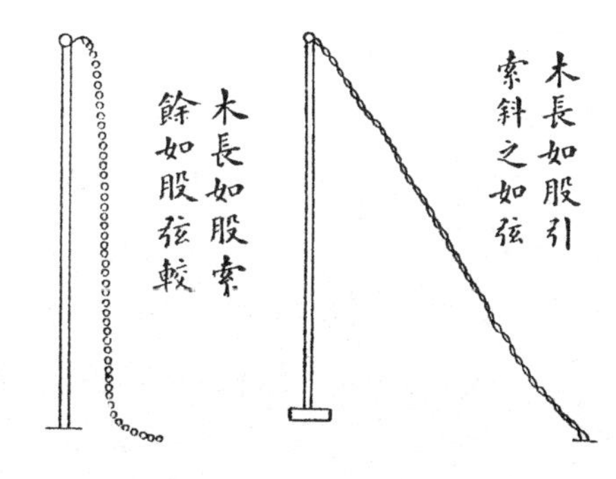

□ **勾股定理的论证**

该图是《详解九章算法》对“今有立木，系索其末，委地三尺。引索却行，去本八尺而索尽。问索长几何。答曰：一丈二尺六分尺之一”的论证，图片旁的文字是其解法。

译文

本题演算过程如下：

用城墙上面宽3丈和下底宽7丈5尺相加，得到10丈5尺。乘高3丈，得3150尺。进一位，得31500尺。除以2，得15750尺，是城墙的每丈体积率数。然后用羊马墙上面宽5尺和下底宽1丈相加，得15尺，乘高度1丈，得150尺。进一位，得1500尺，除以2，得750尺，是羊马墙的每丈体积率数。两个率数相加，得16500尺，是共率，作为被除数。

用镬手、锹手、担土、杵手各自1功的数量60尺作为除数，相除，得到275功。乘工人类别4，得1100功，是每丈需要的做功数。

用永定柱20条乘每条栽埋需要的做功数7分，得到14功。20条乘串鉴做功数3分，得6功。总计20功，是永定柱总功数。用爬头拽后木80条，乘每条做功数3分，得24功。80条乘串鉴做功数2分，得16功，共计40功，是爬头拽后木总功数。用抟子木200条，分别乘每条做功数2分、搬运功数2分，各得40功，共计80功，是抟子木的总功数。用纴橛2000个，乘每个做功数7毫，得14功。用纴索2000条，乘每条做功数9毫，得18功。二者共计32功，是纴橛索的总功数。

术解

镬锹担杵每丈做功数=16500÷60=275，做功总数=275×4=1100。

栽埋做功数=20×0.7=14，串鉴做功数=20×0.3=6，永定柱总功数=14+6=20。

爬头拽后木做功数=80×0.3=24，串鉴做功数=80×0.2=16，总功数=24+16=40。

抟子木总功数=做功数+搬运功数=200×0.2+200×0.2=80。

纴橛索总功数=纴橛做功数+纴索做功数=2000×0.007+2000×0.009=14+18=32。

原文

乃以城墙女头砖积，求砖匠功。置城身方一丈自乘，得一百尺于上。次置下九幅中七幅上五幅并之，得二十一幅。乘上，得二千一百尺。砖长有寸，以寸通之，为二十一万寸，为实。以砖长一十二寸，乘厚二寸五分，得三十寸，为侧法。除实，得七千片，为城身砖数。又置鹊台高五寸，乘阔五尺四寸，得二百七十寸。又乘长一丈，得二万七千寸，寄上。又置座子高二尺二寸五分，乘阔三尺六寸，得八百一十寸。又乘长一丈，得八万一千寸，加寄。又置肩子高一尺二寸五分，乘阔三尺六寸，得四百五十寸。又乘长八尺四寸，得三万七千八百寸，又加寄。又置帽子高一尺五寸，乘阔二尺六寸，又乘长六尺六寸，得三万五千六百四十寸，又加寄，共得一十八万一千四百四十寸，共为寄。其箭窗内外眼，虽差三寸，于斜深虚积，将盈补亏，与真深等。以窗阔六寸，乘长七寸五分，得四十五寸。又乘座阔三尺六寸，得一千六百二十寸，为窗虚积。以减寄，余一十七万九千八百二十寸，为实。置砖侧法三十寸，乘砖阔六寸，得一百八十寸，为砖积法。除实得九百九十九片，为女头鹊台共砖。又置护险墙高三尺，乘每丈，得三千寸。以墙法当半折之，得一千五百寸。又乘上下五幅，得七千五百寸，为实，次以砖厚二寸五分，乘阔六寸，得一十五寸，为砖法。除实，得五百片，为护险墙砖。

译文

下面用城墙、女墙、护险墙各自用砖体积，求砖匠的做功数。用城身每段高度1丈求平方，得到100尺，写在上方。然后用每段砖数下9、中7、上5相加，得21块砖。乘上面得数，得2100尺。砖的长度有寸，就用寸换算，得210000寸，作为实数。用砖长12寸，乘厚度2寸5分，得30寸，作为砖的侧法数，相除，得到7000片，是城身所用砖数。再用鹊台高5寸，乘宽5尺4寸，得270寸。再乘长1丈，得27000寸，写在上方作为寄数。再用座子高2尺2寸5分乘宽3尺6寸，得810寸。再乘长1丈，得81000寸，加上寄数。再用肩子高1尺2寸5分，乘宽3尺6寸，得450寸，再乘长8尺4寸，得37800寸，也加入寄数。再用帽子高1尺5寸，乘宽2尺6寸，再乘长6尺6寸，得35640寸，也加入寄数，共得到181440寸，作为寄数。箭窗的内外各眼，虽然斜深相差3寸，但这里求的是虚积，应当以盈补亏，也就是和座子的宽度相等。用窗宽度6寸乘长度7寸5分，得45寸。再乘座子宽度3尺6寸，得1620寸，是箭窗的虚积。和寄数相减，得到179820寸，作为实数。用上面砖的侧法数30寸乘宽度6寸，得180寸，是砖的积法数。去除实数，得到999片，是女墙所用总砖数。再用护险墙高度3尺乘1丈，得到3000寸，再除以2，得到1500寸。乘上、下幅共5砖，得7500寸，作为实数，然后用砖的厚度2寸5分乘宽度6寸，得15寸，作为砖的法数。相除，得500片，是护险墙所用砖数。

术解

城身每丈用砖数$=10^2\times(9+7+5)\times100\div(12\times2.5)=7000$。

女头鹊台每丈用砖数$=(5\times54\times100+22.5\times36\times100+12.5\times36\times84+15\times36\times66-6\times7.5\times36)\div(12\times2.5\times6)=(27000+81000+37800+35640-1620)\div180=179820\div180=999$。

护险墙每丈用砖数$=30\times100\div2\times5\div(2.5\times6)=500$。

原文

次并三项砖，得八千四百九十九片，为每丈用砖都实，以每功七百片为法。除实，得一十二功七百分功之九十九，为砖功。每丈用石板十片，计一功。搬石十片，计一功。砖每片用灰一斤，命都砖，即砖用灰之数。又置每丈用石板一十片，每片用灰一十斤，相乘之，得一百斤，为石板用灰。并砖用灰八千四百九十九斤，得八千五百九十九斤，为砖石用灰数，为实。以每功般一千斤，为法。除之，得八功一千分功之四百九十九，为般灰功。并石匠般石二功，通前列土功一千一百，定柱功二十，爬头拽后木功四十，抟子木功八十，橛索功三十二，砖功一十二功七百分功之九十九，搬灰八功千分功之四百九十九，石匠搬石共二功。并诸作功余分不同者，合分术入之，共得一千二百九十四功七千分功之一千四百八十九，通分内子，得一百二十九万五千四百八十九，为众功实[1]。

注释

〔1〕本段中多处计算结果有误，译文暂且照原文翻译，正确答案见括弧中注释和术解。

译文

然后将三项砖数相加，得8499片，是每丈用砖实数，用1功=700片作为法数，相除，得$12\frac{99}{700}$功，是每丈的砖功。每丈用石板10片为1功，搬石板10片也为1功。砖每片用石灰1斤，乘砖实数，是砖用石灰数。再用每丈石板10片和石灰10斤相乘，得100斤，是每丈石板所用石灰数。加上砖用灰8499斤，得8599斤，是砖石合用石灰总数，作为实数。用每功搬运1000斤作为法数，相除，得到$8\frac{499}{1000}$功（应为$8\frac{599}{1000}$功，译者注），此为搬运石灰所做的功。用石匠、搬运共2功，和之前求出的土功1100、定柱功20、爬头拽后木功40、抟子木功80、橛索功32、砖功$12\frac{99}{700}$功、搬灰$8\frac{499}{1000}$功相加，将这些做功数进行通分并求和，共得$1294\frac{1489}{7000}$功（应为$1294\frac{5783}{7000}$），化为假分数，得到1295489（应为$\frac{9063183}{7000}$，译者注），是总的做功实数。

术解

三项每丈砌砖功数=（7000+500+999）÷700=8499÷700=$12\frac{99}{700}$。

每丈石板功数=1，搬石板功数=1。

每丈砖用石灰=1×8499=8499（斤），每丈石板用石灰=10×10=100

（斤），共用石灰=8499+100=8599（斤）。

搬运石灰做功数=8599÷1000=8.599。

总做功数=2+1100+20+40+80+32+12 $\frac{99}{700}$ +8.499≈1294.64（原答案有误，应为1294.74，但换算为小数后对下文的计算结果的影响可忽略）。

原文

置火头每管六十人，分母乘之，得六万为法。除都功实，得火头二十一人六万分之三万五千四百八十九。壕寨每部一百二十人，就倍火头法六万为十二万，亦除众功实，得壕寨十人十二万分之九万五千四百八十九。列两余分，及前诸作功余七千分之一千四百八十九，三项，以合分术入之，得一功。不尽五十万四千亿分之三十万二千三百六十九亿四千万分。求等，又约之，为八十四万分之五十万三千九百四十九分。乃又并之，共得一千三百二十六功。其余分，大约百分中之五十九，在半以上，收为一功。共定得一千三百二十七功，为每丈都功。

然后以城通长，遍乘诸项。置城长一千五百一十丈，乘城率一万五千七百五十尺，得二千三百七十八万二千五百尺，为城坚积。又以城长乘墙率七百五十尺，得一百一十三万二千五百尺，为墙坚积。并墙城二积，得二千四百九十一万五千尺。又以墟率四，因之，得九千九百六十六万尺，为实。以坚率三，约得三千三百二十二万尺，为壕积，以为实。以壕阔三十丈，并下阔二十五丈，得五十五丈。以半之，得二百七十五尺。乘壕长一千五百一十丈，得四十一万五千二百五十尺，为壕法。除实，得八丈，为壕深。

求功料共数，如术，以城通长，遍乘丈率功永定柱、爬头拽后木、抟子木、橛子木、纴索、芦蓆、笙竹、水竹、青茅、城砖、石板、石灰，各得。以共功，乘日支钱米，得共钱米。更不立草。

译文

用每个火头管理60人乘分母得到60000，作为法数，去除做功实数，得每丈需要火头21 $\frac{35489}{60000}$ 人。筑壕寨每部120人，直接将火头的法数乘2得到120000，也去除做功实数，得到壕寨10 $\frac{95489}{120000}$ 人。将这两项的余数，以及之前各项做功的分数 $\frac{1489}{7000}$，这三项通分相加得到1功，余数 $\frac{30236940000000}{50400000000000}$，约分，得到 $\frac{503949}{840000}$，再加入，得到1326功。零余部分约为59%，大于一半，也收为1功，共得1327功，是每丈的做功数。

然后用城的周长乘以上各项。城周长为1510丈，乘每丈体积15750尺，得到23782500尺，是城的实际体积。再用城长乘羊马墙每丈体积750尺，得1132500尺，是羊马墙的实际体积。将两个体积相加，得24915000尺，用比的前项4去乘，得99660000尺，作为被除数，除以比的后项3，得33220000尺，是护城河的体积，作为被除数。用护城河面宽30丈和底宽25丈相加，得55丈，除以2得275尺，乘护城河长1510丈，得415250尺，作为除数。相除，得到护城河深度8丈。

求所用各项材料总量，也按照上面的方法，用城的周长去乘每丈的永定柱、爬头拽后木、挎子木、橛子木、纴索、芦席、笙竹、水竹、青茅、城砖、石板、石灰数，各自得到总数。用总做功数，乘每功每天支取的钱、米数，得到总钱米数。不再给出演算过程。

术解

火头人数=1294.64÷60≈21.58，壕寨人数=21.58÷2=10.79。

每丈做功数=1294.64+21.577+10.789≈1327。

城体积=1510×15750=23782500（立方尺），墙体积=1510×750=1132500（立方尺）；

护城河体积=（23782500+1132500）×4÷3=33220000（立方尺）。

护城河深度=33220000÷［（300+250）÷2×1510］=80（尺）。

永定柱总数=1510×20=30200；

爬头拽后木总数=1510×80=120800；

挎子木总数=1510×200=302000；

纴橛总数=1510×2000=3020000；

纴索总数=1510×2000=3020000；

芦席总数=1510×150=226500；

丝竿筀竹总数=1510×50=75500；

芮子水竹总数=1510×10=15100；

青茅总数=1510×500=755000；

城砖总数=1510×8499=12833490；

石板总数=1510×10=15100；

石灰总数=1510×8599=12984490。

总钱数=1510×1327×100=200377000（文）；

总米数=1510×1327×2.5=5009425（升）。

楼橹功料

原文

问：筑城合盖楼橹[1]六十处，每处一十间。护险高四尺，长三丈，厚随砖长。卧牛木一十一条，长一丈六尺，径一尺一寸。搭脑木一十一条，长二丈，径一尺。看壕柱一十一条，长一丈六尺，径一尺二寸。副壕柱一十一条，长一丈五尺，径一尺二寸。挂甲柱一十一条，长一丈三尺，径一尺一寸。虎蹲柱一十一条，长七尺五寸，径一尺。仰艎板木四十五条，长一丈，径一尺二寸。平面板木三十五条，长一丈，径一尺二寸。串挂枋木七十三条，长五尺，径一尺。仰板四八砖，结砌三层，计六千片，每片用灰半斤，共用纸觔一百斤。墙砖长一尺六寸，阔六寸，厚二寸半。中板瓦七千五百斤。一尺钉八个。八寸钉二百七十个。五寸钉一百个。四寸钉五十个。丁环二十个。用工三百九十六人。欲知共用工料各几何。

答曰：卧牛木，六百六十条。搭脑木，六百六十条。看壕柱，六百六十条。副壕柱，六百六十条。挂甲柱，六百六十条。虎蹲柱，六百六十条。串挂枋，四千三百八十条。仰板木，二千七百条，平板木，二千一百条，城砖，四万八千片。四八砖，三十六万片。石灰，二十二万八千斤。纸觔，六千斤。中板瓦，四十五万片。丁环，一千二百个。一尺钉，四百八十个。八寸钉，一万六千二百个。五寸钉，六千个。四寸钉，三千个。用工，二万三千七百六十人。

注释

〔1〕楼橹：望楼，建在城上用于瞭望的建筑。

译文

问：在城上共建楼橹60处，每处10间。护险墙高4尺，长3丈，厚度和砖长相同。每处使用：卧牛木11条，长1丈6尺，直径1尺1寸；搭脑木11条，长2丈，直径1尺；看壕柱11条，长1丈6尺，直径1尺2寸；副壕柱11条，长1丈5尺，直径1尺2寸；挂甲柱11条，长1丈3尺，直径1尺1寸；虎蹲柱11条，长7尺5寸，直径1尺；仰艎板木45条，长1丈，直径1尺2寸；平面板木35条，长1丈，直径1尺2寸；串挂枋木73条，长5尺，直径1尺；仰板四八砖，砌为三层，共计6000片，每片用灰0.5斤，共用纸筋100斤；墙砖长1尺6寸，宽6寸，厚2.5寸；中板瓦7500斤；一尺钉8个；八寸钉270个；五寸钉100个；四寸钉50个；丁环20个；用工396人。求共使用工人、材料各多少。

答：卧牛木，660条。搭脑木，660条。看壕柱，660条。副壕柱，660条。挂甲柱，660条。虎蹲柱，660条。串挂枋，4380条。仰板木，2700条，平板木，2100条，城砖，48000片。四八砖，360000片。石灰，228000斤。纸舫，6000斤。中板瓦，450000片。丁环，1200个。一尺钉，480个。八寸钉，16200个。五寸钉，6000个。四寸钉，3000个。用工，23760人。

原文

术曰：

以商功求。置墙高乘长得寸，为实。以砖阔乘厚，为法。除之，得用砖及用灰。以处数并乘诸工料，得总用工料。

译文

本题计算方法如下：

用《九章算术·商功》的方法求解。用墙高乘长，得数换算为寸，作为实数。用砖宽度和厚度相乘，作为法数。相除，得到用砖数和用石灰数。用楼橹总数乘各项材料、功数，得到总用工和材料。

译解

每处墙用砖数=40×300÷6÷2.5=800，每处用石灰数=800×1+3000=3800。

原文

草曰：

置墙高四尺，通为四十寸。置长三丈，通为三百寸。相乘，得一万二千寸，为实。以砖阔六寸，乘厚二寸五分，得一十五寸，为法。除之，得八百片，为墙砖。又为灰。并四八砖灰三千斤，共灰三千八百斤，乃以六十处，遍乘总用工料。卧牛木，搭脑木，看壕木柱，副壕柱，挂甲柱，虎蹲，仰板木，平板木，串挂枋木，四八砖，城砖，石灰，纸觔，中板瓦，一尺钉，八寸钉，五寸钉，四寸钉，丁环，工数，得各项总数，在前。

译文

本题演算方法如下：

把墙高4尺换算为40寸，长3丈换算为300寸。相乘，得12000寸，作为实数。用砖宽6寸乘厚2寸5分，得15寸，作为法数，相除，得到800片，是所用的墙砖数。石灰数也是800（斤）。加上四八砖用石灰3000斤，得到用石灰总量3800斤。然后用60处楼橹乘各项用工数、材料数：卧牛木，搭脑木，看壕木柱，副壕柱，挂甲柱，虎蹲，仰板木，平板木，串挂枋木，四八砖，城砖，石灰，纸觔，中板瓦，一尺钉，八寸钉，五寸钉，四寸钉，丁环，工数，得到各项的总数，如前文答案。

术解

卧牛木=搭脑木=看壕木柱=副壕柱=挂甲柱=虎蹲柱=60×11=660（条）；

仰板木=60×45=2700（条）；

平板木=60×35=2100（条）；

串挂枋木=60×73=4380（条）；

四八砖=60×6000=360000（片）；

城砖=60×800=48000（片）；

石灰=60×3800=228000（斤）；

纸觔=60×100=6000（斤）；

中板瓦=60×7500=450000（片）；

一尺钉=60×8=480（个）；

八寸钉=60×270=16200（个）；

五寸钉=60×100=6000（个）；

四寸钉=60×50=3000（个）；

丁环=60×20=1200（个）；

用工数=60×396=23760（人）。

计造石坝

原文

问：创石坝一座，长三十丈，水深四丈二尺，令面阔三丈。石板每片长五尺、阔二尺、厚五寸，用灰一十斤。每层高二尺，差阔一尺。石匠每工九片。般扛五片，用工四人，兼工般灰兼用，每工一百一十斤。火头每名管六十人。部押每名管一百二十人。所用石，须依原段，不许凿动。欲知坝下阔及用石并灰共工各几何。

答曰：坝下阔五丈。石板一十万八百片。石灰一百万八千斤。用夫一十万三千五百二十八功一十一分功之八。

层高𝍡	面阔𝍫〇尺	得𝍮〇尺	长𝍢〇〇尺
初率𝍠𝍰〇〇〇尺	差𝍠尺	高𝍡尺	长𝍢〇〇尺
次率𝍥〇〇	石板长𝍤尺	石板阔𝍡尺	石板厚〇𝍭尺
初率𝍠𝍰〇〇〇尺	次率𝍥〇〇	法𝍤尺	

列右行	初积石𝍫𝍥〇〇片	次积片𝍠𝍪〇	
得𝍪𝍠层	深𝍬𝍡尺	每层𝍡尺	
上位𝍦𝍬𝍥〇〇 片	初积片𝍫𝍥〇〇	层𝍪𝍠	
层𝍪𝍠	余𝍪〇	层𝍪𝍠	减𝍠
得𝍣𝍪〇	𝍡半法	得𝍡𝍩〇	次积𝍠𝍪〇片
上位𝍦𝍬𝍥〇〇 片	𝍡𝍬𝍡〇〇片	石板𝍩〇〇𝍧〇〇片	
上阔𝍫〇尺	得𝍪〇	余𝍪〇层	差𝍠尺
下阔𝍬〇尺	石板 𝍩〇〇𝍧〇〇片	每板𝍨片	每功𝍠𝍪𝍡〇〇片
石板 𝍩〇〇𝍧〇〇片	扛𝍣人	实𝍬〇𝍫𝍡〇〇片	扛𝍤片
扛𝍧〇𝍥𝍬〇功	石𝍩〇〇𝍧〇〇 片	灰𝍩〇斤	灰𝍠〇〇𝍰〇〇〇 实斤
灰实𝍠〇〇𝍰〇〇〇	人担 法𝍠𝍩〇斤		
担灰𝍰𝍠𝍮𝍢功	子𝍦	母𝍩𝍠	
上	担功𝍰𝍠𝍮𝍢 子𝍦母𝍩𝍠	石功𝍠𝍩𝍡〇〇	般功𝍧𝍮𝍣〇〇
共功𝍩〇𝍩〇〇𝍢	子𝍦	母𝍩𝍠	
功实𝍠𝍩𝍠〇𝍬𝍩〇	火头一名𝍮〇	𝍩𝍠母	
功实𝍠𝍩𝍠𝍩〇𝍬〇	火头法𝍥𝍮〇功		
火头功𝍩𝍥𝍰𝍢	不尽𝍡𝍮〇	法𝍥𝍮〇	等𝍪〇
火头功𝍩𝍥𝍰𝍢	子𝍩𝍢	母𝍫𝍢	
功𝍠𝍩𝍠𝍩〇𝍬〇	壕寨𝍩𝍢𝍪〇法		
壕寨𝍧𝍬𝍠	𝍨𝍪〇不尽	𝍩𝍢𝍪〇法	等𝍬〇
壕寨𝍧𝍬𝍠	子𝍪𝍠	母𝍫𝍢	
共功𝍩〇𝍩〇〇𝍢 子𝍦母𝍩𝍠	火头功𝍩𝍥𝍰𝍢 子𝍩𝍢母𝍫𝍢	壕寨𝍧𝍬𝍠 子𝍪𝍢母𝍫𝍢	𝍩〇𝍫𝍣𝍪𝍦 总功𝍪𝍣𝍫𝍢

三因共	并此三项	
功母子	功得下功	母子又三约之，为一十一分之八，合问

译文

问：建一座石坝，长30丈，水深4丈2尺，坝面宽3丈。石板每片长5尺、宽2尺、厚5寸，用石灰10斤。每层高2尺，宽逐层递减1尺。石匠每工制作9片。每搬运5片用工4人，也兼搬运石灰，每工搬110斤。火头每人管理60名工人。部押每人管理120名工人。所使用的石板必须按照原样，不许进行凿改。求所用的石板、石灰以及用工各是多少。

答：石坝下底宽5丈。用石板100800片，石灰1008000斤，用工103528 $\frac{8}{11}$（应为103528$\frac{5}{11}$）功。

原文

术曰：

以商功求之，招法[1]入之。置层高尺数，乘面阔及长，为初率。次以差阔尺数，乘高，又乘长，为次率。却以石板长、阔、厚相乘，为法。以除二率，各得石板，为上积及次积。置深，以层高尺数约之，得层数。对二积列之一行，各添一拨天地数[2]各以累乘对约之，得乘率，以对上次积并之，为石板。以每片用灰乘石，为众数。以匠功片数约版，得石匠。以般夫数乘石板，为实。以扛片数为法，除之，得人数。以般用灰数除灰，得人数。并诸工，以火头管数约之，为火头。半之，为部押。

注释

〔1〕招法：未见文献记载。从本题来看大致相当于等差数列的计算方法。

〔2〕天地数：天数为1、3、5、7、9，地数为2、4、6、8、10。

译文

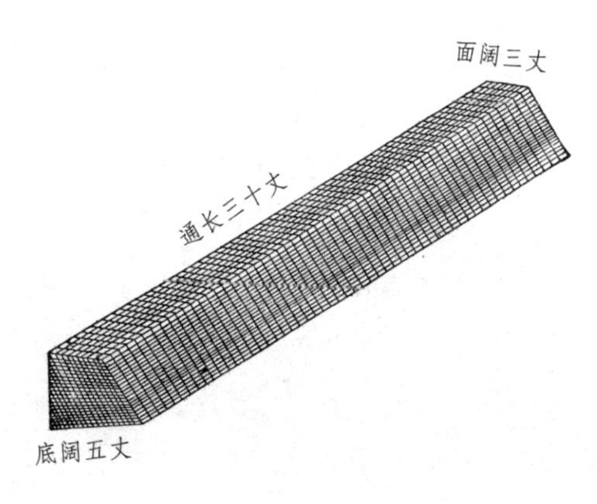

石坝图

本题计算方法如下：

用《九章算术·商功》的方法求解，用招法计算。用每层高度的尺数，乘坝面宽度，再乘坝长度，得到初率。然后用每层宽度递减的尺数，乘高度，再乘长度，作为次率。用石板的长、宽、厚相乘，作为法数。去除两个率数。各自得到石板的上积和次积。用深度除以每层高度，得到层数。用层数对应两个积数，写成一列，分别乘天数1和地数10，得到乘率，再分别对乘上积、次积，相加，得到石板数。用每片石板所用石灰数乘石板数，得到总石灰数。用每个石匠的片数除石板数，得到石匠人数。用搬运工数乘石板数，作为被除数，用每人所扛片数作为除数，相除，得到搬运工人数。用每个搬运工所搬石灰数除总石灰数，得到搬运石灰人数。将工人数相加，除以每个火头管理的人数，是火头人数。除以2，是部押人数。

译解

初率$=2\times30\times300=18000$；

次率$=1\times2\times300=600$；

法$=5\times2\times0.5=5$。

初积$=18000\div5=3600$，次积$=600\div5=120$。

层数$=42\div2=21$。

原文

草曰：

置层高二尺面阔三丈相乘，得六十尺，又乘长三十丈，得一万八千尺，为初率。次以差阔一尺，乘高二尺，又乘长三十丈，得六百尺，为次率。却以石板长五尺阔二尺厚五寸相乘，得五尺，为法。以除二率，得三千六百片为初积，一百二十片为次积，列右行。置深四丈二尺，以每层二尺约之，得二十一层，乘初积三千六百片，得七万五千六百片于上。次置二十一层，减一，余二十，以乘二十一层，得四百二十。半之，得二百一十，乘次积一百二十片，得二万五千二百片，加入上，共得一十万八百片，为石板数。次置二十一层，减去一，余二十。以差阔一尺乘之，得二丈，并上阔三丈，共得五丈，为下阔之数。又置石板一十万八百片，以每功九，约得一万一千二百功。置石板数，以般扛四人乘之，得四十万三千二百，为实。以五片为法，除之，得八万六百四十工。又置石板数，以每片用灰一十斤乘之，得一百万八千斤，为灰实。以每人担用一百一十斤约之，得九千一百六十三功一十一分功之七，为灰工于上。又并石板工一万一千二百，及并般扛工八万六百四十功，加上，共得一十万一千三功一十一分功之七。通分内子，得一百一十一万一千四十，为实。置火头每名管六十名功，以乘分母一十一，得六百六十，为法。除实，得一千六百八十三功，不尽二百六十，与法约之，为三十三分功之一十三，为火头功数。半之，得八百四十一功三十三分功之二十三，为部押壕寨数。今众功下十一分功之七，以母十一除火头分母三十三，得三。以三因众功下母子，为一十万一千三功，三十三分功之二十一。并三项母子，得一十万三千五百二十七功。分子五十七。满母三十三，收一功，余二十四。与母各三约，为十一分功之八，为共用一十万三千五百二十八功十一分功之八。

译文

本题演算过程如下：

用层高2尺和面宽3丈相乘，得60尺，再乘长30丈，得18000尺，作为初率。然后用层间宽度差1尺，乘高度2尺，再乘长30丈，得600尺，作为次率。又用石板长5尺、宽2尺、厚5寸相乘，得5尺，作为法数。去除两个率数，得到初积3600片，次积120片，写在右列。用深度4丈2尺除以每层高度2尺，得到层数21，乘初积3600片，得到75600片，写在上方。然后用21层减1，得20，再乘21层，得420。除以2，得210，乘次积120片，得25200片，加入上面的得数，得到100800片，是总石板数。然后用21层减1得20，用层高差1尺去乘，得2丈，加上面宽3丈，共得5丈，是底宽。又用石板数100800片，除以每个石匠9片，得到11200功。用石板数乘搬运工4人，得403200，作为被除数。用5片作为除数，相除，得到80640功。再用石板数乘每片用石灰10斤，得到1008000，作为灰实数。用每人搬运110斤去约，得到$9163\frac{7}{11}$功，是搬运石灰的用工数，写在上方。再加上石匠11200功、石板搬运工80640功，得到$101003\frac{7}{11}$功。化为假分数后得到分子为1111040，作为被除数。用火头每人管理60名工人，乘分母11，得到660，作为除数。相除，得到1683功，余数260，和除数约分，得到$\frac{13}{33}$，是火头的人数。除以2，得到$841\frac{23}{33}$，是部押壕寨的人数。现在用总功数的分数部分的分母11除火头的分母33，得到3。用3乘总工数的分母和分子，得到$101003\frac{21}{33}$。将三个数相加，得到103527，分子57，大于分母33，收进1功，余下24。和分母以3约分，得到$\frac{8}{11}$。总用工数$103528\frac{8}{11}$。

术解

石板数=21×3600+（21−1）×21÷2×120=100800。

底宽=（21−1）×1+30=50（尺）。

石匠数=100800÷9=11200。

搬石板工数=100800×4÷5=80640。

搬石灰工数=100800×10÷110=$9163\frac{7}{11}$。

总工数=11200+80640+$9163\frac{7}{11}$=$101003\frac{7}{11}$。

火头人数=$101003\frac{7}{11}$÷60=$1683\frac{13}{33}$。

部押壕寨人数=火头人数÷2=$841\frac{23}{33}$。

总用工数=$101003\frac{7}{11}$+$1683\frac{13}{33}$+$841\frac{23}{33}$=$103528\frac{8}{11}$。

计浚河渠

原文

问：开通运河，就土筑堤。令面广六丈，底广四丈；上流深八尺，下流深一丈六尺；长四十八里。其堤下广二丈四尺，上广一丈八尺，长与河等。未知高，以墟四坚三为率心，秋程人功每名自开运积筑墟坚，共积常六十尺。筑堤至半，为棚道[1]取土，上下功减五分之一。限一月毕。欲知河积及堤积尺，共用功并日役工数及堤高各几何。

答曰：河积，六千二百二十万八千尺。堤积，四千六百六十五万六千尺。堤高，二丈一尺七分尺之三。共用功，二十四万四千九百四十四。日役工，八千一百六十四五分工之四。

注释

〔1〕棚道：用竹、木等搭成，用来运土的通道。

译文

问：开挖一条运河，用挖出的土筑堤坝。使河面宽6丈，底宽4丈；河上流深8尺，下流深1丈6尺，长48里。堤坝下底宽2丈4尺，上宽1丈8尺，长度和河相同。堤坝高度未知。挖土和筑堤用土的比例是4∶3，秋季征用工人，从开挖、运土到筑堤，每人完成60尺。堤坝筑到一半，要从棚道运土，棚道上面的工作量比下面减少了$\frac{1}{5}$。限一个月完成工程。求河的容积，堤坝的体积，用工总数，每日用工数，以及堤坝的高各是多少。

答：河容积62208000尺。堤坝体积46656000尺。堤高2丈1$\frac{3}{7}$尺。共用功244944。每天用工8164$\frac{4}{5}$。

原文

术曰：

以商功求之。并河上下广于上，并河上下流深，乘之，又以长乘，为实。以四为法，除得河积。以坚率乘河积，为实。以墟率为法，除得堤积。并堤上下广，乘堤长，半之，为法。除堤积，得堤高。并河堤二积，以棚道母半之，副置。以棚道减功子乘之，以棚道减功母除之，得数，以并其副，共为寄。以子减母，余乘常尺，为增子。以母乘常尺，为增分。并增分增子，乘寄，半为用工实。以增分乘增子，又乘限月日，为法。除实，得用人工数。

译文

本题计算方法如下：

用《九章算术·商功》的方法求解。用河上、下宽度相加，乘河上、下流深度的乘积，再乘河的长度，作为被除数。用4作为除数，相除得到河的容积。用比例前项乘河的容积，作为实数。用比例后项作为除数，相除得到堤坝体积。将堤坝上、下宽度相加，乘堤长，除以2，作为法数。去除堤的体积，得到堤的高度。将河、堤两个体积相加，用建棚道时的分母2去除，得数再写一个副本，用棚道减少工作量的分子去乘，再除分母，得数加上刚才的副本，共同作为寄数。用分母减去分子，得数乘每人工作量，作为增子。用分母乘每人工作量，作为增分。将增子和增分相加，再乘寄数，除以2，得到用工实数。用增分乘增子，再乘限期一个月的天数，得到法数，相除，得到用工数。

译解

河积=［（60+40）÷2］×［（8+16）÷2］×103680=62208000。

堤积=62208000×3÷4=46656000（立方尺）。

原文

草曰：

置河上广六丈，并底广四丈，通之，折半，得五十尺于上。又置河上流深八尺，并下流深一丈六尺，并之，折半，得一十二尺。以乘上位，得六百尺为次。置长四十八里，以尺里法二千一百六十通之，得一十万三千六百八十尺，得堤河长，以乘次，得六千二百二十万八千尺，为河积。以坚率三，因河积，得一亿八千六百六十二万四千尺，为实。以穿率四为法，除之，得四千六百六十五万六千尺，为堤积。

置上广一丈八尺，下广二丈四尺，并之，为四十二尺。以乘堤长一十万三千六百八十尺，得四百三十五万四千五百六十尺。以半之，得二百一十七万七千二百八十尺，为法。除堤积，得二十一尺，为堤高。不尽九十三万三千一百二十，与法求等，得三十一万一千四十，俱约之，为七分尺之三。次置河积六千二百二十万八千尺，并堤积四千六百六十五万六千尺，得一亿八百八十六万四千尺。以棚道筑至半，是二除之，得五千四百四十三万二千尺，副之。先以减功之子一乘之，只得此数，为实。乃后以减功母五为法，除之，得一千八十八万六千四百尺，并副五千四百四十三万二千尺，共得六千五百三十一万八千四百尺，为寄。以折减功五分之一，以子一减母五，余四。以乘常尺六十，得二百四十尺，为增子。以母五乘常尺六十，得三百尺，为增分。以二增并之，得五百四十。乘寄，得三百五十二亿七千一百九十三万六千尺。以半之，得一百七十六亿三千五百九十六万八千尺，为用工实。以增分三百乘增子二百四十，得七万二千尺。又乘限分日三十，得二百一十六万尺，为法。除前用工实，得八千一百六十四，为每日人工数。不尽一百七十二万八千，与法求等，得四十三万二千。俱约之，为五分工之四。得每日用工八千一百六十四功五分工之四。复通分内子，得四万八百二十四，以三十日乘之，得一百二十二万四千七百二十，为实。仍以母五约之，得二十四万四千九百四十四工，为共用工。合问。

译文

本题演算过程如下：

用河上宽度6丈，加下底宽4丈，换算成尺，除以2，得到50尺，写在上方。又用河上流深度8尺和下流深度1丈6尺相加，除以2，得到12尺。乘上面的得数，得到600尺，写在次位。将河长48里用1里=2160尺换算，得到103680尺，就是堤与河的长度。乘次位得数，得62208000尺，是河的容积。用比例后项3乘河水容积，得186624000，作为被除数。用比例前项4去除，得到46656000尺，是堤坝的体积。

用堤上宽度1丈8尺和下宽度2丈4尺相加，得到42尺。乘堤长103680尺，得4354560尺，除以2，得2177280尺，作为法数。除堤坝体积，得到21尺，是堤坝高度；余数933120，和法数求公约数，得311040，进行约分，得到$\frac{3}{7}$尺。然后用河容积62208000尺和堤坝体积46656000尺相加，得108864000尺。搭建棚道时筑堤到一半，所以除以2，得到54432000尺，写一个副本。先用减少的工作量$\frac{1}{5}$的分子去乘，还得原数，作为实数。然后用分母5去除，得到10886400尺，加上副本54432000尺，得65318400尺，作为寄数。用减少的工作量$\frac{1}{5}$，分母减去分子，得4，乘每人工作量60尺，得240尺，作为增子。用分母5乘60尺，得300尺，作为增分。将增子和增分相加，得540，乘寄数，得35271936000尺，除以2，得17635968000尺，是求用工数的实数。用增分300乘增子240，得72000尺。再乘限期一月的天数30，得2160000尺，作为法数，去除前面求用工数的实数，得8164，是每天的用工数；余数1728000和法数求公约数，得到432000，进行化约，得到$\frac{4}{5}$功。于是得到每天用工8164$\frac{4}{5}$功。再化为假分数，得到分子为40824，乘30天，得1224720，作为被除数。仍然用分母5去除，得到244944功，是用工总数。这样就解答了问题。

术解

堤坝高度=46656000÷［（18+24）×103680÷2］=21$\frac{3}{7}$（尺）。

寄=（62208000+46656000）÷2+（62208000+46656000）÷2÷5=65318400。

增子=（5−1）×60=240；

增分=5×60=300；

每日用工数=［（240+300）×65318400÷2］÷（300×240×30）=8164$\frac{4}{5}$。

总用工数=8164$\frac{4}{5}$×30=244944。

卷十四

计作清台

原文

问：创筑清台[1]一所，正高一十二丈，上广五丈、袤[2]七丈，下广一十五丈、袤一十七丈。其袤当东西，广当南北。秋程，人日行六十里，里法三百六十步。䦆土、锹土每工各二百尺。筑土，每工九十尺。每担土壤一尺三寸，往来一百六十步，内四十步上下棚道。筑高至少半，其棚道三当平道五；至中半，三当七；至太半，二当五。踟蹰[3]之间十加一，载输之间二十步，定一返。今甲、乙、丙三县差夫，甲县附郭，税力一十三万三千八百六十六；乙县去台所一百二十里，税力二十三万七千九百八十四；丙县去台所一百八十里，税力三十一万二千三百五十四。俱以道里远近，税力多少，均科之。台下铺石脚七层。先用砖包砌台身，次用砖叠砌转道，周围五带，并阔六尺。须令南北二平道、东西三峻道[4]相间。始自台之艮隅[5]，于东外道向南顺升。由巽隅以西左转，周回历北复东，再升东里道，至巽隅乃登台顶。其东里道艮隅与北平道两隅及西道乾隅之高，皆以强半。其西道坤隅与南道两隅、东外道巽隅之高，皆以五分之二。峻道每级履高[6]六寸，其东里道级数，取弱半；东外道级数，取五分之二；西道级数，取强半。石长五尺，阔二尺，厚五寸。砖长一尺二寸，阔六寸，厚二寸五分。欲知土积、定一返步、每功人到土及总用功、各县起夫、砖、石，峻平道高长、级数、踏纵[7]各几何。

答曰：土积一百五十四万尺，定一返二百步一十八分步之五。每功人到土一百四十尺，七百二十一分尺之一百四十八。总用功四万五千六百八十六功。甲县差一万七千一百三十二功。乙县差一万五千二百二十九功。丙县差一万三千三百二十五功。石四千三百一十七片。砖一百一十四万二千二十四片。东里道峻：艮隅高九丈，巽隅高一十一丈九尺四寸，级五十踏，踏纵二尺二寸九分。东外道峻：艮隅高六寸，巽隅高四丈八尺，级八十踏，踏纵二尺一寸五分。

西峻道：坤隅高四丈八尺，乾隅高九丈，级七十踏，踏纵二尺一十四分寸之九。南平道高四丈八尺，北平道高九丈。

注释

〔1〕清台：观测天文的建筑。

〔2〕袤：长度。

〔3〕踟蹰：本义是缓慢行走的样子。这里指因为担土而艰难前行。

〔4〕峻道：坡道。

〔5〕艮隅：东北角。古代用八卦代替八个方位。下文“巽隅”指东南角，“乾隅”指西北角，“坤隅”指西南角。

〔6〕履高：一级台阶的高度。

〔7〕踏纵：台阶水平的距离。

译文

问：建造一座清台，高度12丈，上面宽5丈、长7丈，下底宽15丈、长17丈。长度是东西向的，宽度南北向。秋季工期，每人每天行进60里，1里=360步。镬土、锹土每功200尺，筑土每功90尺。每次担土1尺3寸，往返共160步，其中有40步是上、下棚道。筑到$\frac{1}{3}$高度时，棚道上的3步相当于平道上的5步；筑到$\frac{1}{2}$高度时，棚道3步=平道7步；筑到$\frac{2}{3}$高度时，棚道2步=平道5步。将担土的10步看作11步，装卸土计为20步，这样确定了一次往返的步数。现在甲、乙、丙三个县派出工人。甲县就是附郭，税力133866；乙县距离清台建造地120里，税力237984；丙县距离180里，税力312354。用距离远近、税力多少来计算人力。台下铺设7层石基，先用砖将台身包砌，再用砖堆叠砌成盘旋道，四周共5条道，道宽都是6尺。要让南北向的2条平道，东西向的3条坡道相互交错。从清台底部东北角开始，沿东外道向南上升，到达东南角向西左转，再次转回北侧，又向东上升到东里道，从东南角到达台顶。东里道的东北角、北平道两端、西坡道西北角的高度都是台高的$\frac{3}{4}$。西坡道西南角、南平道两端、东外道东南角的高度都是清台的$\frac{2}{5}$。坡道每级高6寸，东里道的级数是$\frac{1}{4}$，东外道的级数是$\frac{2}{5}$，西坡道的级数是$\frac{3}{4}$。每片

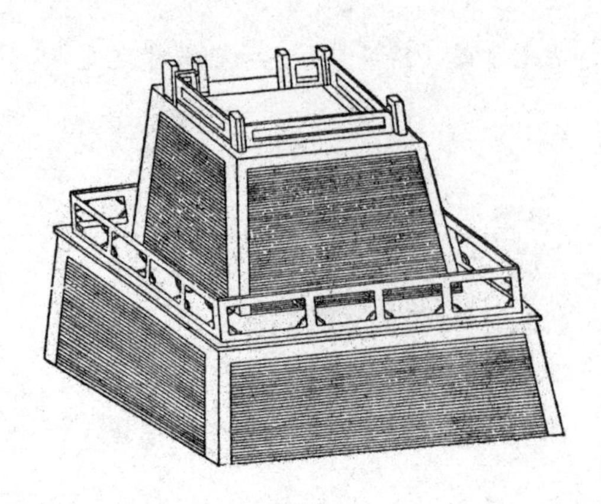
清台图

石板长5尺，宽2尺，厚5寸。每块砖长1尺2寸，宽6寸，厚2寸5分。求用土体积，一次往返的步数，每功运土量，筑台总用工量，各县派出工人数，砖、石板用量，坡道、平道各自的高、台阶数、每阶距离各是多少。

答：土积1540000尺，一次往返$200\frac{5}{18}$步。每功运土$140\frac{148}{721}$尺。总用工45686功。甲县出工17132功，乙县出工15229功，丙县出工13325功。共用石板4317片，砖1142024片。东里坡道：东北角高9丈，东南角高11丈9尺4寸，台阶50级，每级2尺2寸9分。东外坡道：东北角高6寸，东南角高4丈8尺，台阶80级，每级2尺1寸5分。西坡道：西南角高4丈8尺，西北角高9丈，台阶70级，每级2尺$\frac{9}{14}$寸。南平道高4丈8尺，北平道高9丈。

原文

术曰：

以商功求之，均输入之。倍台上袤，加下袤，乘上广，为寄。倍下袤，加上袤，乘下广，并寄，乘高，为土率。如六而一，得坚积。以筑功尺为法，除坚积，得筑功。以穿率[1]乘坚积，为实。以坚率乘䦆锹功尺，半之，为锹法。除实，得䦆锹共功。以壤率[2]因坚积，如坚率而一，为壤积。

求负土者先列全分及等至高诸母子，以母互乘诸子，为寄左行。以诸母相乘，为寄母。次列棚道全分及所当鲜母衍子[3]，以鲜母互乘衍子，为左行。以鲜母相乘，以乘寄得数，又以列位乘之，为总母。以左右两行诸子对乘之，并之，为总子。其总母子，求等约之，为定母子。以定子乘棚道，为次。以定母乘平道，加次。又以踟蹰之数，身下加之。又以载输步乘定母，并次，为统数。以定母除统数，得定一返步。亦为到土法。有分，复通为法。

置程里，通步，乘担土尺，有步母则又以步母乘之，为到实。实如法而一，得每功人到土。亦为壤法。以除壤积，得负土功。并前锹、筑二功，为总用功。以各县日程数，约税力，各得力率，副并为科法。以共用功，乘未并者各为科实。实如法而一，各得县夫。

注释

〔1〕穿率：本题虽未给出挖土和筑土量的比例，但本书中均默认为4∶3，即穿率=4，坚率=3。

〔2〕壤率："草"中给出了壤率=5，即壤∶挖土体积∶筑土体积=5∶4∶3。

〔3〕鲜母衍子：指棚道1步分别对应的平道步数$\frac{5}{3}$、$\frac{7}{3}$、$\frac{5}{2}$，都是假分数，分母小于分子。

译文

用《九章算术·商功》的方法求解，用均输法计算。将台上长乘2，加下长，乘上宽，作为寄数。下长乘2，加上长，乘下宽，加寄数，乘高，得到土率。除以6，得到台体积。用每功筑土量作为除数，除台体积，得到筑土总用工数。用穿率乘台体积，得到被除数。用坚率乘镬手、锹手每功土量，再除以2，作为锹除数。相除，得到镬锹的总做功数。用壤率乘台体积，再除坚率，得到壤积。

求担土量。先将所有步数比例、筑台高度都列为分数。用筑台高度的每个分母乘其他所有分子，写在左列。用所有分母相乘，得到寄母。然后列出棚道1步所对应的假分数，用每个分母乘其他分子，写在左列。用分母相乘，再乘上面的寄母，再乘总的个数4，得到总母。用左右两列的各分子对乘，再相加，得到总子。用总子和总母约分，得到定母子。用定子乘棚道步数，写在次列。用定母乘平道步数，加入次列。再用担土增加的步数，在分母相乘而后加入。再用装卸加入的步数，加入次列，得到统数。用定母去除统数，得到一次往返的总步数，也是求土量的除数。如果有分数，都化为纯分数。

把每人每天的行程换算为步，再乘每次担土的量。如果换算时出现分数，就将分母也乘上，得到被除数。相除，得到每功担土量。也是求壤数的除数，去除上面的壤积，得到担土的用功数。将镬锹、担土两个用功数相加，得到总用功数。用各县距离清台的日程数去除各自的税力，得到力率，相加作为科法。用总用功数乘没有相加的力率，得到各自科实数，相除得到各县派出人数。

译解

土率=［（7×2+17）×5+（17×2+7）×15］×12=9240。

台体积=9240÷6=1540（立方丈）=1540000（立方尺）。

筑土总功数=1540000÷90=17111$\frac{1}{9}$。

穿功数=4×1540000÷（3×200）=10266$\frac{2}{3}$。

壤积=5×1540000=7700000（立方尺）。

原文

求砖者。倍转道阔，遍加台上下广袤，变名上下阔长。以砖厚加台高，为台直。次列砖石长阔厚，各相乘，为砖石积法。通广袤如法。乃倍上长，加下长，乘上阔，为寄。次倍下长，加上长，乘下阔，并寄，共乘直得数。减土率，除如六而一，为泛。置南北道高子，各乘台高，为贵[1]。如各母而一，得五道诸隅高。以北道高减台高，余为上停高。以南道高减北道高，余为中停高。命南道高为下停高。以履寸除诸高，得级数。以上长减下长，余半之，为勾。以勾乘南道高，为实。如台高而一，得底率。以底率减下长，余为底股。以外道级数约底股，得外道踏纵。又以底率减底股，余为中股。以勾乘中停高，为实。如台高而一，得中率。以中率减中股，余为上股。以西道级除上股，得西道踏纵。以勾乘上停高，为实。如台高而一，得中率。以中率减中股，余为上股，以西道级除上股，得西道踏级。以勾乘上停高，为实，如台高而一，得上率。以上率并中率，共减上股，余为实。如里道级而一，得里道踏纵。次以道阔并下长，为补。以南北道高并台高，乘补，为需。次上广减下广，余为址。以址乘南道高，为实。以台高除之，得数，减下广，余为南道长。以南长并下广，乘南道高，加需。又以址乘北道高，为实。以台高除之，得数，减下广，余为北道长。以北道长并下广，乘北道高，又加需，共乘半道阔，得数，并泛，为共率。以基脚层数，乘石板厚，为基高。次倍道阔，并下阔，乘下长，为基率。次以下广乘下袤，减基率，余乘基高，为石率。以石率减共率，余为砖率。以砖积法除砖率，得砖数。以石积法除石率，得石板数。

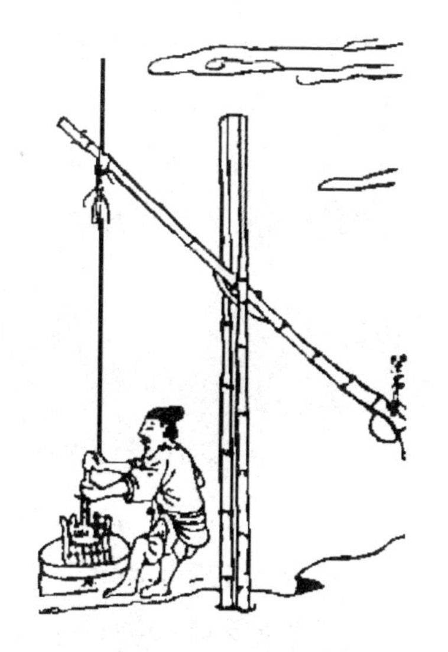

□ 竹竿提水图 《天工开物》插图

竹竿提水，即选择大小两根竹竿相接，竹竿中部架在作为杠杆的竹梯上，并固定另一端头；较小竹竿另一端系一水桶。其原理是通过对架在竹梯上的大竹竿下压用力，从而提水出井。当放松大竹竿时，小竹竿下降，桶会再次回到井里。图为古人用竹竿提水的情景。

注释

〔1〕贵："实"的谬误。

译文

求砖数。将盘旋道的宽度乘2，分别加上清台上下的宽、长，叫作上阔、下阔、上长、下长。用砖的厚度加上台高，作为台直。然后用砖、石板各自的长度、宽度、厚度相乘，作为砖积法、石积法。将宽度、长度都换算成和法数一样的单位。然后将上长乘2，加上下长，乘上阔，作为寄数。再将下长乘2，加上上长，乘下阔，加上寄数，再乘台直。得数减土率，除以6，得到泛数。用南北道各自高度的分子乘台高作为实数，除以分母，得到五条道各角的高度。用台高减去北道高，得到上停高。用北道高减去南道高，得到中停高。将南道高命名为下停高。用台阶高度除各条道高度，得到级数。用下长减去上长，得数除以2，作为勾数。用勾数乘南道高作为实数，除以台高，得到底率。用下长减去底率，得到底股。用外道的台阶数去除底股，得到外道每级台阶宽度。再用底股减去底率，得到中股。用勾数乘中停高度得到实数，除以台高，得到中率。用中股减去中率，得到上股。用西道级数除上股，得到西道台阶宽度。用勾数乘上停高，得到实数，除以台高，得到上率。用上股减去上率与中率之和，得到实数，再除以里道级数，得到里道每级宽度。然后用道宽和下长相加，作为补数。用南北道高度和台高相加，乘补数，作为需数。然后用下宽减去上宽，得到址数，再用址数乘南道高度，加入需数。再用址数乘北道高作为实数，除以台高，再用下宽减去得数，得到北道长度。用北道长度和下宽相加，乘北道高，再加上需数，乘道宽的一半，得数加上泛数，作为共率。用台基的层数乘石板的厚度，作为基高。然后将道宽乘2，加下宽，乘下长，作为基率。然后用下宽乘下长，用基率减去得数，再乘基高，作为石率。用共率减去石率，得到砖率。用砖积法除砖率，得到砖数。用石积法除石率，得到石板数。

译解

6×2=12；

上阔=12+50=62（尺）；

下阔=12+150=162（尺）；

上长=12+70=82（尺）；

下长=12+170=182（尺）；

台直=6+1200=1206（寸）；

砖积法=12×6×2.5=180（立方寸）；

石积法=50×20×5=5000（立方寸）。

原文

草曰：

倍上袤七丈，得一十四。加下袤一十七丈，得三十一。乘上广五丈，得一百五十五丈，为寄。次倍下袤，得三十四丈，加上袤七丈，得四十一。乘下广一十五丈，得六百一十五。并寄，得七百七十，乘高一十二丈，得九千二百四十丈，为土率。以六除，得一千五百四十，以千尺通之，为一百五十四万尺，为坚积。以筑工九十尺除之，得一万七千一百一十一功九分功之一，为筑功。次以穿率四，因坚积，得六百一十六万尺，为实。以坚率三，因镬锹功二百尺，得六百尺，为法。除实，得一万二百六十六功三分功之二，为穿功。次以壤率五，因坚积，得七百七十万尺，为壤积。以三为母，具图如后。

土积图	土率 𝍱𝍡𝍬〇丈	坚积𝍠𝍭𝍣〇〇 〇〇尺	壤积𝍦𝍯〇〇 〇〇〇尺	壤𝍢母
土功图	筑功𝍠𝍯𝍠𝍩𝍠	子𝍠母𝍨	穿功𝍠〇𝍡𝍮𝍥	子𝍡母𝍢

求负土者，先列全分一分之一，及筑至高少半，系三分之一；中半，系二分之一；太半，系三分之二。作两行。

筑高分母图		上	副	次	下
	右行	𝍢太半母	𝍡中半母	𝍢少半母	𝍠全分母
	左行	𝍡子	𝍠子	𝍠子	𝍠子

乃以右行母，互乘左行子，左上得一十二，副位，得九，次得六，下得一十八，乃变右行名为寄子。以诸母相乘，得一十八，为寄母，具图如后。

寄右图	上	副	次	𝍩𝍧寄母	𝍩𝍧寄子
	𝍩𝍡	𝍨	𝍥		

次列棚道全分，及所当鲜母衍子，三当五，及三当七，并二当五。

右行	上𝍡	副𝍢	次𝍢	全分𝍠鲜母
左行	𝍤	𝍦	𝍤	下𝍠衍子

乃以右行鲜母，互乘左行衍子，上得四十五，副得四十二，次得三十，下得一十八，为右行。以鲜母相乘，得一十八，乃对寄左图列之。

				𝍩𝍧鲜母
右行	𝍬𝍤	𝍬𝍡	𝍫〇	𝍩𝍧衍子
左行	𝍩𝍡	𝍨	𝍩𝍧寄母	𝍩𝍧寄子

乃以左右两行母子对乘之，上得五百四十，副得三百七十八，次得一百八十，下得三百二十四。母得三百二十四。

列位𝍢𝍪𝍣乘母			
𝍤𝍬〇上	𝍢𝍮𝍧副	𝍠𝍰〇次	𝍢𝍪𝍣下

今以平分术入之，并四子，得一千四百二十二，为总子。以列位四，乘乘母三百二十四，得一千二百九十六，为总母。

𝍩𝍣𝍪𝍡总子	𝍩𝍡𝍱𝍥总母	𝍮𝍧定子	𝍮𝍡定母

乃以总母子求等得一十八，俱约之。总子得七十九，为定子。总母得七十二，为定母。以定子七十九，乘棚道四十步，得三千一百六十于次。

以棚道四十步，减往来一百六十步，余一百二十，为平道。以乘定母七十二，得八千六百四十，加次，共得一万一千八百。

又以踟蹰十加一，于身下加一，得一万二千九百八十，仍于次。

又以载输二十步，乘定母七十二，得一千四百四十。并次，得一万四千四百二十，为统数。

以定母七十二除统数，得二百步，不尽，约为一十八分步之五，为定一返步。乃复通分内子，得三千六百五，为到法。

乃置程里六十，以三百六十通之，得二万一千六百步。乘担上一尺三寸，得二万八千八十尺，以到母一十八乘之，得五十万五千四百四十尺，为到实。

实如法，除得一百四十尺，不尽七百四十，与法求等，得五，约之，为七百二十一分尺之一百四十八，为到土。

复通分内子，得一十万一千八十八。又以壤母三，因得三十万三千二百六十四尺，为壤法。次以到土母七百二十一，乘壤积七百七十万尺，得五十五亿五千一百七十万尺，为壤实。

实如法而一，得一万八千三百六功。不尽一十四万九千二百一十六，与法求等，得三十二。俱约之，为一万八千三百六功九千四百七十七分功之四千六百六十三，为担土功。

译文

本题演算过程如下：

将上长7丈乘2，得14。加下长17丈，得31。乘上宽5丈，得155丈，作为寄数。然后将下长乘2，得34丈，加上长7丈，得41。乘下宽15丈，得615。加上寄数，得770，乘高12丈，得9240丈，作为土率。除以6，得1540，用千尺换算，得到1540000尺，是清台的体积。用每功90尺去除，得到17111 $\frac{1}{9}$ 功，是筑土的总功数。然后用穿率4乘台的体积，得6160000尺，作为实数，用坚率3乘镤手、锹手每功200尺，得600尺，作为法数。实数除以法数，得到10266 $\frac{2}{3}$ 功，是穿功数。然后用壤率5乘台体积，得7700000尺 ，是壤积。用3作为分母，画算图如下（见原文）。求担土数。先列出整体为1，筑台到少半是$\frac{1}{3}$，中半是$\frac{1}{2}$，太半是$\frac{2}{3}$。写作两列，用右列的分母去乘左行的分子，得左上12，左副9，左次6，左下18。将右列的名称改为寄子。用各分母相乘，得18，作为寄母。画图如下（图略），然后列出棚道1步，以及相应的平道步数分数$\frac{5}{3}$、$\frac{7}{3}$、$\frac{5}{2}$。用右列的分母互乘左列分子，得上位45，副位42，次位30，下位18，作为右列。用分母相乘，得18，对应左侧列出。用左右两列母子对乘，得上位540，副位378，次位180，下位324。分母得到324。现在用平分数计算，四个分子相加，得1422，得到总子。用个数4乘分母324，得1296，作为总母。对总母子求公约数得18，进行约分。总子约分得79，作为定子。总母约分得72，作为定母。用定子79乘棚道上的40步，得3160，写在次位。

用棚道总步数40和往返共160步相减，得到120，是平道上的步数。乘定母72，得到8640，加上次位得数，共得到11800。再用担土比例每10步加1步，加上$\frac{1}{10}$，得到12980，仍然写在次位。再用装卸的20步乘定母72，得1440。加上次位得数，得14420，作为统数。用定母72除统数，得到200步，余数约分为$\frac{5}{18}$，$200\frac{5}{18}$是一次往返的步数。然后化作假分数，分子部分得到3605，是担负到土的法数。每人每天步行里数60，用1里=360步去换算，得到21600步。乘每担1尺3寸，得28080尺，乘分母18，得505440，作为实数。用实数除法数，得140尺，余数740和法数求公约数，得到5，约分，得到$\frac{148}{721}$尺，$140\frac{148}{721}$尺是每功担土数。再化作假分数，分子部分得到101088，再乘壤母3，得到303264尺，作为壤法数。然后用分母721乘壤积7700000，得5551700000尺，是壤实数。实数除以法数，得到18306功。余数149216，和法数求等，得32。都进行约分，得$18306\frac{4663}{9477}$功，是担土所做的总功数。

术解

1	1
$\frac{1}{3}$	$\frac{5}{3}$
$\frac{1}{2}$	$\frac{7}{3}$

续表

$\frac{2}{3}$	$\frac{5}{2}$

$\frac{定母}{定子}=\left(1\times1+\frac{1}{3}\times\frac{5}{3}+\frac{1}{2}\times\frac{7}{3}+\frac{2}{3}\times\frac{5}{2}\right)\div4=\frac{79}{72}$

平道步数=160−40=120。

一次往返步数=$(120\times72+40\times79)\times\frac{11}{10}\div72+20=200\frac{5}{18}=\frac{3605}{18}$。

每功担土数=$21600\times1.3\div\frac{3605}{18}=140\frac{148}{721}$。

担土总功数=$7700000\div3\div140\frac{148}{721}=18306\frac{4663}{9477}$。

原文

次列前土功图，筑一万七千一百一十一功九分功之一，及穿功一万二百六十六功三分功之二，具图如后。

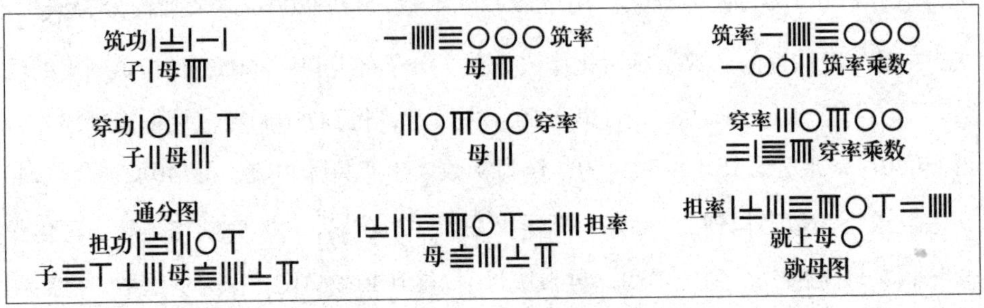

筑功𝍠𝍯𝍠𝍩𝍠 子𝍠母𝍨	𝍩𝍤𝍬〇〇〇筑率 母𝍨	筑率𝍩𝍤𝍬〇〇〇 𝍩〇𝍭𝍢筑率乘数
穿功𝍠〇𝍡𝍮𝍥 子𝍡母𝍢	𝍢〇𝍧〇〇穿率 母𝍢	穿率𝍢〇𝍧〇〇 𝍫𝍠𝍭𝍨穿率乘数
通分图 担功𝍠𝍰𝍢〇𝍥 子𝍬𝍥𝍮𝍢母𝍱𝍣𝍯𝍦	𝍠𝍯𝍢𝍬𝍨〇𝍥𝍪𝍣担率 母𝍱𝍣𝍯𝍦	担率𝍠𝍯𝍢𝍬𝍨〇𝍥𝍪𝍣 就上母〇 就母图

列三行功，各通分内子，筑率得一十五万四千，穿率得三万八百，担率一亿七千三百四十九万六百二十五。按术当以通率图诸母互乘诸率，今验担母九千四百七十七，可用筑母九约。亦可用穿母三约，故从省。以筑母九，约担母九千四百七十七，得一千五十三，为筑率乘数。又以穿母三，约担母九千四百七十七，得三千一百五十九，为穿率乘数。各以乘数，乘本率，名曰就母图。乃以九千四百七十七，变名曰就母。先以筑率一十五万四千乘乘数一千五十三，得一亿六千二百一十六万二千，为筑分。次以穿率三万八百，乘乘率三千一百五十九，得九千七百二十九万七千二百，为穿分。就以担率一亿七千三百四十九万六百二十五为担分，并三分，共得四亿

三千二百九十四万九千八百二十五，为总功分实。以就母九千四百七十七除之，得四万五千六百八十四功九千四百七十七分功之二千五百五十七，为总用功，具图如后。

总用功 𝍣𝍭𝍥𝍰𝍣
子 𝍪𝍤𝍭𝍦　　母 𝍱𝍣𝍯𝍦　　总分 𝍣𝍫𝍡𝍱𝍣𝍱𝍧𝍪𝍤

置各县日程，约税力，得力率，副并为科法。上置甲县力一十三万三千八百六十六，以一日程约之，只得此数，为甲率。又置乙县力二十三万七千九百八十四，以二日约，得一十一万八千九百九十二，为乙率。又置丙县力三十一万二千三百五十四，以三日约，得一十万四千一百一十八，为丙率。

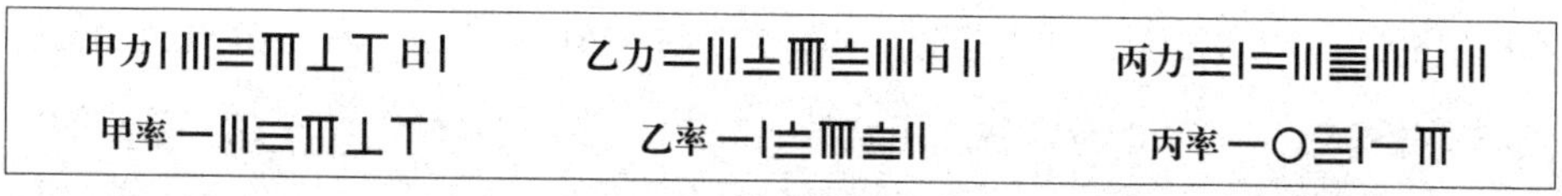

甲力 𝍩𝍢𝍫𝍧𝍮𝍥 日 𝍠　　乙力 𝍪𝍢𝍯𝍨𝍰𝍣 日 𝍡　　丙力 𝍫𝍠𝍪𝍢𝍭𝍣 日 𝍢
甲率 𝍩𝍢𝍫𝍧𝍮𝍥　　乙率 𝍩𝍠𝍰𝍨𝍱𝍡　　丙率 𝍩〇𝍬𝍠𝍩𝍧

列三率，求等，得一万四千八百七十四，俱约之。甲得九，乙得八，丙得七，各为定率，副并得二十四，具图如后。

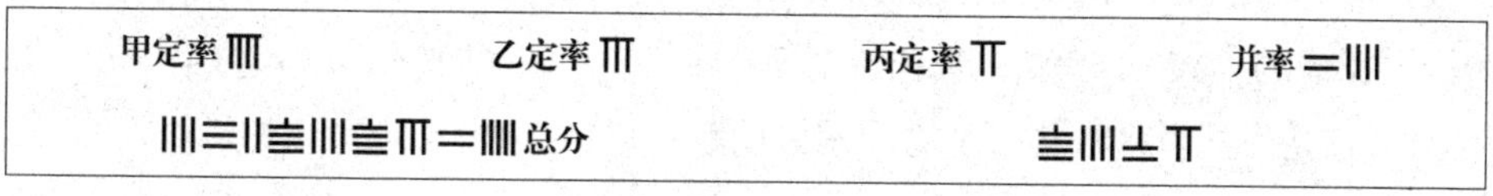

甲定率 𝍨　　乙定率 𝍧　　丙定率 𝍦　　并率 𝍪𝍣
𝍣𝍫𝍡𝍱𝍣𝍱𝍧𝍪𝍤 总分　　𝍱𝍣𝍯𝍦

乃以总分四亿三千二百九十四万九千八百二十五，遍乘三县定率，为各实。以就母九千四百七十七，乘并率二十四，为科法。甲得三十八亿九千六百五十四万八千四百二十五，乙得三十四亿六千三百五十九万八千六百，丙得三十亿三千六十四万八千七百七十五，各为实法。得二十二万七千四百四十八，为科法。除各实，具图如后。

甲实 𝍫𝍧𝍱𝍥𝍭𝍣
𝍰𝍣𝍪𝍤　　乙实 𝍫𝍣𝍮𝍢𝍭𝍨
𝍰𝍥〇〇　　丙实 𝍫〇𝍫〇𝍮𝍣
𝍰𝍦𝍯𝍤　　𝍪𝍡𝍯𝍣𝍬𝍧 科法

乃以科法除各实，甲得一万七千一百三十一功，不尽一十三万六千七百三十七，为甲县功。乙得一万五千二百二十八，不尽二万四百五十六，为乙县功。丙得一万三千三百二十四，不尽一十三万一千六百二十三，为丙县功。诸县不尽，皆辈为一功。甲合科一万七千一百三十二功，乙合科一万五千二百二十九功，丙合科一万三千三百二十五功。

译文

然后列出此前各土功的算图。筑土总功17111 $\frac{1}{9}$，穿功10266 $\frac{2}{3}$，画图如后（图略）。将各功数列为三行，各自化为假分数，筑率得154000，穿率得30800，担率得173490625。按照上面的“术”，应当用图中的各分母乘各率，现在发现担母9477可以用筑母9去约，也可以用穿母3约，因此进行化简。用筑母9约担母9477，得1053，是筑率的乘数。又用穿母3约担母9477，得3159，是穿率的乘数。用乘数乘各自的率数，下面列出的算图称作“就母图”。将9477改称为“就母”。先用筑率154000乘乘数1053，得162162000，作为筑分。然后用穿率30800乘乘率3159，得97297200，作为穿分。担率173490625作为担分。三个分数相加，得到432949825，是总功的分实数。用就母9477去除，得到45684 $\frac{2557}{9477}$ 功，是总的用工数。画算图如下（图略）。

用各县距离清台的日程约各自的税力，得到力率，相加作为科法数。上方写甲县税力133866，用天数1去约，仍然得到原数，是甲的力率。乙县税力237984，用天数2去约，得118992，是乙县力率。丙县税力312354，用天数3去约，得104118，是丙县力率。将三个力率求公约数，得14874，都进行化约。甲得9，乙得8，丙得7，作为各自的定率，相加得24，画图如后（图略）。然后用总功的分数432949825乘三个县的定率，得到各自的实数。用就母9477乘并率24，作为科法。甲得到3896548425，乙得3463598600，丙得3030648755，是各自的实法数。得到科法数227448。各自相除，画图如后（图略）。然后用科法除各个实数，甲得17131功，余数136737，是甲县用工数。乙县得15228，余数20456，是乙县用工数。丙县得13324，余数131623，是丙县用工数。各县除不尽的余数都收为1功，于是甲县共得17133功，乙县15229功，丙县13325功。

术解

总功数=17111 $\frac{1}{9}$ +10266 $\frac{2}{3}$ +18306 $\frac{4663}{9477}$ =45684 $\frac{2557}{9477}$ 。

各力率：甲率=133866÷1=133866，乙率=237984÷2=118992，丙率=312354÷3=104118；

求等化约，得到：9、8、7。

各县功数：

甲$=45684\frac{2557}{9477}\times\frac{9}{(9+8+7)}$，取整为17132；

乙$=45684\frac{2557}{9477}\times\frac{8}{(9+8+7)}$，取整为15229；

丙$=45684\frac{2557}{9477}\times\frac{7}{(9+8+7)}$，取整为13325。

原文

求砖者，倍转道并阔六尺，得一丈二尺，遍加台上下广袤，变各为上下阔长。以砖厚六寸加台高，为台直。

上广𝍤丈	下广𝍩𝍤丈	上阔𝍥𝍪尺	下阔𝍩𝍥𝍪尺
台高𝍩𝍡丈		台直𝍩𝍡〇𝍥寸	
上袤𝍦丈	下袤𝍩𝍦丈	上长𝍧𝍪〇	下长𝍩𝍧𝍪〇

先列砖长一尺二寸，阔六寸，厚二寸五分，相乘之，得一百八十寸，为砖积法。次列石板长五尺，阔二尺，厚五寸，相乘得五千寸，为石积法，具图如后。

砖长𝍩𝍡	砖阔𝍡	砖厚𝍡𝍭	𝍠𝍰〇砖法
石长𝍭〇	石阔𝍪〇	石厚𝍤	𝍭〇〇〇石法

验得诸法皆变寸，乃以各图上下长阔直，按术求率。倍上长八百二十寸，得一千六百四十寸，加下长一千八百二十寸，得三千四百六十。乘上阔六百二十，得二百一十四万五千二百，为寄。次倍下长一千八百二十，得三千六百四十，加上长八百二十，得四千四百六十。乘下阔一千六百二十，得七百二十二万五千二百，并寄得九百三十七万四百，乘台直一千二百六寸。得一百一十三亿七十万二千四百寸，仍为寄。乃验土积图土率九千二百四十丈，以一百万寸通之，得九十二亿四千万寸。以减寄余二十亿六千七十万二千四百寸，如六而一，得三亿四千三百四十五万四百寸，为泛。

次置南道高五分之一，北道高强半系四分之三，及台元高一千二百寸，具图如后。

〤〇〇泛	〣南道高母		〢北道高母
〤〇	〇〇元台高		
〣〣	子〢	子〣	一〢
〣〣			

乃以南道高子二，乘元台高，得二千四百寸，为南实。以北道高子三，乘元台高，得三千六百寸，为北实。各如本母而一，得四百八十寸，约为四丈八尺，为南道两隅。又为东外道巽隅高，又为西道坤隅高。所得九百寸，约为九丈，为北道两隅高，又为西道乾隅高，又为东里道艮隅高，具图如后。

五道高图	南道高〤〨〇	东外道巽隅高，西道坤隅高	北道高	〩 〇西道乾隅高， 〇东里道艮隅高

以北道高九丈，减台高一十二丈，余三丈，为上停高。以南道高四丈八尺，减北道高九丈，余四丈二尺，为中停高，命南道高四丈八尺，为下停高。

〢〇〇上停高	〤二〇中停高	〤〨〇下停高	〦履级寸
上停高三丈	中停高四丈二尺		下停高四丈八尺
〥〇东里道级	〧〇西里道级	〨〇东外道级	

三停高，皆如履级寸而一，得五十，为东里道级数。得七十，为西道级数；得八十，为东外道级数。

译文

求砖数。将盘道宽度6尺乘2，得1丈2尺，分别和清台上、下的宽度、长度相加，各自得到上阔、下阔、上长、下长。用砖厚6寸加上台高，得到台直。用砖的长度1尺2寸、宽6寸、厚2寸5分相乘，得180寸，是砖积法数。然后用石板长5尺、宽2尺、厚5寸，相乘得5000寸，是石积法数。画图如下（图略）。将各个法数都换算为寸，然后用图中的各个上下的长、阔和直数，按照上文“术”的方法求出率数。将上长820寸乘2，得1640寸，加下长1820寸，得3460。乘上阔620，得2145200，作为寄数。然后将下长1820乘2，得3640，加上长820，得4460。乘下阔1620，得7225200，加上寄数，得9370400，乘台直1206寸，得11300702400，仍然作为寄数。将上文求土积算图中的土率9240丈，用1000000寸去换算，得到9240000000寸。用寄数减得数得2060702400寸，除以6得343450400，作为泛数。

然后用南道高度$\frac{1}{5}$，北道高$\frac{3}{4}$，和清台本来的高度1200寸，列算图如后（图略）。然后用南道高的分子2乘台高，得2400寸，作为南实。用北道高分子3乘台高，得3600寸，作为北实。各自除分母，南道得到480寸，换算为4丈8尺，是南平道两端高度，也是东外道东南角、西坡道西南角高。北道得到900寸，换算为9丈，是北平道两端高度，也是西坡道西北角、东里道东北角的高度。画图如后（图略）。用台高12丈减去北道高9丈，得3丈，是上停高。用北道高9丈减去南道高4丈8尺，得4丈2尺，是中停高。将南道高4丈8尺直接作为下停高。用各停高都除以台阶每级高度，得东里道级数50，西道级数70，东外道级数80。

术解

以寸为单位：

泛=［（820×2+1820）×620+（1820×2+820）×1620］×1206 = 11300702400 −9240000000 =343450400；

南平道两隅高=2×1200÷5=480（寸）；

北平道两隅高=3×1200÷4=900（寸）。

上停高=12−9=3（丈）；

中停高=9−4.8=4.2（丈）；

下停高=4.8（丈）。

级数：东里道=300÷6=50，西峻道=420÷6=70，东外道=480÷6=80。

原文

次以上长八百二十寸，减下长一千八百二十寸，余一千寸。以半之，得五百寸，为勾。以乘南道高四百八十寸，得二十四万寸，为实。如台高一千二百寸而一，得一百寸[1]，为底率。以率减下长一千八百二十，余一千七百二十

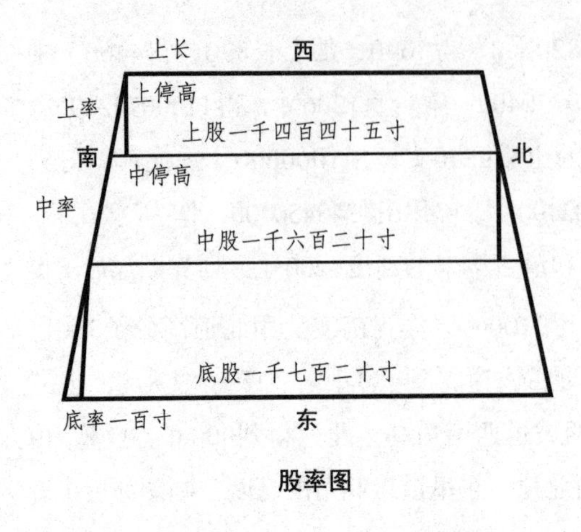

股率图

寸，为底股。以外道级八十约之，得二尺一寸五分，为外道踏纵。又以底率一百寸，减底股一千七百二十寸，余一千六百二十寸，为中股。乃以勾五百寸，乘中停高四丈二尺，得二十一万寸，为实。如台高一千二百寸而一，得一百七十五寸，为中率。以中率减中股一千六百二十寸，余一千四百四十五寸，为上股。以西道级七十，除上股一千四百四十五寸，得二尺一十四分寸之九，为西道踏纵。又以勾五百寸，乘上停高三百寸，得一十五万寸，为实。如台高一千二百寸而一，得一百二十五寸，为上率。并中率一百七十五寸，得三百。减上股一千四百四十五寸，余一千一百四十五寸，为实。如里道级五十而一，得二尺二寸九分，为里道踏纵，各得具图以见，如后。

东外道踏纵𝍡𝍩𝍤	西道踏纵𝍡尺 子〇𝍱	𝍠𝍬母	东里道踏纵 𝍡𝍪𝍨尺

注释

〔1〕此处有误，应为200寸。

译文

然后用下长1820寸减去上长820寸，得1000寸。除以2，得500寸，作为勾数。乘南道高480寸，得240000寸，作为实数。和台高1200寸相除，得100寸，作为底率。用下长1820减去底率，得1720寸，作为底股。用外道级数80去除，得2尺1寸5分，是外道台阶宽度。又用底股1720寸减去底率，得1620寸，作为中股。用勾数500乘中停高4丈2尺，得210000寸，作为实数。和台高1200寸相除，得175寸，作为中率。用中股1620寸减去中率，得1445寸，作为上股。以西道级数70除上股1445寸，得2尺$\frac{9}{14}$寸，是西道台阶宽度。又用勾数500寸，乘上停高300寸，得150000

寸，作为实数，和台高1200寸相除，得125寸，作为上率。和中率175寸相加，得300。用上股1445寸减去得数300寸，得1145寸，作为实数，再除以里道级数50，得2尺2寸9分，是里道台阶宽度。各自画图展示出来，见下文。

术解

勾数=（1820−820）÷2=500；

底率=500×480÷1200=100；

此为误解，正解如下：

底率=500×480÷1200=200

底股=1820−200=1620。

外道级宽=1620÷80=20.25（寸）；

中股=1620−200=1420；

中率=500×420÷120=175；

上股=1420−175=1245；

西道级宽=1245÷70=$17\frac{11}{14}$（寸）；

上率=500×300÷1200=125；

里道级宽=［1245−（125+175）］÷50=18.9（寸）。

底股=1820−100=1720。

外道级宽=1720÷80=21.5（寸）；

中股=1720−100=1620；

中率=500×420÷1200=175；

上股=1620−175=1445；

西道级宽=1445÷70=$20\frac{9}{14}$（寸）；

上率=500×300÷1200=125；

里道级宽=［1445−（125+175）］÷50=22.9（寸）。

原文

次以道阔六尺，并下长一千八百二十寸，得一千八百八十寸，为补。以南北道高并台高，共得二千五百八十寸，乘补，得四百八十五万四百寸，为需。次以上广五百寸，减下广一千五百寸，余一千寸，为址。乘南道高四百八十寸，得四十八万寸，为实。以台高一千二百寸除之，得四百寸，为减率。以减下广一千五百寸，余一千一百寸，为南道长。并下广一千五百寸，得二千六百，乘南道高四百八十寸，得一百二十四万八千寸，加需。又以址一千寸，乘北道高九百寸，得九十万寸，为实。亦如台高一千二百而一，得七百五十。以减下广一千五百寸，余七百五十寸，为北道长。并下广一千五百，得二千二百五十寸，乘北道九百寸，得二百二万五千寸。又加需，共得八百一十二万三千四百，以半道阔三尺乘之，得二亿四千三百七十万二千寸，并泛三亿四千三百四十五万四百，得五亿八千七百一十五万二千四百寸，为共率。次以基脚七层，乘石板厚五寸，得三十五寸，为基高。次倍道阔，得一百二十，并下阔一千六百二十寸，得一千七百四十。乘下长一千八百二十，得三百一十六万六千八百，为基率。次以下广一千五百寸，乘下袤一千七百寸，得二百五十五万。减基率，余六十一万六千八百寸。乘基高三十五寸，得二千一百五十八万八千寸，为石率。以石率减共率，余五亿六千五百五十六万四千四百寸，为砖率。以砖积法一百八十寸除之，得一百一十四万二千二十四片九分片之四。乃以石积法五千寸，除石率二千一百五十八万八千寸，得四千三百一十七片，为石板。不尽三十寸，弃之不辈。合问。

译文

然后用道宽6尺加上下长1820寸，得1880寸，作为补数。用南、北道高加上台高，得2580寸，乘补数，得4850400寸，作为需数。然后用下广1500寸减去上广500寸，得1000寸，作为址数。乘南道高480寸，得480000寸，作为实数。用台高1200寸去除，得400寸，作为减率。用下广1500寸减去减率，得1100寸，是南道长。加下广1500寸，得2600，乘南道高480寸，得1248000寸，加入需数。又用址数1000寸乘北道高900寸，得900000寸，作为实数，也除以台高1200寸，得750。用下广1500

寸减去得数750，得750寸，是北道长。加下广1500，得2250寸。乘北道高900寸，得2025000寸。再加上需数，得8123400，用道宽3尺去乘，得243702000寸，加上泛数343450400，得587152400寸，作为共率。然后用台底层数7，乘石板厚5寸，得35寸，是基高。再用道宽乘2，得120，加下阔1620寸，得1740。乘下长1820，得3166800，是基率。然后用下广1500寸，乘下长1700寸，得2550000。用基率减去得数，得616800寸。再乘基高35寸，得21588000寸，是石率。用共率减去石率，得565564400寸，是砖率。用砖积法180去除，得1142024 $\frac{4}{9}$ 片。用石积法5000寸除石率21588000寸，得4317片，是石板数。余数30寸，丢弃不再计入得数。这样就解答了问题。

术解

需数=（60+1820）×（480+900+1200）=4850400；

南道长=1500-（1500-500）×480÷1200=1100（寸）；

北道长=1500-1000×900÷1200=750（寸）；

共率=［（750+1500）×900+（1100+1500）×480+4850400］×30+343450400=587152400；

基高=7×5=35（寸）；

基率=（60×2+1620）×1820=3166800；

石率=（3166800-21500×1700）×35=21588000；

砖率=587152400-21588000=565564400；

砖数=565564400÷180≈3142025。

石板数=21588000÷5000=4317.6。

堂皇程筑

原文

问：有营造地基，长二十一丈，阔一十七丈。先令七人筑坚三丈，计功二日。今涓[1]吉立木有日，欲限三日筑了，每日合收杵手几何。

答曰：日收五百五十五工三分工之一。

注释

〔1〕涓：选择。

译文

问：要建造地基，长21丈，宽17丈。先让7个人建造了3丈，共计用了2天。现在选择吉日立房梁，日期已经选定，限期3天造完地基，求每天需要筑土杵手几人。

答：每天需要$555\frac{1}{3}$工。

原文

术曰：

以长乘阔，又乘元日元人，为实。以限日乘筑丈数，为法。除之，得人夫。

译文

本题计算方法如下：

用长宽相乘，再乘已经进行工程的人数和天数，作为实数。用限期天数乘已筑造的丈数，作为法数。相除，得到所需要的工人数。

译解

实=$21\times17\times2\times7=4998$；

法=$3\times3=9$。

原文

草曰：

以长二十一丈，乘阔一十七丈，得三百五十七丈。又乘元二日，得七百一十四。又乘元七人，得四千九百九十八，为工实。以限三日乘元筑三丈，得九，为法。除实，得五百五十五功。不尽三，与法俱三约之，为三分工之一，为日收五百五十五工三分工之一。合问。

译文

本题演算过程如下：

用长21丈乘宽17丈，得357丈。再乘已施工天数2，得714。又乘原用工7人，得4998，作为被除数。用限期3天，乘已筑3丈，得9，作为除数。相除，得555功。余数3，和法数3约分，得到$\frac{1}{3}$。因此每天需$555\frac{1}{3}$工。这样就解答了问题。

术解

每天需用工$=4998\div9=555\frac{1}{3}$。

砌砖计积

原文

问：有交到六门砖一十五垛，每垛高五尺，阔八尺，长一丈。其砖每片长八寸，阔四寸，厚一寸。欲砌地面：使用堂屋三间，各深三丈，共阔五丈二尺；书院六间，各深一丈五尺，各阔一丈二尺；后阁[1]四间，各深一丈三尺，内二间阔一丈，次二间阔一丈五尺；亭子地面一十所，各方一丈四尺。欲知见[2]有、今用、外余砖各几何。

答曰：见有，一十八万七千五百片，今用一万六千四百六片四分片之一，外余一十七万一千九十三片四分片之三。

注释

〔1〕阁：同“阁”。

〔2〕见：通“现”。

译文

问：交付到六门砖15垛，每垛高5尺，宽8尺，长1丈。每片砖长8寸，宽4寸，厚1寸。想用来铺设地面：3间堂屋，每间深3丈，总宽度5丈2尺；6间书房，每间深1丈5尺，每间宽1丈2尺；4间后阁，每间深1丈3尺，里侧2间宽1丈，其次2间宽1丈5尺；10所亭子的地面均为正方形，边长1丈4尺。求现有、共使用、剩余砖量各是多少。

答曰：现有187500片，使用$16406\frac{1}{4}$片，剩余$171093\frac{3}{4}$片。

原文

术曰：

以少广求之。置各地面深阔相乘，以间数若所数乘之，共为实。砖长阔数相乘，为砖平法。除得今用砖数。次以砖垛高长阔相乘，为实。却以砖法乘厚，得数，为砖积法。除之，得每垛砖数。次以垛数乘之，得见有砖。以减今用砖，得余砖。

译文

本题计算方法如下：

用《九章算术・少广》的方法求解。用各房间地面的长、宽相乘，再乘各自的间数或所数，相加得到实数。用砖的长、宽相乘，得到砖的平法数。相除得到使用的砖数。然后用砖垛的高、长、宽相乘，得到实数。再用砖的平法数乘砖厚度，得数称作砖的积法数。用实数除以积法数，得到每垛的砖数。然后用垛数去乘，得到现有砖数。减去使用的砖数，得到剩余的砖数。

译解

以寸为计算单位。

总面积：

堂屋=520×300=156000（平方寸）；

书院=150×120×6=108000（平方寸）；

后阁=（100+150）×2×130=65000（平方寸）；

亭子=140^2×10=196000（平方寸）；

实=156000+108000+65000+196000=525000。

原文

草曰：

置堂阔五丈二尺，乘深三丈，得一十五万六千寸于上。又置书院深一丈五尺，乘阔一丈二尺，得一万八千寸。又以六间乘之，得一十万八千寸。加上，共得二十六万四千寸。并上，又置后阁阔一丈，并阔一丈五尺，得二丈五尺。又以各二间乘之，得五百寸。以乘各深一丈三尺，得六万五千寸。加上，得三十二万九千寸，并上。次置亭基一丈四尺，自乘，得一万九千六百寸。以一十所乘之，得一十九万六千寸。又并上，共得五十二万五千寸，为实。以砖长八寸，乘阔四寸。得三十二寸，为砖平法。除之，得一万六千四百六片四分片之一，为共用砖。次置每垛高五尺，乘阔八尺，得四千寸。又乘长一丈，得四十万寸，为每垛实。却以砖平法三十二寸，乘厚一寸，只得三十二寸，为砖积法。除之，得一万二千五百片。又以十五垛乘之，得一十八万七千五百片，为见有砖。内减今用砖，余有一十七万一千九十三片四分片之三，为外余砖数。合问。

译文

本题演算过程如下：

用堂屋宽5丈2尺乘长度3丈，得156000寸，写在上方。又用书房长1丈5尺乘宽1丈2尺，得18000寸。再乘6间，得108000寸，加入上面的得数，得到264000寸。又用后阁宽1丈加上宽1丈5尺，得2丈5尺。再用各自2间去乘，得500寸。乘各自的长度1丈3尺，得65000寸。加入上面得数，得329000寸。然后用亭子的边长1丈4尺求平方，得19600寸，乘10所，得196000寸，也加入上面得数，共得到525000寸，作为实数。用砖长8寸乘宽4寸，得32寸，作为砖的平法数。相除，得$16406\frac{1}{4}$片，是使用砖的数量。然后用每垛砖高5尺乘宽8尺，得4000寸。再乘长1丈，得400000寸，是每垛的实数。用砖的平法数32寸乘厚度1寸，仍然得到32寸，是砖的积法数。除垛实数，得12500片。再乘15垛，得187500片，是现有砖数。减去使用砖数，得171093 $\frac{3}{4}$ 片，是剩余砖数。于是解答了问题。

术解

砖平法数=8×4=32。

砖数=525000÷32=16406 $\frac{1}{4}$。

现有砖数=50×80×100÷（32×1）×15=187500。

剩余砖数=187500−16406 $\frac{1}{4}$ =171093 $\frac{3}{4}$。

竹围芦束

原文

问：受给场交收竹二千三百七十四把。内筀竹一千一百五十一把，每把外围三十六竿；水竹一千二百二十三把，每外围四十二竿；芦三千六十五束，每束围五尺。其芦元样五尺五寸，今纳到围小，合准元芦几束，及水、筀竹各几何。

答曰：筀竹，一十四万六千一百七十七竿。水竹，二十万六千六百八十七竿。合准元芦，二千五百三十三束，一百二十一分束之七。

译文

问：收购场得到交付的竹子2374把，其中筀竹1151把，每把外围36竿；水竹1223把，每把外围42竿。芦苇3065束，每束外围长5尺。其中芦苇本来样品的外围是5尺5寸，现在收到的外围较小。求收到的芦苇折合样品多少束，以及水竹、筀竹各自多少竿。

答：筀竹146177竿，水竹206687竿，芦苇折合原样本2533 $\frac{7}{121}$ 束。

原文

术曰：

以方田及圆率求之。置圆束差〔1〕，并竹外围竿数，以乘外围，又乘把数，为竹实。倍圆束差，为竹法。除之，各得二竹数。皆以把数为心加入，各得竹条数。置芦围尺数自乘，以乘芦束数，为芦实。以芦元尺数自乘，为芦法。除实，得所准芦束数。

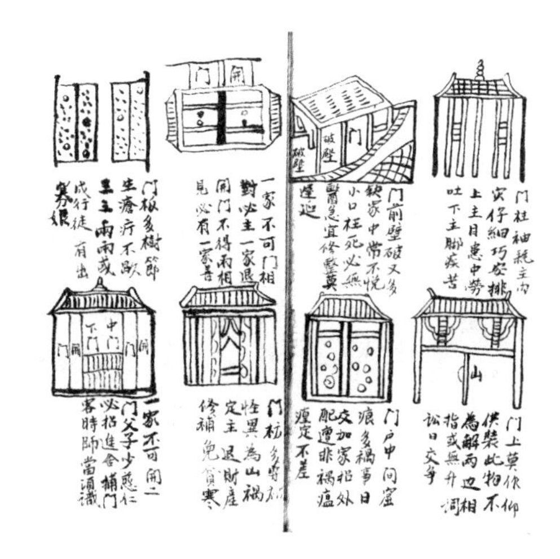

□ 《鲁班书》书影

《鲁班书》据传为圣人鲁班所作，书中除记载一些医疗技法外，还记录有鲁班制造木机具的技艺等。

注释

〔1〕圆束差：本书规定的一个单位。可能指取圆周率=3时，半径每相差1，周长差为6。

译文

本题计算方法如下：

用《九章算术·方田》的方法和圆周率求解。用圆束差和外围竹竿数相加，乘外围竿数，再乘把数，是竹竿实数。圆束差乘2，作为竹竿法数。相除，各自得到两种竹子的数量。都用把数作为把心的数量加入，得到两种竹条的数量。用芦苇外围长求平方，乘芦苇束数，作为芦苇实数。用芦苇本来的外围尺数求平方，得到芦苇法数。相除，得到折算的原芦苇束数。

译解

筀竹实=（6+36）×36×1151=1740312；

水竹实=（6+42）×42×1223=2465568；

竹法=6×2=12；

芦苇实=50^2×3065=7662500；

芦苇法$=55^2=3025$。

原文

草曰：

置圆束差六，并筀竹外围三十六竿，以乘外围三十六竿，得一千五百一十二竿。又乘筀竹一千一百五十一把，得一百七十四万三百一十二竿，为筀竹实。倍圆束差六，得一十二，为竹法。除实，得一十四万五千二十六竿。以把数一千一百五十一，并之，得一十四万六千一百七十七竿，为筀竹。又置圆差六，并水竹外围四十二竿，得四十八竿。以乘水竹围四十二竿，得二千一十六竿。又乘水竹一千二百二十三把，得二百四十六万五千五百六十八竿，为水竹实。亦以竹法一十二除之，得二十万五千四百六十四竿。以水竹把数一千二百二十三并之，得二十万六千六百八十七竿，为水竹数。

次置芦围五尺，通为五十寸，以自乘，得二千五百寸。又乘芦束数三千六十五，得七百六十六万二千五百寸，为芦实。以元样芦围五尺五寸，亦通为五十五寸，以自乘，得三千二十五寸，为芦法。除实，得二千五百三十三束。不尽一百七十五寸，与法求等，得二十五。俱以约之，得一百二十一分束之七，为芦二千五百三十三束一百二十一分束之七。合问。

译文

本题演算过程如下：

用圆束差6加上筀竹外围36竿，乘外围36竿，得1512竿。再乘筀竹1151把，得1740312竿，作为筀竹实数。将圆束差6乘2，得12，作为竹竿法数。法数除实数，得145026竿，加上把数1151，得146177竿，是筀竹竿数。又用圆束差6加上水竹外围42竿，得48竿。乘水竹外围42竿，得2016竿。再乘水竹1223把，得2465568竿，是水竹实数。也用竹竿法数12去除，得205464竿，加上水竹把数1223，得206687竿，是水竹竿数。

然后用芦苇外围5尺，换算为50寸，求平方，得2500寸。再乘芦苇束数3065，得7662500寸，作为芦苇实数。用芦苇原外围5尺5寸，换算为55寸，也求平方，得3025寸，作为芦苇法数。法数除实数，得2533束。余数175寸和法数求公约数，得25，进行约分，得到$\frac{7}{121}$。于是折合原芦苇样本数为$2533\frac{7}{121}$。这样就解决了问题。

术解

笙竹竿数=1740312÷12+1151=146177；

水竹竿数=2465568÷12+1223=206687；

折合芦苇束数=7662500÷3025=$2533\frac{7}{121}$。

积木计余

原文

问：元管杉木一尖垛，偶不计数，从上取用至中间，见存九条为面阔，元木及见存各几何。

答曰：元木，一百五十三条。见存木，一百一十七条。

译文

问：原本管理一尖垛的杉木，偶然忘记了数量。从上面开始取用到中间，现在剩下的宽度是9条。求原本和现存的杉木各多少。

答：原有杉木153条，现存117条。

原文

术曰：

商功求之，堆积入之。倍中面，副置，减一，以乘其副，得数，半之，为元木。副置上层，减一以乘其副，得数，半之。用减元木，余为见存。其非中一层数者，各以自地上至面层数，立术求之。

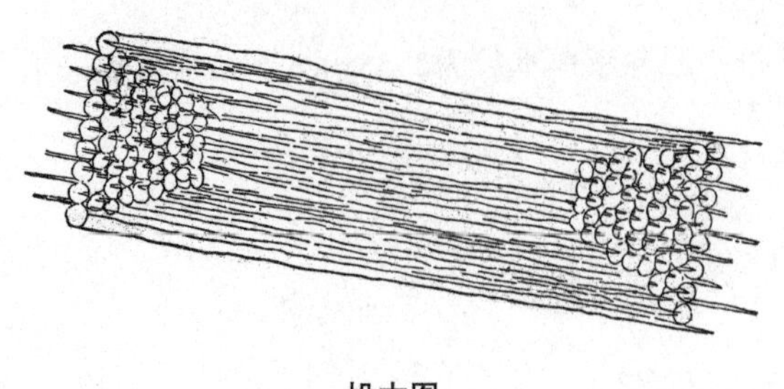

垛木图

译文

本题计算方法如下：

用《九章算术·商功》的方法求解，用堆积法计算。将中面宽度乘2，写一个副本。减1，再乘副本，得数除以2，是原有杉木数。写一个副本在上面，减1再乘副本，得数除以2。和原有根数相减，得到现存杉木数。如果剩下的不是正好中间一层，就各自用从地面开始的层数建立公式来求。

译解

原杉木数=（9×2-1）×（9×2）÷2=153。

原文

草曰：

倍中面九条，得一十八，副置。减一，余一十七。以乘副一十八，得三百六条。以半之，得一百五十三条，为元本之数。副置中面九条，减一，余八。以乘副九，得七十二。以半之，得三十六。以减元木一百五十三，余一百一十七条，为见存木数。合问。

译文

本题演算过程如下：

将中间宽度9条乘2，得18，写一个副本。减1得17，再乘副本18，得306条。除以2，得153条，是原本杉木数量。将中间宽度9条写一个副本，减1得8，乘副本9，得72，除以2得36。从原本153条中减去36，得117条，是现存杉木数。这样就解答了问题。

术解

现存杉木数=153-（9-1）×9÷2=117。

第八章　军旅类

本章包括卷十五、卷十六。本类的9个问题都与军事有关，其中“计立方营”“方变锐阵”“计布圆阵”“圆营敷布”“望知敌众”是计算排兵布阵的不同形状和相应的人数分配问题，“均敷徭役”是关于如何按比例派遣士兵的问题，“先计军程”计算行军的路程问题，“军器功程”“计造军衣”则是关于兵器、军服的制造问题，这一类仍然使用《九章算术》中的计算方法并有所拓展，关于阵法的计算与几何问题有关，需要使用勾股术等，而其他问题则使用了商功、均输、粟米、盈不足等方法。

卷十五

计立方营

原文

问：一军三将，将三十三队，队一百二十五人。遇暮立营，人占地方八尺。须令队间容队，帅居中央，欲如营方几何。

答曰：营方，一百七十一丈。队方，九丈。

译文

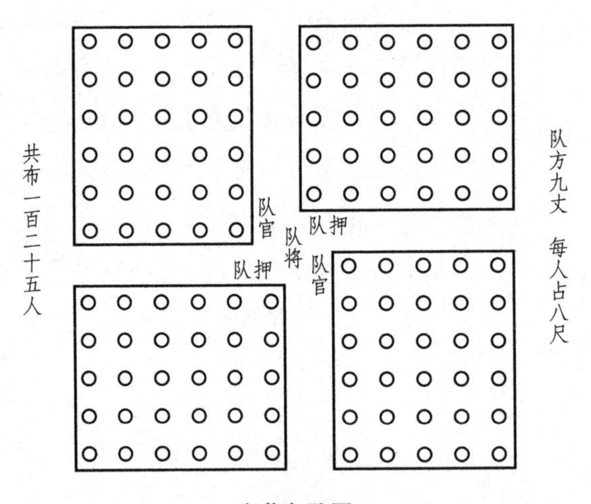

方营各队图

问：有一支军队有3名将领，每人率领33队，每队125人。傍晚扎营，每人占地为边长8尺的正方形。必须让队伍之间还有能容下一支队伍的空间，将领居于营地中央。求营地的总边长多少。

答：营房边长171丈。每队边长9丈。

方营总图

原文

术曰：

以少广求之。置人占方幂，乘每队人，为队实。以一为隅。开平方，所得，为队方面。或开不尽，就为全数。次置队数，乘将，又四因之，增三，共为实。以二为从方，一为从隅，开平方，得率。以乘队方面，为营方面。开不尽，为全数。

译文

本题计算方法如下：

用《九章算术·少广》的方法求解，用每人占地边长求平方，再乘每队人数，得到队实数。用1作为隅数，解方程，得数是每队的边长。开不尽的部分进为整数。然后用队伍数乘将领数，再乘4，加3，得数作为实数。以2作为从方，1作为从隅，解二次方程，得到率数。乘每支队伍的边长，得到营地总边长。开不尽的部分，进为整数。

译解

列方程求队边长：

隅=1；

实$=8^2\times125=8000$；

方程为$x^2=8000$，$x\approx90$（尺）。

原文

草曰：

置人占八尺自乘，得六十四尺，为人占方幂。以乘每队一百二十五人，得八千尺，为实。以一为隅，开平方。步法常超一位。今隅超一度。至实之百下，约实，置商八十尺。以商八十生隅一，得八十，为方。乃命上商，除实讫，实余一千六百。次以商生隅，入方，得一百六十毕。方一退，隅再退之。复于上商之次，续商九尺。乃以续商九生隅一，入方，得一百六十九。乃命续商，除实讫，得八十九尺。不尽七十九尺，就为九十尺，得队方面。次置三十三队，乘三将，得九十九。又四因，得三百九十六。增三，得三百九十九，为实。以二为从方，一为从隅，开平方。步法以从方进一位，至实之十下。隅超一位，至实之百下。乃约实，置商一十队。以商一十生隅一，入方，得一十二。乃命上商，除实讫，余二百七十九。又以商一十生隅，入方，得二十二毕。方一退，隅再退之。续于实上商九队，以续商九生隅，又方，得三十一。乃命续商，除实，适尽。得一十九，乘队方面九十，得一千七百一十队，展为营方一百七十一丈。合问。

人占方𝍧尺	人占方𝍧尺	人占方幂⊥||||尺		方幂乘队，得实
方幂⊥X尺	每队|=ō尺	实𝍷〇〇〇人		以一为隅，开平方
商〇尺	实𝍷〇〇〇尺	〇方	|隅	隅超一位，方进一位
商𝍷〇尺	实𝍷〇〇〇尺	〇方	|隅	商数与隅相生
商𝍷〇尺	实𝍷〇〇〇尺	𝍧〇方	|隅	乃命除实
商𝍷〇尺	实一T〇〇余	𝍧方	|隅	商隅又相生，增入方
商𝍷〇	实一T〇〇余	一T方	|隅	方一退，隅二退
商𝍷〩	实一T〇〇余	|⊥〇方	|隅	续商数与隅相生
商𝍷〩	实一T〇〇	|⊥〩方	|隅	乃命除实

商≛〩	实⊥〩	ǀ⊥〩方	ǀ隅	收不尽为尺，入商，得九十尺
队方面 上〤〇尺	中≡ǀǀǀ队		下ǀǀǀ将	以中乘下，得后上队
≛〩队	因率ǀǀǀǀ	得ǀǀǀ〤丅	增ǀǀǀ	以上乘副，得次，以下并次，得实
商〇队	实ǀǀǀ〤ǀǀǀǀ队	ǀǀ从方	ǀ从隅	方一进，隅再进，商一进
商〇〇	实ǀǀǀ〤ǀǀǀǀ	＝方	ǀ隅	约商置率
商一〇	实ǀǀǀ〤ǀǀǀǀ	＝方	ǀ隅	以商生隅，入方
商一〇	实ǀǀǀ〤ǀǀǀǀ	ǀ＝方	ǀ隅	以方命商，除实
商一〇	实ǀǀ⊥〩	ǀ＝方	ǀ隅	以商生隅，入方
商一〇	实ǀǀ⊥ǀǀǀǀ	ǀǀ＝方	ǀ隅	方一退，隅再退
商一〇	实ǀǀ⊥〩	＝ǀǀ方	ǀ隅	续商九
商一〩	实ǀǀ⊥〩	＝ǀǀ方	ǀ隅	以商生隅，入方
商一〩	实ǀǀ⊥〩	≡ǀ方	ǀ隅	以商命方，除实
商一〩	〇〇〇	≡ǀ方	ǀ隅	开尽，商为队数
得一〩队	队方面〩〇尺	得一ǁ一〇尺	营方ǀ⊥ǀ丈	上乘副，为营方积尺，以次退位，为营积丈

译文

本题演算过程如下：

用每人占地边长8尺求平方，得64尺，是每人占地面积。乘每队125人，得8000尺，作为实数。用1为隅数，开平方，按照步法跨一位进位。现在用隅数进两位，写在实数的百位下，去约实数，议商80尺。用商80乘隅数1，得80，作为方数。用商乘方，再和实数相减，得1600。然后用商和隅相乘，结果加入方数，得160，计算完毕。方数退一位，隅数退两位。再在上面商的后面议续商9尺。然后用续商9乘隅数1，结果加入方数，得169。然后用商乘方数，再和实数相减完毕，商得89，剩余79收进一位，得到90尺，就是一队的边长。然后用33队乘将领数3，

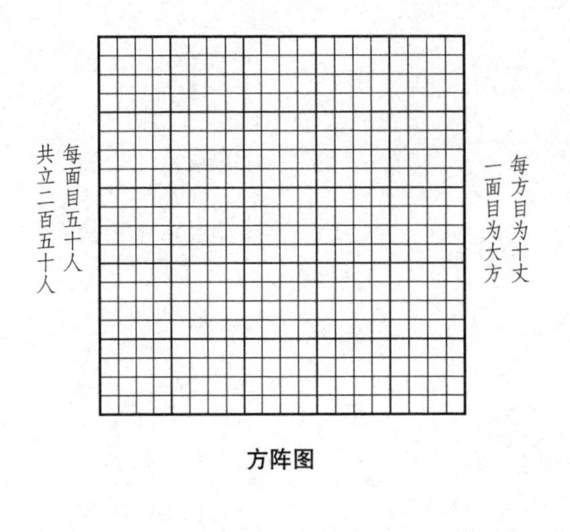

方阵图

得99。再乘4，得396。加上将领3人，得399，作为实数。用2作为从方，1作为从隅，开二次方程。按照步法让从方进一位，写在实数的十位之下。隅数进两位，写在实数百位之下。然后约实数，议商为10队。用商10乘隅数，加入方数，得12。用商乘方数，再和实数相减完毕，剩余279。再用商10乘隅数，加入方数，得22，计算完毕。方数退一位，隅数退两位。然后在上面商后接着议商9，用续商9乘隅数，再加入方数，得31。然后用商乘方数再和实数相减，恰好减尽。商得到19，乘每队边长90，得1710队，换算为营地总边长171丈。于是解决了问题。

术解

列方程求营方边长：

实=33×3×4+3=399；

从方=2，从隅=1；

方程为$y^2+2y=399$，$y=19$。

营地边长=19×9=171。

方变锐阵

原文

问：步兵五军，军一万二千五百人，作方阵，人立地方八尺。欲变为前后锐阵，阵后阔，今多元方面半倍。阵间仍容骑路五丈以上，顺锐形出入。求方阵面、锐阵长及前后锐阵各布兵几何。

答曰：方面二百丈，方面布兵二百五十人。锐后广三百丈，锐广列兵三百六十二人。锐通正长三百丈。骑路二条，各阔五丈二尺。内锐阵广一百四十五丈六尺，列一百八十二人。长一百四十五丈六尺。计布兵一万六千六百五十三人。外锐两广各七十二丈，列九十人。计布兵四万五千八百四十七人。

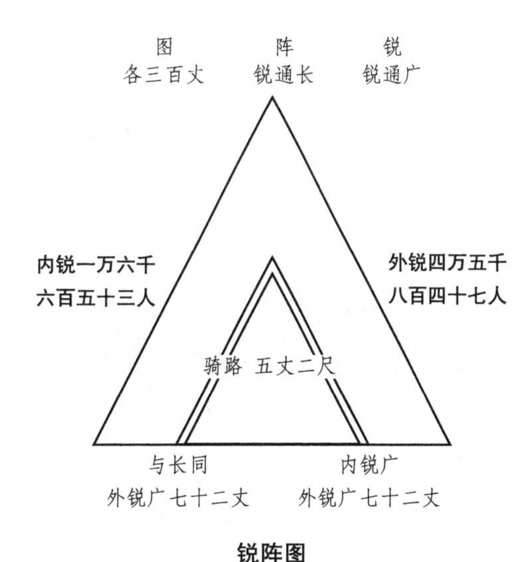

锐阵图

译文

问：有5个军队的步兵，每队12500人，排列成方阵，每人占地边长8尺。想要变成前后两个正三角形阵，阵后方边长比原正方形边长多一半。两个三角形的腰之间有供骑兵出入的道路，宽5丈以上。求原正方形阵的边长，大小三角形的边长，两个三角形阵中人数各是多少。

答：正方形边长200丈，每边有士兵250人。大三角形底边300丈，有士兵362人；腰长300丈。两条骑兵道，都宽5丈2尺。小三角形底边145丈6尺，有士兵182人；腰长145丈6尺。小三角形内有士兵16653人。大三角形底边减去小三角形底边和骑兵道宽，剩下部分两段各72丈，各有士兵90人。在大三角形剩下的V形里共有士兵45847人。

原文

术曰：

以少广求之。置兵，开平方，得方面人数。开不尽方，为补队。以人立尺数乘之，为元方面。置元方面，以欲多数加之，为锐后阔，亦为通长。倍马路，减之，余为实。以人立尺约，为阔布兵。不尽，辈归马路。以四约阔布兵，得外锐一边人。倍一边人，并不归，为内锐长、阔人数。副置，加一，以乘其副，得数，半之，为内锐布兵。以减总兵，余为外锐布兵。

译文

本题计算方法如下：

用《九章算术·少广》的方法求解。用士兵总人数开平方，得到正方形每一边的人数。开不尽的部分作为后补。用每人的尺数去乘，得到原正方形边长。用原边长加上多的一半，得到大三角形底边长，也是腰长。将道路宽乘2，从底边长中减去，得到实数。除以每人占地边长，得到底边人数。除不尽的部分分配到道路中。用4除底边人数，是底边一侧的人数。乘2，加上刚才除不尽的2人，是小三角底边和腰上人数。写一个副本，加1，再乘副本，得数除以2，是小三角中士兵数。从总人数中减去小三角形人数，得到外侧大三角形人数。

译解

原方阵每边人数：$\sqrt{12500\times5}\times8=2000$。

原文

草曰：

置一军一万二千五百，以五军因之，得总兵六万二千五百人，为实。开平方，得二百五十人。以人立八尺乘之，得方面二百丈。置二百丈，加半倍一百丈，得三百丈，为锐阵后阔，亦为锐阵道长。先倍骑路五丈，得一十丈。以减后阔三百丈，余二百九十丈，为实，以人立八尺约之，得三百六十二，为锐后阔布兵。不尽四尺，以半之，得二尺。辈归骑路，作五丈二尺。以四约锐后阔布兵三百六十二人，得九十人为外锐一边人，倍一边九十，得一百八十。并不尽二人，共得一百八十二人，为内锐广布兵数，亦为长布兵。副置，加一，得一百八十三。乘副一百八十二，得三万三千三百六。以半之，得一万六千六百五十三人，为内锐阵布兵。以减总兵六万二千五百。余四万五千八百四十七人。为外锐兵。

||||军	|=ǒ〇〇人	实T=ǒ〇〇 总军	|隅	上乘副，得次
	T=ǒ〇〇	〇方	|隅	隅超一位
商〇〇	实T=ǒ〇〇	〇方	|隅	隅再超一位
商‖〇〇	实T=ǒ〇〇	〇方	|隅	约实置商，生隅入方
商‖〇〇	实T=ǒ〇〇	‖〇〇方	|隅	以方命商，除实
商‖〇〇	实‖=ǒ〇〇	‖〇〇方	|隅	以商生隅，入方
商‖〇〇	实‖=〇〇〇	||||〇〇方	|隅	方一退，隅再退
商‖ǒ〇	实‖=ǒ〇〇	╳〇〇方	|隅	续商，生隅，入方
商‖ǒ〇	实‖=ǒ〇〇	╳ǒ〇方	|隅	以方命商，除实
方阵 方面‖ǒ〇	空〇〇〇〇〇	╳||||方	|隅	开尽，得队方面
方阵 方面 ‖ǒ〇上人	人立Ⅲ副尺	方阵 面阔 =〇〇〇次丈	半倍 方面 —〇〇〇下丈	上乘副，得次，下并次，得后上
锐后锐长 阵阔阵通 ≡〇〇〇丈	倍骑路|〇〇丈	实余 =╳〇〇尺丈	人立Ⅲ尺	以副减上，得次，以下除次，得后上
锐后阔 ≡⊥‖布兵	╳尺不尽	‖半法	得‖尺	不尽，约之
得‖上尺	骑路定数 ≣〇中尺	骑路定ǒ‖下		以上并中，得下
外锐 一面 Ӿ〇人	|||⊥‖人	╳法	不尽‖人	以次除副，得上
‖倍	外锐一边Ӿ〇	得|≐〇人	不尽‖人	以上乘副，得次，以下并次，得后上
内锐广 |≐|||布兵	内锐长 |≐‖布兵	加|	得|≐|||	以次并副，得下，乃为后上
得|≐|||	副|≐‖	|||≡|||〇T人	‖半法	以上乘副，得次，以下除次，得后上
内锐 |⊥Tǒ|||布兵	T=ǒ〇〇 总兵	||||ǒⅢ≡Π 布兵		以中减上，得下

译文

本题演算过程如下:

用每支军队人数12500人，乘以5，得到总士兵数62500人，作为实数，开平方，得250人。用每人占地边长8尺去乘，得长方形边长200丈。用200丈加上一半100丈，得到300丈，是大三角形底边长度，也是腰长。现将道路宽5丈乘2，得10丈。从底边减去10丈，得到290丈，作为实数。除以每人占地边长8尺，得到362，是底边士兵人数；余数4尺，除以2，得到2尺，分配进道路中，得到5丈2尺。用4去除底边士兵362人，得90人，是大三角形底边一侧人数。一边90乘2，得180。加上除不尽的2人，共182人，是中间小三角形底边人数，也是腰上人数。写一个副本，加1，得183，再乘副本182，得33306。除以2，得16653人，是中间小三角形人数。从总人数62500中减去16653，余下45847人，是外侧大三角形人数。

术解

大三角形底边长=200+200÷2=300（丈）。

底边人数=（300−5×2）÷0.8=362，余数0.4（丈）。

骑路宽=5+0.4÷2=5.2（丈）。

大三角形底边一侧人数=362÷4=90（人），余数2人。

小三角形底边人数=90×2+2=182（人）。

小三角形人数=（182+1）×183÷2=16653（人）。

大三角形人数=62500−16653=45847（人）。

计布圆阵

原文

问：步卒二千六百人，为圆阵。人立圆边九尺，形如车幅，鱼丽[1]布阵。阵重间，倍人立圆边尺数。须令内径七十二丈，圆法用周三径一之率，欲知阵重几数，及内外周通径，并所立人数各几何。

答曰：内周，二百一十六丈，立二百四十人。外周，三百二丈四尺，立三百三十六人。通径，一百丈八尺。阵计九重，不尽八人。

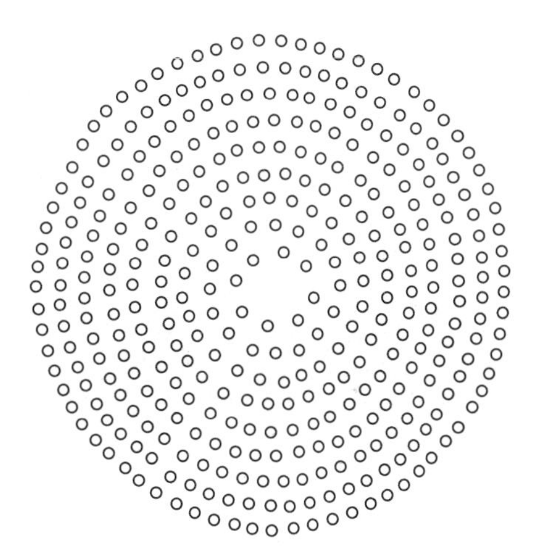

圆阵图

注释

〔1〕鱼丽：古代战阵，将战车和步兵组合交错排列。

译文

问：有步兵2600人，排成圆形的兵阵。圆边上每隔9尺站一个人，形状好像车轮的辐条，用鱼丽法布阵。每重阵之间的距离是圆边上两人之间距离的2倍。让内圆直径为72丈，圆周率取3。求阵共有几重，内、外圆周长，外圆直径，以及内、外周上各有多少人。

答：内周216丈，站240人。外周302丈4尺，站336人。外圆直径100丈8尺。战阵共9重。余下8人。

原文

术曰：

以商功求之。以圆率因内径，为内周，以人立尺约之，为内周人数。乃以圆束差率为隅，次置内周人减隅，余为从方。列兵数为实。开平方，得重数，不尽，为余兵。置重数，减一，余四因，又乘圆边尺数，并内径，共为通径。以周率因通径，得外周。

圆率 |||	内径 ⊤=○ 丈	得 =|⊥○ 尺为内周	上乘中，得下
内周 立人 ||╳○ 数	实 =|⊥○ 尺	圆边 法 〤 尺	下除中，得上，为后中
||≡╳ 从方	内周人 ||╳○	圆差 ⊤ 从隅	以下减中，得上

商〇	实𝍪𝍥〇〇兵数	𝍡𝍰𝍧方	𝍥隅	方一进，隅一超
商𝍨	实𝍪𝍥〇〇兵数	𝍡𝍰𝍧方	𝍥隅	以商生隅，入方
商𝍨	不尽𝍧余兵	𝍡𝍧𝍰方	𝍥隅	不尽，为余兵
重𝍨上	减𝍠副	余𝍧次	法𝍬下	以副减上，得次，以下乘次，得后上
得𝍫𝍡	圆边𝍨	得𝍡𝍰𝍧尺	内径𝍦𝍪〇	以上乘副，得次，以下并次，得后上
通径𝍩〇〇𝍧尺	𝍢因率	外周𝍫〇𝍪𝍣尺	圆边𝍨	以圆边除外周，得外周人数

译文

本题计算方法如下：

用《九章算术·商功》的方法求解。用圆周率乘内圆直径，得到内圆周长。用每人占地尺数去除，得到内周人数。然后用圆束差作为隅数，再用内周人数减去隅数，得到从方。用总人数作为实数。解二次方程，得到兵阵的重数，开不尽的作为剩余的士兵。用重数减1，得数乘4，再乘每人占地尺数，加上内圆直径，得到外圆直径。用圆周率乘外圆直径，得到外圆周长。

译解

内周长=3×72=216（丈）=2160（尺）；

内周人数=2160÷9=240。

原文

草曰：

以圆率三，因内径七十二丈，得二千一百六十尺，为内周。以圆边九尺约内周，得二百四十，为内周人数。乃以圆束差六，为从隅。次置内周二百四十人，减隅余二百三十四，为从方。列兵二千六百，为实。开平方，步法，从方进一位，隅法超一位。今方隅皆不可超进，乃于实约商。置九重，以商生隅六，得五十四。增入从方内，共得二百八十八。乃命上商九重，除实讫。实余八人，为余兵。副置九重减一，余八。以四因之，得三十二。又乘圆边九尺，得二百八十八尺。并内径七百二十尺，得一千八尺，为通径。又以圆率三，因通径，得三千二十四尺，为外周次。以圆边九尺为法，除外周尺数，得三百三十六人，为外周人数，合问。

译文

本题演算过程如下：

用圆周率3乘内圆直径72丈，得到2160尺，是内圆周长。用圆边上每人距离9尺除内周长，得240，是内周上人数。然后用圆束差6作为从隅。再用内周上240人减去隅数，得234，作为从方。将总士兵数2600作为实数。解二次方程，依据步法，从方进1位，隅数进2位。现在方、隅都不能超位前进，于是在实数上议商。先议商为9重，乘余数6，得54。加入从方，得288。于是用商乘方，和实数相减完毕。余数8人，作为替补的士兵。将9减1得8，乘4得32。再用圆边每人距离9尺去乘，得288尺。加上内圆直径720尺，得1008尺，是外圆直径。又用圆周率3乘外圆直径，得3024尺，是外圆周长。用圆边上每人距离9尺作为除数，除外圆周长，得336人，是外周上人数。这样就解答了问题。

术解

隅=6；

从方=240−6=234；

实=2600；

求重数的方程为：$6x^2+234x=2600$，$x=9$，余数8人。

外直径=（9−1）×4×9+720=1008（尺）；

外周长=1008×3=3024（尺）；

外周人数=3024÷9=336。

卷十六

圆营敷布

原文

问：周制[1]一军，欲布圆营九重。每卒立圆边六尺。重间相去，比立尺数倍之。于内摘差兵四分之一出奇，不可缩营示弱，须令仍用元营布满余兵。欲知元营内、外周，及立人数；并出奇后，每卒数[2]，立尺数，外周人数各几何。

答曰：周制一军，一万二千五百人。出奇，三千一百二十五人。元[3]内周，八百四丈，立一千三百四十人；元外周，八百六十一丈六尺，立一千四百三十六人。出奇后：元外周，立一千八十九人；元内周，立一千一十六人；内外周，人立七尺九寸一分。

注释

〔1〕周制：本题的周代制度为一军12500人。

〔2〕每卒数：此处应是指每一重上的士兵卒数。

〔3〕元：此段中“元”都同“圆”。

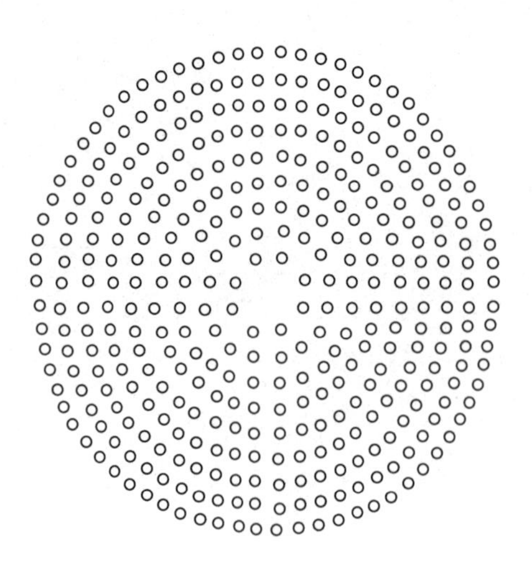

未遣奇兵圆营图

译文

问：有一沿用周代制度的军队，想要布成9重的圆形营地。圆边上每个士兵占地6尺，每两重之间的距离是此数的两倍。从中挑出$\frac{1}{4}$的士兵作为奇兵，但又不能缩小营地规模，以免被敌军看出强弱变化，必须用剩下的士兵将原本的营地布满。求原本营地的内、外圆周长和站在内、外圆周上的人数，以及出兵之后每一重上的人数、每人占地长度、外圆周上人数各是多少。

答：周代制度一军为12500人。出兵3125人。原营地内圆周长804丈，有1340人；外圆周长861丈6尺，有1436人。出兵后，外圆周1089人，内圆周1016人，内外圆长每人占地长度都是7尺9寸1分。

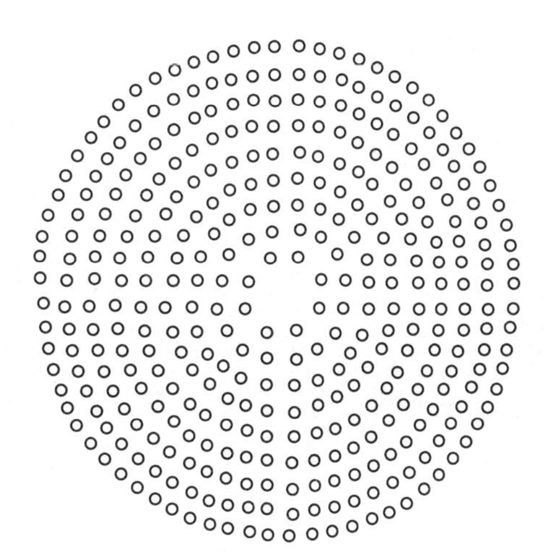

已遣奇兵圆营图

原文

术曰：

以商功求之。置重数减一，余为段。以段乘圆差，为衰。以衰乘重数，为率。求元周。以率减兵，余如重数而一，得内周人数。不满，为余兵。以人立圆边，乘内周人，得内周尺。倍衰，乘圆边，为泛。以泛并内周尺，得外周尺，为实。如圆边而一，得外周人。求出奇后。以率加存兵，如重数而一，得外周人。不满，为余兵。以外周人约元外周尺，得后立尺。以后立尺约元内周，得内周人。

译文

用《九章算术·商功》的方法求解。用重数减1，得到段数。用段数乘圆束差，得到衰数。用衰数乘重数，得到率数。用率数和士兵人数相减，得数除以重数，得到内圆周长。除不尽的部分作为余数。用每人所占长度，乘内圆人数，得到内圆周长。将衰数长2，再乘圆边长，得到泛数。用泛数加上内圆周长，得到外圆周长，作为实数。除以每人占地长度，得到外周人数。求出兵后情况，用率数加上剩下人数，除以重数，得到外周人数。除不尽的部分作为余数。用外周人数去除外圆周长，得到出兵后外圆上每人占地长度。用这一长度去除内圆周长，得到内圆人数。

译解

段=9−1=8，衰=8×6=48，率=48×9=432。

原文

草曰：

置九重，减一，余八，为段。以乘圆束差六，得四十八，为衰。乘九重，得四百三十二，为率。

重数 X̄	减 |	余 Ⅲ̄ 为段	圆束差 ⊤
衰 XⅢ̄	重 X̄	率 X≡‖	

求元周，以率四百三十二，减周制一军一万二千五百，余一万二千六十八，为实。如重数九而一，得一千三百四十人，为内周人数。不满八人，以为余兵之数。

率 ‖‖≡‖	|=ŌOO 周制军人	实 |=O⊥Ⅲ̄ 人	重数 Ⅲ̄ 法
内周人 一‖‖XO	余兵 Ⅲ̄	X̄ 法	

次以人立圆边六尺，乘内周人一千三百四十，得八千四十尺，收作八百四丈，为内周尺数。

内周人 一|||XO	圆边 ⊤	圆得 ≐OXO 尺	内圆 Ⅲ̄O||| 丈

倍衰四十八，得九十六，乘圆边六尺，得五百七十六尺，为泛。

倍率 X̄⊤	圆率 ⊤	泛 Ō⊥⊤

以泛五百七十六尺，并内周八千四十尺，得八千六百一十六尺，为外周尺。

外周 ≐⊤一⊤ 尺	内周 ≐OXO 尺	泛 Ō⊥⊤

以外周尺八千六百一十六，为实。如圆边六尺而一，得一千四百三十六人，为外周人数。

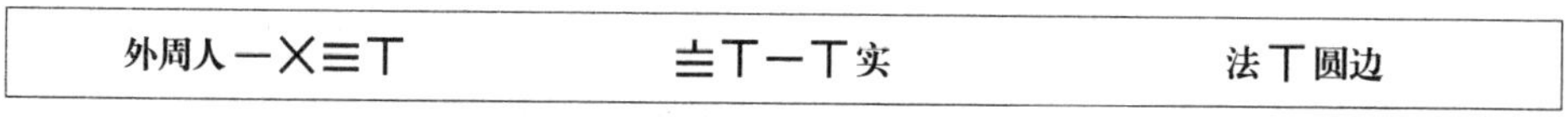

外周人一乂≡丅	≐丅一丅实	法丅圆边

求出奇后，以奇母四，约军一万二千五百，得三千一百二十五，为奇兵。以减总军，余九千三百七十五，为存兵。次以率四百三十二加之，得九千八百七十人，为实。如重数九而一，得一千八十九，为外周人，不尽六。

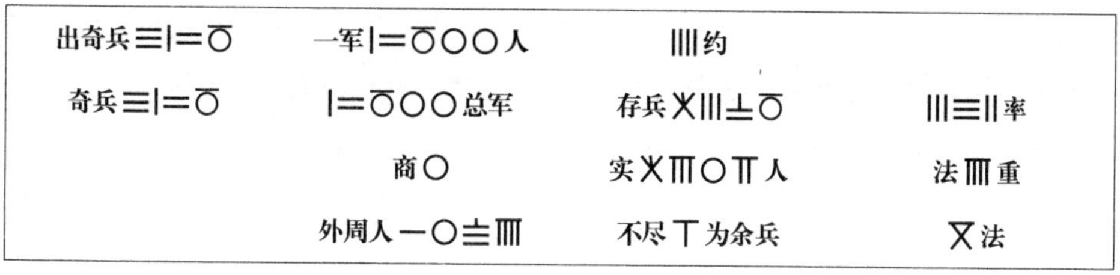

出奇兵≡|=ō	一军|=ō○○人	||||约	
奇兵≡|=ō	|=ō○○总军	存兵乂|||⊥ō	|||≡||率
	商○	实乂𝍧○𝍦人	法𝍨重
	外周人一○≐𝍨	不尽丅为余兵	乂法

次以元外周八千六百一十六尺，为实。以外周人一千八十九约之，得七尺九十一分。不尽二尺一分，与法求等，得三。俱约之，为分下三百六十三分之六十七。

	商○人	实≐丅一丅尺	法一○≐𝍨尺
等|||分	商𝍦乂|	不尽||○|尺	一○≐𝍨法
	出奇人立数𝍦乂|尺	子⊥𝍦	母|||⊥|||

置元内周八千四十尺，为实。以后立尺七尺九十一分约之，得一千一十六，为内周人数。不尽三尺四寸四分，为宽地。

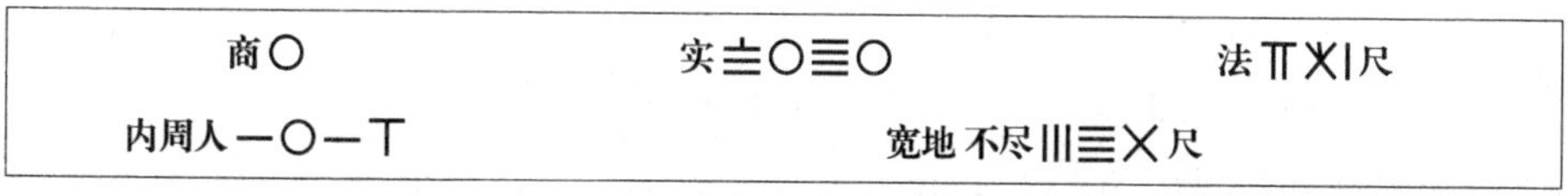

商○	实≐○≡○	法𝍦乂|尺
内周人一○一丅	宽地不尽|||≡乂尺	

本术所求内外周之人数既定，不拘人奇出奇入，皆以六人为重差，或累差，加减，各得诸重围数，或并九重人，课总军所存。

译文

本题演算过程如下：

用9重减1，得到8，作为段数。乘圆束差6，得48，作为衰数。再乘9重，得432，作为率数。求圆周长度：用周代制度每军12500人减去率数432，得12068

人，作为实数。除以重数9，得1340人，是内圆上人数。除不尽的8人，作为余数。然后用每人在圆边上的占地长度6尺，乘内周人数1340人，得8040尺，换算为804丈，是内圆周长。将衰数48乘2，得96，乘每人占地长度6尺，得576尺，作为泛数。用泛数576尺，加上内圆周长8040尺，得到8616尺，是外圆周长。用外圆周长8616作为实数，除以圆边周长6尺，得到1436人，是外圆人数。求出兵之后情况：用出兵的分母4去除军队总人数12500，得3125，是出兵人数。从总人数中减去出兵人数，得到9375人，是剩余兵力。然后用率数432相加，得9870人，作为实数，除以重数9，得1089，是外圆人数。余数6人。然后用外圆周长8616尺作为实数，用外周人数1089去除，得7尺9寸1分；余数2尺1分和法数求公约数，得3，进行约分，得到$\frac{67}{363}$。用内圆周长8040尺作为实数，除以出兵后每人占地长度7尺9寸1分，得1016，是内圆人数；除不尽的3尺4寸4分，作为富余的空间。本计算方法求出的内、外圆人数已经确定，不论再派出或派进士兵，都用6人作为重差或累差相加减，就能得到各自每重人数，再将9重人数相加，也能得到剩下的人数。

术解

内周人数=（12500−432）÷9=1340，余8人。

内周长=6×1340=8040（尺）。

外周长=48×2×6+8040=8616（尺）。

外周人数=8616÷6=1436。

出兵人数=12500÷4=3125，剩余人数=12500−3125=9375。

出兵后外周人数=（9375+432）÷9=1089，余数6人。

出兵后每人占地长度=8616÷1089=791$\frac{67}{363}$（分）。

出兵后内周人数=804000÷791=1016，余344分空隙。

望知敌众

原文

问：敌为圆营，在水北平沙。不知人数。谍称彼营布卒占地方八尺。我军在水南山原。于原下立表，高八丈，与山腰等平。自表端引绳虚量，平至人足，三十步。人立其处，望彼营北陵，与表端参合。又望营南陵，入表端八尺。人目高四尺八寸，以圆密率入重差，求敌众合得几何。

答曰：敌众八百四十九人[1]。

注释

〔1〕本题计算方法和答案均有误，已在下文中纠正。

译文

问：敌军建造一座圆形营地，位置在水北岸平地的沙滩上，人数不明。侦察兵说对方兵营驻扎完毕后每人占地长度8尺。我方军队在水南岸的山下平原立了一根表，高8丈，和山腰同高。从表的顶端水平拉一根绳子测量，到测量人脚下共30步。人站在那里眺望敌营的北侧，和表端重合。又眺望敌营南侧，视线距离表的顶端8尺。人眼睛高4尺8寸，圆周率取重差。求敌军人数。

答：敌军849人。

原文

术曰：

以勾股求之，置人退表步，乘入表，为实。以人目高为法，除之，得径。以密周率[1]乘径，得数，为实。以密径率因人立，为法。约之，得外周人数。余收

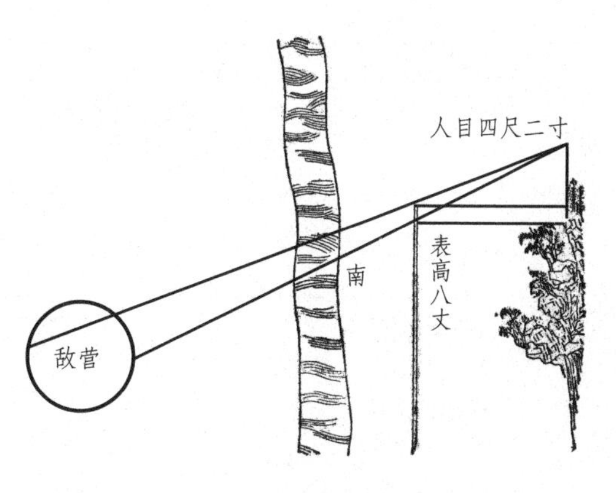

望知敌众图

为一。副置，加六，以乘副，得数，为实。如一十二而一，余亦收为全。

注释

〔1〕密周率：本题取圆密率$\frac{22}{7}$，称22为密周率，7为密径率。

译文

本题计算方法如下：

用勾股术求解。将人和表之间的距离乘视线距表端长度，作为实数。用人眼睛高度为法数，相除，得到圆的直径。用密周率乘直径，得数作为实数。用密径率乘每人边长，作为法数。相除，得到圆外周的人数。余数收进为1。写一个副本，加上6，再乘副本，得数作为实数。除以12，余数收进为1。

译解

直径=30×50×80÷48=2500（寸）。

原文

草曰：

置人立退表三十步，以步法五尺，展为五十寸，通之，得一千五百寸。乘入表八尺，得一十二万寸，为实。

人退表☰〇步	步法|||||尺	步法☰〇寸	得退表一|||||〇〇
	得法一||〇〇〇〇寸	人表≟〇寸	退表一|||||〇〇寸

以人目高四十八寸，为法，除之，得径二千五百寸。

为径=|||||〇〇寸	实一||〇〇〇〇寸	人目╳Ⅲ寸

以密率周法二十二，乘径二千五百，得五万五千寸，为实。

径=|||||〇〇寸	密周=||	实寸|||||ǒ〇〇〇

以密率径法七，因谍乘人立八尺，得五百六十，为法。

密径法 𝍦	人立 𝍯〇寸	法 Ō⊥〇寸
商〇	实 Ō𝍭〇〇〇寸	𝍤⊥〇寸

以法五百六十寸，约实五万五千寸，得九十八人，为外周人数。不尽一百二
十寸，弃之。

外周人 乂𝍧 人	弃余 不尽 𝍠𝍪〇寸	Ō⊥〇法

副置外周九十八人，加六，得一百四人，乘副，为实。

乂𝍧 副	乂𝍧 正人	圆差 𝍥 人	得 𝍠〇𝍣
商〇	实 𝍠〇𝍠乂𝍡人	𝍠𝍪	以十二为法
商〇〇	实 𝍠〇𝍠乂𝍡	𝍠𝍪	以法进一步
商 𝍧	实 𝍠〇𝍠乂𝍡	𝍠𝍪 法	法进二，商八百
商 𝍧〤〇	实 𝍠𝍩𝍡	𝍠𝍪	法退，商四十
敌众 𝍧𝍬乂 人	不尽 𝍣 弃数	𝍠𝍪 法	得八百四十九，为敌众，不尽，弃之

译文

本题演算过程如下：

用人和表间距离30步，用1步=5尺=50寸，换算，得到1500寸，乘视线距表端距离8尺，得120000寸，作为被除数。用人眼高48寸作为除数，相除，得到圆形直径2500寸。用密率周22，乘直径2500，得55000寸，作为被除数。用密率径7，乘侦察兵所报告的每人占地长度8尺，得到560，作为除数。用除数560除实数55000，得98人，是圆周上的人数。余数120寸，丢弃。将圆周上的98人写一个副本，加6得104人，乘副本，得到总人数。

术解

圆周人数=22×2500÷7÷80≈98，余120寸；

总人数=（98+6）×98÷12≈849，余4人。

本题计算圆直径的方法有误，正确方法和答案如下：

直径=（30×50）×80×（8×100+48）÷48÷（48+80）=16562.5寸；

圆周人数=22×16562.5÷7÷80≈651；

总人数=（651+6）×651÷12≈35643。

均敷徭役

原文

问：军戍差坐烽〔1〕摆铺〔2〕，切虑差徭不均。今诸军共合差一千二百六十人。契勘〔3〕审诸军见管，前军六千一百七十人，右军四千九百三十六人，中军七千四百四人，左军三千七百二人，后军二千四百六十八人。各军合差几何？

答曰：前军，差三百一十五人。右军，差二百五十二人。中军，差三百七十八人。左军，差一百八十九人。后军，差一百二十六人。

注释

〔1〕烽：烽火台。

〔2〕铺：驿站。

〔3〕契勘：古代以符契调遣军队，传令者和军队将领各持一半，二者符合方能调动，又叫“勘契”“合契”。

译文

问：驻扎的军队派遣士兵守卫烽火台和驿站，担心人数分配不公平。现在各军共派出1260人。与各军统领核实过，前军6170人， 右军4936人，中军7404人，左军3702人，后军2468人。求各军分别派遣多少人。

答：前军派315人，右军派252人，中军派378人，左军派189人，后军派126人。

原文

术曰：

以均输求之。置各军见管人，验可约。求等以约之，为衰。副并为法。以共合差数乘列衰，各为实。实如法而一，各得。

译文

本题计算方法如下：

用均输法求解。检查各军现有人数，发现有公约数，求出公约数进行化约，得到各个衰数。相加得到法数。用共需派遣人数乘各衰数，得到各自的实数。除以法数，得到各自人数。

译解

各军现有人数有公约数1234，化约，得到：

前军	5
右军	4
中军	6
左军	3
后军	2

法=5+4+6+3+2=20。

原文

草曰：

置诸军见管，求等，得一千二百三十四。俱以约见管，前军得五，右军得四，中军得六，左军得三，后军得二，列为各衰。副并诸衰，得二十，为法。以共差一千二百六十人，乘诸衰。前军得六千三百，右军得五千四十，中军得七千五百六十，左军得三千七百八十，后军得二千五百二十，各为实。皆如法二十而一，前军合差三百一十五人，右军合差二百五十二人，中军合差三百七十八人，左军合差一百八十九人，后军合差一百二十六人。

见管人 𝍮𝍠𝍯〇 前军	𝍬𝍨𝍫𝍥 右军	𝍯𝍣〇𝍣 中军	𝍫𝍦〇𝍡 左军	𝍪𝍣𝍮𝍧 后军	求等
𝍮𝍠𝍯〇 前军	𝍬𝍨𝍫𝍥 右军	𝍯𝍣〇𝍣 中军	𝍫𝍦〇𝍡 左军	𝍪𝍣𝍮𝍧 后军	𝍩𝍡𝍫𝍣 等数
𝍤前衰	𝍣右衰	𝍥中衰	𝍢左衰	𝍡后衰	𝍪〇法
𝍤	𝍣	𝍥	𝍢	𝍡	𝍩𝍡𝍮〇 共差人
前实 𝍮𝍢〇〇	右实 𝍭〇𝍬〇	中实 𝍯𝍤𝍮〇	左实 𝍫𝍦𝍰〇	后实 𝍪𝍤𝍪〇	𝍪〇法
前军𝍢𝍩𝍤	右军𝍡𝍭𝍡	中军𝍢𝍯𝍧	左军𝍠𝍰𝍨	后军𝍠𝍪𝍥	

译文

本题演算过程如下：

用各军现有人数，求公约数，得1234，各自化约，得前军5，右军4，中军6，左军3，后军2，列出作为各衰数。各衰数相加，得到20，作为法数。用共需派遣的人数1260乘各衰数，前军得6300，右军5040，中军7560，左军3780，后军2520，各自作为实数。都除以法数20，前军得到应派人数315人，右军252人，中军378人，左军189人，后军126人。

术解

各军应派人数：

前军=1260×5÷20=315；

右军=1260×4÷20=252；

中军=1260×6÷20=378；

左军=1260×3÷20=189；

后军=1260×2÷20=126。

先计军程

原文

问：一军三将，将十队，队七十五人。每将分左右傔[1]，作九行，爬头拽行[2]，每日六十里。明日路狭，以单傔拽行，至晚。欲先知宿程里数，合几何。

爬头𝍨行	单𝍠行	𝍮〇里
商〇	实𝍮〇里	𝍨法
𝍥	不尽𝍥里	里法𝍢𝍮〇步
商〇	实𝍪𝍠𝍮〇步	𝍨法
𝍡𝍬〇步	〇	𝍨法
宿程𝍥里	零𝍡𝍬〇步	

答曰：六里二百四十步。

注释

〔1〕傔：跟从，这里指每位将军率领一列，左右各有一列，共有三列。

〔2〕爬头拽行：齐头并进。

译文

问：一支军队有三个将领，各自率领10个队伍，每队75人。每个将领将队伍分成三列，共形成9列，接连前行，每天前进60里。第二天路途狭窄，变为1列前进，直到傍晚。求从出发地到住宿地的路程。

答：6里240步。

原文

术曰：

以均输求之。置行数为法。以单数一行，用乘日程里，为实。实如法而一，得宿程里步[1]。

注释

〔1〕本题的计算方法认为队伍长度增加为9则行进路程变为$\frac{1}{9}$，这一思路并不准确，过于简化了问题。

译文

本题计算方法如下：

用均输法求解。用原本列作为除数。用1列乘每天行进里数，作为被除数。相除，得出到住宿地的行军距离。

译解

60∶9=路程∶1

路程=1×60÷9=$\frac{20}{3}$（里）。

原文

草曰：

置行数九，为法。以单傔数一行，用乘六十里，为实。实如法而一，得六里。不尽六里，以里法三百六十步通之，得二千一百六十步，又为实。仍如法九而一，得二百四十步，为六里二百四十步宿程。

译文

本题演算过程如下：

用原列数9作为除数。用现列数1乘60里，作为被除数。相除得到6里。余数6里。用1里=360步换算，得2160步，又作为被除数。仍然除以9，得到240步。总路程为6里240步。

术解

1里=360步。

总路程=$\frac{20}{3}$里=6里240步。

军器功程

原文

问：今欲造弓刀各一万副，箭一百万支。据功程，七人九日造弓八张，八人六日造刀五副，三人二日造箭一百五十支。作院[1]见管弓作二百二十五人，刀作五百四十人，箭作二百七十六人。欲知毕日几何？

答曰：造弓一万张，三百五十日。造刀一万把，一百七十七日，九分日之七。造箭一百万支，一百四十四日，六十九分日之六十四。

注释

〔1〕作院：作坊，工厂。

译文

问：现要制造弓和刀各10000副，箭1000000支。依据做工进度，7人9天能造弓8张，8人6天能造刀5副，3人2天能造箭150支。作坊里现有弓匠225人，刀匠540人，箭匠276人。求需要多少天完工。

答：造弓10000张需350天。造刀10000把需$177\frac{7}{9}$天。造箭1000000支需$144\frac{64}{69}$天。

原文

术曰：

以粟米求之，互换入之。置各功程元人率于右行，置元日数于中行，置欲求数为左行。以三行对乘之为各实，列右行。次置元物数于中行，置见管人为左行。以左行乘中行，各为法。以对除右行，各得日数。

译文

本题计算方法如下：

用《九章算术·粟米》的方法求解，用互易法计算。把各类匠人的人数写在右列，天数在中列，要制造的数量在左列。三列对乘，得到各实数，写在右列。然后将原制造各类器物数写在中列，各类匠人数量写在左列。用左列和中列相乘，得到各自的法数。和右行对除，得到各自天数。

译解

项目	人数	天数	要造数量	实数	原造数量	现人数	法数
弓	7	9	10000	630000	8	225	1800
刀	8	6	10000	480000	5	540	2700
箭	3	2	1000000	6000000	150	276	41400

原文

草曰：

置造弓七人，造刀八人，造箭三人于右行。次置造弓九日，造刀六日，造箭二日，列中行。又置欲造弓一万，欲造刀一万，欲造箭一百万，列左行。以三行对举乘。

右行	元造弓𝍦人	元造刀𝍧人	元造箭|||人
中行	元造弓𝍨日	元造刀丅日	元造箭||日
左行	欲造弓|○○○○张	欲造刀|○○○○副	欲造箭|○○○○○○支

上得六十三万，中得四十八万，下得六百万，各为实。

寄左行	弓实⊥|||○○○○日	刀实╳𝍧○○○○日	箭实丅○○○○○○

次列元造弓八张，刀五副，箭一百五十只于中行。又列见管弓作二百二十五人，刀作五百四十人，箭作二百七十六人于左行。

中行	元造弓𝍧	元造刀|||||副	元造箭|𝍭○
左行	见弓作||═○人	见刀作|||||≣○人	见箭作||𝍯丅人

以两行对乘之，上得一千八百，中得二千七百，下得四万一千四百，各为法。

上一𝍧○○	中═𝍦○○	下||||一||||○○	各为法

先以上法一千八百，除寄右行弓日实六十三万日，得三百五十，为造弓一万张日数。

商○	实日⊥|||○○○○	|⊥○○法
造弓毕|||𝍭○日	○	○

次以中法二千七百，除寄右行刀日实四十八万日，得一百七十七日，为造刀一万副日数。

造箭○	刀日实╳𝍧○○○○	═𝍦○○法
造刀毕|𝍯丅日	不尽═|○○	═𝍦○○法

不尽二千一百，与法求等，得三百，俱约之，为九分日之七。

𝍠𝍯𝍦	𝍦	𝍨

次以下法四万一千四百，除寄右行箭日实六百万日，得一百四十四日，为造箭一百万只日数。

商〇	箭日实𝍥〇〇〇〇〇〇	𝍣一𝍣〇〇法
商𝍠╳𝍣	𝍢𝍰𝍣〇〇日	𝍣一╳〇〇法

不尽三万八千四百日，与法四万一千四百，求等，得六百。俱以约之得六十九分日之六十四，为造箭日分。合问。

造箭𝍠╳𝍣	𝍮𝍣子	𝍮𝍨母

译文

本题演算过程如下：

把造弓7人、造刀8人、造箭3人写在右行，然后把造弓9天、造刀6天、造箭2天写在中行，又把要造的弓10000张、刀10000副、箭1000000支，写在左行。用三行对乘，上面得到630000，中间得到480000，下面得到6000000，各自作为实数。然后列出原先造弓8张，刀5副，箭150支在中行，又列出现有弓匠225人，刀匠540人，箭匠276人在左行。用两列对乘，上面得1800，中间得2700，下面得41400，各自作为法数。先用上法数1800除写在右行的弓日实数630000，得350，是造弓10000丈所需要的天数。然后用中间法数2700，除右行造刀日实数480000，得到177天，是造刀10000副所需要的天数；余数2100和法数求公约数，得300，进行约分得到$\frac{7}{9}$天。然后用下法数41400，除右行箭日实数6000000，得144天，是造箭1000000支的天数；余数38400天和法数41400求公约数，得600，进行约分得$\frac{64}{69}$天。于是解答了问题。

术解

造弓天数=63000÷1800=350；

造刀天数=480000÷2700=$177\frac{7}{9}$；

造箭天数=6000000÷41400=$144\frac{64}{69}$。

计造军衣

原文

问：库有布、绵、絮三色，计料欲制军衣。其布，六人八匹少一百六十匹，七人九匹剩五百六十匹。其绵，八人一百五十两剩一万六千五百两，九人一百七十两剩一万四千四百两。其絮，四人一十三斤少六千八百四斤，五人一十四斤适足。欲知军士及布、绵、絮各几何。

答曰：兵士，一万五千一百二十人。布，二万匹。绵，三十万两。絮，四万二千三百三十六斤。

译文

问：仓库里有布、绵、絮三种库存材料，要计算它们的数量来制造军服。其中，如果6人用8匹布，那么少160匹；7人用9匹布，还剩560匹。8人用150两绵，剩16500两；9人用170两绵，剩14400两。4人用13斤絮，少6804斤；5人用14斤絮，恰好足够。求士兵和布、绵、絮各自多少。

答：士兵15120人，布20000匹，绵300000两，絮42336斤。

原文

术曰：

以盈朒[1]求之。置人数于左右之中，置所给物各于其上，置盈朒数，各于其下。令维乘[2]。先以人数互乘其所给率，相减，余为法。次以人数相乘，为寄。后以盈朒互乘其上未减者。是为维乘。验其下系一盈一朒，以上下皆并之。其上并之，为物实。其下并之，乘寄，为兵实。二实皆如法而一，各得。验其系两盈或两朒者，以上下皆相减之。其上减之余，为物实。其下减之余，乘寄。为兵实。二实皆如法而一，各得。验其或一盈一足或一朒一足者，其适足乃以空，互乘其上未减者，去之。只以所用盈朒数，互乘其上，为物实。以盈或朒一数乘寄，为兵实。皆如法而一，各得。

注释

〔1〕朏：应为“朒”，不足。

〔2〕维乘：即互乘。

译文

本题计算方法如下：

用盈不足的方法计算。将人数写在左、右列的中间，将材料数写在上方，多余和不足的数量各写在下方。先用人数互乘材料数，相减，得到法数。然后用人数相乘，得到寄数。再用多余和不足的数量互乘相减前的两个数，得到维乘。检查题设，是一个多余一个不足，就用上下两数相加，上面的和是材料实数；下面的和再乘寄数，是求士兵人数的实数。两个实数都除以法数，得到各自答案。如果检查题设是两个多余或两个不足，上下都用两数相减，上面的差是求材料的实数；下面的差再乘寄数，是求人数的实数。两个实数都除以法数，得到各自答案。检查题设是一个多余一个恰好，或一个不足一个恰好，就将恰好的去掉，只用多余或不足的数互乘，得到求材料的实数。用多余或不足的数乘寄数，得到人数实数。各自除以法数，得到答案。

译解

布	1	8	6	–160
	2	9	7	560
绵	1	150	8	16500
	2	170	9	14400
絮	1	13	4	–6804
	2	14	5	0

原文

求布草曰：

置布于六人左中，八匹于左上，朒一百六十匹于左下。置七人于右中，九匹于右上，盈五百六十于右下。先以左右之中六七，互乘左右之上讫。左上得五十六，右上得五十四。以相减之余二，为法。次以左右中六七相乘，得四十二，为寄于中。次以左下亏一百六十，乘右上未减五十四，得八千六百四十。又以右下盈五百六十，乘左上未减五十六，得三万一千三百六十。验得左右之下，系一盈一朒，当并之。以三万一千三百六十，并右上八千六百四十，得四万，为布实。次以左下朒一百六十，并右下盈五百六十，得七百二十。乘寄四十二，得三万二百四十，为兵实。二实皆如法二而一，得二万匹，为布。得一万五千一百二十，为兵。

求布图	布𝍨匹	𝍦人	盈𝍤𝍮〇	右行，左中乘左上，左中乘右上
	左行	布𝍧匹	𝍥人	朒𝍠𝍮〇匹
	𝍭𝍣	𝍦人	盈𝍤𝍮〇	上对减之
	𝍭𝍥	𝍥	朒𝍠𝍮〇	中对乘之
𝍭𝍣		𝍤𝍮〇		右下乘左上
𝍡	𝍭𝍥	𝍬𝍡	𝍠𝍮〇	左下乘右上
	𝍯𝍥𝍬〇	𝍬𝍡	𝍤𝍮〇	两行并之
	𝍢𝍩𝍢𝍮〇		𝍠𝍮〇左行	
	布实𝍣〇〇〇〇	寄╳𝍡人	𝍦𝍪〇	中乘下，得后中
	布实𝍣〇〇〇〇	兵实𝍢〇𝍡╳〇	𝍡法	下除上及中
	布𝍡〇〇〇〇	兵𝍠𝍭𝍠𝍪〇	〇	答数

译文

求布数的演算过程如下：

把布的人数6人写在左行中间，8匹在左上，不足160匹在左下；把7人写在右行中间，9匹在右上，多余的560匹在右下。先用左、右行中间的数字6和7，互乘左、右行上位数字，左上得56，右上得54。相减得2，作为法数。然后用左、右行中位6和7相乘，得42，作为寄数，写在中间。然后用左下不足的160，乘右上没有相减的数字54，得8640。再用右下多余的560，乘左上没有相减的数字56，得31360。检查左、右行的下行，是一个多余一个不足，应当相加。用31360加右上8640，得40000，是所求布匹数量的实数。然后用左下不足之数160，加上右下多余的数字560，得720。乘寄数42，得30240，是所求人数的实数。两个实数都除以法数，前者得到20000匹，是布的数量；后者得到15120，是士兵人数。

术解

法=（7×8−6×9）=56−54=2。

布实=160×54+560×56=40000；

人实=（160+560）×（6×7）=30240。

布数=40000÷2=20000；

人数=30240÷2=15120。

原文

求绵草曰：

置八人于左中，绵一百五十两于左上，余一万六千五百两于左下。次置九人于右中，一百七十两于右上，余一万四千四百两于右下。以左右中八九，互乘各上讫。左上得一千三百五十，右上得一千三百六十，相减余一十，为法。次以中八九相乘，得七十二，为寄，于中。次以左下一万六千五百，乘右上一千三百六十，得二千二百四十四万。却以右下一万四千四百，乘左上一千三百五十，得一千九百四十四万。验其下系两盈，当相减之。其右上余三百万，为绵实。其左右之下亦相减之，余二千一百。乘寄七十二，得一十五万一千二百，为兵实。二实皆如法一十而一，绵得三十万两，兵得一万五千一百二十人。

求绵图

丨丄〇绵两	𝍨人	余绵丨≡||||〇〇两	右行，右中乘左上，左中乘右上
丨≣〇绵两	𝍧人	余绵丨⊥〇̄〇〇两	左行
一Ⅲ⊥〇	𝍨	丨≡||||〇〇	上对减
一Ⅲ≣〇	𝍧	丨⊥〇̄〇〇	中对乘
一Ⅲ⊥〇		丨≡||||〇〇	右下乘左上
丨〇一Ⅲ≣〇	丄Ⅱ	丨⊥〇̄〇〇	左下乘右上
＝Ⅱ≡╳〇〇〇〇两		余一≡||||〇〇两	右行
	寄丄Ⅱ人		上下对减
一╳̄≡||||〇〇〇〇两		余丨⊥||||〇〇两	
绵实Ⅲ〇〇〇〇〇〇两	寄丄Ⅱ人	余＝丨〇〇两	下乘中，为后中
绵实 Ⅲ〇〇〇〇〇〇两	兵实 一||||一Ⅱ〇〇人	一〇法	下除上中
绵 ≡〇〇〇〇〇两	兵丨≣丨＝〇人		答数

译文

求绵数的演算过程如下：

将8人写在左行中间，绵150两在左上，多余16500两在左下；然后将9人写在右行，170两在右上，多余14400两在右下。有左、右行中间的8和9互乘对方的上位数，左上得1350，右上得1360，相减得10，作为法数。然后用中位的8和9相乘，得72，作为寄数，写在中间。然后用左下16500乘右上1360，得22440000。再用右下14400乘左上1350，得19440000。检查下行两个数都是多余的量，应当相减。右上得3000000，是绵的实数。左、右下位也相减，得2100。乘寄数72，得151200，是士兵的实数。两个实数都除以法数10，得到绵300000两，士兵人数15120人。

术解

法=（170×8−150×9）=1360−1350=10。

绵实=1650×1360−14400×1350=3000000；

人实=（16500−14400）×（8×9）=151200。

绵数=3000000÷10=300000；

人数=151200÷10=15120。

原文

求絮草曰：

置四人于左中，一十三斤于左上，少六千八百四斤于左下。又置五人于右中，一十四斤于右上，适足为空于右下。以左右之中四五，互乘其上讫。左上得六十五，右上得五十六，相减余九，为法。以中四五相乘，得二十，为寄于中。先以左下六千八百四，互乘右上五十六，得三十八万一千二十四。却以右下适足之空，乘左上六十五，亦为空。乃去之，只以右上三十八万一千二十四斤，为絮实。只以左下六千八百四，乘寄二十人，得一十三万六千八十，为兵实。二实皆如法九而一，其絮得四万二千三百三十六斤，其兵得一万五千一百二十人。合问。

右行	絮𝍣斤	𝍤人	适足〇空
求絮图			右中乘左上
絮𝍩𝍢	𝍣人	少〇𝍣斤	左中乘右上
左行		𝍮𝍧	
上 𝍮𝍤 𝍭𝍥	中𝍣 𝍤 人 人	下𝍮𝍧〇𝍣 少斤空〇	上对减，中对乘
𝍨法未减𝍭𝍥斤	寄𝍪〇人	足〇空	左下乘右上，为后实
未减𝍮𝍤斤	𝍮𝍧〇𝍣		右下空乘左上，为 无，乃去之
絮实𝍫𝍧𝍩〇𝍪𝍣	寄𝍪〇人	少𝍮𝍧〇𝍣斤	以下乘中，为后中
絮实 𝍫𝍧𝍩〇𝍪𝍣 絮𝍣𝍪𝍢𝍫𝍥斤	兵实 𝍩𝍢𝍮〇𝍰〇人 兵𝍠𝍭𝍠𝍪〇人	𝍨法	以下除上中 答数

以上布、绵、絮三项，求人兵数皆同。今仍于各图立算求之。以合本术。

译文

求絮的演算过程如下：

将4人写在左行中间，13斤在左上，不足的6804斤在左下。又将5人写在右行中间，14斤在右上，恰好为0的写在右下。用左、右行中间的数字4和5，互乘对方上位的数字，左上得65，右上得56，相减得9，作为法数。用中位的4和5相乘，得20，作为寄数写在中间。先用左下6804乘右上56，得381024。再用右下的0乘左上65，仍然得到0。将0去掉，只用右上的381024斤作为所求絮数的实数。只用左下6804乘寄数20人，得136080，作为求人数的实数。两个实数都除以法数9，絮数得到42336斤，士兵人数得15120人。这样就解答了问题。

以上求布、绵、絮所得到的士兵人数都相同。现在仍然在各算图（图略）中列出求解过程，以使计算完整。

术解

法=（5×13−4×14）=65−56=9。

絮实=6804×56=381024；

人实=6804×（4×5）=136080。

絮数=381024÷9=42336；

人数=136080÷9=15120。

第九章　市物类

本章包括卷十七、卷十八。“市物”，即交易货物。本类中的问题均与商业买卖有关，例如对物价、资本、利息、租金等的计算。本类中使用了来自《九章算术》的方田、衰分、粟米、方程等计算方法，其中对方程法进行了拓展，得到求解线性方程组的“互乘相消法”，相当于现代数学的“消元法”。

卷十七

推求物价

原文

问：推货务[1]三次支物，准钱各一百四十七万贯文，先拨沉香三千五百裹[2]，玳瑁二千二百斤，乳香三百七十五套；次拨沉香二千九百七十裹，玳瑁二千一百三十斤，乳香三千五十六套四分套之一；后拨沉香三千二百裹，玳瑁一千五百斤，乳香三千七百五十套。欲求沉、乳、玳瑁裹、斤、套各价几何。

答曰：沉香，每裹三百贯文。乳香，每套六十四贯文。玳瑁，每斤一百八十贯文。

注释

〔1〕推货务：应为“榷货务”，负责贸易的官方机构。

〔2〕裹：计算包裹的货物的单位。

译文

问：官市三次支出货物，都折算为1470000贯。先拨出沉香3500裹，玳瑁2200斤，乳香375套。然后拨出沉香2970裹，玳瑁2130斤，乳香$3056\frac{1}{4}$套。最后拨出沉香3200裹，玳瑁1500斤，乳香3750套。求沉香每裹、玳瑁每斤、乳香每套的价格各是多少。

答：沉香每裹300贯，乳香每套64贯，玳瑁每斤180贯。

原文

术曰：

以方程求之，正负入之。列积及物数于下，布行数，各对本色。有分者通之，可约者约之。为定率积列数。每以下项互遍乘之，每视其积以少减多，其下物数，各随积正负之类。如同名相减，异名相加，正无人负之，负无人正之。其如同名相加，异名相减。正无人正之，负无人负之。使其下项物数得一数者为法。其积为实。实如法而一。所得不计遍损或益诸积，各得法实，除之。余仿此。

译文

本题计算方法如下：

用《九章算术·方程》的方法求解，用正负法计算。将各项货物折算的总价和各次拨出数量写成行列，各自按种类对应。其中有分数的通分，有公约数的化约。由此得到各积数形成的行列。每次都以下面的某一类物品两列互乘，并依据所得积数的大小，用大数列减去小数列各数，每一类的得数都按照正负法去计算。如果是减法，那么同号就用绝对值相减，异号相加，0减去正数变为负数，0减去负数变为正数。如果是加法，那么同号相加，异号相减，0加正数还是正数，0加负数还是负数。用每列剩下的一项物品数作为法数，积作为实数，相除得到价格。得数不必计较之前减去的部分，各自得到法数和实数，相除即可。其他几类物品仿照这一方法计算。

译解

	左行	中行	右行
积数	1470000	1470000	1470000
沉香	3200	2970	3500
玳瑁	1500	2130	2200
乳香	3750	$3056\frac{1}{4}$	375

原文

草曰：

置准钱一百四十七万贯，为三次拨钱，为三行积数。次置先拨沉香三千五百裹，玳瑁二千二百斤，乳香三百七十五套，为右行物数。又列次拨沉香二千九百七十裹，玳瑁二千一百三十斤，乳香三千五十六套四分套之一，为中行物。次列沉香三千二百裹，玳瑁一千五百斤，乳香三千七百五十套，为左行之物。各以本色相对列之。

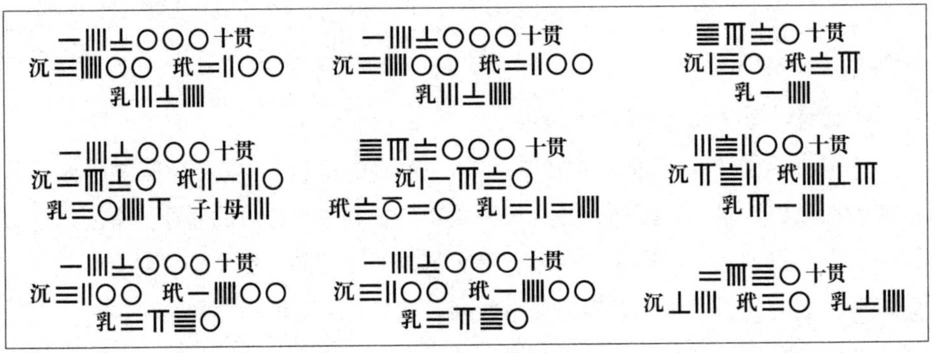

其中行乳香，有四分套之一。便以母四，通中行诸数，只内子一，入乳香段内，积得五百八十八万贯，沉香得一万一千八百八十裹，玳瑁得八千五百二十斤，乳香得一万二千二百二十五套。以右行求等，得二十五，俱约之。积得五万八千八百贯，沉得一百四十裹，玳得八十八斤，乳得一十五套。以中行求等，得一十五，约之。积得三十九万二千贯，沉得七百九十二裹，玳得五百六十八斤，乳得八百一十五套。以左行求等，得五。约之，积得二万九千四百贯，沉得六十四裹，玳得三十斤，乳得七十五套。列为定率图三行。副置求之。

今先欲去定图下位，乳香套数一十五，与左下七十五，互乘左右两行。右积得四百四十一万贯，沉得一万五百，玳得六千六百，乳得一千一百二十五。左积得四十四万一千贯，沉得九百六十一，玳得四百五十，乳得一千一百二十五。验左积少，右积多，当以左行直减右行毕。仍置定图左行数。

|||╳||○○
沉 ╥╳||　玳 ||||⊥ㅠ|
乳 ㅠ|一○̄

|||╳||○○
沉 ╥≟||　玳 ○̄⊥ㅠ|
乳 ㅠ|一|||||

||╳||||○○○○
沉 |||||╳||||○○
玳 ||||二⊤○○
乳 ⊤一|二|||||

||||三|○○
沉 ╳⊥○　玳 ||||☰○
乳 一|二|||||

二╳三○
沉 ⊥||||　玳 三○
乳 ⊥̄|||||

||三╳⊥|○○
沉 ||||二|⊥○
玳 ||三||||☰○
乳 ⊤一|二|||||

右积得三百九十六万九千贯，沉得九千五百四十，玳得六千一百五十。

译文

本题演算过程如下：

已知支出各1470000贯，是三次拨款的数额，也写成三行的积数。然后把先拨出的沉香3500裹，玳瑁2200斤，乳香375套，写在右行作为第一批物资数。再列出第二次拨出沉香2970裹，玳瑁2130斤，乳香$3056\frac{1}{4}$套，写作中行物资数。再次列出沉香3200裹，玳瑁1500斤，乳香3750套，写成左行物资数。各自对应类别。中行的乳香有分数，就用分母4去通分中行的各个数字，沉香加上分子1，于是积数得到5880000贯，沉香得11880裹，玳瑁得8520斤，乳香得12225套。对右行求公约数，得25，都进行化约。积数得58800贯，沉香得140裹，玳瑁得88斤，乳香得15套。对中行求公约数，得15，化约，积数得392000贯，沉香得792裹，玳瑁得568斤，乳香得815套。对左行求公约数，得5，化约，积数得29400贯，沉香得64裹，玳瑁得30斤，乳香得75套。列出定率图三列，复写一次，用来求解。

先要将定率图中下行的数字去掉。用乳香15套和左下75，分别互乘左、右行各数。右行积数得4410000贯，沉香得10500，玳瑁得6600，乳香得1125。左行积数得441000贯，沉香得961，玳瑁得450，乳香得1125。检查发现左行积数少，右行积数多，就用右行减去左行各数，仍然恢复之前左行的数字。右行积数得3969000贯，沉香得9540，玳瑁得6150。

术解

定率图

	左行	中行	右行
积数	29400	392000	58800
沉香	64	792	140
玳瑁	30	568	88
乳香	75	815	15

原文

次验中左两行，各有下位段。又以左下七十五，互乘中行。乃以中行下八百一十五，互乘左行毕。中积得二千九百四十万贯，沉得五万九千四百，玳得四万二千六百，乳得六万一千一百二十五。左积得二千三百九十六万一千贯，沉得五万二千一百六十，玳得二万四千四百五十，乳得六万一千一百二十五。验左积少，中积多，以左行同名直减中行毕，仍置定图左行数。

右	≡ㄨ⊥ㄨ○○ 十贯 沉ㄨ〇≡○ 玳⊥|≣○○	|≡||≡○ 沉|||一Ⅲ玳||○||||○	＝||||○|＝||||≣○ 沉≣Ⅱ⊥|⊥○ 玳≡Ⅱ＝○⊥||||○
中	≣||||≡ㄨ○○ ⊥||≡○一≟|≣○○	〇≡|||≟○ Ⅱ＝||||一Ⅲ一||||○	一|一||||ㄨㄨ○○ 一||||≟ㄨ＝○ ≡Ⅱ＝○⊥||||○
左	＝Ⅲ≡○ ⊥||||≡○⊥|||||	＝Ⅲ≡○干图⊥|||| ≡○⊥||||	＝Ⅲ≡○宫图⊥|||| ≡○⊥|||||

中积得五百四十三万九千贯，沉得七千二百四十，玳得一万八千一百五十。今验右中两行数多，又求约之。其右行求得三十，约之。右积得一十三万二千三百贯，沉得三百一十八，玳得二百五。中行求得一十，约之。中积得五十四万三千九百贯，沉得七百二十四，玳得一千八百一十五。

今又欲去中左行之玳瑁，乃以中行一千八百一十五，互乘右行。右积得二亿四千一十二万四千五百贯，右沉得五十七万七千一百七十，右玳得三十七万二千七十五。次以干图右玳二百五，互乘中行。中积一亿一千一百四十九万九千五百贯，中沉得一十四万八千四百二十，中玳得三十七万二千七十五。今验宫图右积多，中积少。乃以中行直减右行毕，仍置干图中行数。

右	𝍩𝍡𝍰𝍥𝍪𝍤〇〇 十贯沉𝍫𝍡𝍰𝍦𝍬〇〇 〇	𝍫〇十贯 沉𝍠〇〇	𝍫〇十贯 沉𝍠〇〇
中	𝍤𝍫𝍢〤〇 十贯沉𝍦𝍪𝍣 玳𝍩𝍧𝍩𝍤〇	𝍤𝍫𝍢𝍱〇沈𝍦𝍪𝍣 玳𝍩𝍧𝍩𝍤〇	𝍢𝍪𝍥𝍯〇十贯〇 玳𝍩𝍧𝍩𝍤〇
左	𝍪〤𝍫〇 𝍮𝍣干图𝍫〇𝍯𝍤	𝍪〤𝍫〇𝍮𝍣 𝍫〇𝍯𝍤	𝍩〇𝍪〇〇 支图𝍫〇𝍯𝍤

译文

然后检查中行、左行，最下行都有数字。再用左行下行75和中行下行互乘。用中行下行815乘左行各数完毕，中行积数得29400000贯，沉香得59400，玳瑁得42600，乳香得61125。左行积数得23961000，沉香得52160，玳瑁得24450，乳香得61125。检查发现左行积数少于中列积数，就用中行减去左行各数，完毕，仍然恢复左行数。中行积数得5439000贯，沉香得7240贯，玳瑁得18150贯。检查发现右、中两行数字比较大，再次求公约数。右行得到30，化约，积数得132300贯，沉香得318贯，玳瑁得205。中行公约数得10，化约，积数得543900贯，沉香得724，玳瑁得1815。

现在要去掉中行、左行的玳瑁数。用中行1815乘右行各数，右行积数得240124500贯，沉香得577170，玳瑁得372075。（此处干图略）然后用干图中右行玳瑁205，乘中行各数，中行积数得111499500贯，沉香得148420，玳瑁得372075。（此处宫图略）检查发现宫图中右行积数大于中行积数，于是用右行各数减去中行，仍然恢复干图中行数。（见下图）

术解

干图

	左行	中行	右行
积数	29400	543900	128625000
沉香	64	724	428750
玳瑁	30	1815	0
乳香	75	0	0

原文

今验干图右行段数，只有沉香四十二万八千七百五十裹，以为法。以右上积一亿二千八百六十二万五千贯，为实。实如法而一，得三百贯，为沉香一裹价。便以中行沉七百二十四乘三百贯，得二十一万七千二百贯。减中积五十四万三千九百贯，余三十二万六千七百贯，为中积。便减去中行沉香段之数。次以左上沉六十四乘三百贯，得一万九千二百贯。减左积二万九千四百贯，余一万二百贯，为左积。便减左上沉香裹数去之。

今验支图中行，其下只有玳瑁一千八百一十五，以为法。中积三十二万六千七百贯为实。实如法而一，得一百八十贯，为玳瑁价。

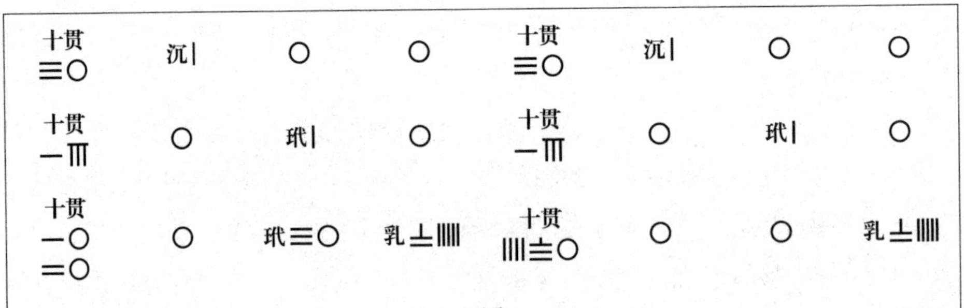

十贯 ≡○	沉丨	○	○	十贯 ≡○	沉丨	○	○
十贯 一Ⅲ	○	玳丨	○	十贯 一Ⅲ	○	玳丨	○
十贯 一○ ＝○	○	玳≡○	乳⊥IIIII	十贯 IIII≐○	○	○	乳⊥IIIII

闰图

今验闰图左行有玳瑁三十斤，以乘价一百八十贯，得五千四百贯。减左积一万二百贯，余四千八百贯，为左积。其下积有乳香七十五套，以为法。以积四千八百贯为实，实如法而一，得六十四贯，为乳香套价。此题并系俱正补草。

译文

现在检查干图中右行各物资数，只剩下沉香428750裹，就作为法数。用右上积数128625000贯作为实数，相除得到300贯，是沉香每裹的价格。就用中行沉香数724乘300贯，得217200贯，和中行积数543900贯相减，得326700贯，作为中行积数。就是减去了中行沉香数的结果。然后用左行上沉香64乘300贯，得19200贯，和左行积数29400贯相减，得10200贯，作为左行积数，是左行减去沉香数的结果。

检查支图中行，只有玳瑁1815，作为法数。用中行积数326700作为实数，相除，得180贯，是玳瑁价格。（此处图略）检查闰图发现左行玳瑁30斤，乘价格180贯，得5400贯，从左行积数10200贯中减去，得到左行积数。左行只剩下乳香75套，作为法数。用积数4800贯作为实数，相除，得到64贯，是乳香每套价格。这一题将演算过程都补全了。

术解

支图

	左行	中行	右行
积数	10200	326700	128625000
沉香	0	0	428750
玳瑁	30	1815	0
乳香	75	0	0

均货推本

原文

问：有海舶赴务[1]抽[2]毕，除纳主家货物外，有：沉香五千八十八两；胡椒一万四百三十包，包四十斤；象牙二百一十二合，大小为合，斤两俱等。系甲乙丙丁四人合本博到。缘昨来凑本，互有假借。甲分到官供称：甲本金二百两，四袋盐钞[3]一十道；乙本银八百两，盐三袋钞八十八道；丙本银一千六百七十两，度牒[4]一十五道；丁本度牒五十二道，金五十八两八铢[5]。已上共估直四十二万四千贯。甲借乙钞，乙借丙银，丙借丁度牒，丁甲借金。今合拨各借物归元主名下为率，均分上件货物。欲知金、银、袋盐、度牒元价及四人各合得香、椒、牙几何。

答曰：甲金，每两四百八十贯文。本，一十二万四千贯文。合得沉香，一千四百八十八两。胡椒，三千五十包一十一斤五两，五十三分两之七。象牙，六十二合。

乙盐，每袋二百五十贯文。本，七万六千贯文。合得沉香，九百一十二两。胡椒，一千八百六十九包二十一斤二两，五十三分两之六。象牙，三十八合。

丙银，每两五十贯文。本，一十二万三千五百贯文。合得沉香，一千四百八十二两。胡椒，三千三十七包三十九斤五两，五十三分两之二十三。象牙，六十一合四分合之三。

丁度牒，每道一千五百贯文。本，一十万五百贯文。合得沉香，一千二百六两。胡椒，二千四百七十二包八斤三两。五十三分两之十七。象牙，五十合四分合之一。

注释

〔1〕务：负责的部门。这里指管理船舶贸易的部门。

〔2〕抽：官方从货物中抽取一部分作为税费。

〔3〕盐钞：商人买盐付款后领到的凭证，可以凭此领盐再贩卖。

〔4〕度牒：官方发给出家人的证明，可以免除各类税役，也可以用来买卖。

〔5〕铢：1两=24铢。

译文

问：有海运船舶去有关部门抽货物交税，除去缴纳的货物之后还剩下：沉香5088两；胡椒10430包，每包40斤；象牙212合，一大一小为1合，每合重量相等。这些货物是甲、乙、丙、丁四人合伙买到的。他们之前凑出本金，互相有借款部分。官方签署的文件写明他们各出本钱如下：甲出黄金200两，4袋的盐钞10道；乙出白银800两，3袋的盐钞88道；丙出本银1670两，度牒15道；丁出度牒52道，黄金58两8铢。以上各项合算424000贯。甲借了乙的盐钞，乙借了丙的银两，丙借了丁的度牒，丁借了甲的黄金。现在将各项借款都还回本主人名下，并按照这样的比例分配货物。求金、银、盐、度牒的原价，以及四人各自得到沉香、胡椒、象牙多少。

答：甲：黄金每两480贯，本钱124000贯，共得沉香1488两，胡椒3050包11斤$5\frac{7}{53}$两，象牙62合。

乙：盐每袋250贯，本钱76000贯，共得沉香912两，胡椒1869包21斤$2\frac{6}{53}$两，象牙38合。

丙：白银每两50贯，本钱123500贯，共得沉香1482两，胡椒3037包39斤$5\frac{23}{53}$两，象牙$61\frac{3}{4}$合。

丁：度牒每道1500贯，本钱100500贯，共得沉香1206两，胡椒2472包8斤$3\frac{17}{53}$两，象牙$50\frac{1}{4}$合。

原文

术曰：

以方程求之，衰分入之，正负入之。置共钱，以人数约之，得数，列如人数，各为行积。次置诸色各物数，为段子，对本色。有分者通之，可约者约之，为定率。以第一行为标，以第二行为副，以第三行为次，第四行为左。每以下位互遍乘之，每验其积，以少减多。如同名相减，异名相加，正无人负之，负无人正之。如同名相加，异名相减，正无人正之，负无人负之。得一段为法。以除积为实。除之，各得诸价。以诸价列右行，以各物数列左行，以两行对乘，得各本率。以诸色求等，约之得列衰。并诸衰为总法。以列衰遍乘各物诸数，各为实。诸实并如总法而一，各得其物。除不尽者，以斤两通而除之，或又分母命之。

译文

本题计算方法如下：

用《九章算术·方程》的方法求解，用衰分法、正负法计算。用共同的本钱数除以人数，得数按照4人列出，作为各自的积数。然后用各类物资作为每行数字，按类写入。有分数的通分，有公约数的化约，得到定率。用第一行作为标数，第二行为副数，第三行为次数，第四行为左数。每次都用某两列的最下面一位数互乘对行各数，检查所得积数，用大数行减去小数。如果是减法，那么同号就用绝对值相减，异号相加，0减去正数变为负数，0减去负数变为正数。如果是加法，那么同号相加，异号相减，0加正数还是正数，0加负数还是负数。用每行剩下的一项物品数作为法数，剩余的积数作为实数，实数除以法数，得到各项物品的价格。用价格写在右行，各项物品数写在左行，两行对乘，得到各自的率数。对各人本钱求公约数，化约得到比数，将各个比数相加得到总法数。用比数乘货物总数，得到各自的实数。各实数除以法数，得到各项物品数。除不尽的部分，用斤、两去换算，或者化作分数。

原文

草曰：

置估值四十二万四千贯，以四人约之。得一十万六千贯，为各积。以人数列四位，次置甲金二百两于右上，以四袋乘钞一十道，得四十袋于右副，为右行。次置乙钞八十八道，以三袋乘之，得盐二百六十四袋，及银八百两，为副行。次置丙银一千六百七十两，度牒一十五道，为次行。次置丁度牒五十二道，金五十八两八铢，为左行。验得首图左行上段，金带八铢是三分两之一。乃以分母遍乘左行诸数，只以分子一内入左上金，内其左积得三十一万八千贯，左金得一百七十五两，左度牒得一百五十六道，为次图。验次图四行，皆可求等。右行求得四十，约之。副行求得八，约之。次行求得五，约之。左行求得一，约之。各得数，为定率图。

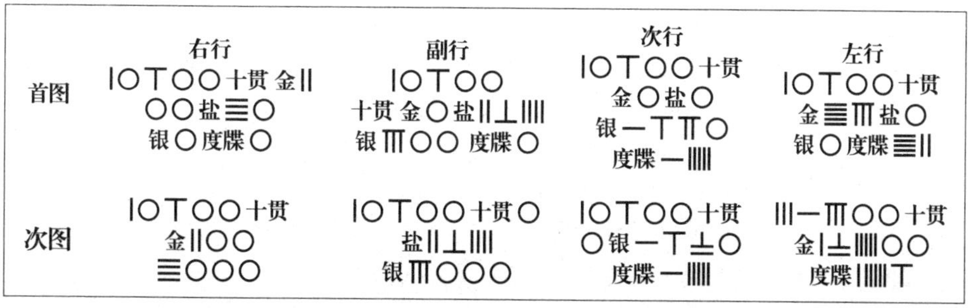

	右行	副行	次行	左行
首图	𝍠〇𝍥〇〇十贯 金𝍡 〇〇盐𝍬〇 银〇度牒〇	𝍠〇𝍥〇〇 十贯 金〇盐𝍡𝍮𝍣 银𝍧〇〇 度牒〇	𝍠〇𝍥〇〇十贯 金〇盐〇 银𝍩𝍥𝍦〇 度牒𝍩𝍤	𝍠〇𝍥〇〇十贯 金𝍬𝍧盐〇 银〇度牒𝍬𝍡
次图	𝍠〇𝍥〇〇十贯 金𝍡〇〇 𝍬〇〇〇	𝍠〇𝍥〇〇十贯〇 盐𝍡𝍮𝍣 银𝍧〇〇〇	𝍠〇𝍥〇〇十贯 〇银𝍩𝍥𝍯〇 度牒𝍩𝍤	𝍢𝍩𝍧〇〇十贯 金𝍠𝍯𝍤〇〇 度牒𝍤𝍥

右积，得二千六百五十贯，金五两，盐一袋。副积得一万三千二百五十贯，盐三十三袋，银一百两。次积，得二万一千二百贯，银三百三十四两，度牒三道。左积，得三十一万八千贯，金一百七十五两，度牒一百五十六道。

乃以定图次行度牒三，因左行左积，得九十五万四千贯。金五百二十五两，度牒四百六十八道。次以定图左下度牒一百五十六，乘次行积，得三百三十万七千二百贯，银五万二千一百四两。

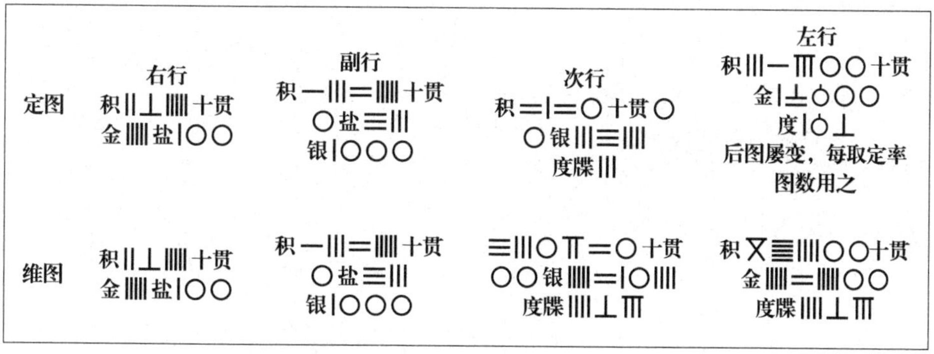

	右行	副行	次行	左行
定图	积𝍡𝍮𝍤十贯 金𝍤盐𝍠〇〇	积𝍩𝍢𝍪𝍤十贯 〇盐𝍫𝍢 银𝍠〇〇〇	积𝍪𝍠𝍪〇十贯〇 〇银𝍢𝍫𝍣 度牒𝍢	积𝍢𝍩𝍧〇〇十贯 金𝍠𝍯〇́〇〇 度𝍠〇́𝍮 后图屡变，每取定率图数用之
维图	积𝍡𝍮𝍤十贯 金𝍤盐𝍠〇〇	积𝍩𝍢𝍪𝍤十贯 〇盐𝍫𝍢 银𝍠〇〇〇	𝍫𝍢〇𝍦𝍪〇十贯 〇〇银𝍤𝍪𝍠〇𝍣 度牒𝍣𝍮𝍧	积〤𝍬𝍢〇〇十贯 金𝍤𝍪𝍤〇〇 度牒𝍣𝍮𝍧

乃验维图左及次行之下，度牒等，当相减之，以积为端，当以左之少积，来减次之多积。按术曰，同名相减。其次行之金空，而左行之金五百二十五两，有为正。次空为无。按术曰，正无人负之，即以左行之金正，加入次行金位为负，乃成音图。仍置定图左行诸数。

译文

本题演算过程如下：

用本钱总估价424000贯，除以人数4，得到106000贯，作为各人的积数。将人数写成4行。然后将甲的黄金200两写在右行上位，用4袋盐乘10道钞数，得40

袋，写在右行副位。然后用乙所出的盐钞88道，乘3袋，得到264袋盐，以及白银800两，写在副行。丙白银1670两，度牒15道，写在次行。丁度牒52道，金58两8铢，写在左行。

观察首图左行第二行，丁的黄金数有分数$\frac{1}{3}$，就用分母乘左行各数，黄金加入分子1，于是左积数得到318000贯，黄金175两，度牒156道，得到次图。

此图的4行都可以求公约数。右行得40，副行得8，次行得5，左行得1，都进行化约，各自得到定数。定图中，右行积数为2650贯，金5两，盐1袋；副行积数13250贯，盐33袋，白银100两；次行积数21200贯，白银334两，度牒3道；左行积数318000贯，金175两，度牒156道。

用定图中次行度牒3，乘左行各数，得积数954000贯，金525两，度牒468道。然后用定图左行下位度牒156乘次列各数，得积数3307200贯，白银52104两。

检查维图中左行、次行的下位，度牒数相等，相互减去。用积数对比来判断，应当用次行较大的积数减去左行较小的积数。按照“术”中的正负法，是符号相同的减法。次行没有黄金数，左行有黄金525两。有数字是正数，没有的为0。按照正负法，0减去正数得到负数，就用左行黄金的正数写进次行黄金的位置，变为负数，得到音图。

术解

首图

	丁 左行	丙 次行	乙 副行	甲 右行
积数	106000	106000	106000	106000
金	$58\frac{1}{3}$	0	0	200
盐	0	0	264	40
银	0	1670	800	0
度牒	52	15	0	0

次图

	丁 左行	丙 次行	乙 副行	甲 右行
积数	31800	106000	106000	106000
金	175	0	0	200
盐	0	0	264	40
银	0	1670	800	0
度牒	156	15	0	0

定图

	丁 左行	丙 次行	乙 副行	甲 右行
积数	318000	21200	13250	2650
金	175	0	0	5
盐	0	0	33	1
银	0	334	100	0
度牒	156	3	0	0

维图

	丁 左行	丙 次行	乙 副行	甲 右行
积数	954000	3307200	13250	2650
金	525	0	0	5
盐	0	0	33	1
银	0	52104	100	0
度牒	468	468	0	0

音图

	丁 左行	丙 次行	乙 副行	甲 右行
积数	318000	2353200	13250	2650

续表

	丁 左行	丙 次行	乙 副行	甲 右行
金	175	–525	0	5
盐	0	0	33	1
银	0	52104	100	0
度牒	156	0	0	0

原文

乃验音图，次行积得二百三十五万三千二百贯正，金五百二十五两负，银五万二千一百四两正，余三行皆正。

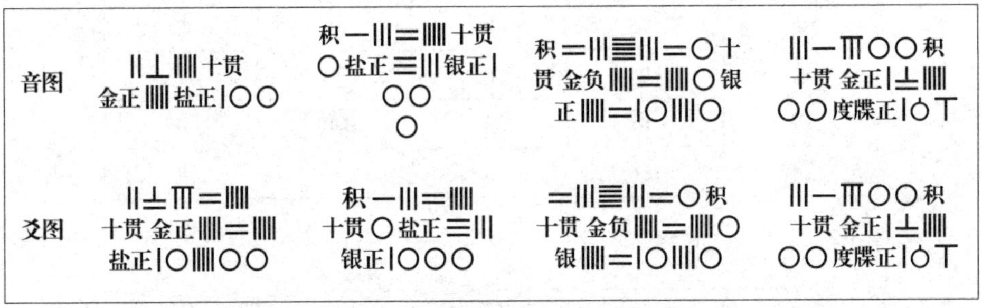

音图	𝍡𝍭𝍤十贯 金正𝍤盐正𝍠〇〇	积𝍩𝍢𝍪𝍤十贯 〇盐正𝍫𝍢银正𝍠 〇〇 〇	积𝍪𝍢𝍬𝍢𝍪〇十 贯金负𝍤𝍪𝍤〇银 正𝍤𝍪𝍠〇𝍣〇	𝍢𝍩𝍧〇〇积 十贯金正𝍠𝍮𝍤 〇〇度牒正𝍠𝍭𝍥
爻图	𝍡𝍮𝍧𝍪𝍤 十贯金正𝍤𝍪𝍤 盐正𝍠〇𝍤〇〇	积𝍩𝍢𝍪𝍤 十贯〇盐正𝍫𝍢 银正𝍠〇〇〇	𝍪𝍢𝍬𝍢𝍪〇积 十贯金负𝍤𝍪𝍤〇 银𝍤𝍪𝍠〇𝍣〇	𝍢𝍩𝍧〇〇积 十贯金正𝍠𝍮𝍤 〇〇度牒正𝍠𝍭𝍥

今验音次行之负。金当以右行之正金补之，而其数不等。先以右金五，约次金五百二十五，得一百五。以乘音图右行毕，其右积得二十七万八千二百五十贯，金五百二十五两正，盐一百五袋正。其副次左三行，如音图故，乃成爻图。

今视爻图右行之金正，与次行之金负，适等。即用右行直加次行。按术以同名相加，乃以右之金正，减其次之金负，为空，按术以异名相减之。其次盐空，为无人，按术以正无人正之。乃以爻图右积二十七万八千二百五十贯，加次积二百三十五万三千二百贯内，得二百六十三万一千四百五十贯。其次金空，次盐一百五袋正，次银五万二千一百四两正。仍置定图右行数，而成正图[1]。

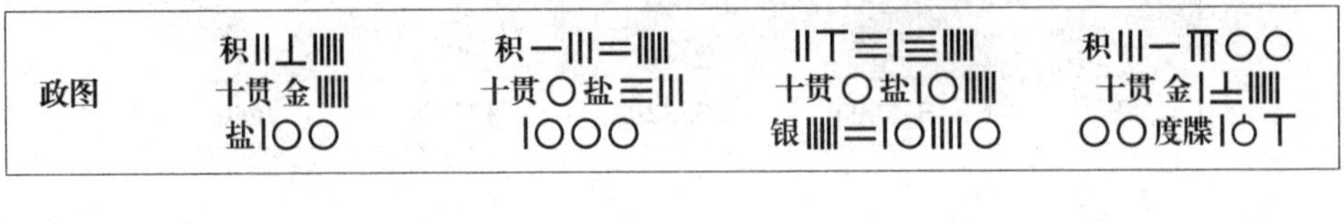

政图	积𝍡𝍭𝍤 十贯金𝍤 盐𝍠〇〇	积𝍩𝍢𝍪𝍤 十贯〇盐𝍫𝍢 𝍠〇〇〇	𝍡𝍥𝍫𝍠𝍬𝍤 十贯〇盐𝍠〇𝍤 银𝍤𝍪𝍠〇𝍣〇	积𝍢𝍩𝍧〇〇 十贯金𝍠𝍮𝍤 〇〇度牒𝍠𝍭𝍥

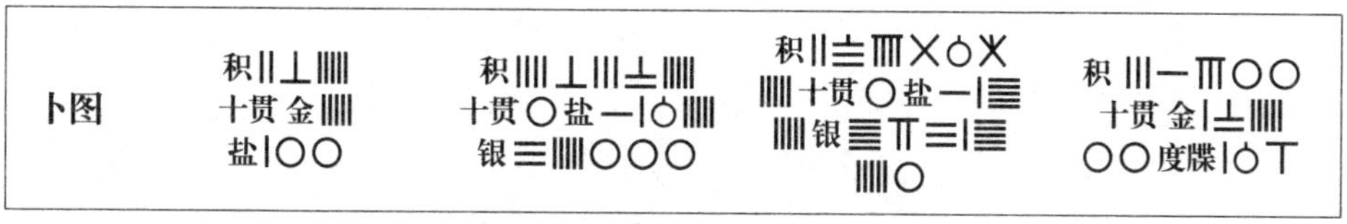

卜图	积𝍡𝍮𝍤 十贯 金𝍤 盐𝍠〇〇	积𝍣𝍮𝍢𝍯𝍤 十贯〇盐𝍩𝍠ȯ𝍤 银𝍫𝍤〇〇〇	积𝍡𝍯𝍧╳ȯ╳̣ 𝍤十贯〇盐𝍩𝍠𝍬 𝍤银𝍬𝍦𝍫𝍠𝍬 𝍤〇	积𝍢𝍩𝍧〇〇 十贯 金𝍠𝍯𝍤 〇〇度牒𝍠ȯ𝍥

今视政图，从省。乃择其诸行本色，可求等。首金可，盐亦可。盖金多盐少。乃以政图副次两行盐数三十三，与一百五，求等，得三。故以三约三十三，得一十一，以乘次行。又以三约一百五，得三十五，以乘副行。毕其副积得四十六万三千七百五十贯，盐一千一百五十五袋，银三千五百两。次积二千八百九十四万五千九百五十贯，盐一千一百五十五袋，银五十七万三千一百四十四两，皆正。列成卜图。

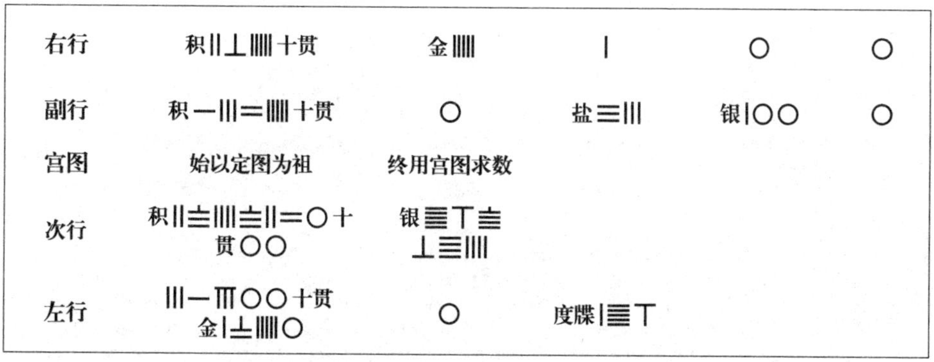

右行	积𝍡𝍮𝍤十贯	金𝍤	𝍠	〇	〇
副行	积𝍩𝍢𝍪𝍤十贯	〇	盐𝍫𝍢	银𝍠〇〇	〇
宫图	始以定图为祖	终用宫图求数			
次行	积𝍡𝍯𝍣𝍯𝍡𝍪〇十 贯〇〇	银𝍬𝍥𝍯 𝍮𝍫𝍣			
左行	𝍢𝍩𝍧〇〇十贯 金𝍠𝍯𝍤〇	〇	度牒𝍠𝍬𝍥		

注释

〔1〕下文为“政图”。

译文

然后检查音图，次行的积数是正2353200贯，金负525两，银正52104两。其他三行都是正数。再看音图中次行的负数，金可以用右行的正数补足，但数额不相等。先用右行的金5去除次行的金525，得105。用105乘右行各数，积数得278250贯，黄金525两，盐105袋。左边三行都不变，得到爻图。

现在观察到右行和次行的黄金数恰好相等，一正一负。就用右行和次行相加。按照正负法，同号相加，异号相减。于是右行黄金数和次行黄金数相减，得到0。然后次行盐没有数字，是0。按照正负法，0加正数还是正数。然后用爻图中右行积数278250贯和次行积数2353200贯相加，得2631450贯。次行黄金为0，盐正105袋，白银正52104两。右行和之前相同。得到“正图”。

将政图化简。先选择各行中有公约数的。金可以，盐也可以。但是金数大于盐数，就对政图中副行、次行的两个盐数33和105求公约数，得3。用3约33，得11，再乘次行各数。用3约105，得35，再乘副行各数。最后副行积数为463750贯，盐1155袋，银3500两。次行积数28945950贯，盐1155袋，银573144两。都是整数，将其列为卜图。

术解

爻图

	丁 左行	丙 次行	乙 副行	甲 右行
积数	318000	2353200	13250	278250
金	175	–525	0	525
盐	0	0	33	105
银	0	52104	100	0
度牒	156	0	0	0

政图

	丁 左行	丙 次行	乙 副行	甲 右行
积数	318000	2631450	13250	2650
金	175	0	0	5
盐	0	105	33	1
银	0	52104	100	0
度牒	156	0	0	0

卜图

	丁 左行	丙 次行	乙 副行	甲 右行
积数	318000	28945950	463750	2650

续表

	丁 左行	丙 次行	乙 副行	甲 右行
金	175	0	0	5
盐	0	1155	1155	1
银	0	573144	3500	0
度牒	156	0	0	0

原文

乃视卜图副行积少，次行积多。即以副行求减次行，皆是同名相减之。既毕，仍置定图副行数。其次行乃得积二千八百四十八万二千二百贯，银得五十六万九千六百四十四两，列为官图。

验官图次行下，只有银五十六万九千六百四十四两独一数，以为法。以次积二千八百四十八万二千二百贯为实，实如法而一，得五十贯，为银一两价，而成干图。

干图				
	右行 积𝍡𝍮𝍤十贯 金𝍤	盐𝍠	〇	〇
	副行𝍩𝍢𝍪𝍤十贯〇	盐𝍫𝍢	银𝍠〇〇	〇
	次行 积𝍤十贯〇	〇	银𝍠	〇
	左行 积𝍢𝍩𝍰〇〇十贯 金𝍠𝍯𝍤	〇	〇	度牒𝍠〇𝍥

乃以干图副行银一百两，乘两价五十贯，得五千贯。以减千图副行之积一万三千二百五十贯讫，副积余八千二百五十贯，其下盐得三十三袋，银空。而成曜图。

乃以曜图副行之积八千二百五十贯，为盐实。以其下盐三十三袋为法，除之，得二百五十贯，为盐一袋价。而成支图。

曜图	‖⊥‖‖十贯 金‖‖ 盐|〇〇	Ⅲ=‖‖十贯〇 盐≡|||〇〇	积‖‖十贯〇〇 银|〇	|||一Ⅲ〇〇十贯 金|⊥‖‖〇〇 度牒|〇T
支图	‖⊥‖‖十贯 金‖‖ 盐|〇〇	=‖‖十贯〇 盐|〇〇	积‖‖十贯〇〇 银|〇	积|||一Ⅲ〇〇十贯 金|⊥‖‖〇〇 度牒|≡T

乃以支图右行盐一袋，遍乘副行毕，其副积只得二百五十贯。次以副行直减右行毕，右积余二千四百贯，金五两，盐空。而成闰图。

乃以闰图右积二千四百贯，为实。金五两，为法。除之，得四百八十贯，为金一两价，成定图。次以闰图左金一百七十五两，遍乘右行，直减左行讫。左积得二十三万四千贯，度牒一百五十六道，左金空。而成定图。

闰图	实‖≡〇十贯 ‖‖〇〇〇	价=‖‖〇 盐|〇〇	价‖‖〇〇 银|〇	积|||一Ⅲ〇〇十贯 金|⊥‖‖〇〇 度牒|〇T
定图	价≡Ⅲ十贯 金|〇〇〇	价=‖‖〇 盐|〇〇	价‖‖十贯〇〇 银|〇	实‖≡|||〇〇 〇〇〇 度牒|〇T

今验定图左积二十三万四千贯，为实。以左下度牒一百五十六道为法，除之，得一千五百贯。为度牒一道价，以成终图。

终图	右	≡Ⅲ〇〇〇〇价文	金|两	〇	〇	〇
	副	=〇〇〇〇〇〇价文	〇	盐|袋	〇	〇
	次	‖‖〇〇〇〇价文	〇	〇	银|两	〇
	左	|≡〇〇〇〇〇价文	〇	〇	〇	度牒|道

译文

卜图中副行积数小于次行积数，就用次行各数对减副行，都是同号的相减。结束后，仍然将副行恢复为定图中的数字。次行积数得到28482200贯，银569644两，列出宫图。

宫图的次行中只有银569644两一项物资数额，作为法数。用次行积数28482200作为实数，相除，得到50贯，是两1银的价格，得到干图。

用干图中副行的银100两乘每两价格50贯，得到5000贯。和干图中副行积数13250贯相减，副行积数得到8250贯，下位的盐仍然是33袋，银变为0，得到曜图。

用曜图副行的积数8250贯作为盐实数，用下位盐数33袋作为法数，相除，得到250贯，是袋1盐的价格，得到支图。

用支图中右行盐数1袋乘副行各数，副行积数还是250贯。然后用右行减副行各数，右行积数得到2400贯，金5两，盐为0，得到闰图。

用闰图右行积数2400贯作为实数，金数5作为法数，相除，得480贯，是金1两的价格，得到定图。然后用闰图中左行金175两乘右行各数，和左行各数相减，左行积数得234000贯，度牒156道，金为0，得到定图。

定图中左行积数234000贯作为实数，左行下位度牒156道作为法数，相除，得到1500贯，是道1度牒的价格，得到终图。

术解

宫图

	丁 左行	丙 次行	乙 副行	甲 右行
积数	318000	28482200	13250	2650
金	175	0	0	5
盐	0	0	33	1
银	0	569644	100	0
度牒	156	0	0	0

干图

	丁 左行	丙 次行	乙 副行	甲 右行
积数	318000	50	13250	2650
金	175	0	0	5
盐	0	0	33	1
银	0	1	100	0
度牒	156	0	0	0

曜图

	丁 左行	丙 次行	乙 副行	甲 右行
积数	318000	50	8250	2650
金	175	0	0	5
盐	0	0	33	1
银	0	1	0	0
度牒	156	0	0	0

支图

	丁 左行	丙 次行	乙 副行	甲 右行
积数	318000	50	250	2650
金	175	0	0	5
盐	0	0	1	1
银	0	1	0	0
度牒	156	0	0	0

闰图

	丁 左行	丙 次行	乙 副行	甲 右行
积数	318000	50	250	2400
金	175	0	0	5
盐	0	0	1	0
银	0	1	0	0
度牒	156	0	0	0

定图

	丁 左行	丙 次行	乙 副行	甲 右行
积数	234000	50	250	480

续表

	丁 左行	丙 次行	乙 副行	甲 右行
金	0	0	0	1
盐	0	0	1	0
银	0	1	0	0
度牒	156	0	0	0

终图

	丁 左行	丙 次行	乙 副行	甲 右行
积数	1500	50	250	480
金	0	0	0	1
盐	0	0	1	0
银	0	1	0	0
度牒	1	0	0	0

原文

既得金银每两，钞盐每袋，度牒每道，各色之价。次列甲乙丙丁四人乘之。复以首图右金二百两，并左金五十八两八铢，得二百五十八两。以八铢为三分两之一，通分内子，得七百七十五于左甲。其右价四百八十贯，乃以左甲母三，约之，为一百六十贯于右甲。次以右盐四十袋，并副盐二百六十四袋，得三百四袋于左乙。次以副银八百两，并次银一千六百七十两，得二千四百七十两，为左丙。又以次行度牒一十五道，并左度牒五十二道，得六十七道。为左丁。以两行对乘之。

右行	甲 一丅十贯 金价	乙 ═ǁǁǁ十贯 盐价	丙 ǁǁǁ十贯 盐价	丁 |≣〇十贯 度牒价
左行	金 ╥⊥ǁǁǁ两	盐 |||〇||||袋	银 ═||||⊥〇两	牒 ⊥╥道

以右甲一百六十，乘左甲七百七十五两，得一十二万四千贯，为甲元

本。以右乙二百五十贯，乘左乙三百四袋，得七万六千贯，为乙元本。以右丙五十贯，乘左丙二千四百七十两，得一十二万三千五百贯，为丙元本。以右丁一千五百贯，乘左丁六十七道，得一十万五百贯，为丁元本。列四人各得元本，求等，得五百贯。皆以五百贯为法，除之。甲得二百四十八，乙得一百五十二，丙得二百四十七，丁得二百一。各为列衰于右行。并右行列衰，得八百四十八，为总法。次置博到沉香五千八十八两，遍乘列衰，各为沉香实。次置胡椒一万四百三十包，亦遍乘列衰，为椒实。次置象牙四百二十四条，以大小为合，半之，得二百一十二合。亦遍乘列衰，为牙实。

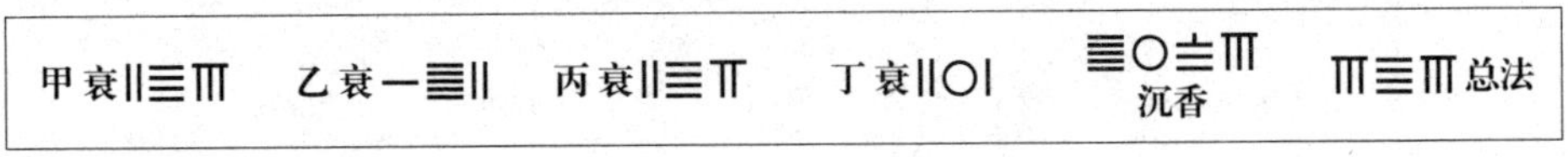

甲衰𝍡𝍬𝍧	乙衰𝍩𝍭𝍡	丙衰𝍡𝍬𝍦	丁衰𝍡〇𝍠	𝍭〇𝍰𝍧 沉香	𝍧𝍬𝍧总法

甲得一百二十六万一千八百二十四，乙得七十七万三千三百七十六，丙得一百二十五万六千七百二十六，丁得一百二万三千六百八十八。各为沉香实，以总法八百四十八除之，甲得沉香一千四百八十八两，乙得沉香九百一十二两，丙得沉香一千四百八十二两，丁得沉香一千二百六两。

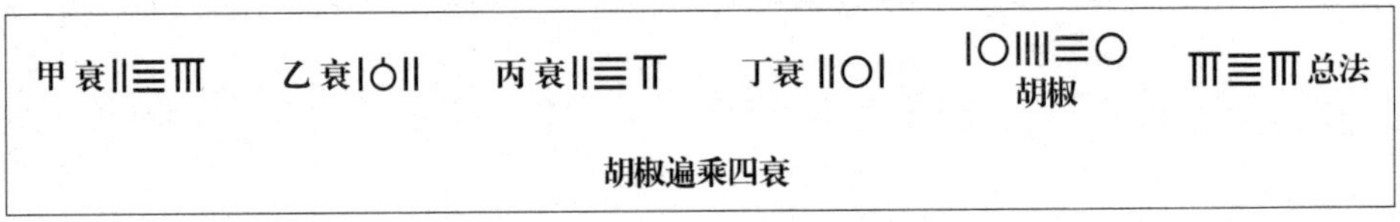

甲衰𝍡𝍬𝍧	乙衰𝍠〇𝍡	丙衰𝍡𝍬𝍦	丁衰𝍡〇𝍠	𝍠〇𝍣𝍫〇 胡椒	𝍧𝍬𝍧总法

胡椒遍乘四衰

甲得二百五十八万六千六百四十，乙得一百五十八万五千三百六十，丙得二百五十七万六千二百一十，丁得二百九万六千四百三十，各为椒实。以总法八百四十八除之，甲得三千五十包，不尽二百四十包。以包率四十斤乘之，得九千六百斤。又以法除之，得一十一斤，不尽二百七十二斤。以十六两通之，得四千三百五十二两。又以法除之，得五两，不尽一百一十二。求等，得一十六。约之，得五十三分两之七。约甲，得椒三千五十包一十一斤五两五十三分两之七。乙得一千八百六十九包，不尽四百四十八包。以四十斤乘之，得一万七千九百二十。又以法除之，得二十一斤。不尽一百一十二斤，以十六两通之，得一千七百九十二两。又以法除，得二两，不尽九十六两。求等，得十六，约之，得五十三分两之六，为乙合得椒一千八百六十九包二十一斤二两五十三分两之六。丙得三千三十七包，不尽八百三十四。以四十斤通之，得三万三千三百六十斤。又以法除之，得三十九斤。不尽二百八十八，以十六两通之，得四千六百八两。又以法除之，得五两。不尽三百六十八两，求等，得十六，约之，得五十三分两之二十三，为丙合得椒三千三十七包三十九斤五两五十三分两之二十三。丁得二千四百七十二包，不尽一百七十四。以四十斤通之，得六千九百六十斤。又以法除之，得八斤，不尽一百七十六，以十六两通之，得二千八百一十六。又以法除之，得三两。不尽二百七十二，求等，得十六，约之，得五十三分两之一十七，为丁合得椒二千四百七十二包八斤三两五十三分两之一十七。

甲衰‖☰Ⅲ	乙衰|〇‖	丙衰‖☰Ⅱ	丁衰‖〇|	‖一‖象牙合	Ⅲ☰Ⅲ总法

甲得五万二千五百七十六合，乙得三万二千二百二十四合，丙得五万二千三百六十四合，丁得四万二千六百一十二合，各为牙实。皆以总法八百四十八除之：甲合得牙六十二合；乙合得牙三十八合；丙合得牙六十一合，不尽六百三十六，求等，得二百一十二，约之，得四分合之三；丁合得牙五十合，不尽二百十二，求等，得二百一十二，约之，得四分合之一。

译文

已经得到每两黄金、白银，每袋盐钞，每道度牒各类本金的价格了。然后列出甲、乙、丙、丁4人的比例。再用首图中右行黄金200两加上左行黄金58两8铢，将8铢作为$\frac{1}{3}$两，进行通分，得到左行第一位775。右行黄金价格480贯，用左行的分母3去约，得到160，写在右行第一位。然后用首图右行盐40袋，加上副行盐264袋，得304袋，写在左行第二位。然后用首图副行银800两，加上次行银1670两，得到2470两，写在左行第三位。再用首图次行度牒15道，加上左行度牒52道，得67道，写在左行第四行。

用两行对乘。右行第一位160乘左行第一位775两，得124000贯，是甲的本钱。右行第二位250贯，乘左行第二位304袋，得76000贯，是乙的本钱。右行第三位50贯，乘左行第三位，得123500贯，是丙的本钱。右行第四位1500贯，乘左行第四位67道，得100500贯，是丁的本钱。列出四人各自的本钱，求公约数，得500贯。用500为除数去除各本钱，甲得248，乙得152，丙得247，丁得201，分别作为比数列在右行。将右行各比数相加，得到848，是总法数。然后用买到的沉香5088两乘各比数，得到沉香各实数；用胡椒10430包，也遍乘各比数，得到胡椒各实数；然后用象牙424条，一大一小是1合，除以2，得到212合，也遍乘各比数，得到象牙各实数。

	左行	右行
金	775	160
盐	304	250
银	2470	50
度牒	67	1500

沉香实数：甲得1261824，乙得773376，丙得1256726，丁得1023688。用总法数848去除各实数，甲得沉香1488两，乙得912两，丙得1482两，丁得1206两。

胡椒实数：甲得2586640，乙得1585360，丙得2576210，丁得2096430。各实数除以总法数848，甲得胡椒3050，余数240包。余数乘以每包40斤，得9600斤。用法数除，得11斤，余数272斤。余数用1斤=16两换算，得4352两，再用法数去除，得5两，余数112。用余数和法数求公约数，得16，约分，得$\frac{7}{53}$两。于是甲得到胡椒3050包11斤5$\frac{7}{53}$两。乙得1869包，余数448包。余数乘40斤，得17920。再用法数除，得21斤，余数112斤。余数乘16两，得1792两。再用法数除，得2两，余数96两。用余数和法数求公约数，得16，化约，得$\frac{6}{53}$两。乙共得胡椒1869包21斤2$\frac{6}{53}$两。丙得到3037包，余数834。余数乘40斤，得33360斤。用法数去除，得39斤，余数288。余数乘16两，得4608两。再用法数除，得5两，余数368两。用余数和法数求公约数，得16，约分，得$\frac{23}{53}$两。丙得到胡椒3037包39斤5$\frac{23}{53}$两。丁得到2472包，余数174。余数乘40斤，得6960斤。再用法数除，得8斤，余数176。余数乘16两，得2816。再用法数除，得3两，余数272。用余数和法数求公约数，得16，约分，得$\frac{17}{53}$两。丁共得胡椒2472包8斤3$\frac{17}{53}$两。

象牙实数：甲得到52576合，乙32224合，丙52364合，丁42612合。各实数用总法数848去除，甲得象牙62合；乙得38合；丙得61合，余数636，求公约数，得212，约分，得$\frac{3}{4}$合，即丙得61$\frac{3}{4}$合；丁得50合，余数212，求公约数，得212，约分，得$\frac{1}{4}$合，即丁得50$\frac{1}{4}$合。

互易推本

原文

问：出度牒。差人营运。每三道易盐一十三袋，盐二袋易布八十四匹，布一十五匹易绢三匹半，绢六匹易银七两二钱。今趁到银九千一百七十二两八钱。欲知元关度牒道数几何。

答曰：度牒一百八十道。

译文

问：拿出度牒派人去交易。每3道度牒能换盐13袋，2袋盐能换布84匹，15匹布能换绢3.5匹，6匹绢能换银7两2钱。现在共换到银9172两8钱。求原本拿出度牒多少道。

答：度牒180道。

原文

术曰：

以粟米互乘易法求之。列各数，以本色相对，如雁翅。以多一事相乘，为实。以少一事者相乘，为法，除之。

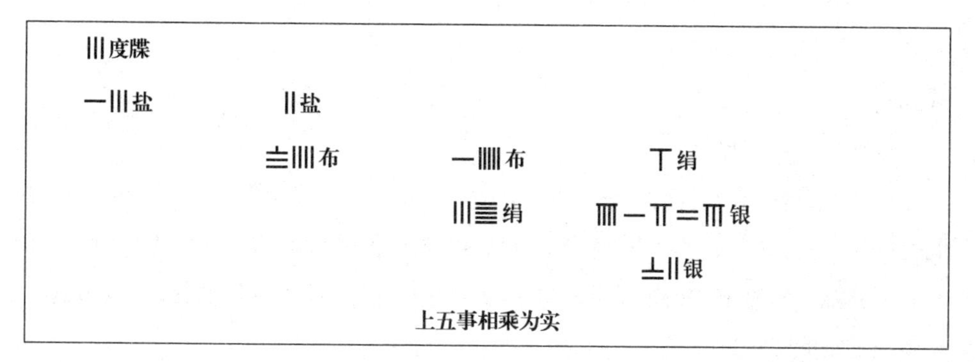

上五事相乘为实

译文

本题计算方法如下：

用粟米互乘易法求解。列出各数，同类相对，成雁翅形状。用上行的5个数相乘作为实数，下行的4个数相乘作为法数，相除。

译解

度牒					3
盐				2	13
布			15	84	
绢		6	3.5		
银	91728	72			

原文

草曰：

先以度牒三道，乘盐二袋，得六。以乘布一十五，得九十。又乘绢六匹，得五百四十。乃乘银九万一千七百二十八钱，得四千九百五十三万三千一百二十钱，为实。次以盐一十三袋，乘布八十四，得一千九十二，以乘绢三匹五分，得三千八百二十二。乃乘银七十二钱，得二十七万五千一百八十四钱，为法，除实，得一百八十道，为元关度牒。

译文

本题演算过程如下：

先用3道度牒乘2袋盐，得6。乘15匹布，得90。再乘6匹绢，得540。然后乘银91728钱，得49533120钱，作为实数。然后用13袋盐，乘84匹布，得1092，乘3.5匹绢，得3822。然后乘72钱银，得275184钱，作为法数。实数除以法数，得180道，是原本拿出的度牒数。

术解

原度牒数=（3×2×15×6×91728）÷（13×84×3.5×72）=180。

菽粟互易

原文

问：菽[1]三升易小麦二升，小麦一斗五合易油麻八合，油麻一升二合易粳米一升八合。今将菽十四石四斗欲易油麻，又将小麦二十一石六斗欲易粳米几何？

答曰：油麻，五石一斗二升。粳米，一十七石二斗八升。

I≣IIII〇〇菽	以下二事相乘，为实	II一丅〇〇麦	以下三事相乘，为实
上图		下图	
≡〇菽	=〇麦	一IIIII麦	𝍧油麻
一IIIII麦 以上二事相乘，为法	𝍧油麻	一II油麻 以上二事相乘，为法	一𝍧粳米

注释

〔1〕菽：豆类。

译文

问：用3升豆子可以换2升小麦，1.5斗小麦可以换8合油麻，1.2升油麻可以换1.8升粳米。现在用14石4斗豆子换油麻，又用21石6斗小麦换粳米，各能换多少？

答：能换5石1斗2升油麻，17石2斗8升粳米。

原文

术曰：

以粟米换易求之。置元易率，本色对列，如雁翅。以多一事者相乘为实，以少一事者相乘为法，除之，各得或问数。不干其率者不置。

译文

本题计算方法如下：

用粟米换易法求解。用原本交易的比率，按照种类对照列出，形成雁翅形。用上列3个数相乘得到实数，下列2个数相乘得到法数，相除，得到各自问数。无关的交易率不写进去。

译解

上图

豆子		30	14400
小麦	15	20	
油麻	8		

下图

小麦		15	21600
油麻	12	8	
粳米	18		

原文

草曰：

置四率六数，列六位率，如雁翅。皆化为合。先将菽一十四石四斗，化作一万四千四百合。乃对前二句率数四位，如雁翅。至欲易油麻止，共五事，为上图。次将小麦二十一石六斗，化作二万一千六百合。乃对后两句率四位，如雁翅。至欲易粳米止，共五事，为下图。其上图，以菽一万四千四百合，乘麦二十，得二十八万八千。又乘油麻八合，得二百三十万四千合，为油麻实。次以菽三十合，乘麦一十五，得四百五十合，为法。除之，得五千一百二十合。展为五石一斗二升，为油麻。其下图，以小麦二万一千六百合，乘油麻八合，得一十七万二千八百合。又乘粳米一十八合，得三百一十一万四百合，为粳米实。以小麦一十五合，乘油麻一十二合，得一百八十合，为法。除之，得一万七千二百八十。展作一十七石二斗八升，为粳米。

译文

本题演算过程如下：

用4个比率、6个数字，列出6位算图，形成雁翅状。都换算为合。先将豆子14石4豆换算为14400合。对照前两个比率的4位数字，形成雁翅状。到要换的油麻位置，共5项商品，形成“上图”。然后将小麦21石6斗，换算成21600合。对照后两个比率的4位数字，形成雁翅状。到要换的粳米为止，共列出5项商品，如“下图”。用“上图”中的豆子14400合，乘小麦20，得288000。再乘油麻8合，得2304000合，是油麻的实数。然后用豆子30合，乘小麦15，得450合，作为法数。相除，得5120合，换算为5石1斗2升，是所求的油麻数。“下图”中，用小麦21600合，乘油麻8合，得172800合。再乘粳米18合，得3110400合，是粳米的实数。用小麦15合，乘油麻12合，得180合，作为法数。相除，得17280，换算成17石2斗8升，是所求的粳米数。

术解

菽换油麻=（14400×20×8）÷（30×15）=5120（合）；

麦换粳米=（21600×8×18）÷（15×12）=17280（合）。

卷十八

推计互易

原文

问：库率，糯谷七石出糯米三石，糯米一斗易小麦一斗七升，小麦五升踏曲二斤四两，曲一十一斤酝糯米一斗三升。今有糯谷一千七百五十九石三斗八升，欲出谷、做米、易麦、踏曲，还自酝余谷之米，须令适足，各合几何？

列算图

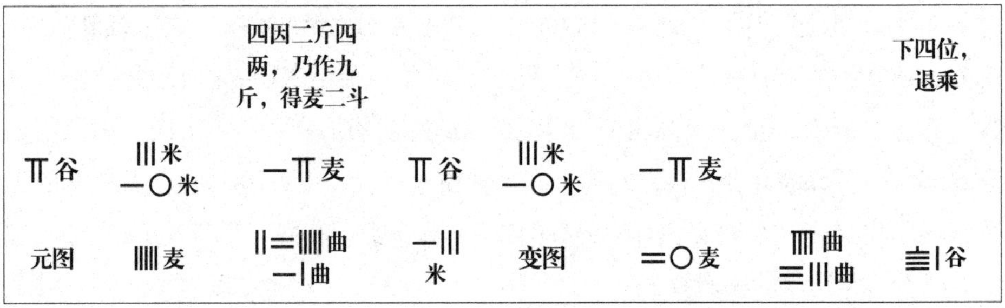

四因二斤四两，乃作九斤，得麦二斗

下四位，退乘

𝍦谷　𝍢米 𝍩〇米　𝍩𝍦麦　𝍦谷　𝍢米 𝍩〇米　𝍩𝍦麦

元图　𝍤麦　𝍡𝍪𝍤曲 𝍩𝍠曲　𝍩𝍢 米　变图　𝍪〇麦　𝍧曲 𝍫𝍢曲　𝍬𝍠谷

答数图

以首位谷七，因米一斗三升，变为谷，以米三石，因一十一斤曲

上四位，进乘

𝍣𝍮𝍡 〇〇　𝍢　四行相对，有者乘之　𝍣𝍮𝍡 〇〇 出率　𝍠𝍭𝍧〇 〇 米率　𝍢𝍫𝍥 𝍮〇 麦率　𝍠𝍬𝍠𝍬 𝍦曲　𝍣𝍩𝍦 𝍮𝍧 余率

合图　𝍮𝍥〇 〇　𝍬𝍠　𝍧𝍭𝍧 𝍮𝍧 法率

𝍥𝍮〇　𝍣〇𝍧　率图

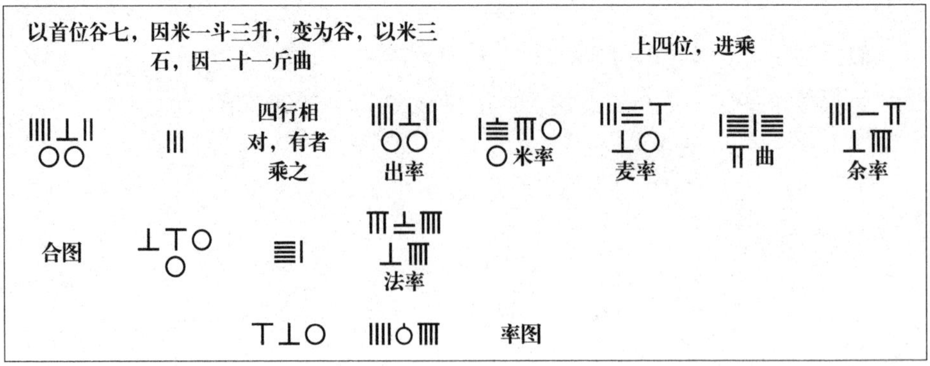

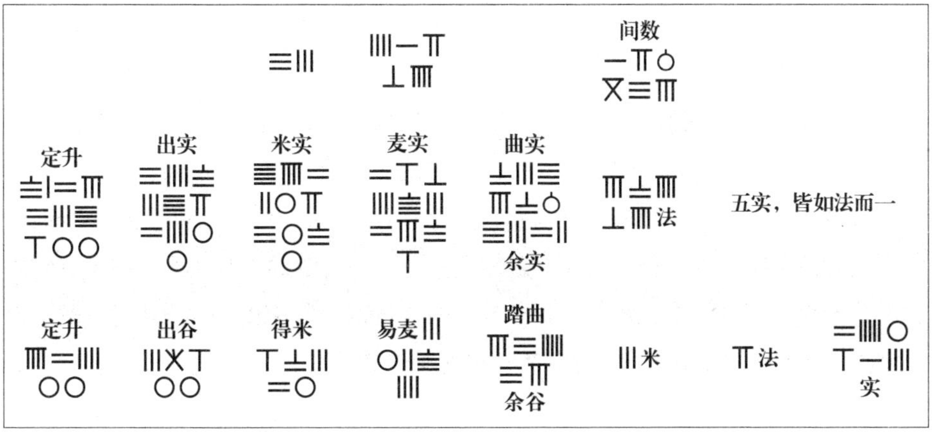

间数

定升　出实　米实　麦实　曲实　余实　法　五实，皆如法而一

定升　出谷　得米　易麦　踏曲　余谷　米　法　实

答曰：共谷，一千七百五十九石三斗八升。出谷九百二十四石。得米，三百九十六石。易麦，六百七十三石二斗。踏曲，三万二百九十四斤。余谷，八百三十五石三斗八升。酝米，三百五十八石二升。

译文

问：按照库率，7石糯谷可以加工出3石糯米，1斗糯米可以交换1斗7升小麦，5升小麦能制造2斤4两曲，11斤曲能将1斗3升糯米酿造成酒。现有糯谷1759石3斗8升，想加工成糯米、交换小麦、制造酒曲，再用剩下的糯谷加工出的糯米酿成酒，必须正好用完，求每个步骤各得多少。

答：共有糯谷1759石3斗8升，加工糯谷924石，得到糯米396石，交换小麦673石2斗，造出酒曲30294斤，剩余糯谷835石3斗8升，酿造糯米358石2升。

原文

术曰：

以粟米换易求之。置诸率，随本色对列，如雁翅。有分者通之，异类者变之。以上位者进乘之，以下位者退乘之，得合数。有对者相乘之，无对者直命之，为诸率。并上下无对者，为法率。诸率可约者，约之。以今有物遍乘诸率，不乘法率，各为实。诸实并如法而一，各得。其已变者复互易乘除之，即得所求。

译文

本题计算方法如下：

用粟米换易法求解。将各比率按类别排列，形成雁翅状。其中有分数的通分，不同类别要做变化。用上面一位向上累乘，下面一位向下递乘，各自得到合数。有对应数字的，直接相乘得到率数。没有对应的，本身就是率数。上下两个没有对应的数字相加，得到法率。各率数中，有公约数的进行化约。用现有糯谷数乘各率数，不乘法率，各自得到实数。各实数都除以法数，得到所求各数。已经变为糯谷的再用比率进行乘除计算，得到所求糯米数。

译解

原图

	左	次	副	右
谷				7
米			10	3
麦		5	17	
曲	11	$2\frac{1}{4}$		
米	13			

原文

草曰：

置糯谷七，出米三，于右行上副两位。次置糯米一斗，麦一斗七升，于副行副中两位。次置小麦五升，踏曲二斤四两，于次行中次两位。次置曲一十一斤，糯米一斗三升于左行次下两位。随本色对列如雁翅讫。乃验次行二斤四两，是四分斤之一。以母四通次行两位，以子一内次行次位。其中位得二十，次位得九。又验左行下位，是糯米，是异类于糯谷。合变为糯谷。乃以问中首句率谷七米三变之，以七因米一斗三升，得九斗一升于左下，为谷。却以米三因曲一十一斤，为三十三斤曲于左行，得变图数。

以左行三十三，乘次行二十，得六百六十。次以得六百六十，乘副行一十，得六千六百。次以六千六百乘右上七，得四万六千二百。各于元位。却以右行副位三，因副行一斗七升，得五斗一升。又以五斗一升，乘次行九，得四百五十九。又以四百五十九，乘左下九十一，得四万一千七百六十九，列为合图数。

乃验合图四行，其副中次三位有对者，以对相乘。合之，其右上左下无对者，直命之，皆为率。列右行。上得四万六千二百，为出糯谷率。副位得一万九千八百，为得糯米率。中得三万三千六百六十，为易得麦率。次得一万五千一百四十七，为踏到曲率。下得四万一千七百六十九，为余下糯谷率。并上下二率，共得八万七千九百六十九，为法率。今六率共求等，得一。约之，只得元率，为率图。

始用今有糯谷一千七百五十九石三斗八升，皆化为升。遍乘五率，不乘法率。得八十一亿二千八百三十三万五千六百升，为出谷实。得三十四亿八千三百五十七万二千四百升，为糯米实。得五十九亿二千二百七万三千八十升，为易麦实。得二十六亿六千四百九十三万二千八百八十六，为踏曲实。得七十三亿四千八百七十五万四千三百二十二升，为余谷实。其五实，皆如法八万七千九百六十九而一，得九百二十四石，为出谷。得三百九十六石，为做到糯米。得六百七十三石二斗，为易到小麦。得三万二百九十四斤，为踏到曲。得八百三十五石三斗八升，为余下谷。今将余下谷，变为米，乃以米率三，因余谷八百三十五石三斗八升，得二千五百六石一斗四升，为实。以糯谷率七为法，除之，得三百五十八石二升，为酝米。

译文

用糯谷7出米3，写在右行的上、副两位。然后用糯米1斗换小麦1斗7升，写在副行的副、中两位。然后用小麦5升和酒曲2斤4两，写在次行的中、次两位。再用酒曲11斤和糯米1斗3升，写在左行次、下两位。按照同类写在同列的方式，形成雁翅状。然后检查发现次行中的2斤4两，有分数$\frac{1}{4}$斤。用分母4乘次行的这两位，次位加上分子1，中位得到20，次位得9。又检查左行最下位的糯米，不是糯谷，应当变为糯谷。就用题设中第一句的谷米比例7：3来变换；用7乘糯米1斗3升，得到左行下位为9斗1升糯谷。再用糯米3乘曲11斤，得到33斤曲写在左行，于是形成变图。

用左行的33乘次行的20，得660。然后用660乘副行的10，得6600。用6600乘右行上位的7，得46200。各自写在原位置上。又用右行副位的3，乘副行的1斗7升，得5斗1升。又用5斗1升乘次行的9，得459。又用459乘左行下位的91，得41769，列入合图中。

检查合图的四行，中间三行各自都有两个数相对，就用对应的数字两两相乘。右上和左下没有数字对应，就直接作为率。都写在右行，上位是出糯谷率46200，副位是得糯米率19800，中位是换到小麦率33660，次位是造酒曲率15147，下位是剩余糯谷率41769。将上下两率相加，得87969，是法率。将6个率数求公约数，得1，化约后都得到原率数，画成率图（图略）。

用现有糯谷1759石3斗8升换算为升，遍乘5个率数，除去法率不乘。得到出谷实数8128335600升，糯米实数3483572400升，易麦实数5922073080升，踏曲实数2664932886升，余谷实数7348754322升。这5个实数都除以法数87969，得到拿出的糯谷数924石，加工成糯米396石，交换到小麦673石2斗，造酒曲30294斤。剩余糯谷835石3斗8升，再加工成糯米。用糯米的比数3乘剩余糯谷数835石3斗8升，得2506石1斗4升，作为被除数。用糯谷比数7作为除数，相除得到358石2升，是需要酿造的糯米数。

术解

变图

	左	次	副	右
谷				7
米			10	3
麦		20	17	
曲	33	9		
谷	91			

合图

	左	次	副	右
谷				46200
米			6600	3
麦		660	51	
曲	33	459		
谷	41769			

各率：

谷率=46200；

米率=6600×3=19800；

麦率=660×51=33660；

曲率=33×459=15147；

余谷率=41769。

法=46200+41769=87969。

谷=46200×175938÷87969=92400（升）；

米=19800×175938÷87969=39600（升）；

麦=33660×175938÷87969=67320（升）；

曲=15147×175938÷87969=30294（斤）；

余谷=41769×175938÷87969=83538（升）；

酿米=83538×$\frac{3}{7}$=35802（升）。

炼金计值

原文

问：库有三色金，共五千两。内八分金，一千二百五十两，两价四百贯文；七分五厘金，一千六百两，两价三百七十五贯文；八分五厘金，二千一百五十两，两价四百二十五贯文。并欲炼为足色，每两工食药炭钱三贯文，耗金九百七十二两五钱。欲知色分及两价各几何。

答曰：色一十分。两价，五百三贯七百二十四文五百三十七分文之二百一十二。

译文

问：库里有三种成色的黄金共5000两。其中八分金1250两，每两价值400贯；七分五厘金1600两，每两价格375贯，八分五厘金2150两，每两价格425贯。想要都炼成足金，每两需要付工食药炭钱3贯，共损耗黄金972两5钱。求炼成金的成色和每两价格。

答：成色10分，每两价格503贯724 $\frac{212}{537}$ 文。

原文

术曰：

以方田及粟米求之。置共数，以耗减之，余为法。以三色分数，各乘两数，并之，为色分实。以三色价数，各乘两数为寄。以工药价乘共金，并价寄，共为价实。二实皆如法而一，即各得。

译文

本题计算方法如下：

用《九章算术·方田》《九章算术·粟米》的方法求解。用总金数减去耗损数，得数作为法数。用三种成色的分数乘各自的重量，再相加，得到色分实数。用三种成色的价格，各乘重量得到寄数。用工药价格乘总金数，再加上寄数，得到价实数。两个实数都除以法数，各自得到所求数。

译解

法=5000−972.5=4027.5。

原文

草曰：

置共金五千两，减耗九百七十二两五钱，外余四千二十七两五钱，为法。次置一千二百五十两，乘八分，得一万分于上。置一千六百两，以七分五厘乘之，得一万二千分，加上。置二千一百五十两，乘八分五厘，得一万八千二百七十五分，又加上。共得四万二百七十五分，为分实。次置一千二百五十两，乘四百贯，得五十万贯，为寄。次置一千六百两，乘价三百七十五贯，得六十万贯。加寄。次置二千一百五十两，乘价四百二十五贯，得九十一万三千七百五十贯。又加寄。次置共金五千两，乘工药钱三贯，得一万五千贯，又加寄。共得二百二万八千七百五十贯，为价实。二实并如法四千二十七两五钱而一。其色，得一十分。其价，每两得五百三贯七百二十四文。不尽一贯五百九十，与法求等，得七十五，俱约之，为五百三十七分文之二百一十二。

共金 上𝍭〇〇〇两	数 中〤𝍮𝍡𝍭两	法 下𝍬〇𝍪𝍦𝍭 钱		中减上，得下法
上 𝍩〇〇〇〇分	八分金 𝍩𝍡𝍭〇	𝍧分		中乘下，得上
上 𝍩〇〇〇〇分	得 𝍩𝍪〇〇〇分	七分半金 𝍩𝍥〇〇两	𝍦𝍭分	次乘下，得副， 以并上
上 𝍠𝍪〇〇〇分	得𝍩𝍯𝍡𝍮𝍤	八分半金 𝍪𝍠𝍭〇两	𝍧𝍭分	次乘下，得副， 以并上
色分实 𝍣〇𝍡𝍮𝍭	寄𝍤〇〇〇〇 〇〇〇〇文	八分金 𝍩𝍡𝍭〇两	八分价 𝍬〇〇〇〇〇 文	次乘下，得副
寄𝍤〇〇〇〇 〇〇〇〇文	得𝍥〇〇〇〇 〇〇〇〇文	七分半金 𝍩𝍥〇〇两	七分半价 𝍫𝍦𝍭〇〇〇 文	次乘下，得副， 并上
寄 𝍩𝍠〇〇〇〇 〇〇〇〇文	得〤𝍩𝍢𝍮𝍤 〇〇〇〇文	八分半金 𝍪𝍠〇〇两	八分半价 𝍬𝍡𝍭〇〇〇 文	次乘下，得副， 并上
寄 𝍡〇𝍪𝍧𝍮𝍤 〇〇〇〇文	得𝍩𝍤〇〇 〇〇〇〇文	共金 𝍭〇〇〇	工药钱 𝍫〇〇〇文	次乘下，得副， 并上

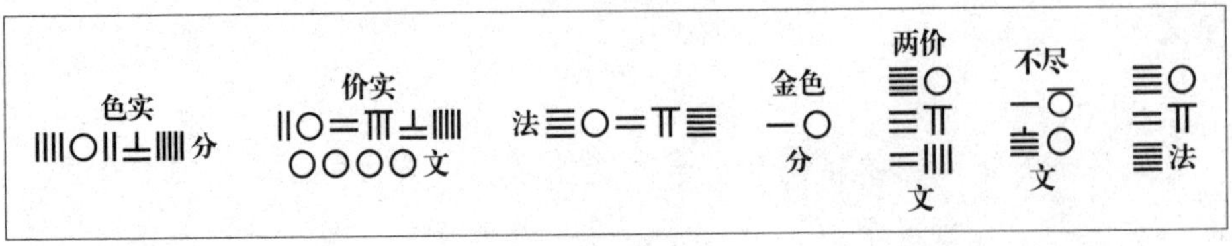

色实	价实	法	金色	两价	不尽	
𝍣○𝍡𝍯𝍤分	𝍡○𝍪𝍧𝍯𝍤 ○○○○文	法𝍬○𝍪𝍦𝍭	𝍩○ 分	𝍭○ 𝍫𝍦 𝍪𝍣 文	𝍩𝍤 𝍱○ 文	𝍭○ 𝍪𝍦 𝍭法

其色实余尽得十一分，为金色。其价除得五百三贯七百二十四文，为十分金每两价。不尽一贯五百九十文，与法求等，得七半，俱以约之，为五百三十七分文之二百一十二。

译文

本题演算过程如下：

用总金数5000两减去损耗的972两5钱，剩余的4027两5钱作为法数。然后用1250两乘8分，得10000分，写在上方。用1600两乘7分5厘，得12000分，加入上方得数。用2150两乘8分5厘，得18275分，再加入上方。共得到40275分，作为分实数。然后用1250两乘400贯，得500000贯，作为寄数。再用1600两乘价格375贯，得到600000贯，加入寄数。再用2150两乘价格425贯，得913750贯，也加入寄数。再用总金数5000两，乘工药钱3贯，得15000贯，加上寄数，得2028750贯，作为价实数。两个实数都除以法数4027两5钱，成色得到10分，价格得到每两503贯724文。价格的余数1贯590文和法数求公约数，得75，进行约分，得到$\frac{212}{537}$文。

术解

色实$=8\times1250+7.5\times1600+8.5\times2150=40275$；

价实$=3\times5000+400\times1250+375\times1600+425\times2150=2028750$；

成色$=40275\div4027.5=10$（分）；

金价$=2028750\div4027.5=503$（贯）$724\frac{212}{537}$（文）。

推求本息

原文

问：三库息例万贯以上，一厘；千贯以上，二厘五毫；百贯以上，三厘。甲库本四十九万三千八百贯，乙库本三十七万三百贯，丙库本二十四万六千八百贯。今三库共纳到息钱二万五千六百四十四贯二百文。其典率，甲反锥差，乙方锥差，丙蒺黎差。欲知元典三例本息各几何。

答曰：甲库共纳息九千五十三贯文。一厘息，二千四百六十九贯文；二厘半息，四千一百一十五贯文；三厘息，二千四百六十九贯文。

乙库共纳息一万五十一贯文。一厘息，二百六十四贯五百文；二厘半息，二千六百四十五贯文；三厘息，七千一百四十一贯五百文。

丙库共纳息六千五百四十贯二百文。一厘息，二百四十六贯八百文；二厘半息，一千八百五十一贯文；三厘息，四千四百四十二贯四百文。

译文

问：三个钱库的利率规定10000贯以上为1厘，1000贯以上为2厘5毫，100贯以上为3厘。甲库本金493800贯，乙库本金370300贯，丙库本金246800贯。现在三个钱库共收到利息25644贯200文。他们放钱以万、千、百为单位的比率分别是：甲库3∶2∶1，乙库1∶4∶9，丙库1∶3∶6。求三个钱库的三种利息各是多少。

答：甲库利息共9053贯，一厘息2469贯，二厘半息4115贯，三厘息2469贯。

乙库利息共10051贯，一厘息264贯500文，二厘半息2645贯，三厘息7141贯500文。

丙库利息共6540贯200文，一厘息246贯800文，二厘半息1851贯，三厘息4442贯400文。

原文

术曰：

置诸库诸色之差，照厘率，为三行。纵并之为约率，横命之为乘率。先以约率各约自库之本，各得。以遍乘未并乘率，然后各以厘率横乘之，次以纵并之，为各库共息。

译文

本题计算方法如下：

将各库各种利息按照比率写成三列，纵向相加得到约率，横向各数都命名为乘率。先用约率除各自的本金，得数乘没有相加时的各乘率，再乘各自的利率，然后纵向相加，得到各库总利息。

译解

各约率：

甲=3+2+1=6；

乙=1+4+9=14；

丙=1+3+6=10。

各得数：

甲=493800÷6=82300；

乙=370300÷14=26450；

丙=246800÷10=24680。

原文

草曰：

置甲库反锥差。自下置一二三于右行。次置乙库方锥差，自上置一四九于中行。次置丙库蒺藜差，自上置一三六于左行。各为三库上中下三等乘率。乃纵并甲差三二一，得六，为甲约率。纵并乙差一四九，得一十四，为乙约率。纵并丙差一三六，得一十，为丙约率。直命九位数，各为上中下乘率。乃先以约率，各约自库之本。乃以甲约率六，约甲本四十九万三千八百贯，得八万二千三百贯，为甲得。次以乙约率一十四，约乙本三十七万三百贯，得二万六千四百五十贯，为乙得。次以丙约率一十，约丙本二十四万六千八百贯，得二万四千六百八十贯，为丙得。以各得乘未并乘率，其甲所得八万二千三百贯，乘反锥乘率三二一，得二十四万六千九百贯，为上率。得一十六万四千六百贯，为中率。得八万二千三百贯，为下率。其乙所得二万六千四百五十贯，以乘方锥差一四九，得二万六千四百五十贯，为上率。得一十万五千八百贯，为中率。得二十三万八千五十贯，为下率。其丙所得二万四千六百八十贯，以乘蒺藜差一三六，得二万四千六百八十贯，为上率。得七万四千四十贯，为中率。得一十四万八千八十贯，为下率。然后各以息厘数乘各库，三乘。此是变文为库。其甲，以一厘乘上率二十四万六千九百贯，得二千四百六十九贯，为上息。以二厘五毫乘中率一十六万四千六百贯，得四千一百一十五贯，为中息。以三厘乘下率八万二千三百贯，得二千四百六十九贯，为下息。并上中下三息，得九千五十三贯文，为甲库共息。其乙库以一厘乘上率二万六千四百五十贯，得二百六十四贯五百文，为上息。以二厘五毫乘中率一十万五千八百贯，得二千六百四十五贯，为中息。以三厘乘下率二十三万八千五十贯，得七千一百四十一贯五百，为下息。并上中下三息，得一万五十一贯文，为乙库共息。其丙库以一厘乘上率二万四千六百八十贯，得二百四十六贯八百，为上息。以二厘五毫乘中率七万四千四十贯，得一千八百五十一贯，为中息。以三厘乘下率一十四万八千八十贯，得四千四百四十二贯四百，为下息。并上中下三息，得六千五百四十贯二百文，为丙库共息。却并三库共息，得二万五千六百四十四贯二百文，为总息。

甲库反锥差 |||乘率	||乘率	|乘率	并此行得六
乙库方锥差 |	||||	〤	并此行，得一十四
丙库蒺藜差 上|	中|||	下⊤	并此行，得一十
甲约率⊤	乙约率一||||	丙约率一〇	

甲得文𝍯𝍡≡〇〇〇〇〇	甲本𝍣乂𝍢𝍯〇〇〇〇〇文	甲约丅	下除中，得上
乙得文二丅≣𝍤〇〇〇〇	乙本≡𝍮〇≡〇〇〇〇〇文	乙约一𝍣	下除中，得上
丙得文二≣丅𝍧〇〇〇〇	丙本𝍡≣丅𝍯〇〇〇〇〇文	丙约一〇	下除中，得上
甲乘率𝍢上	𝍡中 𝍠下	甲得文 𝍮𝍡≡〇〇〇〇〇	遍乘三率
甲上率𝍡≣丅乂〇〇〇〇〇	中率𝍠𝍮𝍣𝍮〇〇〇〇〇文	下率𝍯𝍡≡〇〇〇〇〇	〇
乙率𝍠	𝍣 𝍨	乙得二丅〤𝍤〇〇〇〇文	遍乘三率
乙上率二丅≣𝍤〇〇〇〇〇文	中率𝍠𝍤𝍯〇〇〇〇〇	下率𝍡≡𝍧〇𝍤〇〇〇〇	
丙率𝍠	𝍢 丅	二𝍣𝍮𝍧〇〇〇〇	遍乘三率
丙上率二𝍣𝍮𝍧〇〇〇〇上文	中率𝍯𝍢〇𝍢〇〇〇〇中文	中率𝍠≣𝍧〇𝍧〇〇〇〇下文	〇
甲上率𝍡≣丅乂〇〇〇〇〇	中𝍠𝍮𝍣𝍮〇〇〇〇〇	下𝍯𝍡≡〇〇〇〇〇文	右行 两行对乘
𝍠厘	𝍡 𝍤厘	𝍢厘	左行
甲上息 𝍡≣丅乂〇〇〇	中息𝍤𝍤𝍠≣〇〇〇文	下息𝍡≣丅𝍰〇〇〇文	甲共息〥〇𝍤≡〇〇〇文
乙上率二丅≣𝍤〇〇〇〇	中率𝍠〇𝍤𝍯〇〇〇〇〇	下率𝍡≡𝍧〇𝍤〇〇〇〇	两行对乘
𝍠厘	𝍡≣厘	𝍢	
乙上息 二丅≣𝍤〇〇	𝍡𝍮𝍣≣〇〇〇	𝍦一𝍣一𝍤〇〇	乙共息一〇〇𝍤一〇〇〇
丙上率 二𝍣𝍮𝍧〇〇〇〇	中率 𝍯𝍣〇𝍣〇〇〇〇	下率𝍠≣𝍧〇𝍧〇〇〇〇	两行对乘
𝍠厘	𝍡≣厘	𝍢厘	
丙上息 二𝍣𝍮𝍧〇〇	中息 𝍠𝍯𝍤一〇〇〇	下息 𝍤≣𝍣二≣〇〇	丙共息 丅≣𝍣〇𝍡〇〇文

甲共息 𝍨〇𝍤≡〇〇〇文	乙共息一〇〇𝍤一〇〇〇文	丙共息⊤〇𝍣〇𝍡〇〇文	并此三项共息，得问题总息数

译文

把甲库的反锥差1、2、3，自下而上地写在右行。然后把乙库的方锥差1、4、9，自上而下地写在中行。然后把丙库的蒺藜差1、3、6，自上而下地写在左行。这就是三个钱库各自上、中、下的三等乘率。然后将甲行3、2、1纵向相加，得6，是甲约率。乙行1、4、9纵向相加，得14，是乙约率。丙行1、3、6纵向相加，得10，是丙约率。将9个数字直接命名为各库的上、中、下乘率。先用约率各自约本金：用甲约率6约甲库本金493800贯，得82300贯，是甲库得数；用乙约率14约乙库本金370300贯，得26450贯，是乙库得数；用丙约率10约丙库本金246800贯，得24680，是丙库得数。用各自的得数乘没有相加的乘率：甲得数82300贯乘反锥率3、2、1，分别得到上率246900贯，中率164600贯，下率82300贯；乙得数26450贯，乘方锥率1、4、9，分别得到上率26450贯，中率105800贯，下率238050贯；丙得数24680贯，乘蒺藜差1、3、6，得到上率24680贯，中率74040贯，下率148080贯。然后每库各自乘三种利率，得到各库利息。甲库，用1厘乘上率246900贯，得2469贯，是上息数；用2厘5毫乘中率154600贯，得4115贯，是中息；用3厘乘下率82300贯，得2469贯，是下息。将上、中、下三种利息相加，得9053贯，是甲库总利息。乙库，用1厘乘上率26450贯，得264贯500文，是上息；用2厘5毫乘中率105800贯，得2645贯，是中息；用3厘乘下率238050贯，得7141贯500文，是下息。将上、中、下三种利息相加，得10051贯，是乙库总利息。丙库，用1厘乘上率24680贯，得246贯800文，是上息；用2厘5毫乘中率74040贯，得1851贯，是中息；用3厘乘下率148080贯，得4442贯400文，是下息。将上、中、下三种利息相加，得6540贯200文，是丙库总利息。将三个钱库的利息相加，得25644贯200文，是总利息。

术解

各利息：

甲：上息=82300×3×0.01=2469（贯）；

中息=82300×2×0.025=4115（贯）；

下息=82300×1×0.003=2469（贯）；

共息=2469+4115+2469=9053（贯）。

乙：上息=26450×1×0.01=264.5（贯）；

中息=26450×4×0.025=2645（贯）；

下息=26450×9×0.03=7141.5（贯）；

共息=264.5+2645+7141.5=10051（贯）。

丙：上息=24680×1×0.01=246.8（贯）；

中息=24680×3×0.025=1851（贯）；

下息=24680×6×0.03=4442.4（贯）；

共息=246.8+1851+4442.4=6540.2（贯）。

推求典本

原文

问：典库[1]今年二月二十九日，有人取解一号主家，听得当事共计算本息一百六十贯八百三十二文，称系前岁头腊月半[2]解去，月息利二分二厘，欲知元本几何。

答曰：本，一百二十贯文。

注释

〔1〕典库：当铺。

〔2〕头腊月半：指腊月之前半个月，所以到年底是45天。

译文

问：有一所当铺，今年二月二十九日时有人来取一位顾客的当品。据经营者计算，本金和利息共计160贯832文，是前年头腊月半时典当的，月利率是2分2厘，求本金多少。

答：本金120贯。

原文

术曰：

以粟米求之。置积日，乘息分数，增三百，为法。以三百乘共钱，为实。实如法而一，得本。

译文

本题计算方法如下：

用《九章算术·粟米》的方法求解。用总天数乘利率，再加上300，作为法数。用300乘总钱数，得到实数。相除，得到本金。

译解

法=464×0.22+300=402.08；

实=160832×300=48249600。

原文

草曰：

置前年头腊月半，系四十五日。并去年三百六十，又加今年五十九日，共得四百六十四，为积日。乘息二分二厘，得一百二文八厘，增三百文，得四百二文八厘，为法。以三百文乘共钱一百六十贯八百三十二文，得四万八千二百四十九贯六百文，为实。实如法而一，得一百二十贯文，为原本。

前年头腊月半一|||||日	后腊月全≡〇	去年十二月|||⊥〇	今年正月≡〇	二月=Ⅲ日	并此二项数，共为积日
积||||⊥||||日	〇=||分	得|〇||〇Ⅲ	|||〇〇	||||〇||〇Ⅲ文为法	
增|||〇〇数	本息一⊤〇Ⅲ≡||文	实≡Ⅲ=||||╳⊤〇〇文	|||〇||〇Ⅲ文	商除格，当以法之文，自实之文下起步，商亦始于文，实多，则商法皆步约置之	
商〇〇文	实≡Ⅲ=||||╳⊤〇〇文	≡〇=〇≐文法	法进一步，商约十		
商〇〇〇文	实≡Ⅲ=||||╳⊤〇〇文	||||〇||〇Ⅲ文法	商约百		
商〇〇〇〇文	实≡Ⅲ=||||≣⊤〇〇文	≡〇=〇≐文法	商约实		
商〇〇〇〇〇文	≡Ⅲ=||||≣⊤〇〇文	||||〇||〇Ⅲ文法	商约十贯		
商一〇〇〇〇〇	≡Ⅲ=╳╳⊤〇〇文	||||〇=〇≐文法	法不进，乃命上商除实		
商一〇〇〇〇〇文	余实Ⅲ〇||||一⊤〇〇文	≡〇=〇≐文法	法一退		
续商一||〇〇〇〇文	Ⅲ〇||||一⊤〇〇	||||〇||〇Ⅲ文法	乃命续商，除实适尽		
得元一||〇〇〇〇本文	〇〇〇〇〇〇	||||〇||〇Ⅲ法	所得一百二十贯，为元本，合问		

译文

本题演算过程如下：

前年头腊月半，到前年年底是45天。加上去年共360天，再加上今年59天，共得到464天，是总天数。乘利率2分2厘，得到102文8厘。加上300文，得到402文8厘，作为法数。用300文乘总钱数160贯832文，得到48249贯600文，作为实数。相除，得到120贯，是原来的本金。

术解

本金=48249600÷402.08=120000（文）。

僦直推原

原文

问：房廊数内一户，日纳一百五十六文八分足。为准〔1〕指挥〔2〕未曾经减者减三分；已曾经减三分者减二分；已曾经减二分者更减二分。今本户，累经减者。欲知元额房钱几何。

答曰：元额三百五十文。

注释

〔1〕准：依据，遵照。

〔2〕指挥：规定，命令。

译文

问：有多间廊房内的一家住户，每天交纳房租156文8分。按照规定，没有减过房租的住户减去3分，已经减过3分的减去2分；已经减过2分的再减2分。这家住户每次都减过了，求本来应交多少租金。

答：原本房租350文。

原文

术曰：

以衰分求之。列一十分两行各三位。列减分对减右行，以余者相乘，为法。以左行元列相乘，得纳钱，为实。实如法而一，得元额钱。

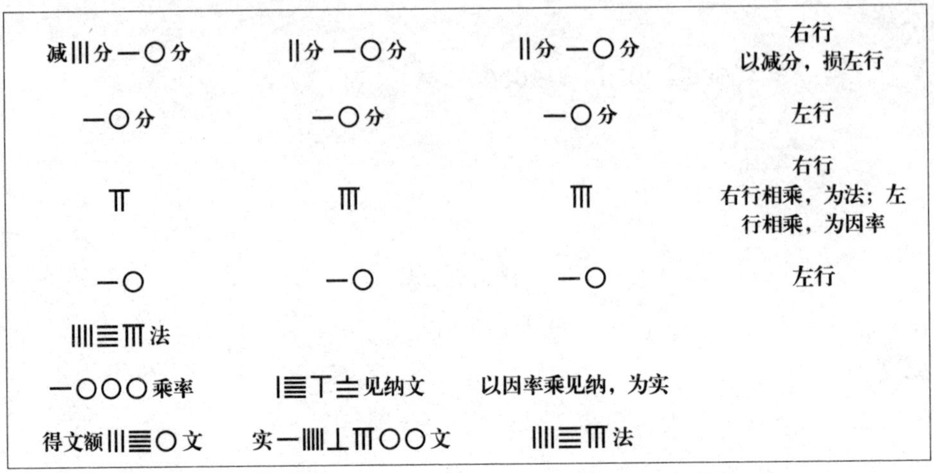

减𝍢分 𝍩〇分	𝍡分 𝍩〇分	𝍡分 𝍩〇分	右行 以减分，损左行
𝍩〇分	𝍩〇分	𝍩〇分	左行
𝍦	𝍧	𝍧	右行 右行相乘，为法；左行相乘，为因率
𝍩〇	𝍩〇	𝍩〇	左行
𝍣𝍬𝍧法			
𝍩〇〇〇乘率	𝍠𝍭𝍥𝍰见纳文	以因率乘见纳，为实	
得文额𝍢𝍭〇文	实𝍩𝍤𝍮𝍧〇〇文	𝍣𝍬𝍧法	

译文

本题计算方法如下：

用衰分法求解。将10分写成2行3位。右行各数分别减去每次减租的分数，得数相乘，作为法数。左行各数相乘，得到纳钱，作为实数。相除，得到原本应交房租数。

译解

法=（10−3）×（10−2）×（10−2）=448；

实=（10×10×10）×156.8=156800。

原文

草曰：

列一十分三位于左行，又列一十分三位于右行。其右上，减去初减三分。右中减去次减二分。右下减去更减二分。右行余七八八。以相乘，得四百四十八，为法。乃以左行三位一十分，相乘，得一千，为乘率。以乘见日纳钱一百五十六文八分，得一百五十六贯八百文，为实。实如法而一，得三百五十文，为本户元额房钱。

译文

本题演算过程如下：

在左行、右行分别写三位10分。右上减去第一次减租3分，右中减去第二次减租2分，右下减去第三次减租2分。右行得数为7、8、8。三数相乘，得448，作为法数。然后用左行3个10分相乘，得到1000，作为乘率。用乘率去乘现在缴纳的租金156文8分，得156贯800文，作为实数。相除，得到350文，是原本应交的房租金额。

术解

原房租=156800÷448=350（文）。

计量单位换算一览表

中国古代长度单位名称及换算简表：

<table>
<tr><th>朝 代</th><th>单位名称及换算值</th><th>备 注</th></tr>
<tr><td>周以前</td><td>1常=16尺 1丈=10尺 1寻=8尺 1仞=4尺 1尺=10寸 1咫=8寸 1寸=0.1尺</td><td rowspan="4">1幅＝2.7尺
1墨＝5尺
1端＝20尺
1两＝40尺
1匹＝40尺
（以上单位均为周以前使用，后世不用）</td></tr>
<tr><td>汉</td><td>1引=10丈 1丈=10尺 1尺=10寸 1寸=10分 1分=10厘 1厘=10毫 1毫=10秒 1秒=10忽</td></tr>
<tr><td>汉至宋</td><td>1丈=10尺 1尺=10寸 1寸=10分 1分=10厘 1厘=10毫 1毫=10秒 1秒=10忽</td></tr>
<tr><td>清</td><td>1里=180丈 1引=10丈 1丈=10尺 1尺=10寸 1寸=10分 1分=10厘 1厘=10毫 1毫=10忽</td></tr>
</table>

中国古代重量单位名称及换算简表：

朝 代	单位名称及换算值
周以前	1鼓=480斤 1引=200斤 1石=120斤 1钧=30斤 1斤=16两 1两=24铢 1铢=10垒 1垒=10黍
汉	1石=120斤 1钧=30斤 1斤=16两 1两=24铢
唐	1石=120斤 1钧=30斤 1斤=16两 1两=24铢 钱（钱与铢、两的进率不定）
宋	1石=120斤 1钧=30斤 1斤=16两 1两=10钱 1钱=10分 1分=10厘 1厘=10毫 1毫=10丝 1丝=1忽
清	1担=100斤 1斤=16两 1两=10钱 1钱=10分 1分=10厘 1厘=10毫

文化伟人代表作图释书系全系列

第一辑

《自然史》〔法〕乔治·布封 / 著
《草原帝国》〔法〕勒内·格鲁塞 / 著
《几何原本》〔古希腊〕欧几里得 / 著
《物种起源》〔英〕查尔斯·达尔文 / 著
《相对论》〔美〕阿尔伯特·爱因斯坦 / 著
《资本论》〔德〕卡尔·马克思 / 著

第二辑

《源氏物语》〔日〕紫式部 / 著
《国富论》〔英〕亚当·斯密 / 著
《自然哲学的数学原理》〔英〕艾萨克·牛顿 / 著
《九章算术》〔汉〕张 苍 等 / 辑撰
《美学》〔德〕弗里德里希·黑格尔 / 著
《西方哲学史》〔英〕伯特兰·罗素 / 著

第三辑

《金枝》〔英〕J. G. 弗雷泽 / 著
《名人传》〔法〕罗曼·罗兰 / 著
《天演论》〔英〕托马斯·赫胥黎 / 著
《艺术哲学》〔法〕丹 纳 / 著
《性心理学》〔英〕哈夫洛克·霭理士 / 著
《战争论》〔德〕卡尔·冯·克劳塞维茨 / 著

第四辑

《天体运行论》〔波兰〕尼古拉·哥白尼 / 著
《远大前程》〔英〕查尔斯·狄更斯 / 著
《形而上学》〔古希腊〕亚里士多德 / 著
《工具论》〔古希腊〕亚里士多德 / 著
《柏拉图对话录》〔古希腊〕柏拉图 / 著
《算术研究》〔德〕卡尔·弗里德里希·高斯 / 著

第五辑

《菊与刀》〔美〕鲁思·本尼迪克特 / 著
《沙乡年鉴》〔美〕奥尔多·利奥波德 / 著
《东方的文明》〔法〕勒内·格鲁塞 / 著
《悲剧的诞生》〔德〕弗里德里希·尼采 / 著
《政府论》〔英〕约翰·洛克 / 著
《货币论》〔英〕凯恩斯 / 著

第六辑

《数书九章》〔宋〕秦九韶 / 著
《利维坦》〔英〕霍布斯 / 著
《动物志》〔古希腊〕亚里士多德 / 著
《柳如是别传》 陈寅恪 / 著
《基因论》〔美〕托马斯·亨特·摩尔根 / 著
《笛卡尔几何》〔法〕勒内·笛卡尔 / 著

第七辑

《蜜蜂的寓言》〔荷〕伯纳德·曼德维尔 / 著
《宇宙体系》〔英〕艾萨克·牛顿 / 著
《周髀算经》〔汉〕佚 名 / 著 赵 爽 / 注
《化学基础论》〔法〕安托万-洛朗·拉瓦锡 / 著
《控制论》〔美〕诺伯特·维纳 / 著
《月亮与六便士》〔英〕威廉·毛姆 / 著

第八辑

《人的行为》〔奥〕路德维希·冯·米塞斯 / 著
《纯数学教程》〔英〕戈弗雷·哈罗德·哈代 / 著
《福利经济学》〔英〕阿瑟·赛西尔·庇古 / 著
《量子力学》〔美〕恩利克·费米 / 著
《量子力学的数学基础》〔美〕约翰·冯·诺依曼 / 著
《数沙者》〔古希腊〕阿基米德 / 著

中国古代物质文化丛书

《长物志》
〔明〕文震亨 / 撰

《园冶》
〔明〕计　成 / 撰

《香典》
〔明〕周嘉胄 / 撰
〔宋〕洪　刍　陈　敬 / 撰

《雪宧绣谱》
〔清〕沈　寿 / 口述
〔清〕张　謇 / 整理

《营造法式》
〔宋〕李　诫 / 撰

《海错图》
〔清〕聂　璜 / 著

《天工开物》
〔明〕宋应星 / 著

《髹饰录》
〔明〕黄　成 / 著　扬　明 / 注

《工程做法则例》
〔清〕工　部 / 颁布

《清式营造则例》
梁思成 / 著

《中国建筑史》
梁思成 / 著

《文房》
〔宋〕苏易简　〔清〕唐秉钧 / 撰

《斫琴法》
〔北宋〕石汝砺　崔遵度　〔明〕蒋克谦 / 撰

《山家清供》
〔宋〕林 洪 / 著

《鲁班经》
〔明〕午　荣 / 编

"锦瑟"书系

《浮生六记》
〔清〕沈　复 / 著　刘太亨 / 译注

《老残游记》
〔清〕刘　鹗 / 著　李海洲 / 注

《影梅庵忆语》
〔清〕冒　襄 / 著　龚静染 / 译注

《生命是什么？》
〔奥〕薛定谔 / 著　何　滟 / 译

《对称》
〔德〕赫尔曼 · 外尔 / 著　曾　怡 / 译

《智慧树》
〔瑞士〕荣　格 / 著　乌　蒙 / 译

《蒙田随笔》
〔法〕蒙　田 / 著　霍文智 / 译

《叔本华随笔》
〔德〕叔本华 / 著　衣巫虞 / 译

《尼采随笔》
〔德〕尼　采 / 著　梵　君 / 译

《乌合之众》
〔法〕古斯塔夫 · 勒庞 / 著　范　雅 / 译

《自卑与超越》
〔奥〕阿尔弗雷德 · 阿德勒 / 著　刘思慧 / 译